“十四五”职业教育国家规划教材

地下工程施工

第三版

主编／张恩正

中国矿业大学出版社
·徐州·

内容提要

本书系统地介绍了地下工程施工技术，共分11章，主要内容为：地下工程概述、明挖法施工、盖挖法施工、隧道钻爆法施工、顶管法施工、沉管隧道施工、盾构法施工、隧道TBM掘进施工、沉井施工、桩基础施工、辅助工法等。本书既可作为高等职业院校土木工程、矿山工程、铁路与公路交通工程、城市轨道工程、水利水电工程、市政工程等专业的教材，也可供上述专业的科研、勘察、设计、施工、管理、监理和监测等工作人员参考。

图书在版编目(CIP)数据

地下工程施工 / 张恩正主编. — 3版. — 徐州：中国矿业大学出版社，2024. 7. — ISBN 978-7-5646-6333-9

Ⅰ. TU94

中国国家版本馆CIP数据核字第2024792NE6号

书　　名　地下工程施工
主　　编　张恩正
责任编辑　赵朋举　张　岩
出版发行　中国矿业大学出版社有限责任公司
（江苏省徐州市解放南路　邮编221008）
营销热线　(0516)83885370　83884103
出版服务　(0516)83995789　83884920
网　　址　http://www.cumtp.com　**E-mail**:cumtpvip@cumtp.com
印　　刷　徐州中矿大印发科技有限公司
开　　本　787 mm×1092 mm　1/16　**印张**　16.75　**字数**　429千字
版次印次　2024年7月第3版　2024年7月第1次印刷
定　　价　42.00元

第三版前言

《地下工程施工》自2019年第一版出版以来，教材编写思路和内容获得了大家的肯定，满足了院校教学需要，并分别于2020年、2022年入选“十三五”“十四五”职业教育国家规划教材。

本次教材修订工作，以习近平新时代中国特色社会主义思想为指导，深入学习贯彻落实党的二十大精神，深入学习贯彻落实教育部《“十四五”职业教育规划教材建设实施方案》文件精神，以期贯彻党的教育方针，落实立德树人根本任务。为全面落实课程思政要求，本次修订加入了课程思政内容，将思想政治教育的相关内容融入专业知识学习中，采用学科融入的方式达到思想政治教育的目的，通过价值引领，达到课程育人的目标。为了节省资源空间、方便学生更高效地学习和实现纸质教材的数字化改造，本教材利用信息技术，融合文字、图片等元素，取得表达更加生动形象、有利于互动交流、有利于分层施教的效果。

本书是按照“地下工程施工”课程的教学基本要求并依据《公路隧道设计规范 第一册 土建工程》(JTG 3370.1—2018)、《公路隧道施工技术规范》(JTG/T 3660—2020)、《公路瓦斯隧道设计与施工技术规范》(JTG/T 3374—2020)、《沉管法隧道设计标准》(GB/T 51318—2019)、《地下铁道工程施工标准》(GB/T 51310—2018)、《建筑地基基础工程施工质量验收标准》(GB 50202—2018)等最新的国标及相关专业技术规范进行修订的，删除了某些陈旧的工程技术内容和规范性要求。以真实工程项目、典型工作任务等为载体，体现产业发展的新技术、新工艺、新规范、新标准，将知识、能力和正确价值观的培养有机结合。本次修订，力求语言通顺、文字简练，讲清楚基本概念，简化公式推导，注重实用性，并考虑一定的知识面及反映科技的新成就，有效激发学生的学习兴趣和创新潜能。

本教材是在2022年第二版《地下工程施工》各章内容的基础上进行修订再版的。

全书分为11章，内容包括地下工程概述、明挖法施工、盖挖法施工、隧道钻爆法施工、顶管法施工、沉管隧道施工、盾构法施工、隧道TBM掘进施工、沉井施工、桩基础施工、辅助工法等。

本版教材的修订工作由重庆工程职业技术学院张恩正完成。重庆工程职业技术学院瞿万波、重庆千牛建设工程有限公司樊伟、重庆中环建设有限公司杨国穿、江苏建筑职业技术学院朱栋、重庆工业职业技术学院郭平等企业专家和高校教师为教材的修订提供了大量的工程资料。

本书的出版得到了重庆工程职业技术学院李红立教授、余志刚教授、蒋贞贞教授、王昊副教授的鼎力帮助和大力支持，在此表示非常感谢。书中引用了部分国内外已有的专著、论文、规范等成果，在此向相关教师和作者表示衷心感谢。

本教材可作为高职高专土建类专业及其他相关专业的教材，也可作为相关人员的岗位培训教材或土建工程技术人员的参考用书。

本书配有相关课件和教学资料，如有需要请与本书责任编辑（邮箱962065858@qq.com）联系。

由于编者水平有限，书中难免有不妥之处，恳请读者批评指正。

编　者

2024年6月

目 录

第 1 章 地下工程概述 …… 1
1.1 地下工程的概念 …… 1
1.2 地下工程的特点 …… 1
1.3 我国地下空间发展现状、趋势与面临的问题 …… 3
1.4 地下工程施工技术进展 …… 4
1.5 学习要求 …… 6
习题 …… 7

第 2 章 明挖法施工 …… 8
2.1 基坑支护结构 …… 8
2.2 基坑降水 …… 21
2.3 无支护放坡开挖 …… 27
2.4 基坑支护开挖 …… 32
2.5 基坑工程监测 …… 34
习题 …… 44

第 3 章 盖挖法施工 …… 45
3.1 盖挖法施工概述 …… 45
3.2 盖挖顺作法 …… 45
3.3 盖挖逆作法 …… 47
习题 …… 48

第 4 章 隧道钻爆法施工 …… 49
4.1 开挖方法 …… 49
4.2 洞口及明洞施工 …… 55
4.3 隧道施工的辅助通道 …… 60
4.4 连拱隧道施工 …… 64
4.5 小净距隧道施工 …… 76
4.6 特殊地质地段施工 …… 79
习题 …… 94

第 5 章　顶管法施工 …… 95
5.1　概述 …… 95
5.2　顶管施工的基本原理和施工系统组成 …… 97
5.3　常用顶管施工技术 …… 103
习题 …… 109

第 6 章　沉管隧道施工 …… 110
6.1　概述 …… 110
6.2　临时干坞和管段制作 …… 113
6.3　沉管隧道施工作业 …… 115
6.4　基础处理与回填 …… 120
习题 …… 123

第 7 章　盾构法施工 …… 124
7.1　盾构概论 …… 124
7.2　盾构的基本构造 …… 128
7.3　盾构机的类型及选择 …… 135
7.4　盾构法施工过程 …… 140
7.5　盾构衬砌、注浆和防水 …… 150
习题 …… 155

第 8 章　隧道 TBM 掘进施工 …… 156
8.1　概述 …… 156
8.2　TBM 选型 …… 159
8.3　TBM 主机结构 …… 161
8.4　TBM 法施工工艺过程 …… 176
8.5　地质预报 …… 187
8.6　TBM 通过不良地质地段的措施 …… 189
习题 …… 191

第 9 章　沉井施工 …… 192
9.1　概述 …… 192
9.2　沉井的类型和构造 …… 193
9.3　沉井施工 …… 196
9.4　沉井下沉过程中遇到的问题及处理 …… 199
习题 …… 201

第 10 章　桩基础施工 …………………………………………………… 202
10.1　桩基础的类型和构造…………………………………………… 202
10.2　桩基础施工准备………………………………………………… 208
10.3　沉入桩施工……………………………………………………… 209
10.4　灌注桩施工……………………………………………………… 223
习题………………………………………………………………………… 234

第 11 章　辅助工法 ……………………………………………………… 235
11.1　冻结法…………………………………………………………… 235
11.2　注浆法…………………………………………………………… 239
11.3　地下连续墙法…………………………………………………… 245
习题………………………………………………………………………… 256

参考文献………………………………………………………………… 257

第1章　地下工程概述

【知识目标】（1）了解地下工程的定义与分类；（2）了解地下工程的特点；（3）了解地下工程施工技术与进展。

【能力目标】（1）掌握本课程的学习方法；（2）根据地下工程的定义，能够列举出相关的工程案例。

【素质目标】（1）培养学生良好的职业道德素养；（2）通过了解我国地下工程建设的技术与发展，培养学生的爱国情怀和民族自豪感。

1.1　地下工程的概念

地下工程是指深入地面以下、为开发利用地下空间资源所修筑的地下建筑物和构筑物，包括地下房屋和地下构筑物、地下铁道、公路隧道、水下隧道、地下共同沟（地下城市管道综合走廊）和过街地下通道等。就用途而言，包括各种工业、交通、民用和军用等地下工程。广义上包括各种用途的地下构筑物，如房屋和桥梁的基础，矿山井巷，输水、输油和煤气管线，信息与通信管线，以及其他一些公用和服务性的地下设施。作为一门学科，地下工程是从事研究和建造各种地面以下工程的规划、勘察、设计、施工和维护的一门综合性应用科学和工程技术，是土木工程的一个分支。

地下工程图片

1.2　地下工程的特点

1.2.1　地下工程的优点

（1）提高土地利用率

地下空间的利用，可大量节省地面空间，避免由于地面建筑物过分密集所产生的消极影响，提高土地的开发利用率。

（2）提高交通通行率

开发利用地下空间，可以在同一地点布置住宅和工作场所，缩短人们的出行路程，减少在路上所需要的时间并且降低能源的消耗量。另外，在地表下，商场、工厂和仓库等设施可以紧密布置，因而能降低材料及商品的运输成本和能源消耗。除了交通运输上的高效率外，建筑物之间的行人往来和活动也更为方便和有效。在密集的地方修建地下建筑物不仅能够有效地利用土地，而且还能提供连接周围建筑物的室内步行通道，使行人和地面车辆互不混杂干扰。

（3）具备特殊的防护能力

地震时，地震波的振幅随着传播距离的增大和震源深度的增加而减小。地面建筑物因只有基础在地下而受到很大的剪力，一般情况下，地下建筑物在地震中受到的影响要比地面建筑物小。对于地表建筑易受的灾害，如台风、暴雨、洪水等，地下建筑易于避免。遭到轰炸和核攻击时，地下建筑物可用作庇护所。

(4) 隔声与隔振

多数地下建筑物，除了少量露出地面的部分，都被巨大的岩(土)体包围，能够降低或完全消除噪声和振动。因此，地下建筑物可以用于要求安静和与周围隔离的环境，例如，一些特殊的实验室以及只允许有轻微振动的生产车间等。此外，当地下建筑物内部产生噪声时，岩(土)体可以起到降低对外部环境干扰的作用。

1.2.2 地下工程的缺点

地下建筑物建造在地表面以下，给设计和施工带来许多难题。地下建筑物的缺点如下。

(1) 观景和自然光线受限制

由于地下建筑物的一部分或全部都处于地表以下，因此，自然采光和向室外观景受到了限制。

(2) 出入和通行受限制

大部分行人和车辆的往来都是在地面上进行的，行人和车辆进出地下建筑物有一定的困难。交通是否方便，取决于地下建筑物接近地面的程度、场地的条件及与建筑物功能有关的进出要求。

(3) 可视性受限制

地下建筑物对地面上视野的遮挡影响很小，在很多场合是非常有利的，但有时也成为其缺点。例如，城市商业区的店铺必须让人从街道上就能够看到，有时商店还要依靠橱窗来吸引步行顾客的目光。一个全地下的商店，要使其具有吸引力和容易识别就困难得多。地面公共设施多用标志性的建筑物来引人注目，例如，大型商场、教堂、博物馆、体育馆等，全地下建筑物就无法起到这种作用。

(4) 不良的心理反应

把地下与死亡和埋葬联系在一起，害怕有坍塌破坏和被埋在里面的危险，以及由简陋的设计和通风不好的地下室联想到地下建筑物中必然潮湿和不舒适，可能导致人们产生忧虑、恐惧及其他不良的心理反应。

(5) 防水问题

地下建筑物与地面建筑物相比，渗水、漏水的可能性更大。如果地下建筑物有一部分在地下水位以下，防水的问题就更为突出。地下建筑物漏水修补时的主要困难是很难找到漏水的位置。即使能确定漏水的位置，也要开挖破坏建筑结构，所需费用较高。

(6) 施工较困难，安全风险较大

地下工程施工首先需要面对的是地质条件的多样性与复杂性。不同的地质条件对施工技术和支护方案提出了不同的要求。例如，松散破碎的地质、富含水分的地层、高压涌水等地质问题都会大大增加施工难度。地下工程的空间限制是施工过程中的一个重要问题。狭小的施工空间会影响施工机械的运作和施工人员的操作，增加施工的复杂性。

地下工程施工存在较高的安全风险，如坍塌、涌水、瓦斯爆炸等。这些风险可能导致工程事故，对施工人员和设备造成伤害。

地下工程的缺点不可忽视，但这些缺点并不构成绝对的障碍，通过精心设计和技术革新，可以最大限度地克服这些缺点。

1.3 我国地下空间发展现状、趋势与面临的问题

我国轨道交通的快速发展

1.3.1 地下空间发展现状

城市地下空间的开发利用历经300余年，从浅层利用到大规模开发，从解决城市问题到提升城市竞争力，空间资源的集约复合利用已经被视作支撑城市现代化持续发展的标准范式。以城市轨道交通、综合管廊、地下停车场为主导的中国城市地下空间开发每年以1.5万多亿元人民币规模的速度增长，据保守估计"十三五"期间，全国地下空间开发直接投资总规模约8万亿元人民币。

为推动中国经济有效增长，并为其提供重要的产业支撑，以地铁为主导的城市轨道交通、以综合管廊为主导的地下市政设施等快速崛起，城市地下空间开发利用呈现规模发展态势，中国已成为名副其实的地下空间开发利用大国。

1.3.2 地下空间发展趋势

地下空间开发与国家发展战略一致。《"十三五"国家科技创新规划》面向2030年"深度"布局，专项规划中提到要构筑国家先发优势，围绕"深空、深海、深地、深蓝"，发展保障国家安全和战略利益的技术体系。深地包括在城市空间安全利用、减灾防灾等方面的内容。之后，国家"十四五"发展规划和2035年远景目标纲要明确提出，统筹推进传统基础设施和新型基础设施建设，打造系统完备、高效实用、智能绿色、安全可靠的现代化基础设施体系。当前，全球的焦点是应对气候变化。中国第十四个五年规划和2035年远景目标纲要也为应对气候变化制定了明确的时间表：2030年前实现碳达峰，争取2060年前实现碳中和。为减少碳排放，地下空间可以多层、深层开发，容纳目前地面大量设施，释放地面空间，创造绿色生态环境。同时，通过低碳高效长寿命地下结构建造，尽量减少建设过程的浪费，确保基础设施全生命周期的低碳化是未来地下空间发展的必由之路。

地下空间开发与人民群众利益一致。新型城镇化进程的加速、人口环境压力的增长，地下空间资源开发利用已成为扩充城市空间容量、调节城市土地利用强度分布、有序配置城市空间资源的重要手段，是确保城市可持续发展、解决和缓解城市发展与空间资源矛盾的重要途径之一。

1.3.3 地下空间发展面临的问题

1.3.3.1 前期规划不合理

(1) 缺乏统筹规划，前期地下空间开发与地面建设不够协调，与城市规划很少衔接，功能上单一，形态上分散，地下空间与周边环境无法形成互联互通。

(2) 资源破坏严重，地下空间开发可逆性较差，浅层地下空间的无序开发和深层地下空间的无限制占用破坏了地下生态环境，增加了未来城市地下空间开发的难度。

1.3.3.2 绿色安全、低碳环保有待加强

在传统地下工程施工的过程之中，部分施工队伍过分追求经济效益或工程效果，忽略了对环境的影响。随着"绿水青山就是金山银山""碳达峰碳中和"绿色环保可持续理念的深入贯彻，绿色、安全、可持续发展，成为地下施工过程中最为重要的环节，给地下空间开发技术

提出更高要求。

1.4 地下工程施工技术进展

经过30多年快速城市化进程和地下工程的高速发展，中国地下空间施工技术有了显著提高。尤其是近年来大量代表性地下工程项目克服了微变形、小间距、大断面、大埋深、高精度、长距离、超大规模等技术难题，在近接施工、辅助施工技术和地下空间数智化技术方面均取得了较大突破，创新了地下工程的建造技术。

1.4.1 近接施工技术

1.4.1.1 盾构隧道下穿地铁运营隧道控制变形的精细技术

盾构下穿地铁运营隧道必须严格遵守《地铁限界标准》(CJJ/T 96—2018)，严格控制相关结构参数。经过多年实践，中国已成功掌握盾构下穿地铁运营隧道控制变形的精细技术。主要包括压力动态控制方法、群泵综合注浆加固技术、多参数准智能化控制技术和“人-机-环-测-控”准智能化施工综合技术。具体包括：

(1) 盾构推进时采用盾构土仓压力略高于地层压力的动态控制方法，可有效预防开挖面的涌水和坍塌。

(2) 采用基于时空效应的隧道围岩的群泵综合注浆加固技术对隧道进行矫正。实践发现盾构隧道多次下穿使土体发生多次扰动，导致既有地铁隧道的沉降变形随穿越次数而相互叠加，如深圳地铁3号线下穿1号线工程，首次下穿导致1号线沉降为5.1 mm，第2次下穿已扰动土体导致1号线沉降为12 mm，远大于隧道首次下穿诱发地层沉降。

(3) 在隧道变形监测时，采用孙钧院士提出的基于多步滚动预测法来逼近隧道沉降最小的多参数准智能化控制技术，可实现施工变形最小的模糊逻辑准智能化。

(4) 基于工程类比的敏感参数逼近的“人-机-环-测-控”准智能化施工综合技术，即动态操作、盾构机掘进、环境控制、变形实时监测和隧道矫正，较之以往盾构掘进“人-机-环”操控方法更为科学，沉降控制准度提高约65%。

1.4.1.2 矿山法隧道下穿建筑群关键技术

(1) 桩基托换

近年来，随着城市地下隧道数量的迅速增长，隧道穿越既有建(构)筑物的桩基不可避免，因此桩基托换技术被广泛应用于解决此类问题。桩基托换就是在既有建(构)筑物上施建一托换梁，将既有桩与梁相连接，使上部荷载传递到梁上，再通过梁传递到所新建的托换桩上，达到替代原桩来承受上部荷载的目的。

如深圳地铁1号线穿越22层百货广场以及广深铁路桥等30根桩基时采用了大量桩基置换技术。在百货广场桩基托换过程中，单桩最大轴力达15 734 kN，上部结构的变形控制在±1 mm内。

(2) 新型管幕法

新型管幕法具有断面形式灵活的特点，可用于修建大跨度地下结构。其施工方法大致分为3步：首先利用顶管技术在拟建的地下结构部位四周顶入多根大直径钢管，并采用钢管之间切割支护或利用结构环梁将钢管相互连接，在相互连接的大直径钢管内部施作永久性结构，最后对永久性结构所包围的土体进行开挖。

如深圳某地铁隧道下穿荔园新村小区。针对矿山法隧道下穿浅基础建筑群等地质条件复杂的特殊工况，利用单次钻进水平长度 120 m 的“孔口密封装置＋大功率定向动力钻头＋钻机组合”新型高精度管幕技术，配合“小管棚＋全断面注浆支护”技术等，成功连续下穿荔园新村小区 13 栋 8～9 层住宅浅基础建筑群。

1.4.2　辅助施工技术

1.4.2.1　富水地层冻结技术

富水地层冻结技术是指通过人工制冷方法将地层内的水冻结成冰以均匀加固地层，该法可在开挖体周围形成整体强度极高的冻土保护体，是确保工程安全的可靠技术，可提高地层整体力学性能。在地铁隧道等工程中大多需要对水平方向进行加固，水平冻结成套技术已经成为该类风险防控的最有效技术。通过采用冻结孔口止逆装置、冻结管取代钻杆技术，可实现钻孔和冻结管安装一次完成。该技术在港珠澳大桥拱北曲线隧道管幕间止水工程中得到成功应用，解决了港珠澳大桥拱北隧道管幕间止水的难题。

1.4.2.2　跨地铁运营隧道综合辅助施工技术

现阶段地铁沿线安保区大量的土地资源无法实现立体空间效能最大化利用，在一定程度上制约着城市的空间发展。释放地铁安保区土地，需解决以下三大技术问题：上部开挖卸载导致地层回弹时地铁运营隧道结构安全控制理论与技术；狭小空间新旧结构变形互不影响；地铁运营隧道施工全过程及工后全寿命稳定。经过多年理论和实践发展，成功提出跨地铁运营隧道综合辅助施工技术，包括以下 6 个方面：

(1) 地铁运营隧道被弱化围岩群泵综合注浆加固，对已扰动范围地层采取分层注多组分浆液方式，使开挖时地铁运营隧道的沉降可控。

(2) 采用超前钢护筒旋挖钻机施工桩基，最大限度减少对地铁运营隧道围岩和隧道结构本身的影响。

(3) 采用竖井跳挖方式以最大限度抑制地铁运营隧道结构的反弹上浮。

(4) 采用门式框反压结构。即上覆地层地下空间竖井跳挖到底时，立即架设约束地铁运营隧道反弹上浮的结构底板，抑制隧道在开挖相邻竖井时的反弹，承载桩距隧道外侧 3～5 m(盾构隧道扰动范围内)。

(5) 采用科学合理的结构。地下空间结构与隧道结构，二者竖向受力独立、变形相互隔离，确保上覆地层地下空间建设全过程和 2 种结构全寿命周期的安全稳定。

(6) 运用高精度三维激光隧道扫描仪与全站仪组合技术对地铁运营隧道进行实时自动化精确监测。

1.4.3　地下空间数智化技术

《城市地下空间开发利用“十三五”规划》强调促进实现城市地下空间数字化管理，提升城市地下空间管理标准化、信息化、精细化水平。地下空间是城市空间的重要组成部分，将地下空间纳入各地“数字城市”“智慧城市”的规划建设中，充分运用物联网、互联网、大数据等现代信息技术，加强地下空间信息数据库建设，建立地下空间变化监测和数据资源动态更新机制，实现地下空间信息的共建共享，消除信息孤岛，促进城市“生命线”高效协同管理，构建可视化的地下空间信息平台，实现“透明地下空间”。

1.4.3.1　地下空间设计的数字化

基于 BIM 技术、GIS 技术、视频融合技术建立地质信息三维可视化，基于交叉剖面的分区拼接交互建模、平面地质图和实际材料图的地质体自动建模、GPU与模板的多视点动态剖切技术、时间序列的四维动态分析技术、数值模拟的地下水四维模拟计算及动态预演技术等创新技术，完成地质结构模型的构建以及对地下水的数值模拟和模拟结果的直观、高效展示。借助现代数字化技术，实现地下工程合理设计。如深圳春风隧道项目通过BIM建模，整合各类基础数据，准确构建地质三维模型，为基坑开挖和隧道掘进提供可视化地质信息与风险预警；根据基坑开挖模型，可计算出基坑土方开挖工程量、土方开挖动画视频，进行3D交底。

1.4.3.2 地下空间施工的数字化

运用基于网络的地下工程施工可视化分析管理系统，建立工程施工的三维数字化模型，并采用智能设备，以实现数字化施工。通过三维可视化的360°全方位视角进行可视化交底，规避错误施工和返工风险，提高施工效率。如珠三角水资源配置工程项目通过基础设施智慧服务系统(is3)进行智能施工安全管控，系统基于多源地质信息建立海底盾构隧道地质模型，并利用地质统计学方法对断层破碎带地层位置进行预测，可实现工程数据管理、数据可视化、智能施工安全管控等功能。

1.4.3.3 地下空间监测的数字化

将无人机、三维激光扫描仪、机器人、光纤传感及图像处理等监测设备和技术应用于地下空间监测中，对地下工程自动化监测区域进行云数据采集，可缩短数据收集的时间，有效实现数字化监测。特别是对于大型复杂工程项目，利用数字化技术可实现对施工诱发地面变形、围岩变形等问题的实时监控，对工程及时准确预警。如深圳市轨道交通2号线地铁隧道自动化监测项目实现了三维激光扫描仪在隧道变形监测中的应用。

未来地下工程将向信息化、机械化、数字化、智能化发展，而这离不开多学科领域之间的相互融合，因此，需加强数智化技术在地下工程中的应用，建立基础性数据库，同时与BIM技术结合构建一个系统性的平台，实现整个建设过程的精细化、智能化以及信息化。

1.5 学习要求

在当前地下空间大规模开发利用的时代，土木工程师必须面对各种地下工程建设，因为许多中心城市的主要建筑工程、交通工程及地下工程融为一体，组成了一个复杂的综合体，因此，除要具备一般的土木工程知识外，对地下工程施工技术的了解也必不可少。对于岩土工程师或地下工程师来说，地下工程施工技术是一门专业必修课程。作为一门技术性较强的综合课程，地下工程施工将结构力学、弹性力学、混凝土结构、土力学、岩石力学、地下建筑结构、施工管理等方面的知识综合在一起，来研究地下工程施工技术以及施工管理，解决地下工程施工过程中所遇到的问题，研究在保证安全、经济的条件下，如何高效地建设地下工程，为国民经济建设服务。

本课程需要理论与实践相结合进行学习，作为一门实践性很强的课程，现场实践是学好本课程的重要手段，应先学习课本的理论知识，尤其是学习施工方法和各种施工技术，深入理解不同作业方式的特点和使用条件，然后结合认识实习、生产实习、毕业实习、课程设计和参观等手段进行现场观摩，了解具体的施工过程，巩固课堂上所学习到的知识。

习题

1. 地下工程的定义是什么?
2. 简述地下工程的分类。
3. 与地面工程相比,地下工程有哪些特点?

第2章 明挖法施工

【知识目标】 (1) 了解浅基坑支护的类型和深基坑支护的类型;(2) 掌握集水明排和井点降水的适用条件和技术要求;(3) 掌握无支护放坡开挖和基坑支护开挖的技术要点;(4) 熟悉基坑施工监测的应测项目、监测点布置、监测方法和数据处理及信息反馈。

【能力目标】 (1) 能编制基坑支护、基坑降水、基坑开挖和基坑监测的专项方案;(2) 能进行基坑施工技术交底;(3) 能进行基坑施工安全检查和质量检查。

【素质目标】 (1) 培养学生精益求精的工匠精神;(2) 培养学生树立"生命高于一切,确保人民群众生命和财产安全"的责任感。

为进行建筑物(构筑物)基础与地下室的施工所开挖的地面以下空间称为建筑基坑。在城市高层建筑、城市地铁和桥梁等工程建设中,经常要进行基坑开挖施工。所谓明挖法,是指地下结构工程施工时,从地面向下分层、分段依次开挖,直至达到结构要求的尺寸和高程,然后在基坑中进行主体结构施工以及防水作业,最后恢复地面的一种工法。明挖法施工简单、方便,地层表面附近(浅埋)的地下工程多采用明挖法进行修建,如房屋基础、地下商场、地下街、地下停车场、地铁车站、人防工程及地下工业建筑等。

明挖法通常分为无支护放坡开挖和基坑支护开挖两种形式。无支护放坡开挖的优点是不必设置支护结构,而且主体结构施工时场地较大,便于施工布置;缺点是开挖工程量相对较大,而且占用场地大。在场地条件受限的情况下,如城市地下工程施工常采用基坑支护开挖方法。为保证基坑侧壁稳定及邻近建筑物的安全,需采取基坑侧壁的支护加固措施,即设置基坑支护结构,包括支护桩墙、支撑系统、围檩、防渗帷幕、土钉及锚杆等。基坑支护结构是否安全,不仅直接关系到所建工程,而且关系到邻近已建工程。

施工时,是采用无支护放坡开挖还是基坑支护开挖,应根据工程地质条件、开挖工程规模、地面环境条件、交通状况等因素综合确定。

2.1 基坑支护结构

为给基坑开挖和基础施工创造条件,必须对基坑进行支护,其支护结构不仅需要承担较大的土压力和水压力,而且常需要达到防渗的目的,防止地表潜水和地下水渗入基坑。由于基坑工程周围通常存在已建建筑或管线等各种构筑物,因此基坑开挖后为避免土体变形,保护周边建筑、道路和管线的安全使用,需要用支护结构来维护基坑稳定。

基坑支护是为满足地下结构的施工要求及保护基坑周边环境的安全,对基坑侧壁采取的支护、加固与保护措施。随着围护技术在安全、经济、工期等方面要求的提高和围护技术的不断发展,在实际工程中采用的支护结构类型也越来越多。

2.1.1　浅基坑支护的类型

2.1.1.1　斜柱支撑

斜柱支撑的水平挡土板钉在柱桩内侧，柱桩外侧用斜撑支顶，斜撑底端支在撑桩上，在挡土板内侧回填土，如图 2-1 所示。适用于开挖较大型、深度不大的基坑或使用机械挖土时。

2.1.1.2　锚拉支撑

锚拉支撑的水平挡土板支在柱桩的内侧，柱桩一端打入土中，另一端用拉杆与锚桩拉紧，在挡土板内侧回填土，如图 2-2 所示。适用于开挖较大型、深度较深的基坑或使用机械挖土不能安设横撑时。

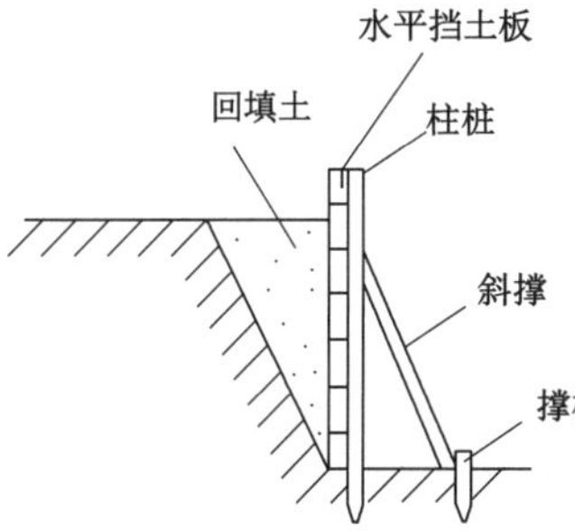

图 2-1　斜柱支撑

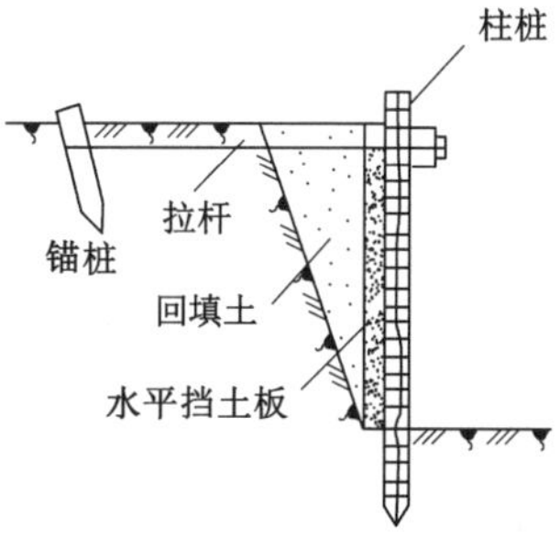

图 2-2　锚拉支撑

2.1.1.3　型钢桩横挡板支撑

型钢桩横挡板支撑沿挡土位置预先打入钢轨、工字钢或 H 型钢桩，间距 1.0～1.5 m，然后边挖方边将 3～6 cm 厚的挡土板塞进钢桩之间挡土，并在横向挡板与型钢桩之间打上楔子，使横板与土体紧密接触，如图 2-3 所示。适用于地下水位较低、深度不很大的一般黏性土层或砂土层。

2.1.1.4　短桩横隔板支撑

短桩横隔板支撑将小短木桩或钢桩部分打入土中，部分露出地面，钉上水平挡土板，在背面填土、夯实，如图 2-4 所示。适用于开挖部分地段下部放坡不够时宽度大的基坑。

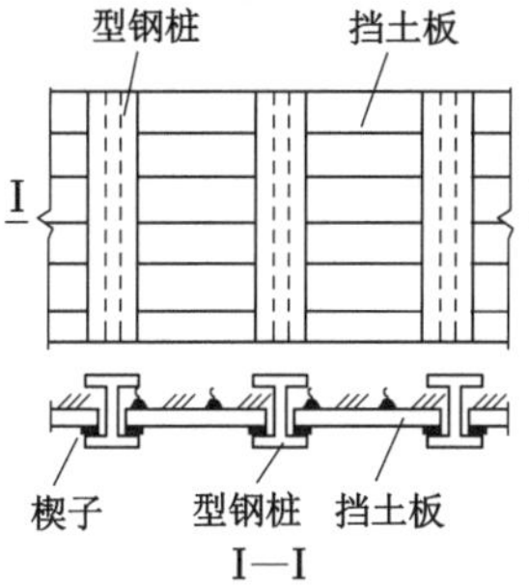

图 2-3　型钢桩横挡板支撑

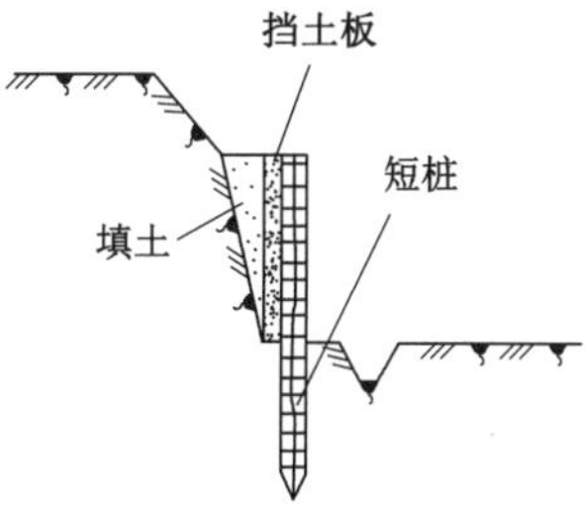

图 2-4　短桩横隔板支撑

2.1.1.5　临时挡土墙支撑

临时挡土墙支撑沿坡脚用砖、石叠砌或用编织袋、草袋装土、沙堆砌，使坡脚保持稳定，如图 2-5 所示。适用于开挖部分地段下部放坡不够时宽度大的基坑。

2.1.1.6　挡土灌注桩支护

挡土灌注桩支护在开挖基坑的周围施工，用钻机或洛阳铲成孔，桩径 400～500 mm，现场灌注钢筋混凝土桩，桩间距为 1.0～1.5 m，将桩间土方挖成外拱形，使之起土拱作用，如图 2-6 所示。适用于开挖邻近有建筑物不允许背面地基有下沉、位移时较大、较浅（小于 5 m）的基坑。

2.1.1.7　叠袋式挡墙支护

叠袋式挡墙支护采用编织袋或草袋装碎石（砂砾石或土）堆砌成重力式挡墙作为基坑的支护，在墙下部砌 500 mm 厚块石基础，墙底宽 1 500～2 000 mm，顶宽适当放坡卸土 1.0～1.5 m，表面抹砂浆保护，如图 2-7 所示。适用于一般黏性土、面积大、开挖深度在 5 m 以内的浅基坑支护。

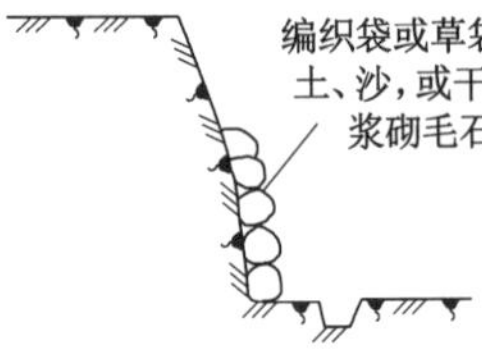

图 2-5　临时挡土墙支撑

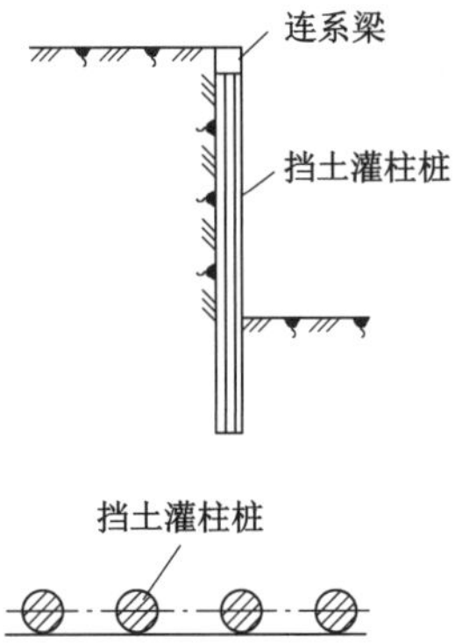

图 2-6　挡土灌注桩支护

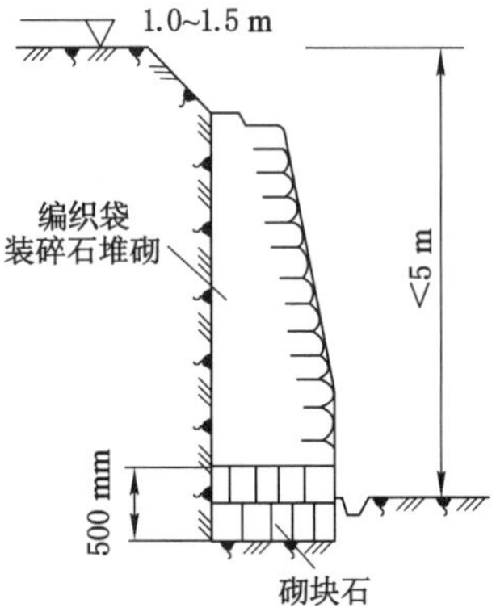

图 2-7　叠袋式挡墙支护

2.1.2　深基坑支护的类型

不同类型深基坑支护结构的特点见表 2-1。

表 2-1　不同类型深基坑支护结构的特点

类型	特点
地下连续墙	(1) 刚度大，开挖深度大，适用于所有地层； (2) 强度大，变位小，隔水性好，同时可兼作主体结构的一部分； (3) 可邻近建筑物、构筑物使用，环境影响小； (4) 造价高
重力式水泥土挡墙/水泥土搅拌桩挡墙	(1) 无支撑，墙体止水性好，造价低； (2) 墙体变位大
土钉墙	(1) 可采用单一土钉墙，也可与水泥土桩或微型桩等结合形成复合土钉墙； (2) 材料用量和工程量较少，施工速度快； (3) 施工设备轻便，操作方法简单； (4) 结构轻巧，较为经济

表 2-1(续)

类型		特点
排桩	型钢桩	(1) H 型钢的间距在 1.2～1.5 m； (2) 造价低，施工简单，有障碍物时可改变间距； (3) 止水性差，地下水位高的地方不适用，坑壁不稳的地方不适用
	预制混凝土式桩	(1) 施工简便，但施工有噪声； (2) 需辅以止水措施； (3) 自重大，受起吊设备限制，不适合大深度基坑
	钢板桩	(1) 成品制作，可反复使用； (2) 施工简便，但施工有噪声； (3) 刚度小，变形大，与多道支撑结合，在软弱土层中也可采用； (4) 新装时止水性尚好，如有漏水现象，需增加防水措施
	钢管桩	(1) 截面刚度大于钢板桩，在软弱土层中开挖深度大； (2) 需有防水措施相配合
	灌注桩	(1) 刚度大，可用在深、大基坑； (2) 施工对周边地层、环境影响小； (3) 需降水或和止水措施配合使用，如搅拌桩、旋喷桩等
	SMW 工法桩 (型钢水泥土搅拌墙)	(1) 强度大，止水性好； (2) 内插的型钢可拔出反复使用，经济性好(部分回收)； (3) 具有较好发展前景，上海等城市已有工程实践； (4) 用于软土地层时，一般变形较大

2.1.2.1　型钢桩

作为基坑支护结构主体的工字钢，型钢桩一般采用 I50 号、I55 号和 I60 号大型工字钢。基坑开挖前，在地面用冲击式打桩机沿基坑设计边线打入地下，桩间距一般为 1.0～1.2 m。若地层为饱和淤泥等松软地层也可采用静力压桩机和振动打桩机进行沉桩。基坑开挖时，随挖土方在桩间插入 50 mm 厚的水平木板，以挡住桩间土体。基坑开挖至一定深度后，若悬臂工字钢的刚度和强度都不够大，就需要设置腰梁和横撑或锚杆(索)，腰梁多采用大型槽钢、工字钢制成，横撑则可采用钢管或组合钢梁，其支撑平面形式如图 2-8 所示。

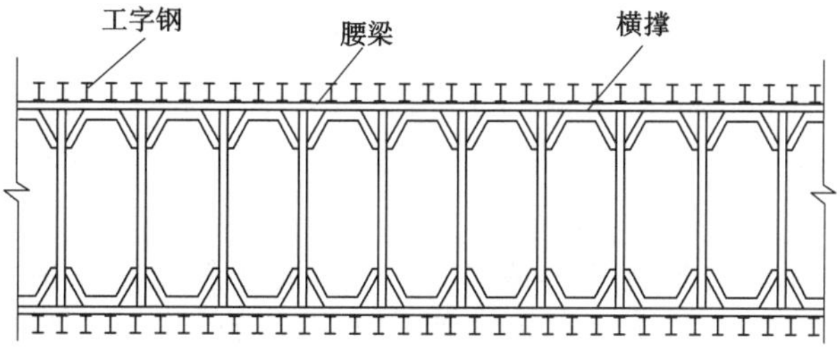

(a)

图 2-8　工字钢围护结构

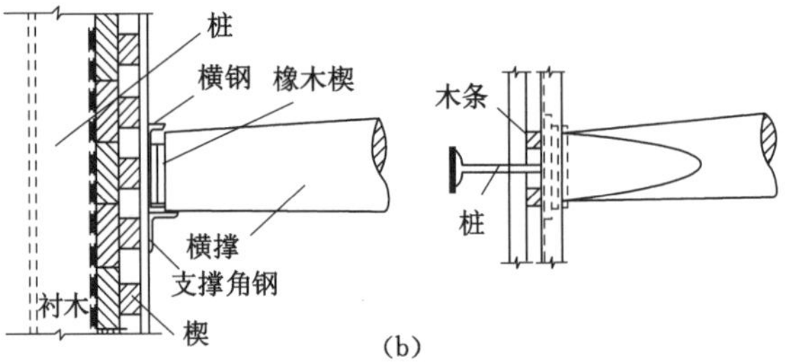

图 2-8(续)

工字钢桩围护结构适用于黏性土、砂性土和粒径不大于 100 mm 的砂卵石地层；当地下水位较高时，必须配合人工降水措施。打桩时，施工噪声一般都在 100 dB 以上，大大超过环境保护法规规定的限值。因此，这种围护结构一般用于距居民点较远的基坑施工。当基坑范围不大时，如地铁车站的出入口，临时施工竖井可以考虑采用工字钢做围护结构。

2.1.2.2 预制混凝土板桩

常用钢筋混凝土板桩截面的形式有 4 种：矩形、T 形、工字形及口字形。矩形截面板桩制作较方便，桩间采用槽榫接合方式，接缝效果较好，是使用最多的一种形式。T 形截面由翼缘和加劲肋组成，其抗弯能力较大，但施打较困难。翼缘直接起挡土作用，加劲肋则用于加强翼缘的抗弯能力，并将板桩上的侧压力传至地基上，板桩间的搭接一般采用踏步式止口。工字形薄壁板桩的截面形状较合理，因此受力性能好、刚度大、材料省，易于施打，挤土也较少。口字形截面一般由两块槽形板现浇组合成整体，在未组合成口字形前，槽形板的刚度较小。

预制混凝土板桩施工较为困难，对机械要求高，而且挤土现象很严重；此外，混凝土板桩一般不能拔出。因此，它在永久性的支护结构中使用较为广泛，但国内基坑工程中使用较少。

2.1.2.3 钢板桩与钢管桩

钢板桩强度高，桩与桩之间的连接紧密，隔水效果好，可重复使用。具有施工灵活、板桩可重复使用等优点，是基坑常用的一种挡土结构。但由于板桩打入时有挤土现象，而拔出时又会将土带出，而造成板桩位置出现孔隙，这将对周边环境造成一定影响。钢板桩回收在地下结构与钢板桩墙之间回填施工完成后进行。钢板桩在拔除前先用振动锤夹紧并振动，拔除后的桩孔及时注浆填充。此外，由于板桩的长度有限，因此其适用的开挖深度也受到限制，一般最大开挖深度在 7～8 m。板桩的形式有多种，拉森型是最常用的，在基坑较浅时也可采用大规格的槽钢(采用槽钢且有地下水时要辅以必要的降水措施)。采用钢板桩作支护墙时在其上口及支撑位置需用钢围檩将其连接成整体，并根据深度设置支撑或拉锚。

钢板桩与钢管桩图片

钢板桩常用的断面形式多为 U 形或 Z 形。我国地下铁道施工中多用 U 形钢板桩，其沉放和拔除方法、使用的机械均与工字钢桩相同。其构成方法可分为单层钢板桩围堰、双层钢板桩围堰等。由于地铁施工时基坑较深，为保证其垂直度且方便施工，并使其能封闭合拢，多采用帷幕式构造，如图 2-9 所示。

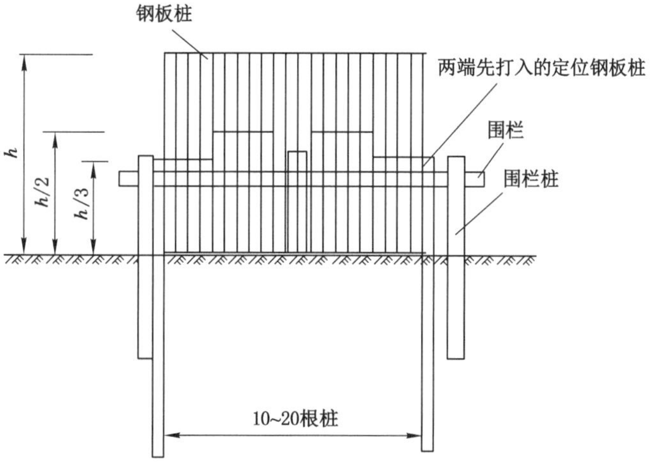

图 2-9　钢板桩围护结构

钢板桩结构与其他排桩围护相比刚度较低，这就对围檩的强度、刚度和连续性提出了更高的要求。其止水效果也与钢板桩的新旧、整体性及施工质量有关。在含地下水的砂土地层施工时，要保证齿口咬合，并应使用专门的角桩，以保证止水效果。

为提高钢板桩的刚度以适用于更深的基坑，可采用组合形式，也可用钢管桩。但钢管桩的施工难度比钢板桩更高，并且由于锁口止水效果难以保证，须有防水措施相配合。

2.1.2.4　钻孔灌注桩围护结构

钻孔灌注桩一般采用机械成孔。地铁明挖基坑中多采用螺旋钻机、冲击式钻机和正反循环钻机等。由于正反循环钻机采用泥浆护壁成孔，故成孔时噪声低，适用于城区施工，在地铁基坑和高层建筑深基坑施工中得到广泛应用。

钻孔灌注桩现场图片

悬壁式排桩桩径宜大于或等于 600 mm，拉锚式或支撑式排桩桩径宜大于或等于 400 mm。排桩的中心距不宜大于桩直径的 2 倍，桩身混凝土强度等级不宜低于 C25。排桩顶部应设置混凝土冠梁。灌注桩排桩应采用间隔成桩的施工顺序，已完成浇筑混凝土的桩与邻桩间距应大于 4 倍桩径，或间隔施工时间应大于 36 h。灌注桩顶应充分泛浆，泛浆高度不应小于 500 mm，设计桩顶标高接近地面时桩顶混凝土泛浆应充分，凿去浮浆后桩顶混凝土强度等级应满足设计要求。水下灌注混凝土时混凝土强度应比设计桩身强度提高一个强度等级。

钻孔灌注桩围护结构经常与止水帷幕联合使用，止水帷幕一般采用深层搅拌桩。如果基坑上部受环境条件限制，也可采用高压旋喷桩止水帷幕，但要保证高压旋喷桩止水帷幕施工质量。近年来，素混凝土桩与钢筋混凝土桩间隔布置的钻孔咬合桩也有较多应用，此类结构可直接作为止水帷幕。

2.1.2.5　SMW 工法桩(型钢水泥土搅拌墙)

SMW 桩挡土墙是利用搅拌设备就地切削土体，然后注入水泥类混合液搅拌形成均匀的挡墙，最后在墙中插入型钢，即形成一种劲性复合围护结构。此类结构在软土地区有较多应用。

型钢水泥土搅拌墙中三轴水泥土搅拌桩的直径宜采用 650 mm、850 mm、1 000 mm，内插的型钢宜采用 H 型钢。搅拌桩 28 d 龄期无侧限抗压强度不应小于设计要求且不宜小于 0.5 MPa，水泥宜采用强度等级不低于 42.5 级的普通硅酸盐水泥，材料用量和水胶比应结合土质条件和机械性能等指标通过现场试验确定。在填土、淤泥质土等特别软弱的土中以及在较硬的砂性土、砂砾土中，钻进速度较慢时，水泥用量宜适当提高。搅拌桩在砂性土中施工时宜外加膨润土。

SMW 工法桩
现场图片

当搅拌桩直径为 650 mm 时，内插 H 型钢截面宜采用 H500×300、H500×200；当搅拌桩直径为 850 mm 时，内插 H 型钢截面宜采用 H700×300；当搅拌桩直径为 1 000 mm 时，内插 H 型钢截面宜采用 H800×300、H850×300。型钢水泥土搅拌墙中型钢的间距和平面布置形式应根据计算确定，常用的内插型钢布置形式可采用密插型、插二跳一型和插一跳一型三种。单根型钢中焊接接头不宜超过 2 个，焊接接头的位置应避免设在支撑位置或开挖面附近等型钢受力较大处；相邻型钢的接头竖向位置宜相互错开，错开距离不宜小于 1 m，型钢接头距离基坑底面不宜小于 2 m。拟拔出回收的型钢，插入前应先在干燥条件下除锈，再在其表面涂刷减摩材料。

2.1.2.6 重力式水泥土挡墙

深层搅拌桩是用搅拌机械将水泥、石灰等和地基土相拌和，形成相互搭接的格栅状结构形式，也可相互搭接成实体结构形式。采用格栅形式时，要满足一定的面积转换率，对淤泥质土，不宜小于 0.7；对淤泥，不宜小于 0.8；对一般黏性土、砂土，不宜小于 0.6。由于采用重力式结构，开挖深度不宜大于 7 m。对嵌固深度和墙体宽度也要有所限制，对淤泥质土，嵌固深度不宜小于 $1.2h$（h 为基坑挖深），宽度不宜小于 $0.7h$；对淤泥，嵌固深度不宜小于 $1.3h$，宽度不宜小于 $0.8h$。

水泥土挡墙的 28 d 无侧限抗压强度不宜小于 0.8 MPa。当需要增加墙体的抗拉性能时，可在水泥土桩内插入钢筋、钢管或毛竹等杆筋。杆筋插入深度宜大于基坑深度，并应锚入面板内。面板厚度不宜小于 150 mm，混凝土强度等级不宜低于 C15。

2.1.2.7 地下连续墙

地下连续墙主要有预制钢筋混凝土连续墙和现浇钢筋混凝土连续墙两类，通常地下连续墙一般指后者。地下连续墙有如下优点：施工时振动小，噪声低，墙体刚度大，对周边地层扰动小；可适用于多种土层，除夹有孤石、大颗粒卵砾石等局部障碍物时影响成槽效率外，对黏性土、无黏性土、卵砾石层等各种地层均能高效成槽。

地下连续墙施工采用专用的挖槽设备，沿着基坑的周边，按照事先划分好的幅段，开挖狭长的沟槽。挖槽方式可分为抓斗式、冲击式和回转式等类型。地下连续墙的一字形槽段长度宜取 4～6 m。当成槽施工可能对周边环境产生不利影响或槽壁稳定性较差时，应取较小的槽段长度。必要时，宜采用搅拌桩对槽壁进行加固；地下连续墙的转角处有特殊要求时，单元槽段的平面形状可采用 L 形、T 形等。

地下连续墙的槽段接头应按下列原则选用：

(1) 地下连续墙宜采用圆形锁口管接头、波纹管接头、楔形接头、工字钢接头或混凝土预制接头等柔性接头。

(2) 当地下连续墙作为主体地下结构外墙且需要形成整体墙体时，宜采用刚性接头；刚性接头可采用一字形或十字形穿孔钢板接头、钢筋承插式接头等；在采取地下连续墙顶设置通长的冠梁、墙壁内侧槽段接缝位置设置结构壁柱、基础底板与地下连续墙刚性连接等措施时，也可采用柔性接头。

导墙是控制挖槽精度的主要构筑物，导墙结构应建于坚实的地基之上，并能承受水土压力和施工机具设备等附加荷载，不得产生移位和变形。

在开挖过程中，为保证槽壁的稳定，采用特制的泥浆护壁。泥浆应根据地质和地面沉降控制要求经试配确定，并在泥浆配制和挖槽施工中对泥浆的相对密度、黏度、含砂率和 pH 值等主要技术性能指标进行检验和控制。

每个幅段的沟槽开挖结束后，在槽段内放置钢筋笼，并浇注水下混凝土。然后将若干个幅段连成一个整体，形成一个连续的地下墙体，即现浇钢筋混凝土壁式连续墙，采用锁口管接头时的具体施工工艺流程如图 2-10 所示。

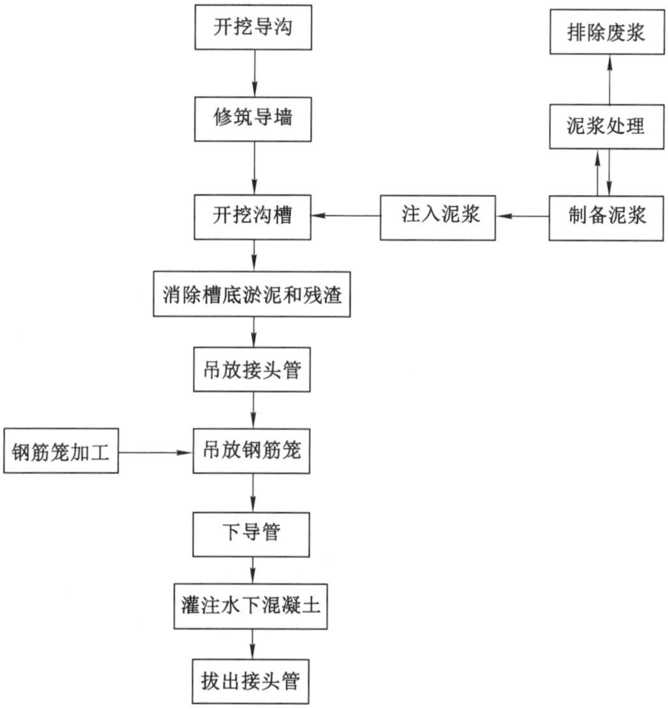

图 2-10　现浇混凝土壁式地下连续墙的施工工艺流程

2.1.2.8　土钉墙

土钉墙是一种原位土体加筋技术，是将基坑边坡用由钢筋制成的土钉进行加固，边坡表面铺设一道钢筋网，再喷射一层混凝土面层和土方边坡相结合的边坡加固型支护施工方法。其构造为设置在坡体中的加筋杆件（即土钉或锚杆）与其周围土体牢固黏结形成的复合体，以及面层所构成的类似重力挡土墙的支护结构，如图 2-11 所示。

土钉墙现场施工图片

2.1.2.8.1　土钉墙的施工工艺

（1）开挖土方，修正边坡。

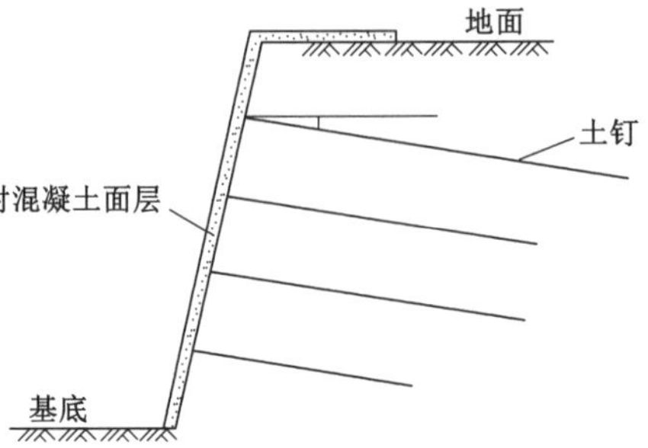

图 2-11 土钉墙

挖土分层厚度应与土钉竖向间距协调同步，逐层开挖并施工土钉，禁止超挖；挖土分段段长不得超过设计规定值；预留土墩尺寸不应小于设计值。分层开挖深度主要取决于暴露坡面的稳定能力，每层土方开挖的底标高应低于相应土钉位置，且距离不宜大于 200 mm，每层分段长度不应大于 30 m。土钉墙应按"自上而下，分层开挖，分层锚固，分层喷护"的原则组织施工，并及时挂网喷护，不得使坡面长期暴露而风化失稳。开挖后应及时封闭临空面，应在 24 h 内完成土钉安设和喷射混凝土面层，在淤泥质地层开挖时，应在 12 h 内完成土钉安设和喷射混凝土面层。对可能产生流动的土，土钉上下排距较大时，宜将开挖分为两层并严格控制开挖分层厚度，及时喷射混凝土底面层，上一层土钉完成注浆后，在土钉养护时间达到设计要求后或至少间隔 48 h 后方可允许开挖下一层土方。土钉墙、预应力锚杆复合土钉墙的坡度不宜大于 1∶0.2；当基坑较深、土的抗剪强度较低时，宜取较小坡度。对砂土、碎石土、松散填土，确定土钉墙坡度时应考虑开挖时坡面的局部自稳能力。微型桩、水泥土桩复合土钉墙，应采用微型桩、水泥土桩与土钉墙面层贴合的垂直墙面。

(2) 初喷底层混凝土。

(3) 设置土钉。

喷射混凝土工艺

土钉墙宜采用洛阳铲成孔的钢筋土钉。对易塌孔的松散或稍密的砂土、稍密的粉土、填土，或易缩径的软土宜采用打入式钢管土钉。对洛阳铲成孔或钢管土钉打入困难的土层，宜采用机械成孔的钢筋土钉。土钉水平间距和竖向间距宜为 1～2 m；当基坑较深、土的抗剪强度较低时，土钉间距应取小值。土钉倾角宜为 5°～20°，其夹角应根据土性和施工条件确定。土钉长度应按各层土钉受力均匀、各土钉拉力与相应土钉极限承载力的比值近于相等的原则确定。

成孔注浆型钢筋土钉的构造应符合下列要求：

① 成孔直径宜取 70～120 mm。

② 土钉钢筋宜采用 HRB400、HRB335 级钢筋，钢筋直径应根据土钉抗拔承载力设计要求确定，且宜取 16～32 mm。

③ 应沿土钉全长设置对中定位支架，其间距宜取 2～3 m，土钉钢筋保护层厚度不宜小于 20 mm。

④ 土钉孔注浆材料可采用水泥浆或水泥砂浆，其强度不宜低于 20 MPa。

钢管土钉的构造应符合下列要求：

① 钢管的外径不宜小于 48 mm,壁厚不宜小于 3 mm;钢管的注浆孔应设置在钢管 $L/2 \sim 2L/3$ 范围内,L 为钢管土钉的总长度;每个注浆截面的注浆孔宜取 2 个,且应对称布置,注浆孔的孔径宜取 5～8 mm,注浆孔外应设置保护措施。

② 钢管土钉的连接采用焊接时,接头强度不应低于钢管强度;可采用数量不少于 3 根、直径不小于 16 mm 的钢筋沿截面均匀分布拼焊,双面焊接时钢筋长度不应小于钢管直径的 2 倍。

对孔隙较大的土层,应采用较小的水灰比并应采取二次注浆方法保证土钉的设计承载力。

(4) 挂钢筋网。

钢筋直径宜为 6～10 mm,间距宜为 150～300 mm。土钉墙坡面上下段钢筋网搭接长度应大于 300 mm,钢筋与坡面的间隙应大于 20 mm。钢筋网可采用绑扎固定,钢筋连接宜采用搭接焊,焊缝长度不应小于钢筋直径的 10 倍。采用双层钢筋网时,第二层钢筋网应在第一层钢筋网被喷射混凝土覆盖后铺设。土钉与加强钢筋宜采用焊接连接,其连接应满足承受土钉拉力的要求;当在土钉拉力作用下喷射混凝土面层的局部受冲切承载力不足时,应采用设置承压钢板等加强措施。

(5) 复喷射混凝土。

细骨料宜选用中粗砂,含泥量应小于 3%,粗骨料最大粒径不宜大于 12 mm。水泥与砂石的重量比宜取 1∶4～1∶4.5,砂率宜取 45%～55%,水灰比宜取 0.4～0.45。使用速凝剂等外掺剂时,应做外掺剂与水泥的相容性试验及水泥净浆凝结试验,并应通过试验确定外掺剂掺量及掺入方法。喷射作业应分段依次进行,同一分段内喷射顺序应自下而上均匀喷射,一次喷射厚度宜为 50～70 mm,喷射混凝土强度等级不宜低于 C20,面层厚度不宜小于 80 mm。喷射混凝土时,喷头与土钉墙墙面应保持垂直,其距离宜为 0.8～1.0 m。喷射混凝土终凝 2 h 后应及时喷水养护。

2.1.2.8.2　土钉墙的特点

(1) 能够合理利用土体的自稳能力,将土体作为支护结构不可分割的部分,结构合理。

(2) 轻型结构,柔性大,有良好的抗震性和延性,破坏前有变形发展过程。

(3) 密封性好,完全将土坡表面覆盖,没有裸露土方,阻止或限制了地下水从边坡表面渗出,防止水土流失及雨水、地下水对边坡的冲刷侵蚀。

(4) 土钉数量众多,靠群体作用,即便个别土钉有质量问题或失效对整体的影响也不大。有研究表明:当某条土钉失效时,其周边土钉中,上排及同排的土钉将分担较大的荷载。

(5) 施工所需场地小,移动灵活,支护结构基本不单独占用空间,能贴近已有建筑物开挖,这是桩、墙等支护难以做到的。故在施工场地狭小、建筑距离近、大型护坡施工设备没有足够工作面等情况下,显示出独特的优越性。

(6) 施工速度快。土钉墙随土方开挖施工,分层分段进行,与土方开挖基本能同步,不需养护或单独占用施工工期,故多数情况下施工速度较其他支护结构的快。

(7) 施工设备及工艺简单,不需要复杂的技术和大型机具,施工对周围环境干扰小。

(8) 由于孔径小,与桩等施工方法相比,穿透卵石、漂石及填石层的能力更强一些。

且施工方便灵活，在开挖面形状不规则、坡面倾斜等情况下施工不受影响。

(9) 边开挖边支护便于信息化施工，能够根据现场监测数据及开挖暴露的地质条件及时调整土钉参数，一旦发现异常或实际地质条件与原勘查报告不符，能及时调整设计参数，避免出现大的事故，提高了工程的安全可靠性。

(10) 材料用量及工程量较少，工程造价较低。

2.1.2.9 内支撑结构

内支撑结构可选用钢支撑、混凝土支撑、钢与混凝土的混合支撑。

2.1.2.9.1 内支撑结构选型原则

内支撑结构应综合考虑基坑平面的形状、尺寸、开挖深度、周边环境条件、主体结构的形式等因素，内支撑形式有水平对撑或斜撑、正交或斜交的平面杆系支撑、环形杆系或板系支撑和竖向斜撑。内支撑结构选型应符合下列原则：

(1) 宜采用受力明确、连接可靠、施工方便的结构形式；

(2) 宜采用对称平衡性、整体性强的结构形式；

(3) 应与主体地下结构的结构形式、施工顺序协调，应便于主体结构施工；

(4) 应利于基坑土方开挖和运输；

(5) 需要时，应考虑内支撑结构作为施工平台。

2.1.2.9.2 内支撑的平面布置

内支撑的平面布置应符合下列要求：

(1) 内支撑的布置应满足主体结构的施工要求，宜避开地下主体结构的墙、柱。

(2) 相邻支撑的水平间距应满足土方开挖的施工要求；采用机械挖土时，应满足挖土机械作业的空间要求，且不宜小于 4 m。

(3) 基坑形状有阳角时，阳角处的斜撑应在两边同时设置。

(4) 当采用环形支撑时，环梁宜采用圆形、椭圆形等封闭曲线形式；并应按使环梁弯矩、剪力最小的原则布置辐射支撑；宜采用环形支撑与腰梁或冠梁交汇的布置形式。

(5) 水平支撑应设置与挡土构件连接的腰梁；当支撑设置在挡土构件顶部所在平面时，应与挡土构件的冠梁连接；在腰梁或冠梁上支撑点的间距，对钢腰梁不宜大于 4 m，对混凝土腰梁不宜大于 9 m。

(6) 当需要采用相邻水平间距较大的支撑时，宜根据支撑冠梁、腰梁的受力和承载力要求，在支撑端部两侧设置八字斜撑杆与冠梁、腰梁连接，八字斜撑杆宜在主撑两侧对称布置，且斜撑杆的长度不宜大于 9 m，斜撑杆与冠梁、腰梁之间的夹角宜取 45°～60°。

(7) 当设置支撑立柱时，临时立柱应避开主体结构的梁、柱及承重墙；对纵横双向交叉的支撑结构，立柱宜设置在支撑的交汇点处；对用作主体结构柱的立柱，立柱在基坑支护阶段的负荷不得超过主体结构的设计要求；立柱与支撑端部及立柱之间的间距应根据支撑构件的稳定要求和竖向荷载的大小确定，且对混凝土支撑不宜大于 15 m，对钢支撑不宜大于 20 m。

(8) 当采用竖向斜撑时，应设置斜撑基础，但应考虑与主体结构底板施工的关系。

2.1.2.9.3 内支撑的竖向布置

内支撑的竖向布置应符合下列要求：

(1) 支撑与挡土构件之间不应出现拉力。

（2）支撑应避开主体地下结构底板和楼板的位置，并应满足主体地下结构施工对墙、柱钢筋连接的要求；当支撑下方的主体结构楼板在支撑拆除前施工时，支撑底面与下方主体结构楼板间的净距不宜小于700 mm。

（3）支撑至基底的净高不宜小于3 m。

（4）采用多层水平支撑时，各层水平支撑宜布置在同一竖向平面内，层间净高不宜小于3 m。

2.1.2.9.4 内支撑结构构造

（1）混凝土支撑的构造应符合下列规定：

① 混凝土的强度等级不应低于C25。

② 支撑构件的截面高度不宜小于其竖向平面内计算长度的1/20；腰梁的截面高度（水平方向）不宜小于其水平方向计算跨度的1/10，截面宽度不应小于支撑的截面高度。

③ 支撑构件的纵向钢筋直径不宜小于16 mm，沿截面周边的间距不宜大于200 mm；箍筋的直径不宜小于8 mm，间距不宜大于250 mm。

（2）钢支撑的构造应符合下列规定：

① 钢支撑构件可采用钢管、型钢及其组合截面。

② 钢支撑受压杆件的长细比不应大于150，受拉杆件长细比不应大于200。

③ 钢支撑连接宜采用螺栓连接，必要时可采用焊接连接。

④ 当水平支撑与腰梁斜交时，腰梁上应设置牛腿或采用其他能够承受剪力的连接措施。

⑤ 采用竖向斜撑时，腰梁和支撑基础上应设置牛腿或采用其他能够承受剪力的连接措施；腰梁与挡土构件之间应采用能够承受剪力的连接措施；斜撑基础应满足竖向承载力和水平承载力要求。

（3）立柱的构造应符合下列规定：

① 立柱可采用钢格构、钢管、型钢或钢管混凝土等形式。

② 当采用灌注桩作为立柱的基础时，钢立柱锚入桩内的长度不宜小于立柱长边或直径的4倍。

③ 立柱长细比不宜大于25。

④ 立柱与水平支撑的连接可采用铰接。

⑤ 立柱穿过主体结构底板的部位，应有有效的止水措施。

⑥ 立柱桩混凝土的浇筑面宜高于设计桩顶500 mm。

⑦ 采用钢立柱时，立柱周围的空隙应用碎石回填密实，并宜辅以注浆措施。

⑧ 立柱的定位和垂直度宜采用专门措施进行控制，对钢格构柱、H型钢柱，尚应同时控制方向偏差。

（4）对预加轴向压力的钢支撑，施加预压力时应符合下列要求：

① 对支撑施加压力的千斤顶应有可靠、准确的计量装置。

② 千斤顶压力的合力点应与支撑轴线重合，千斤顶应在支撑轴线两侧对称、等距放置，且应同步施加压力。

③ 千斤顶的压力应分级施加，施加每级压力后应保持压力稳定10 min后方可施加下一级压力；预压力加至设计规定值后，应在压力稳定10 min后方可按设计预压力值进

行锁定。

④ 支撑施加压力过程中，当出现焊点开裂、局部压曲等异常情况时应卸除压力，在对支撑的薄弱处进行加固后，方可继续施加压力。

⑤ 当监测的支撑压力出现损失时，应再次施加预压力。

2.1.2.9.5 内支撑施工

支撑系统的施工与拆除顺序应与支护结构的设计工况一致，应严格执行先撑后挖的原则。立柱穿过主体结构底板以及支撑穿越地下室外墙的部位应有止水构造措施。腰梁施工前应去除腰梁处围护墙体表面浮泥和凸出墙面的混凝土。

(1) 混凝土支撑施工应符合下列要求：

① 冠梁施工前应清除围护墙体顶部泛浆。

② 支撑底模应具有一定的强度、刚度和稳定性，宜用模板隔离，采用土底模挖土时应清除吸附在支撑底部的砂浆块体。

③ 冠梁、腰梁与支撑宜整体浇筑，超长支撑杆件宜分段浇筑养护。

④ 顶层支承端应与冠梁或腰梁连接牢固。

⑤ 混凝土支撑应达到设计要求的强度后方可进行支撑下土方开挖。

(2) 钢支撑的施工应符合下列要求：

① 支撑端头应设置封头端板，端板与支撑杆件应满焊。

② 支撑与冠梁、腰梁的连接应牢固，钢腰梁与围护墙体之间的空隙应填充密实，采用无腰梁的钢支撑系统时，钢支撑与围护墙体的连接应满足受力要求。

③ 支撑安装完毕后，应及时检查各节点的连接状况，经确认符合要求后方可施加预应力，预应力应均匀、对称、分级施加。

④ 预应力施加过程中应检查支撑连接节点，预应力施加完毕后应在额定压力稳定后予以锁定。

⑤ 主撑端部的八字撑可在主撑预应力施加完毕后安装。

⑥ 钢支撑使用过程应定期进行预应力监测，预应力损失对基坑变形有影响时应对预应力损失进行补偿。

(3) 立柱施工应符合下列要求：

① 立柱的制作、运输、堆放应控制平直度。

② 立柱应控制定位、垂直度和转向偏差。

③ 立柱桩采用钻孔灌注桩时，宜先安装立柱，再浇筑桩身混凝土。

④ 基坑开挖前，立柱周边的桩孔应均匀回填密实。

(4) 支撑拆除应在形成可靠换撑并达到设计要求后进行，支撑拆除应符合下列要求：

① 钢筋混凝土支撑拆除可采用机械拆除、爆破拆除。

② 钢筋混凝土支撑的拆除，应根据支撑结构特点、永久结构施工顺序、现场平面布置等确定拆除顺序。

③ 采用爆破拆除钢筋混凝土支撑，爆破孔宜在钢筋混凝土支撑施工时预留，爆破前应先切断支撑与围檩或主体结构连接的部位。

④ 支撑结构爆破拆除前，应对永久结构及周边环境采取隔离防护措施。

2.2　基坑降水

基坑降水是指在开挖基坑时，地下水位高于开挖底面，地下水会不断渗入坑内，为保证基坑能在干燥条件下施工，防止边坡失稳、基础流沙、坑底隆起、坑底管涌和地基承载力下降而做的降水工作。

基坑突涌事故案例

2.2.1　基坑降水方法的选择

基坑降水依据场地的水文地质条件、基础规模、开挖深度、各土层的渗透性能等进行，可选择集水明排、降水以及回灌等方法单独或组合使用。常用地下水控制方法及适用条件宜符合表 2-2。

表 2-2　常用地下水控制方法及其适用条件

方法名称		土类	渗透系数 $/(\mathrm{cm\cdot s^{-1}})$	降水深度（地面以下）/m	水文地质特征
集水明排		填土、黏性土、粉土、砂土	$1\times10^{-7}\sim2\times10^{-4}$	≤3	上层滞水或潜水
降水	轻型井点			≤6	
	多级轻型井点			6～10	
	喷射井点		$1\times10^{-7}\sim2\times10^{-4}$	8～20	
	电渗井点		$<1\times10^{-7}$	6～10	
	真空降水管井		$>1\times10^{-6}$	>6	
	降水管井	黏性土、粉土、砂土、碎石土、黄土	$>1\times10^{-5}$	>6	含水丰富的潜水、承压水和裂隙水
回灌		填土、粉土、砂土、碎石土、黄土	$>1\times10^{-6}$	不限	不限

地下水控制应根据工程地质情况、基坑周边环境、支护结构形式选用截水、降水、集水明排或组合的技术方案。

在软土地区开挖深度浅时，可边开挖边用排水沟和集水井进行集水明排。当基坑开挖深度超过 3 m 时，一般要用井点降水。当因降水而危及基坑及周边环境安全时，宜采用截水或回灌方法。

当基坑底为隔水层且层底作用有承压水时，应进行坑底突涌验算。必要时可采取水平封底隔渗或钻孔减压措施，保证坑底土层稳定，避免突涌发生。

2.2.1.1　集水明排法

当基坑开挖不很深，基坑涌水量不大时，集水明排法是应用最广泛，亦是最简单、经济的方法。明沟、集水井排水多是在基坑的两侧或四周设置排水明沟，在基坑四角或每隔 30～40 m 设置集水井，使基坑渗出的地下水通过排水明沟汇集于集水井内，然后用水泵将其排出基坑，如图 2-12 所示。

排水明沟宜布置在拟建建筑基础边 0.4 m 以外，沟边缘离开边坡坡脚应不小于 0.3 m。排水明沟的底面应比挖土面低 0.3～0.4 m。集水井底面应比沟底面低 0.5 m 以上，并随基坑的挖深而加深，以保持水流畅通。明沟的坡度不宜小于 0.3%，沟底应采取防渗措施。集水井的净截面尺寸应根据排水流量确定。集水井应采取防渗措施。明沟、集水井排水，视水量多少连续或间断抽水，直至基础施工完毕、回填土为止。明沟排水设施与市政管网连接口之间应设置沉淀池。明沟、集水井、沉淀池使用时应排水畅通并应随时清理淤积物。当基坑开挖的土层由多种土组成，中部夹有透水性能的砂类土，基坑侧壁出现分层渗水时，可在基坑边坡上按不同高程分层设置明沟和集水井构成明排水系统，分层阻截和排除上部土层中的地下水，避免上层地下水冲刷基坑下部边坡造成塌方。

集水明排施工图片

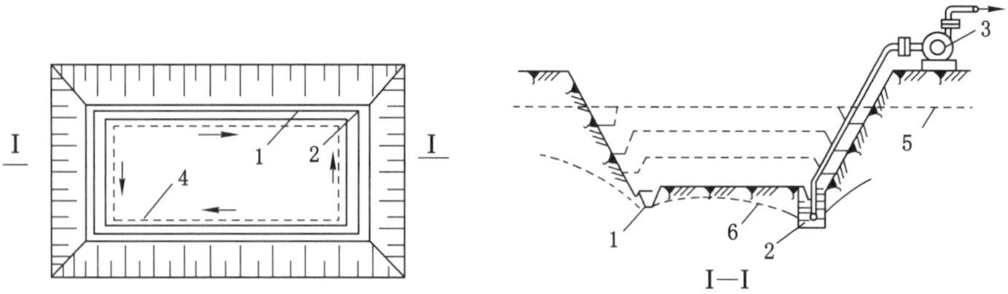

1—排水沟；2—集水井；3—离心式水泵；4—设备基础或建筑物基础边线；
5—原地下水位线；6—降低后地下水位线。

图 2-12 集水明排法

2.2.1.2 轻型井点

轻型井点系在基坑的四周或一侧埋设井点管深入含水层内，井点管的上端通过连接弯管与集水总管连接，集水总管再与真空泵和离心式水泵相连，启动抽水设备，地下水便在真空泵吸力的作用下，经滤水管进入井点管和集水总管。排出空气后，由离心式水泵的排水管排出，使地下水位降到基坑底以下。本法具有机具简单、使用灵活、装拆方便、降水效果好、可防止流沙现象发生、提高边坡稳定、费用较低等优点，但须配置一套井点设备。适于渗透系数为 0.1～20.0 m/d 的土以及土层中含有大量的细砂和粉砂的土或明沟排水易引起流沙、坍方等情况使用。轻型井点系统主要机具设备由井点管、连接管、集水总管及抽水设备等组成，如图 2-13 所示。

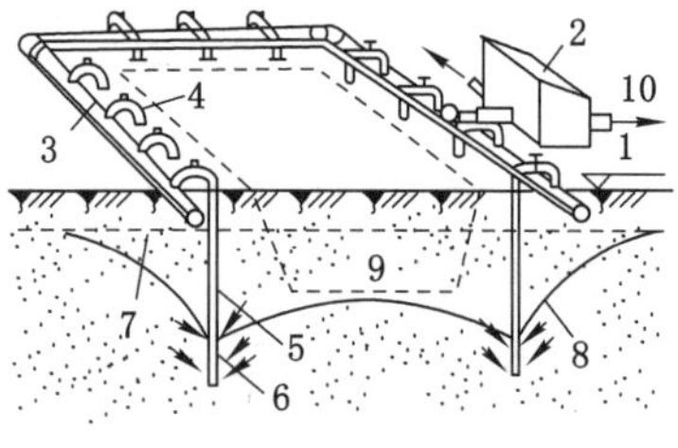

1—地面；2—水泵房；3—总管；4—连接弯管；5—井点管；6—滤管；7—原地下水位线；8—降低后地下水位线；9—基坑；10—降水排放河道。

图 2-13 轻型井点

(1) 平面布置

井点管的布置应根据基坑平面与大小、地质和水文情况、工程性质、降水深度等确定。当基坑(槽)宽度小于 6 m 且降水深度不超过 6 m 时，可采用单排井点，布置在地下水上游一侧，如图 2-14 所示；当基坑(槽)宽度大于 6 m 或土质不良，渗透系数较大时，宜采用双排井点，布置在基坑(槽)的两侧。

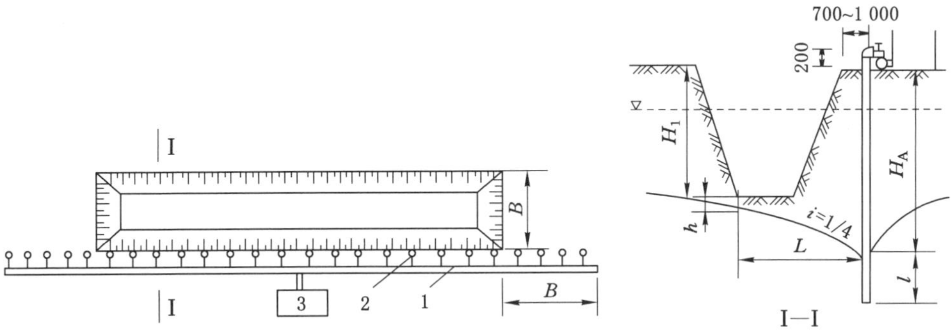

(a) 平面布置　　(b) 高程布置

1—总管;2—井点管;3—抽水设备。

图 2-14　单排线状井点布置图

当基坑面积较大时,宜采用环形井点,如图 2-15 所示。挖土运输设备出入道可不封闭,间距可达 4 m,一般留在地下水下游方向。轻型井点宜采用金属管,井管距坑壁不应小于 1.0～1.5 m (距离太小易漏气)。井点间距一般为 0.8～1.6 m。集水总管标高宜尽量接近地下水位线并沿抽水水流方向有 0.25%～0.5% 的上仰坡度,水泵轴心与总管齐平。

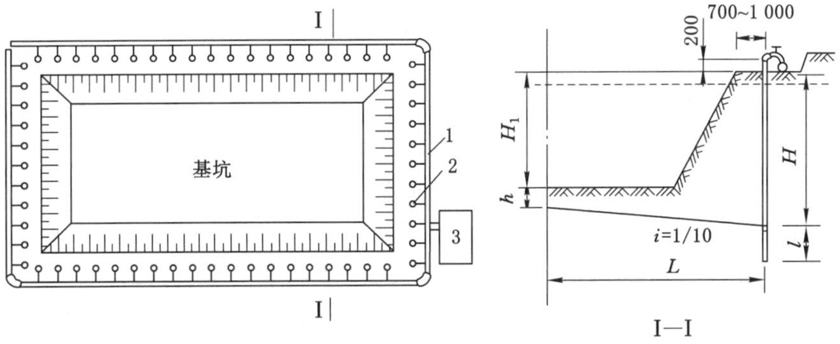

(a) 平面布置　　(b) 高程布置

1—总管;2—井点管;3—抽水设备。

图 2-15　环形井点布置图

(2) 高程布置

井点管的入土深度应根据降水深度及储水层所在位置决定,但必须将滤水管埋入含水层内,并且比挖基坑(沟、槽)底深 0.9～1.2 m ,井点管的埋置深度(H)应经计算确定。

$$H \geqslant H_1 + h + iL \tag{2-1}$$

式中　H_1——井点管埋设面至基坑底面的距离,m;

h——降低后的地下水位至基坑中心底面的距离,m,一般取 0.5～1.0 m;

i——水力坡度,单排井点为 1/4,双排井点为 1/7,环形井点为 1/10;

L——井点管至基坑中心的水平距离，m。

当计算出的 H 值大于降水深度 6 m 时，则应降低总管平面标高，以适应降水深度要求。此外，还要考虑井点管一般的标准长度，井点管露出地面 0.2～0.3 m。

2.2.1.3 喷射井点

喷射井点降水是在井点管内部装设特制的喷射器，用高压水泵或空气压缩机通过井点管中的内管向喷射器输入高压水（喷水井点）或压缩空气（喷气井点）形成水射流或气射流，将地下水经井点外管与内管之间的间隙抽出排走，如图 2-16 所示。本法采用设备较简单，排水深度大，可达 8～20 m，比多层轻型井点降水设备少、基坑土方开挖量少、施工快、费用低。适于基坑开挖较深、降水深度大于 6 m、土渗透系数为 0.1～20.0 m/d 的填土、粉土、黏性土、砂土中使用。

喷射井点施工应符合下列要求：

（1）井点管直径宜为 75～100 mm，井点管水平间距宜为 2.0～4.0 m（可根据不同土质和预降水时间确定）；

（2）成孔孔径不应小于 400 mm，成孔深度应大于滤管底端埋深 1.0 m；

（3）每套喷射井点的井点数不宜大于 30 根，总管直径不宜小于 150 mm，总长不宜大于 60 m，多套井点呈环圈布置时各套进水总管之间宜用阀门隔开，每套井点应自成系统；

（4）每根喷射井点沉设完毕后，应及时进行单井试抽，排出的浑浊水不得回入循环管路系统，试抽时间持续到水由浊变清为止；

（5）喷射井点系统安装完毕应进行试抽，不应有漏气或翻砂冒水现象，工作水应保持洁净，在降水过程中应视水质浑浊程度及时更换。

2.2.1.4 管井井点

管井井点由滤水井管、吸水管和抽水机械等组成，如图 2-17 所示。管井降水主要是将井点管埋设到一定深度的含水地层里，利用管井内外水位差，使土层里的地下水通过碎石滤层、滤网渗流入井管内，再通过井管内的抽水泵排出地面。另外，也可利用地面上安装的真空泵，通过管路连接，使井管内产生负压，利用井管内外压差，加速地下水的渗流，从而迫使降水区域内的地下水位快速下降，达到降低地下水之目的。

管井井点设备较简单，排水量大，降水较深，较轻型井点具有更大的降水效果，可代替多组轻型井点作用，水泵设在地面，易维护。井管外径不宜小于 200 mm，且大于抽水泵体最大外径 50 mm 以上，成孔孔径不小于 650 mm。管井埋设的深度和距离根据需降水面积、深度及渗透系数确定，一般间距 10～50 m，最大埋深可达 10 m。适用于在渗透系数较大、地下水丰富的土层、砂层，或在用明沟排水法易造成土粒大量流失引起边坡塌方及用轻型井点难以满足要求的情况下使用，但管井属于重力排水范畴，吸程高度受到一定限制，要求渗透系数较大（1～200 m/d）。

管井施工应符合下列要求：

（1）成孔施工可采用泥浆护壁钻进成孔，钻进中保持泥浆比重为 1.10～1.15，宜采用地层自然造浆，钻孔孔斜不应大于 1%，终孔后应清孔，直到返回泥浆内不含泥块为止；

（2）井管安装应准确到位，不得损坏过滤结构，井管连接应确保完整无隙，避免井管脱落或渗漏，应保证井管周围填砾厚度基本一致，应在滤水管上、下部各加 1 组扶正器，过滤器应刷洗干净，过滤器缝隙应均匀；

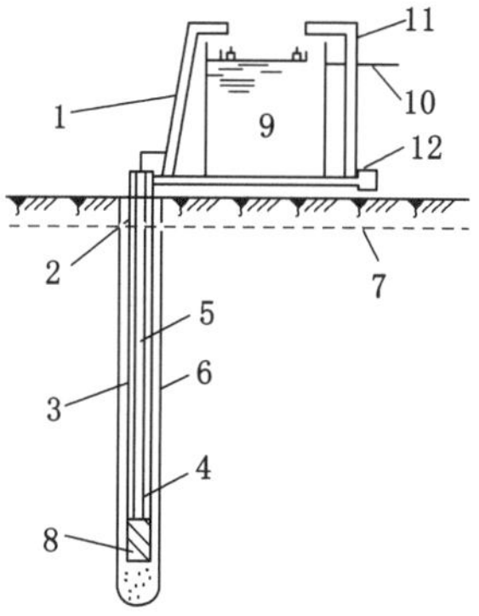

1—排水总管；2—黏土封口；3—填砂；4—喷射器；
5—给水总管；6—井点管；7—地下水位线；8—过滤器；
9—水箱；10—溢流管；11—调压管；12—水泵。

图 2-16　喷射井点

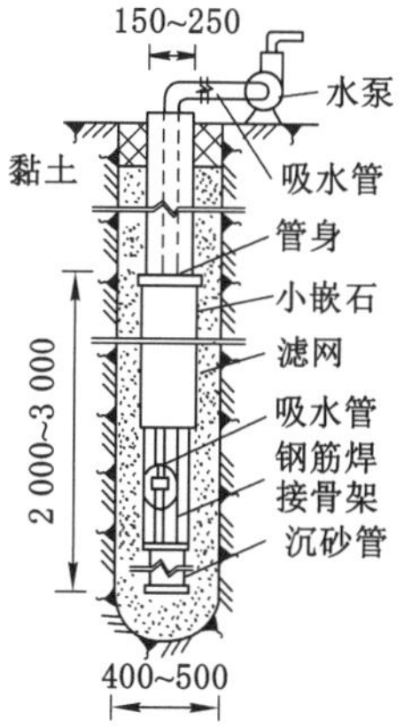

图 2-17　管井井点

(3) 井管安装结束后沉入钻杆，将泥浆缓慢稀释至比重不大于 1.05 后，将滤料徐徐填入，并随填随测填砾顶面的高度，在稀释泥浆时井管管口应密封；

(4) 宜采用活塞和空气压缩机交替洗井，洗井结束后应按设计要求的验收指标予以验收；

(5) 抽水泵应安装稳固，泵轴应垂直，连续抽水时，水泵吸口应低于井内扰动水位 2.0 m。

2.2.2　基坑的隔(截)水帷幕与坑内外降水

2.2.2.1　隔(截)水帷幕

隔(截)水帷幕是用于阻隔或减少地下水通过基坑侧壁与坑底流入基坑和控制基坑外地下水位下降的幕墙状竖向截水体。采用隔(截)水帷幕的目的是切断基坑外的地下水，防止地下水流入基坑，或减小地下水沿基坑帷幕的水力梯度。截水帷幕的厚度应满足基坑防渗要求，截水帷幕的渗透系数宜小于 1.0×10^{-6} cm/s。当基坑底存在连续分布、埋深较浅的隔水层时，应采用底端进入下卧隔水层的落底式帷幕；当坑底以下含水层厚度较大时需采用悬挂式帷幕，其深度要满足地下水从帷幕底绕流的渗透稳定要求，并应分析地下水位下降对周边建(构)筑物的影响。截水帷幕可选用旋喷法或摆喷注浆帷幕、水泥土搅拌桩帷幕、地下连续墙或咬合式排桩。支护结构采用排桩时，可采用高压旋喷或摆喷注浆与排桩相互咬合的组合帷幕。基坑的隔(截)水帷幕(或可以隔水的围护结构)周围的地下水渗流特征与降水目的、隔水帷幕的深度和含水层位置有关，利用这些关系布置降水井可以提高降水的效率，减少降水对环境的影响。隔(截)水帷幕与降水井布置需要依据有关条件综合考虑。

2.2.2.2　隔水帷幕与降水井布置

(1) 隔水帷幕隔断降水含水层

基坑隔水帷幕深入降水含水层的隔水底板中，井点降水以疏干基坑内的地下水为目的，如图 2-18 所示。这类隔水帷幕将基坑内的地下水与基坑外的地下水分隔开来，基坑内、外地下水无水力联系。此时，应把降水井布置于坑内，降水时，基坑外地下水不受影响。

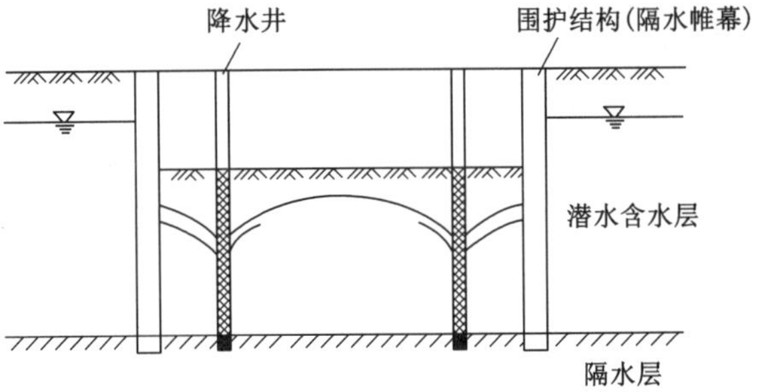

图 2-18 隔水帷幕深入降水含水层的隔水底板

(2) 隔水帷幕底位于承压水含水层隔水顶板

隔水帷幕底位于承压水含水层隔水顶板,通过井点降水降低基坑下部承压含水层的水头,以达到防止基坑底板隆起或承压水突涌的目的,如图 2-19 所示。

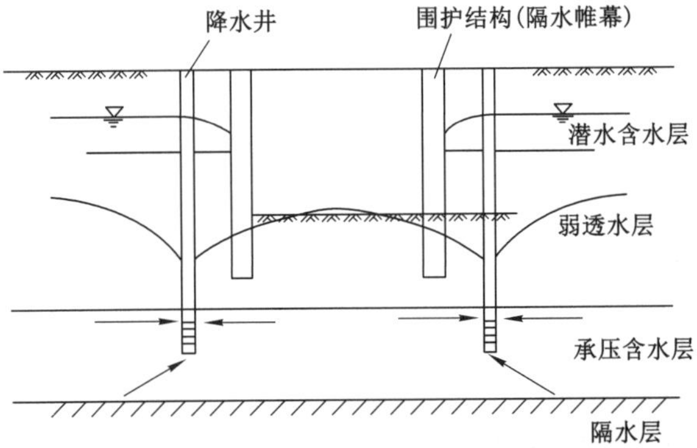

图 2-19 隔水帷幕底位于承压水含水层隔水顶板

这类隔水帷幕未将基坑内、外承压含水层分隔开。由于不受围护结构的影响,基坑内、外地下水连通,这类井点降水影响范围较大。此时,应把降水井布置于基坑外侧。因为即使布置在坑内,降水依然会对基坑外围有明显影响,反而会多出封井问题。

(3) 隔水帷幕底位于承压水含水层

隔水帷幕底位于承压水含水层中,如果基坑开挖较浅,坑底未进入承压水含水层,井点降水以降低承压水水头为目的;如果基坑开挖较深,坑底已经进入承压水含水层,井点降水前期以降低承压水水头为目的,后期以疏干承压含水层为目的,如图 2-20 所示 。这类隔水帷幕底位于承压水含水层中,基坑内、外承压含水层部分被隔水帷幕隔开,仅含水层下部未被隔开。由于受围护结构的阻挡,在承压含水层上部基坑内、外地下水不连续,下部含水层连续相通,地下水呈三维流态。随着基坑内水位降深的加大,基坑内、外水位相差较大。在这类情况下,应把降水井布置于坑内侧,这样可以明显减少降水对环境的影响,而且隔水帷幕插入承压含水层越深,这种优势越明显。

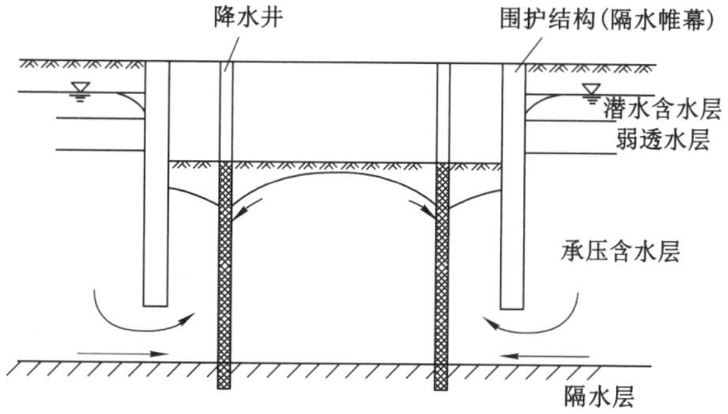

图 2-20　隔水帷幕底位于承压水含水层

2.2.3　回灌

当基坑周围存在需要保护的建(构)筑物或地下管线且基坑外地下水位降幅较大时,可采用地下水人工回灌措施。浅层潜水回灌宜采用回灌砂井和回灌砂沟,微承压水与承压水回灌宜采用回灌井,在回灌影响范围内,应设置水位观测井,并应根据水位动态变化调节回灌水量。

当采用坑内减压降水时,坑外回灌井深度不宜超过承压含水层中隔水帷幕的深度,以免影响坑内减压降水效果。当采用坑外减压降水时,回灌井与减压井的间距不宜小于 6 m。回灌井的深度、间距应通过计算确定。

回灌井可分为自然回灌井与加压回灌井。自然回灌井的回灌压力与回灌水源的压力相同,宜为 0.1～0.2 MPa。加压回灌井的回灌压力宜为 0.2～0.5 MPa,回灌压力不宜超过过滤器顶端以上的覆土重量。

回灌井施工结束至开始回灌,应至少有 2～3 周的时间间隔,以保证管井周围止水封闭层充分密实,防止或避免回灌水沿管井周围向上反渗、从地面喷溢等情况发生。管井外侧止水封闭层顶至地面之间,宜用素混凝土充填密实。为保证回灌畅通,回灌井过滤器部位宜扩大孔径或采用双层过滤结构。回灌过程中,每天应进行 1～2 次回扬,至出水由浑浊变清后,恢复回灌。回灌用水不得污染含水层中的地下水。

2.3　无支护放坡开挖

无支护放坡明挖法也称作敞口基坑法,包括全放坡开挖和半放坡开挖,如图 2-21 所示。

全放坡开挖是指基坑采取放坡开挖不进行坑墙支护,根据地质条件采用相应的边坡坡度,分段开挖至所需位置进行结构施工,完成后进行回填,将地面恢复到原来状态。半放坡开挖是在基坑底部设置一定高度的悬臂式钢桩加强土壁稳定。其槽底宽度是根据地下结构宽度的需要,并考虑施工操作空间确定。为了保持边坡稳定,常需要沿基坑两侧设井点降水。

2.3.1　适用条件

在空旷地段以及便于采用高效率的挖土机及翻斗卡车的情况下,常采用全放坡或半放坡开挖,不加支撑的基坑形式。

采用此种开挖方式工程造价较低,与一般的打桩施工开挖方法相比,不架设路面覆盖板,可使工费减少、工期缩短。但此方法占地宽,拆迁量、土方挖填量较大,工程区域的交通

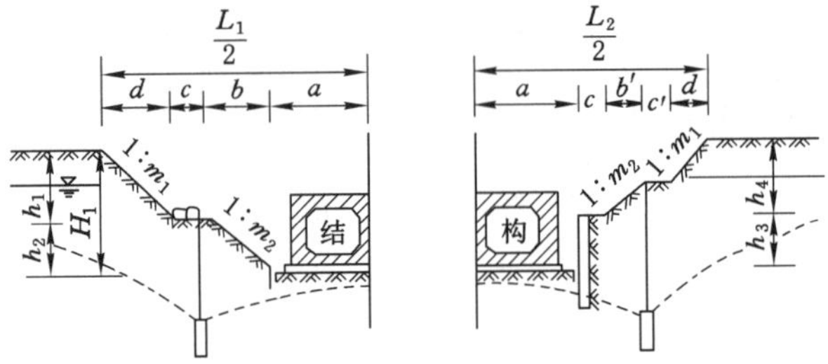

（a）全放坡开挖基坑断面　（b）半放坡开挖基坑断面

图 2-21　放坡开挖基坑断面

（$L_1 > L_2$）

被中断，在道路狭窄和交通繁忙的地区是不可行的。地质情况的好坏、渗水量的多少以及开挖深度等条件，是这种方式能否被采用的重要因素。敞口基坑法施工中，在施工管理中应充分注意基坑边坡防护和开挖对于附近建筑物、地下埋设物的影响。

2.3.2　基坑边坡设计与施工

边坡是指在建筑场地及其周边，由于建筑工程和市政工程开挖或填筑施工所形成的人工边坡和对建（构）筑物安全或稳定有不利影响的自然斜坡。边坡设计需要确定两个基本参数：边坡开挖深度和坡度。由于基坑的边坡稳定主要是通过边坡土质的抗剪强度来实现的，所以边坡开挖的深度以及坡度都受到土体抗剪强度的限制。采用放坡开挖的基坑，应验算基坑边坡的整体稳定性。多级放坡应同时验算各级边坡和多级边坡的整体稳定性。基坑坡脚附近有局部深坑且坡脚与局部深坑的距离小于 2 倍深坑的深度时，应按深坑的深度验算边坡稳定性。

2.3.2.1　土方边坡开挖不加支撑的深度和坡度要求

根据《土方与爆破工程施工及验收规范》（GB 50201—2012），当地下水位低于基层，在温度正常的土层中开挖基坑（槽），且敞露时间不长时，可做成直立壁不加支撑，但挖方的深度不宜超过下列规定：① 碎石土和砂土，1.0 m；② 轻亚黏土及亚黏土，1.25 m；③ 黏土，1.5 m；④ 坚硬的黏性土，2 m。在施工过程中，应经常检查沟壁的稳定情况。当土的湿度、土质及其他地质条件较好且地下水位低于基底，基坑（槽）深度在 5 m 以内且不加支撑时，其边坡的最大允许坡度见表 2-3。

表 2-3　深度在 5 m 内不加支撑的边坡最大允许坡度

土的类别	边坡坡度（高：宽）		
	人工挖土并将土抛于坑（槽）上边	机械挖土	
		在坑（槽）底挖土	在坑（槽）上边挖土
轻亚黏土	1：0.67	1：0.50	1：0.75
亚黏土	1：0.50	1：0.33	1：0.75
黏土	1：0.33	1：0.25	1：0.67
中密碎石土	1：0.67	1：0.50	1：0.75

注：① 如人工挖土不把土抛到基坑（槽）而随时将土运往弃土场时，则应改用机械挖土的坡度。

② 在有充足经验和足够资料时，可不受此表所限。

2.3.2.2 影响基坑边坡稳定的因素

基坑边坡坡度是直接影响基坑稳定的重要因素。当基坑边坡土体中的剪应力大于土体的抗剪强度时，边坡就会失稳坍塌。施工不当也会造成边坡失稳：

基坑边坡失稳事故案例

（1）没有按照设计坡度进行边坡开挖。

（2）基坑坡顶堆载过大。

（3）基坑降排水措施不利，地下水未降至基底以下，而地面雨水、基坑周围地下给排水管线漏水渗流至基坑边坡的土层中，使土体湿化，土体自重加大，增加土体中的剪应力。

（4）基坑开挖后暴露时间过长，经风化而使土体变松散。

（5）基坑开挖过程中，未及时刷坡，甚至挖反坡，使土体失去稳定性。

边坡工程安全等级

2.3.2.3 确定基坑边坡稳定性

确定基坑边坡稳定性有3种方法，即计算法、图解法和查表法，一般采用查表法。见表2-4、表2-5。

表2-4 岩石基坑边坡坡度经验值

岩石类别	风化程度	坡度值（高∶宽）	
		8 m以内	8～15 m
硬质岩石	微风化	1∶(0.1～0.2)	1∶(0.2～0.35)
	中等风化	1∶(0.2～0.35)	1∶(0.35～0.5)
	强风化	1∶(0.35～0.5)	1∶(0.5～0.75)
软质岩石	微风化	1∶(0.35～0.5)	1∶(0.5～0.75)
	中等风化	1∶(0.5～0.75)	1∶(0.75～1.00)
	强风化	1∶(0.75～1.0)	1∶(1.00～1.25)

表2-5 土质基坑边坡坡度经验值

土的类别	密实度或状态	坡度值（高∶宽）		
		5 m以内	5～10 m	10～15 m
碎石土	密实	1∶(0.35～0.5)	1∶(0.5～0.75)	1∶(0.75～1.0)
	中密	1∶(0.5～0.75)	1∶(0.75～1.0)	1∶(1.0～1.25)
	稍密	1∶(0.75～1.0)	1∶(1.0～1.25)	1∶(1.25～1.5)
粉土	$S\leqslant 0.5$	1∶(1.0～1.25)	1∶(1.25～1.5)	1∶(1.5～1.75)
黏性土	坚硬	1∶(0.75～1.0)	1∶(1.0～1.25)	1∶(1.25～1.5)
	硬塑	1∶(1.0～1.25)	1∶(1.25～1.5)	1∶(1.5～1.75)

注：S表示饱和度。

遇到下列情况之一时，应进行边坡稳定性验算：

(1) 坡顶有堆积荷载和动载。

(2) 边坡高度和坡度超过表 2-5 允许值。

(3) 有软弱结构面的倾斜地层。

(4) 岩层和主要结构层面的倾斜方向与边坡开挖面倾斜方向一致，且二者走向的夹角小于 45°。

2.3.2.4 基坑开挖注意事项

由于种种原因，常常出现施工工况和原设计条件不相符合的情况，此时必须对基坑边坡重新验算。如果安全度不足，应采取相应的补救措施。所以在施工过程中应注意以下几点。

(1) 根据土层的物理力学性质确定基坑边坡坡度，并于不同土层处做成折线形或留置台阶。

(2) 不要在已开挖的基坑边坡的影响范围内进行动力打入或静力压入的施工活动，如必须打桩，应对边坡削坡和减载，打桩采用重锤低击、间隔跳打。

(3) 不要在基坑边坡堆加过重荷载，若需在坡顶堆载或行驶车辆时，必须对边坡稳定进行核算，控制堆载指标。

(4) 施工组织设计应有利于维持基坑边坡稳定，如土方出土宜从已开挖部分向未开挖方向后退，不宜沿已开挖边坡顶部出土，应采用由上至下的开挖顺序，不得先切除坡脚。

(5) 注意地表水的合理排放，防止地表水流入基坑或渗入边坡。放坡开挖的基坑，坡顶应设置截水明沟，明沟可采用铁栅盖板或水泥预制盖板。

(6) 采用井点等排水措施，降低地下水位。单级放坡基坑的降水井宜设置在坡顶，多级放坡基坑的降水井宜设置在坡顶、放坡平台；降水对周边环境有影响时，应设置隔水帷幕。基坑边坡位于淤泥、暗塘等较软弱的土层时，应进行土体加固。将水位降低至坑底以下 50 cm，以利挖方进行。降水工作应持续到基础施工(包括地下水位下回填土)完成。

边坡工程监测项目表

(7) 边坡工程施工应采用信息法，施工过程中应对边坡工程及坡顶建(构)筑物进行实时监测，及时了解和分析监测信息，对可能出现的险情应制定防范措施和应急预案。施工中发现与勘察、设计不符或者出现异常情况时，应停止施工作业，并及时向建设、勘察、施工、监理、监测等单位反馈，研究解决措施。

(8) 基坑开挖过程中，随挖随刷边坡，不得挖反坡；开挖宽度较大的基坑，当在局部地段无法放坡，或下部土方受到基坑尺寸限制不能放较大坡度时，应在下部坡脚采取加固措施，如采用短桩与横隔板支撑或砌砖、砌毛石或用编织袋、草袋装土堆砌临时矮挡土墙，保护坡脚。

(9) 放坡基坑施工中，开挖后暴露时间较长的基坑，应采取护坡措施。

2.3.2.5 基坑边坡失稳的防止措施

(1) 边坡修坡。改变边坡外形，将边坡修缓或修成台阶形，如图 2-22 所示。这种方法的目的是减少基坑边坡的下滑重量，因此必须结合在坡顶卸载(包括卸土)才更有效果。放坡开挖的基坑边坡坡度应根据土层性质、开挖深度确定，各级边坡坡度不宜大于 1：1.5，淤泥质土层中不宜大于 1∶2.0；多级放坡开挖的基坑，坡间放坡平台宽度不宜小于 3.0 m，且不应小于 1.5 m。

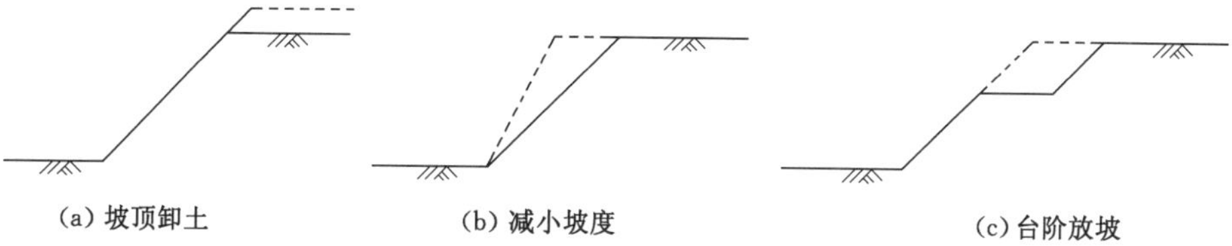

图 2-22　边坡修坡

(2) 设置边坡护面。设置基坑边坡混凝土护面的目的是控制地表水经裂缝渗入边坡内部，从而减少因为水的因素导致土体软化和孔隙水压力上升的可能性。护坡面层宜扩展至坡顶和坡脚一定的距离，坡顶可与施工道路相连，坡脚可与垫层相连。护面可以做成 10 cm 混凝土面层。为增加边坡护坡面的抗裂强度，内部可以配置一定的构造钢筋(如 ϕ6@300)。如图 2-23 所示。

(3) 边坡坡脚抗滑加固。当基坑开挖深度大，而边坡又因场地限制不能继续放缓时，可以对边坡抗滑范围的土层进行加固，如图 2-24 所示。采用的方法有：设置抗滑桩、旋喷法、分层注浆法、设置深层搅拌桩等。

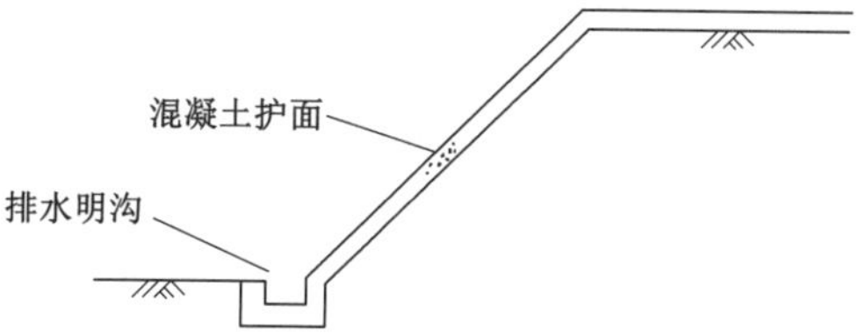

图 2-23　基坑边坡设置混凝土护面

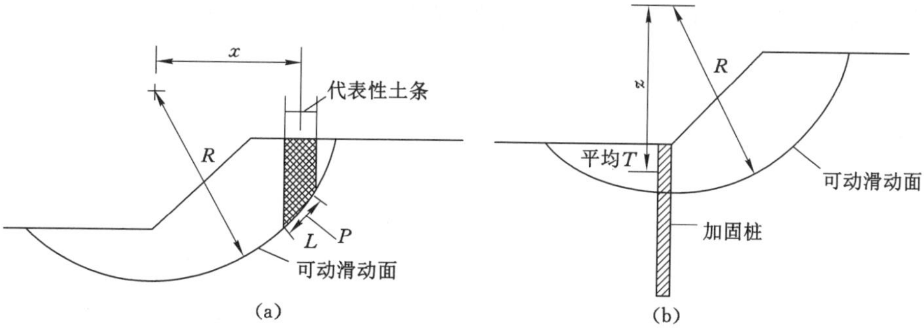

图 2-24　基坑边坡坡脚抗滑加固

采用这种方法的时候必须注意加固区应穿过滑动面并在滑动面两侧保持一定范围。

(4) 植物防护和坡面绿化。植草宜选用易成活、生长快、根系发达、叶茎矮或有匍匐茎的多年生当地草种；铺草皮适用于需要快速绿化的边坡，且坡率缓于 1∶1.00 的土质边坡和严重风化的软质岩石边坡；草皮应选择根系发达、茎矮叶茂耐旱草种，不宜采用喜水草种，严禁采用生长在泥沼地的草皮；植树宜用于坡率缓于 1∶1.50 的边坡；树种应选用能迅速生长且根深枝密的低矮灌木类；湿法喷播绿化适用于土质边坡、土夹石边坡、严重风化岩石的坡率缓于 1∶0.50 的挖方和填方边坡防护；客土喷播与绿化适用于风化岩石、土壤较少的软质岩石、养分较少的土壤、硬质土壤，植物立地条件差的高大陡坡面和受侵蚀显著的坡面；当坡率陡于 1∶1.00 时，宜设置挂网或混凝土格构。

2.3.2.6 基坑开挖施工

由于放坡开挖的基坑一般是针对浅埋地下工程而设的，土方开挖的工程量大，若采用人工，则劳动强度大，工期在工程总工期中所占的比重达 25%～30%，成为影响施工进度的重要因素。因此，应尽可能采用生产效率高的大型挖土和运输机械施工。

对于放坡开挖，目前常用的方法有人工开挖、小型机械开挖和大型机械开挖。人工开挖效率低、劳动强度大，一般只在土方量小，如修坡或缺乏机械开挖的情况下采用。当用人工挖土，基坑挖好后不能立即进行下道工序时，应预留 15～30 cm 一层土不挖，待下道工序开始再挖至设计标高。小型机械常见的有蟹斗、绳索拉铲等简易挖土机械，小型开挖机械一般在施工空间受限制而无法采用大型机械的情况下采用。对于大面积的土方开挖，采用大型机械如单斗挖土机、铲运机。大型机械工作效率很高，一台大型机械可以代替数百人的劳动，可以大大节约人力，加快进度。机械挖土对土的扰动较大，且不能准确地将基底挖平，容易出现超挖现象，为避免破坏基底土，应在基底标高以上预留一层结合人工挖掘修整。使用铲运机、推土机时，保留土层厚度为 15～20 cm ，使用正铲、反铲或拉铲挖土时为 20～30 cm。

相邻基坑开挖时，应遵循先深后浅或同时进行的施工程序。挖土应自上而下水平分段分层进行，边挖边检查坑底宽度及坡度，不够时及时修整至设计标高，再统一进行一次修坡清底，检查坑底宽度和标高。

雨期施工时，基坑应分段开挖，挖好一段浇筑一段垫层，并应在坑顶、坑底采取有效的截排水措施；同时，应经常检查边坡和支撑情况，以防止坑壁受水浸泡，造成塌方。基坑开挖时，应对平面控制桩、水准点、平面位置、水平标高、边坡坡度、排水系统等经常复测检查。

基坑挖完后应进行验槽，做好记录。如发现地基土质与地质勘探报告、设计要求不符时，应与有关人员研究及时处理。

2.4 基坑支护开挖

当基坑开挖深度较大，基坑周边有重要的建筑物或地下管线时，通常不能采用无支护放坡开挖，这就需要设置支护结构(包括围护墙、支撑系统、围檩、防渗帷幕等)，进行基坑支护开挖施工。一般认为，当基坑开挖深度超过 7 m 时，就需要考虑设置支护结构。基坑支护开挖步骤如图 2-25 所示。

基坑开挖前，应根据该工程基础结构形式、基坑支护形式、基坑深度、地质条件、气候条件、周边环境、施工方法、施工周期和地面荷载等相关资料，确定基坑开挖安全施工方案。基坑开挖应按照先撑后挖、限时支撑、分层开挖、严禁超挖的原则确定开挖顺序，应减小基坑无支撑暴露开挖时间和空间。混凝土支撑应在达到设计要求的强度后进行下层土方开挖；钢支撑应在质量验收并施加预应力后进行下层土方开挖。

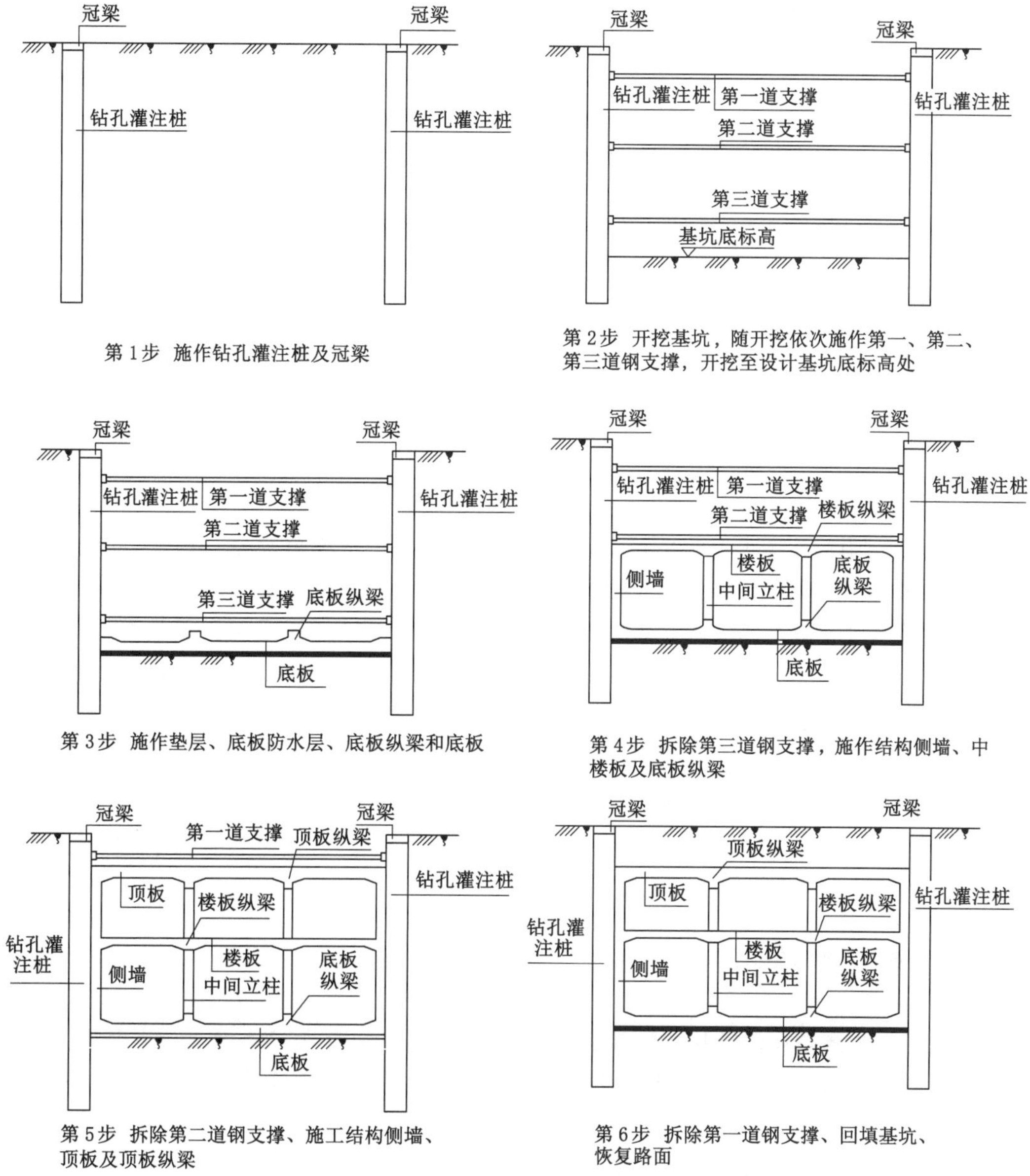

第 1 步　施作钻孔灌注桩及冠梁

第 2 步　开挖基坑，随开挖依次施作第一、第二、第三道钢支撑，开挖至设计基坑底标高处

第 3 步　施作垫层、底板防水层、底板纵梁和底板

第 4 步　拆除第三道钢支撑，施作结构侧墙、中楼板及底板纵梁

第 5 步　拆除第二道钢支撑、施工结构侧墙、顶板及顶板纵梁

第 6 步　拆除第一道钢支撑、回填基坑、恢复路面

图 2-25　基坑支护开挖步骤

中心岛式挖土是一种适合于大型基坑的，以中心为支点，向四周开挖土方，且利用中心岛为支点架设支护结构的挖土方式，如图 2-26 所示。支护结构的支撑形式为角撑、环梁式或边桁架式，中间具有较大空间情况。此时可以利用中间的土墩作为支点搭设栈桥，挖土机可利用栈桥下到基坑挖土，运土的汽车亦可以利用栈桥进入基坑运土。

中心岛式挖土施工，边部土方的开挖范围应根据支撑布置形式、围护墙变形控制等因素确定；边部土方应采用分段开挖的方法，减少围护墙无支撑或无垫层暴露时间。中部岛状土体的高度不宜大于 6 m。高度大于 4 m 时，应采用二级放坡形式，坡间放坡平台宽度不应小于 4 m，每级边坡坡度不宜大于 1∶1.5，总边坡坡度不应大于 1∶2.0。高度不大于 4 m 时，可采取单级放坡形式，坡度不宜大于 1∶1.5。中部岛状土体的各级边坡和总边坡应验算边坡稳定性。中部岛状土体的开挖应均衡对称进行。高度大于 4 m 时，应采用分层开挖的方法。

盆式挖土是先开挖基坑中间部分的土方，周围四边预留反压土土坡，做法参照土方放坡工法，待中间位置垫层封底完成后或者底板完成后，并具备周边土方开挖条件时，进行周边土坡开挖，如图 2-27 所示。

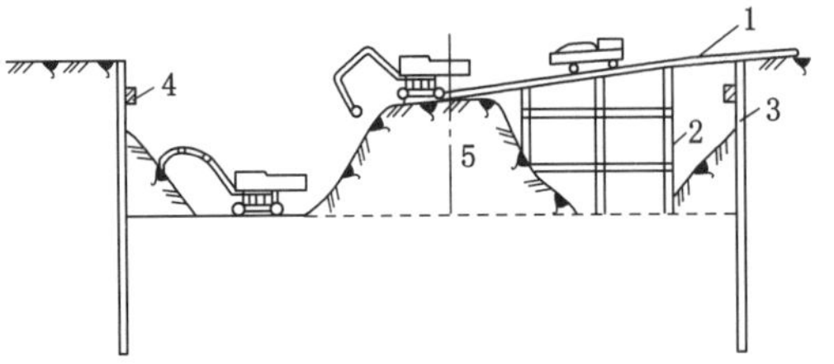

1—栈桥；2—支架；3—围护墙；4—支撑；5—中间土墩。

图 2-26　中心岛式挖土

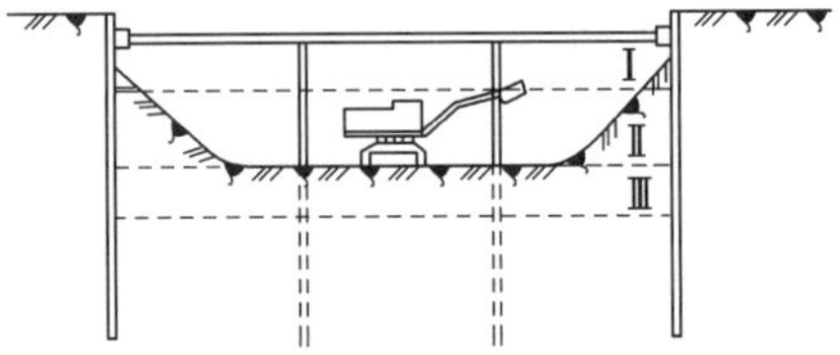

图 2-27　盆式挖土

盆式挖土，中部土方的开挖范围应根据支撑形式、围护墙变形控制、坑边土体加固等因素确定；中部有支撑时应先完成中部支撑，再开挖盆边土方。盆边土体的高度不宜大于 6 m，盆边上口宽度不宜小于 8 m。盆边土体的高度大于 4 m 时，应采用二级放坡形式，坡间放坡平台宽度不应小于 3 m，每级边坡坡度不宜大于 1∶1.5，总边坡坡度不应大于 1∶2.0。高度不大于 4 m 时，可采取单级放坡形式，坡度不宜大于 1∶1.5。对于环境保护等级为一级的基坑工程，盆边上口宽度不宜小于 10 m，二级放坡的坡间放坡平台宽度不应小于 5 m，采用单级放坡形式的坡度不宜大于 1∶2.0。盆边土体的各级边坡和总边坡应验算边坡稳定性。盆边土体应分块对称开挖，分块大小应根据支撑平面布置确定，应限时完成支撑。盆式开挖边坡必要时可采取降水、护坡、土体加固等措施。

2.5　基坑工程监测

基坑工程监测是在建筑基坑施工及使用阶段，采用仪器量测、现场巡视等手段和方法对基坑及周边环境的安全状况、变化特征及发展趋势实施的定期或连续巡查、量测、监视以及数据采集、分析、反馈活动。

下列基坑应实施基坑工程监测：

(1) 基坑设计安全等级为一、二级的基坑。

(2) 开挖深度大于或等于 5 m 的如下基坑：① 土质基坑；② 极软岩基坑、破碎的软岩基坑、极破碎的岩体基坑；③ 上部为土体，下部为极软岩、破碎的软岩、极破碎的岩体构成的土岩组合基坑。

(3) 开挖深度小于 5 m 但现场地质情况和周围环境较复杂的基坑。

2.5.1　监测目的

基坑开挖是一个动态过程，与之有关的稳定和环境影响也是一个动态的过程。由于地质条件、荷载条件、材料性质、施工条件等复杂因素的影响，很难单纯从理论上预测施工中遇到的问题。基坑工程的设计预测和预估能够大致描述正常施工条件下，围护结构与相邻环境的变形规律和受力范围，但必须在基坑开挖和支护期间开展严密的现场监测，以保证工程的顺利进行。

通过对围护结构及周边环境进行监测主要达到以下目的：

（1）根据施工现场测量的数据与设计值或报警值进行比较，如果超出限定值应采取工程措施，防止基坑支护结构破坏和周围建筑物等工程事故的发生，保障生命财产安全以及周边地区的社会稳定。

（2）基坑开挖和地下室施工期间开展严密的现场监测可以及时为施工提供反馈信息，做到信息化施工，用监测数据指导基坑工程施工，使施工过程合理化和信息化，避免盲目施工，做到有的放矢，并优化施工组织设计。

（3）将施工现场测量的数据反馈给设计单位，设计人员通过实测结果可以不断修改和完善原有的设计方案，确保地下施工的安全顺利进行及设计方案的经济合理。

（4）积累工程经验，为类似工程积累工程数据。

2.5.2 监测项目

基坑工程施工前，应由建设方委托具备相应能力的第三方对基坑工程实施现场监测。监测单位应编制监测方案，监测方案应经建设方、设计方等认可，必要时还应与基坑周边环境涉及的有关管理单位协商一致后方可实施。

监测项目应与基坑工程设计、施工方案相匹配；应针对监测对象的关键部位进行重点观测；各监测项目的选择应利于形成互为补充、验证的监测体系。基坑工程现场监测应采用现场巡视检查与仪器监测相结合的方法。

2.5.2.1 巡视检查

巡视检查宜以目测为主，可辅以锤、钎、量尺、放大镜等工器具以及摄像、摄影等设备进行。对自然条件、支护结构、施工工况、周边环境、监测设施等的巡视检查情况应做好记录，及时整理，并与仪器监测数据进行综合分析，当发现异常情况时，应及时通知建设方及其他相关单位。基坑工程巡视检查包括以下内容：

（1）支护结构：

① 支护结构成型质量；

② 冠梁、支撑、围檩或腰梁是否有裂缝；

③ 冠梁、围檩或腰梁的连续性，有无过大变形；

④ 围檩或腰梁与围护桩的密贴性，围檩与支撑的防坠落措施；

⑤ 锚杆垫板有无松动、变形；

⑥ 立柱有无倾斜、沉陷或隆起；

⑦ 止水帷幕有无开裂、渗漏水；

⑧ 基坑有无涌土、流砂、管涌；

⑨ 面层有无开裂、脱落。

（2）施工状况：

① 开挖后暴露的岩土体情况与岩土勘察报告有无差异；

② 开挖分段长度、分层厚度及支撑(锚杆)设置是否与设计要求一致；

③ 基坑侧壁开挖暴露面是否及时封闭；

④ 支撑、锚杆是否施工及时；

⑤ 边坡、侧壁及周边地表的截水、排水措施是否到位，坑边或坑底有无积水；

⑥ 基坑降水、回灌设施运转是否正常；
⑦ 基坑周边地面有无超载。
(3) 周边环境：
① 周边管线有无破损、泄漏情况；
② 围护墙后土体有无沉陷、裂缝及滑移现象；
③ 周边建筑有无新增裂缝出现；
④ 周边道路(地面)有无裂缝、沉陷；
⑤ 邻近基坑施工(堆载、开挖、降水或回灌、打桩等)变化情况；
⑥ 存在水力联系的邻近水体(湖泊、河流、水库等)的水位变化情况。
(4) 监测设施：
① 基准点、监测点完好状况；
② 监测元件的完好及保护情况；
③ 有无影响观测工作的障碍物。
(5) 根据设计要求或当地经验确定的其他巡视检查内容。

2.5.2.2 仪器监测项目

基坑工程仪器监测项目应根据表 2-6 和表 2-7 进行选择。

表 2-6 土质基坑工程仪器监测项目

监测项目		基坑设计安全等级		
		一级	二级	三级
围护墙(边坡)顶部	水平位移	应测	应测	应测
	竖向位移	应测	应测	应测
深层水平位移		应测	应测	宜测
立柱竖向位移		应测	应测	宜测
围护墙内力		宜测	可测	可测
支撑轴力		应测	应测	宜测
立柱内力		可测	可测	可测
锚杆轴力		应测	宜测	可测
坑底隆起		可测	可测	可测
围护墙侧向土压力		可测	可测	可测
孔隙水压力		可测	可测	可测
地下水位		应测	应测	应测
土体分层竖向位移		可测	可测	可测
周边地表竖向位移		应测	应测	宜测
周边建筑	竖向位移	应测	应测	应测
	倾斜	应测	宜测	可测
	水平位移	宜测	可测	可测
周边建筑裂缝、地表裂缝		应测	应测	应测

表2-6(续)

监测项目		基坑设计安全等级		
		一级	二级	三级
周边管线	竖向位移	应测	应测	应测
	水平位移	可测	可测	可测
周边道路竖向位移		应测	宜测	可测

表 2-7　岩质基坑工程仪器监测项目

监测项目		基坑设计安全等级		
		一级	二级	三级
坑顶	水平位移	应测	应测	应测
	竖向位移	应测	宜测	可测
锚杆轴力		应测	宜测	可测
地下水、渗水与降雨关系		宜测	可测	可测
周边地表竖向位移		应测	宜测	可测
周边建筑	竖向位移	应测	宜测	可测
	倾斜	宜测	可测	可测
	水平位移	宜测	可测	可测
周边建筑裂缝、地表裂缝		应测	宜测	可测
周边管线	竖向位移	应测	宜测	可测
	水平位移	宜测	可测	可测
周边道路竖向位移		应测	宜测	可测

2.5.3　监测点布置

监测点的布置应能反映监测对象的实际状态及变化趋势，监测点应布置在监测对象受力及变形关键点和特征点上，并应满足对监测对象的监控要求。监测点的布置不应妨碍监测对象的正常工作，并且便于监测、易于保护。不同监测项目的监测点宜布置在同一监测断面上。监测标志应稳固可靠、标示清晰。

2.5.3.1　基坑及支护结构监测

2.5.3.1.1　围护墙或基坑边坡顶部的水平和竖向位移监测

监测点应沿基坑周边布置，基坑各侧边中部、阳角处、邻近被保护对象的部位应布置监测点。监测点水平间距不宜大于 20 m，每边监测点数目不宜少于 3 个。水平和竖向位移监测点宜为共用点，监测点宜设置在围护墙顶或基坑坡顶上。

2.5.3.1.2　围护墙或土体深层水平位移监测

监测点宜布置在基坑周边的中部、阳角处及有代表性的部位。监测点水平间距宜为 20～60 m，每侧边监测点数目不应少于 1 个。用测斜仪观测深层水平位移时，测斜管埋设深度应符合下列规定：

(1) 埋设在围护墙体内的测斜管，布置深度宜与围护墙入土深度相同；

（2）埋设在土体中的测斜管，长度不宜小于基坑深度的1.5倍，并应大于围护墙的深度，以测斜管底为固定起算点时，管底应嵌入稳定的土体或岩体中。

2.5.3.1.3 围护墙内力监测

监测断面的平面位置应布置在设计计算受力、变形较大且有代表性的部位。监测点数量和水平间距应视具体情况而定。竖直方向监测点间距宜为2～4 m且在设计计算弯矩极值处应布置监测点，每一监测点沿垂直于围护墙方向对称放置的应力计不应少于1对。

2.5.3.1.4 支撑轴力监测

监测点的布置应符合下列规定：

（1）监测断面的平面位置宜设置在支撑设计计算内力较大、基坑阳角处或在整个支撑系统中起控制作用的杆件上；

（2）每层支撑的轴力监测点不应少于3个，各层支撑的监测点位置宜在竖向保持一致；

（3）钢支撑的监测断面宜选择在支撑的端头或两支点间1/3部位，混凝土支撑的监测断面宜选择在两支点间1/3部位，并避开节点位置；

（4）每个监测点传感器的设置数量及布置应满足不同传感器的测试要求。

2.5.3.1.5 立柱的竖向位移监测

监测点宜布置在基坑中部、多根支撑交汇处、地质条件复杂处的立柱上；监测点不应少于立柱总根数的5%，逆作法施工的基坑不应少于10%，且均不应少于3根。立柱的内力监测点宜布置在设计计算受力较大的立柱上，位置宜设在坑底以上各层立柱下部的1/3部位，每个截面传感器埋设不应少于4个。

2.5.3.1.6 锚杆轴力监测

监测断面的平面位置应选择在设计计算受力较大且有代表性的位置，基坑每侧边中部、阳角处和地质条件复杂的区段内宜布置监测点。每层锚杆的内力监测点数量应为该层锚杆总数的1%～3%，且基坑每边不应少于1根。各层监测点位置在竖向上宜保持一致。每根杆体上的测试点宜设置在锚头附近和受力有代表性的位置。

2.5.3.1.7 坑底隆起监测

监测点的布置应符合下列规定：

（1）监测点宜按纵向或横向断面布置，断面宜选择在基坑的中央以及其他能反映变形特征的位置，断面数量不宜少于2个；

（2）同一断面上监测点横向间距宜为10～30 m，数量不宜少于3个；

（3）监测标志宜埋入坑底以下20～30 cm。

2.5.3.1.8 围护墙侧向土压力监测

监测点的布置应符合下列规定：

（1）监测断面的平面位置应布置在受力、土质条件变化较大或其他有代表性的部位；

（2）在平面布置上，基坑每边的监测断面不宜少于2个，竖向布置上监测点间距宜为2～5 m，下部宜加密；

（3）当按土层分布情况布设时，每层土布设的测点不应少于1个，且宜布置在各层土的中部。

2.5.3.1.9 孔隙水压力监测

监测断面宜布置在基坑受力、变形较大或有代表性的部位。竖向布置上监测点宜在水压力变化影响深度范围内按土层分布情况布设，竖向间距宜为2～5 m，数量不宜少于3个。

2.5.3.1.10 地下水位监测

监测点的布置应符合下列规定：

（1）当采用深井降水时，基坑内地下水位监测点宜布置在基坑中央和两相邻降水井的中间部位，当采用轻型井点、喷射井点降水时，水位监测点宜布置在基坑中央和周边拐角处，监测点数量应视具体情况确定；

（2）基坑外地下水位监测点应沿基坑、被保护对象的周边或在基坑与被保护对象之间布置，监测点间距宜为20～50 m，相邻建筑、重要的管线或管线密集处应布置水位监测点，当有止水帷幕时，宜布置在截水帷幕的外侧约2 m处；

（3）水位观测管的管底埋置深度应在最低设计水位或最低允许地下水位之下3～5 m，承压水水位监测管的滤管应埋置在所测的承压含水层中；

（4）在降水深度内存在2个以上（含2个）含水层时，宜分层布设地下水位观测孔；

（5）岩体基坑地下水监测点宜布置在出水点和可能滑面部位；

（6）回灌井点观测井应设置在回灌井点与被保护对象之间。

2.5.3.2 基坑周边环境

基坑边缘以外1～3倍的基坑开挖深度范围内需要保护的周边环境应作为监测对象，必要时应扩大监测范围。当基坑邻近轨道交通、高架道路、隧道、原水引水、合流污水、重要管线、重要文物和设施、近现代优秀建筑等重要保护对象时，监测点的布置应满足相关管理部门的技术要求。

2.5.3.2.1 周边建筑竖向位移监测

监测点的布置应符合下列规定：

（1）建筑四角、沿外墙每10～15 m处或每隔2～3根柱的柱基或柱子上，且每侧外墙不应少于3个监测点；

（2）不同地基或基础的分界处；

（3）不同结构的分界处；

（4）变形缝、抗震缝或严重开裂处的两侧；

（5）新、旧建筑或高、低建筑交接处的两侧；

（6）高耸构筑物基础轴线的对称部位，每一构筑物不应少于4点。

2.5.3.2.2 周边建筑水平位移监测

监测点应布置在建筑的外墙墙角、外墙中间部位的墙上或柱上、裂缝两侧以及其他有代表性的部位，监测点间距视具体情况而定，一侧墙体的监测点不宜少于3点。

2.5.3.2.3 周边建筑倾斜监测

监测点的布置应符合下列规定：

（1）监测点宜布置在建筑角点、变形缝两侧的承重柱或墙上；

（2）监测点应沿主体顶部、底部上下对应布设，上下监测点应布置在同一竖直线上；

（3）当由基础的差异沉降推算建筑倾斜时，监测点的布置应符合周边建筑竖向位移监测的要求。

2.5.3.2.4 周边建筑裂缝、地表裂缝监测

监测点应选择有代表性的裂缝进行布置，当原有裂缝增大或出现新裂缝时，应及时增设监测点。对需要观测的裂缝，每条裂缝的监测点应至少设2个，且宜设置在裂缝的最宽处及裂缝末端。

2.5.3.2.5 周边管线监测

监测点的布置应符合下列规定：

（1）应根据管线修建年份、类型、材质、接口形式及现状等情况，综合确定监测点布置和埋设方法，应对重要的、距离基坑近的、抗变形能力差的管线进行重点监测；

（2）监测点宜布置在管线的节点、转折点、变坡点、变径点等特征点和变形曲率较大的部位，监测点水平间距宜为15～25 m，并宜向基坑边缘以外延伸1～3倍的基坑开挖深度；

（3）供水、煤气、供热等压力管线宜设置直接监测点，也可利用窨井、阀门、抽气口以及检查井等管线设备作为监测点，在无法埋设直接监测点的部位，可设置间接监测点。

2.5.3.2.6 周边地表竖向位移监测

监测断面宜设在坑边中部或其他有代表性的部位。监测断面应与坑边垂直，数量视具体情况确定。每个监测断面上的监测点数量不宜少于5个。

2.5.3.2.7 土体分层竖向位移监测

监测孔应布置在靠近被保护对象且有代表性的部位，数量应视具体情况确定。在竖向布置上测点宜设置在各层土的界面上，也可等间距设置。测点深度、测点数量应视具体情况确定。

2.5.3.2.8 周边环境爆破振动监测

监测点应根据保护对象的重要性、结构特征、距离爆源的远近等布置。对于同一类型的保护对象，监测点宜选择在距离爆源最近、结构性状最弱的保护对象上。当因地质、地形等情况，爆破对较远处保护对象可能产生更大危害时，应增加监测点。监测点宜布置在保护对象的基础以及其他具有代表性的位置。

2.5.4 监测方法

监测方法的选择应根据监测对象的监控要求、现场条件、当地经验和方法适用性等因素综合确定，监测方法应合理易行，仪器监测可采用现场人工监测或自动化实时监测。

2.5.4.1 水平位移监测

测定特定方向上的水平位移时可采用视准线法、小角度法、投点法等；测定监测点任意方向的水平位移时可视监测点的分布情况，采用前方交会法、后方交会法、极坐标法等；当测点与基准点无法通视或距离较远时，采用GPS测量法或三角、三边、边角测量与基准线法相结合的综合测量方法。

2.5.4.2 竖向位移监测

竖向位移监测可采用几何水准或液体静力水准等方法。坑底隆起（回弹）宜通过设置回弹监测标，采用几何水准并配合传递高程的辅助设备进行监测，传递高程的金属杆

或钢尺等应进行温度、尺长和拉力等项修正。

2.5.4.3　深层水平位移监测

围护墙深层水平位移的监测宜采用在墙体或土体中预埋测斜管、通过测斜仪观测各深度处水平位移的方法。

测斜管应在基坑开挖1周前埋设，埋设时应符合下列要求：

(1) 埋设前应检查测斜管质量，测斜管连接时应保证上、下管段的导槽相互对准、顺畅，各段接头及管底应保证密封。

(2) 测斜管埋设时应保持竖直，防止发生上浮、断裂、扭转；测斜管一对导槽的方向应与所需测量的位移方向保持一致。

(3) 当采用钻孔法埋设时，测斜管与钻孔之间的孔隙应填充密实。

测斜仪探头置入测斜管底后，应待探头接近管内温度时再量测，每个监测方向均应进行正、反两次量测。当以上部管口作为深层水平位移的起算点时，每次监测均应测定管口坐标的变化并修正。

2.5.4.4　倾斜监测

建筑倾斜监测应根据现场监测条件和要求，选用投点法、前方交会法、激光铅垂仪法、垂吊法、倾斜仪法和差异沉降法等。

2.5.4.5　裂缝监测

裂缝监测应监测裂缝的位置、走向、长度、宽度，必要时应监测裂缝深度。基坑开挖前应记录监测对象已有裂缝的分布位置和数量，测定其走向、长度、宽度和深度等情况，监测标志应具有可供量测的明晰端面或中心。

裂缝监测可采用以下方法：

(1) 裂缝宽度监测宜在裂缝两侧贴埋标志，用千分尺或游标卡尺等直接量测，也可用摄影量测等。

(2) 裂缝长度监测宜采用直接量测法。

(3) 裂缝深度监测宜采用超声波法、凿出法等。

2.5.4.6　支护结构内力监测

支护结构内力可采用安装在结构内部或表面的应变计或应力计进行量测。混凝土构件可采用钢筋应力计或混凝土应变计等进行量测；钢构件可采用轴力计或应变计等进行量测。内力监测值应考虑温度变化等因素的影响。内力监测传感器埋设前应进行性能检验和编号。内力监测传感器宜在基坑开挖前至少1周埋设，并取开挖前连续2 d获得的稳定测试数据的平均值作为初始值。

2.5.4.7　土压力监测

土压力宜采用土压力计量测，土压力计埋设可采用埋入式或边界式。埋设时应符合下列要求：

(1) 受力面与所监测的压力方向垂直并紧贴被监测对象。

(2) 埋设过程中应有土压力膜保护措施。

(3) 采用钻孔法埋设时，回填应均匀密实，回填材料应与周围岩土体一致。

(4) 做好完整的埋设记录。

土压力计埋设后应立即进行检查测试，基坑开挖前应至少经过1周时间的监测并取得稳定初始值。

2.5.4.8 孔隙水压力监测

孔隙水压力宜通过埋设钢弦式或应变式等孔隙水压力计进行测试。孔隙水压力计埋设可采用压入法、钻孔法等。孔隙水压力计应事前埋设,埋设前应符合下列要求:

(1) 孔隙水压力计应浸泡饱和,排除透水石中的气泡。

(2) 核查标定数据,记录探头编号,测读初始读数。

孔隙水压力计埋设后应测量初始值,且应逐日量测1周以上并取得稳定初始值。应在监测孔隙水压力的同时测量孔隙水压力计埋设位置附近的地下水位。

2.5.4.9 地下水位监测

地下水位监测宜通过孔内设置水位管,采用水位计进行量测。潜水水位管应在基坑施工前埋设,滤管长度应满足量测要求;承压水位监测时被测含水层与其他含水层之间应采取有效的隔水措施。水位管应在基坑开始降水前至少1周埋设,并逐日连续观测水位取得稳定初始值。

2.5.4.10 锚杆轴力监测

锚杆轴力监测宜采用轴力计、钢筋应力计或应变计,当使用钢筋束时宜监测每根钢筋的受力。轴力计、钢筋应力计和应变计的量程宜为锚杆极限抗拔承载力的1.5倍。

2.5.4.11 土体分层竖向位移监测

土体分层竖向位移可通过埋设磁环式分层沉降标,采用分层沉降仪进行量测,或者通过埋设深层沉降标,采用水准测量方法进行量测,也可采用埋设多点位移计进行量测。沉降标或多点位移计应在基坑开挖前至少1周埋设。采用磁环式分层沉降标时,应保证沉降管安置到位后与土层密贴、牢固。土体分层竖向位移的初始值应在沉降标或多点位移计埋设后1周量测,并获得稳定的初始值。

2.5.4.12 坑底隆起监测

坑底隆起采用钻孔等方法埋设深层沉降标时,孔口高程宜用水准测量方法测量,沉降标至孔口垂直距离可采用钢尺量测。

2.5.4.13 爆破振动监测

测振传感器可采用垂直、水平单向传感器或三矢量一体传感器。传感器频带范围应覆盖被测物理量的频率,记录设备的采样频率应大于12倍被测物理量的上限主振频率,传感器和记录设备的测量幅值范围应满足被测物理量的预估幅值,测试导线宜选用屏蔽电缆。

2.5.5 监测频率

基坑工程监测工作应贯穿基坑工程和地下工程施工全过程。监测工作应从基坑工程施工前开始,直至地下工程完成为止。对有特殊要求的基坑周边环境的监测应根据需要延续至变形趋于稳定后才能结束。

监测项目的监测频率应综合考虑基坑类别、基坑及地下工程的不同施工阶段以及周边环境、自然条件的变化和经验确定。当监测值相对稳定时,可适当降低监测频率。对于应测项目,在无数据异常和事故征兆的情况下,开挖后仪器监测频率可按表2-8确定。

表 2-8　仪器监测频率

基坑设计安全等级	施工进程		监测频率
一级	开挖深度 h	$\leqslant H/3$	1 次/(2～3)d
		$H/3$～$2H/3$	1 次/(1～2)d
		$2H/3$～H	(1～2)次/d
	底板浇筑后时间/d	≤7	1 次/1 d
		7～14	1 次/3 d
		14～28	1 次/5 d
		>28	1 次/7 d
二级	开挖深度 h	$\leqslant H/3$	1 次/3d
		$H/3$～$2H/3$	1 次/3d
		$2H/3$～H	1 次/d
	底板浇筑后时间/d	≤7	1 次/2 d
		7～14	1 次/3 d
		14～28	1 次/7 d
		>28	1 次/10 d

注：1. h—基坑开挖深度；H—基坑设计深度。
2. 支撑结构开始拆除到拆除完成后 3 d 内监测频率加密为 1 次/d。
3. 基坑工程施工至开挖前的监测频率视具体情况确定。
4. 当基坑设计安全等级为三级时，监测频率可视具体情况适当降低。
5. 宜测、可测项目的仪器监测频率可视具体情况适当降低。

当出现下列情况之一时，应加强监测，增加监测频次。

(1) 监测数据达到报警值；

(2) 监测数据变化较大或者速率加快；

(3) 存在勘察未发现的不良地质；

(4) 超深、超长开挖或未及时加撑等未按设计工况施工；

(5) 基坑及周边大量积水、长时间连续降雨、市政管道出现泄漏；

(6) 基坑附近地面荷载突然增大或超过设计限值；

(7) 支护结构出现开裂；

(8) 周边地面突发较大沉降或出现严重开裂；

(9) 邻近建筑突发较大沉降、不均匀沉降或出现严重开裂；

(10) 基坑底部、侧壁出现管涌、渗漏或流沙等现象；

(11) 基坑工程发生事故后重新组织施工；

(12) 出现其他影响基坑及周边环境安全的异常情况。

当有危险事故征兆时，应实时跟踪监测。当出现下列情况之一时，必须立即进行危险报警，并对基坑支护结构和周边环境中的保护对象采取应急措施。

(1) 当监测数据达到监测报警值的累计值；

(2) 基坑支护结构或周边土体的位移突然明显增加或基坑出现流沙、管涌、隆起、陷落或较严重的渗漏等；

(3) 基坑支护结构的支撑或锚杆体系出现过大变形、压屈、断裂、松弛或拔出的迹象；

(4) 周边建筑的结构部分、周边地面出现较严重的突发裂缝或危害结构的变形裂缝；

(5) 周边管线变形突然明显增长或出现裂缝、泄漏等；

(6) 根据当地工程经验判断，出现其他必须进行危险报警的情况。

2.5.6 数据处理及信息反馈

基坑施工监控量测

现场的监测资料应符合下列要求。

(1) 使用正式的监测记录表格；

(2) 监测记录应有相应的工况描述；

(3) 监测数据应整理及时；

(4) 对监测数据的变化及发展情况应及时分析和评述。

外业观测值和记事项目，必须在现场直接记录于观测记录表中。任何原始记录不得涂改、伪造和转抄。观测数据出现异常时，应分析原因，必要时应进行重测。监测项目数据分析应结合其他相关项目的监测数据和自然环境、施工工况等情况及以往数据进行，并对其发展趋势做出预测。

技术成果应包括当日报表、阶段性报告、总结报告。技术成果提供的内容应真实、准确、完整，并用文字阐述与绘制变化曲线或图形相结合的形式反映。技术成果应按时报送。

习题

1. 影响基坑边坡稳定的因素有哪些?
2. 简述明挖法的概念及其适用条件。
3. 基坑开挖的围护结构有哪些? 各自的特点和适用条件是什么?
4. 基坑降水的方法有哪些?

第 3 章　盖挖法施工

【知识目标】（1）了解盖挖法的定义、盖挖顺作法和盖挖逆作法的区别；（2）掌握盖挖顺作法的施工工序和技术要点；（3）掌握盖挖逆作法的施工工序和技术要点。

【能力目标】（1）能编制盖挖顺作法的施工方案；（2）能编制盖挖逆作法的施工方案；（3）能进行盖挖法施工技术交底。

【素质目标】（1）培养学生严谨的工作作风；（2）培养学生做一名遵纪守法的社会主义建设者和接班人。

3.1　盖挖法施工概述

采用明挖法修建城市附近浅埋隧道或地下铁道，对城市交通及居民生活干扰较大，往往不易被人们所接受。在交通繁忙的地段修建隧道工程，当需要严格控制基坑开挖引起的地面沉降时，可采用盖挖法施工。

盖挖法的应用

盖挖法施工的优点有：结构的水平位移小；结构板作为基坑开挖的支撑，节省了临时支撑；缩短了占道时间，减少了对地面干扰；受外界气候影响小。其缺点是：出土不方便；板墙柱施工接头多，需进行防水处理；工效低，速度慢；结构框架形成之前，中间立柱能够支承的上部荷载有限。

盖挖法有逆作与顺作两种施工方法。逆作法是指按土方开挖顺序从上层开始往下进行结构施工；而顺作法则正好相反，是在土方全部开挖完成后，从底板开始施作结构的施工方法。两种盖挖法的不同点如下：

（1）施工顺序不同。顺作法是在挡墙施工完毕后，对挡墙作必要的支撑，再着手开挖至设计标高，并开始浇筑基础底板，接着依次由下而上，一边浇筑地下结构主体，一边拆除临时支撑；而逆作法是由上而下地进行施工。

（2）所采用的支撑不同。在顺作法中常见的支撑有钢管支撑、钢筋混凝土支撑、型钢支撑以及土锚杆等；而逆作法中建筑物本体的梁和板，也就是逆作结构本身，就可以作为支撑。

3.2　盖挖顺作法

在路面交通不能长期中断的道路下修建地下铁道车站或区间隧道时，可采用盖挖顺作法。早期的盖挖法是在支护基坑的钢桩（或边墙）上架设钢梁、铺设临时路面维持地面交通。开挖到基坑底后，浇筑底板至浇筑顶板的盖挖顺作法。该方法在现有道路上，按所需的宽度，由地面完成挡土结构后，以定型的预制标准覆盖结构（包括纵、横梁和路面板）置于挡土结构上维持交通，往下反复进行开挖和架设横撑，直至设计标高。然后依次由下而上建筑主体结构和防水措施，回填和恢复管、线、路。最后视需要拆除挡土结构的外漏部分及恢复道路。其施工顺序如图 3-1 所示。盖挖顺作法主要依赖坚固的挡土结构，根据现场条件、地下水位高低、开挖深度以及周围建筑物的邻近程度，可以选择钢筋混凝土钻(挖)孔灌筑桩及地下连续墙。对于饱和的软弱地层，应以刚度大、止水性能好的地下连续墙为首选方案。

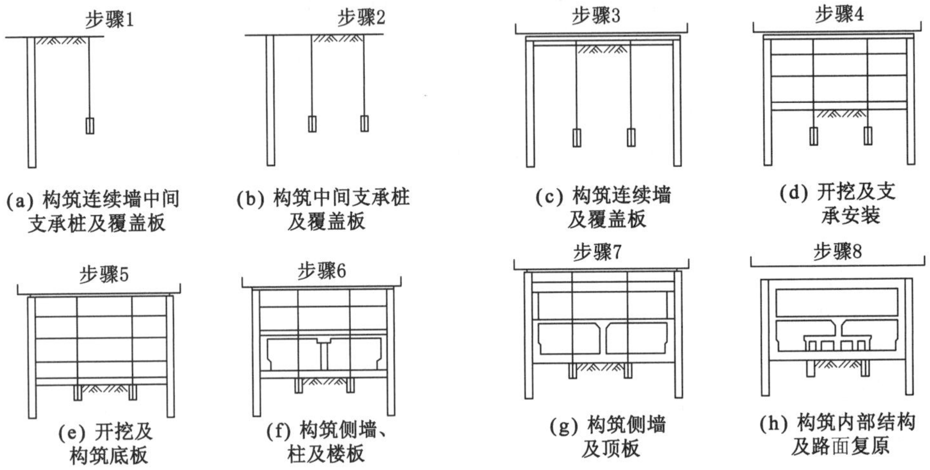

图 3-1 盖挖顺作法施工顺序

盖挖顺作法的铺盖体系宜采用装配式公路钢桥、军用钢桁架梁或型钢梁，其上铺设盖板和面层。盖挖顺作法铺盖体系设置标高应满足主体结构顶板施工净空、管线改移埋设等需求。铺盖体系施工前应完成围护结构、中间支承结构的施工和交通组织、管线改移、拆迁等工作。铺盖体系宜采用标准化、模数化的拼装式盖板梁和盖板。盖挖顺作法铺梁板应符合下列要求：

(1) 钢筋混凝土盖板梁，可单独设置，宜可兼作基坑首道混凝土内支撑。

(2) 盖板梁与围护结构、支承柱连接应符合下列要求：

① 围护结构冠梁施工应严格控制标高，冠梁顶面平整度应满足盖板梁的安装要求。

② 盖挖顺作法支承柱纵向连梁与盖板梁的连接应牢固。

③ 盖板梁两端的支座或弹性垫板与冠梁粘结牢固，中心轴线应与盖板梁设计文件给定的支点重合。

(3) 板梁采用钢桁架梁和型钢梁时，加工应符合下列要求：

① 标准构件宜在工厂内分节拼装，进场后应进行试组装。

② 若有非标构件，应在工厂内加工制作。

③ 钢销、钢楔等配件现场加工制作时，应符合盖板梁设计文件要求。

④ 进场时应有质量证明文件。

(4) 钢架和型钢盖板梁安装应符合下列要求：

① 安装应能进行除锈和防锈处理。宜单根整体安装，安装前应逐根进行组装验收，合格后方可安装。

② 施工中不得用标准构件代替加强型构件。宜从一端向另一端顺序安装，平面定位、间距应符合设计文件或方案要求。

③ 梁体就位后应及时将端头与支座固定，或在端头侧向设置临时支撑固定，确保已就位的钢架梁稳定。

④ 盖板梁为型钢梁时，应及时拴接或焊接两梁之间的次梁，采用焊接时型钢梁翼缘接缝处宜设置加强板。

⑤ 盖板梁为贝雷梁时，应及时安装两梁之间的连接杆件和剪刀撑。盖板梁为军用梁时，应及时安装两梁之间的套管螺栓。盖板梁预留起拱度应考虑型钢梁和钢桁架梁的挠度，钢桁架梁挠度不应大于(1/400)L，L 为钢桁架跨度。安装完成后应逐一检查梁体是否有变形，连接件、连接螺栓、钢销、钢模、扣件等应齐全、牢固。

(5) 当先铺盖半幅，待条件具备后再合拢另半幅时，连接处宜设置钢筋混凝土梁。其基础应经验算，并应进行处理或设置支承柱或桩。

(6) 钢桁架和型钢盖板梁用于结构施工垂直运输时，应进行验算并征得钢桁架和型钢盖板梁设计单位的同意。

3.3　盖挖逆作法

如果开挖面较大、覆土较浅、周围沿线建筑物过于靠近，为尽量防止因开挖基坑而引起的邻近建筑物沉降，或需要及早恢复路面交通，但又缺乏大型定型覆盖结构时，可采用盖挖逆作法施工。即先施作围护结构及中间桩柱支撑，开挖表层后施作结构顶板，依次逐层向下开挖和修筑边墙，直至底层底板和边墙。即用刚度更大的围护结构取代了钢桩，用结构顶板作为路面系统和支撑，结构施作顺序是自上而下挖土后浇筑侧墙至底板完成。其施工步骤是：先在地表面向下做基坑的围护结构和中间桩柱，和盖挖顺作法一样，基坑围护结构多采用地下连续墙、钻孔灌筑桩或人工挖孔桩。中间桩柱则多利用主体结构本身的中间立柱以降低工程造价。随后即可开挖表层土体至主体结构顶板底面标高，利用未开挖的土体作为土模浇筑顶板。顶板还可以作为一道强有力的横撑，以防止围护结构向基坑内变形，待回填土后道路复原，恢复交通。后面的工作都是在顶板覆盖下进行，即自上而下逐层开挖并建造主体结构直至底板。在特别软弱的地层且邻近地面有建筑物时，除以顶、楼板作为围护结构的横撑外，还需设置一定数量的临时横撑，并施加不小于横撑设计轴力 70%～80%的预应力，如图 3-2 所示。

逆作法施工组织设计基本内容

盖挖逆作法铺盖体系应为主体结构顶板，并符合下列要求：

(1) 主体结构的顶板，当底模为土模时，应根据土体弹性模量计算起拱度，开挖应符合下列要求：

① 应按梁、板结构断面形状开挖成槽。

② 距离结构设计标高 0.2 m 内的土方应采用人工开挖。

③ 墙柱接头处土方应开挖至接头以下至少 0.5 m，并呈倾斜状。

(2) 顶板施工不宜留置纵向施工缝，若需要留置应采取措施；横向施工缝应根据结构流水段划分留置。

(3) 板底斜向施工缝宜留置在板下 500～800 mm。

(4) 及时施作板顶出土口结构，混凝土达到设计文件给定的强度后方可回填和修筑路面结构。

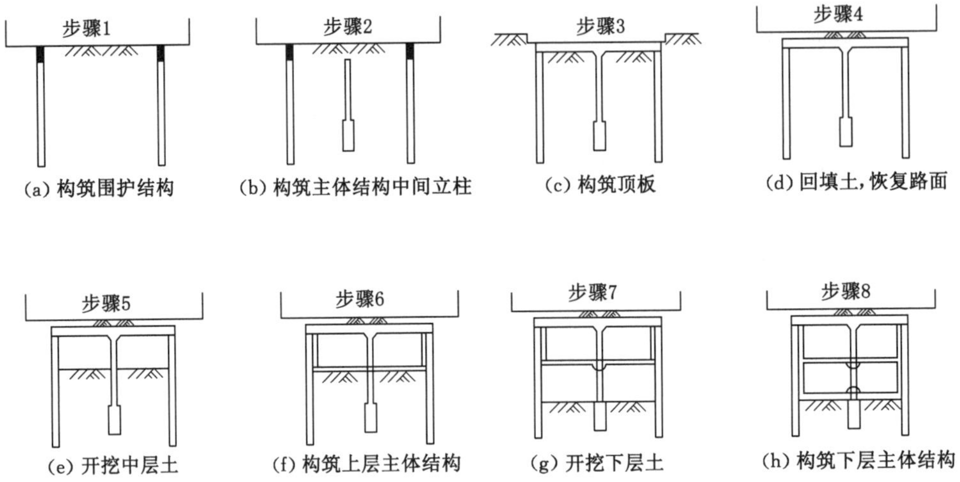

图 3-2 盖挖逆作法施工顺序

习题

1. 简述盖挖顺作法和盖挖逆作法各自的特点及其应用条件。
2. 简述盖挖逆作法的工序及施工技术要点。

第 4 章　隧道钻爆法施工

【知识目标】（1）掌握全断面法、台阶法和分部开挖法的定义、适用条件、施工工序及技术要点；（2）熟悉洞口及明洞施工的方法和施工技术要求；（3）掌握横洞、平行导坑、斜井和竖井的作用、适用条件和施工技术要求；（4）熟悉连拱隧道的适用范围、特点、施工方法和防排水的技术措施；（5）掌握小净距隧道的定义、施工方法和中岩墙的加固措施；（6）熟悉特殊地质地段隧道施工的施工方法和技术措施。

【能力目标】（1）能编制隧道施工技术方案；（2）能编制隧道施工爆破专项方案；（3）能正确识读隧道施工图，并能绘制简单的隧道施工图。

【素质目标】（1）通过一些复杂隧道的施工案例，教育学生热爱祖国，坚持“四个自信”，培养学生敬业精神、工匠精神和克服困难的意志；（2）通过对隧道洞口地表植被的保护，做到“绿色”施工，争做“生态文明”建设；（3）告诫学生隧道施工要按图纸施工，教育学生必须遵纪守法、树立规矩意识。

钻爆法施工的主要工序有开挖、出渣、支护和衬砌。它是在地层中爆破挖出土石，形成符合设计要求的隧道断面轮廓，然后对裸露的围岩进行支护和衬砌，来控制围岩的变形，确保隧道长期稳定的施工方法。

4.1　开挖方法

隧道钻爆法施工，按其开挖断面的大小和位置，可分为全断面法、台阶法和分部开挖法三大类及若干变化方案。根据隧道长度、跨度、结构形式、掌子面稳定性、地质条件等选择适宜的开挖方法，并根据开挖方法选择配套的机械设备。

新奥法施工

4.1.1　全断面法

全断面开挖法就是按照设计轮廓一次爆破成形，然后支护再修建衬砌的施工方法。该施工方法宜采用机械化作业，各种机械设备应合理配套。控制一次同时起爆的单段最大爆破药量。根据掌子面围岩稳定情况、爆破震动、钻孔和出渣效率、超挖控制等确定循环进尺：Ⅲ级围岩宜控制在 3 m 左右；Ⅰ、Ⅱ级围岩，使用气腿式凿岩机时可控制在 4 m 左右，使用凿岩台车时可根据围岩稳定情况适当调整。采用特殊设计的其他情况每循环进尺应符合设计规定。它主要适用于围岩自稳性好（Ⅲ～Ⅰ级围岩）和隧道断面不太大的围岩地层。全断面法施工工序如图 4-1 所示。

全断面法的优点是：工序少，相互干扰少，便于组织施工和管理；工作空间大，便于组织大型机械化施工，施工进度快。

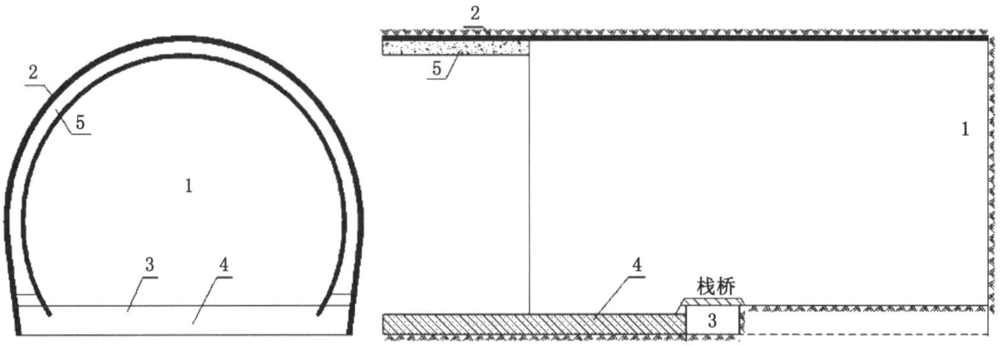

1—全断面开挖；2—初期支护；3—隧道底部开挖(捡底)；
4—底板(仰拱及填充)浇筑；5—拱墙二次衬砌。

图 4-1 全断面法施工工序示意图

全断面法的缺点是：由于开挖面较大，围岩稳定性降低，且每个循环工作量较大。要求施工单位有较强的开挖、出渣与运输及支护能力，采用深孔爆破时，产生的震动较大，因此对钻孔设计和控制爆破作业有较高要求。

4.1.2 台阶法

台阶法是将设计开挖断面分成上、下断面(或上、中、下断面)，先上后下，分次开挖成形的开挖方法。隧道台阶法施工，在拱部初期支护结构基本稳定且喷射混凝土达到设计强度的 70%以上时，方可进行下部台阶开挖。根据台阶长度不同，开挖方法可划分为长台阶法、短台阶法和超短台阶法三种，如图 4-2 所示。台阶数量和台阶高度应综合考虑隧道断面高度、机械设备及围岩稳定性等因素确定。台阶开挖高度宜为 2.5～3.5 m。上台阶开挖每循环进尺，Ⅱ级围岩宜不大于 3 m；Ⅳ级围岩宜不大于 2 榀钢架间距；Ⅴ级围岩宜不大于 1 榀钢架间距。Ⅳ、Ⅴ级围岩下台阶每循环进尺宜不大于 2 榀钢架间距。下台阶单侧拉槽长度宜不超过 15 m。下台阶左、右侧开挖宜前后错开 3～5 m，同一榀钢架两侧不得同时悬空。下部施工应减少对上部围岩、支护的干扰和破坏。下台阶应在上台阶喷射混凝土强度达到设计强度的 70%以后开挖。

4.1.2.1 长台阶法

上、下台阶距离较远，一般上台阶超前 50 m 以上，施工中上、下部可配同类较大型机械进行平行作业，当机械不足时也可交替作业。当遇短隧道时，可将上半断面全部挖通后，再挖下半断面。该法施工干扰较少，可进行单工序作业，如图 4-2(a)所示。

4.1.2.2 短台阶法

短台阶法的上、下两个断面相距较近，一般台阶长度为 5～50 m，如图 4-2(b)所示。上、下断面基本上可以采用平行作业，其作业顺序和长台阶法相同。由于短台阶法可缩短支护结构闭合的时间，改善初期支护的受力条件，有利于控制隧道收敛速度和量值，所以适用范围很广。

短台阶法的缺点是：上台阶出渣时对下半断面施工的干扰较大，不能全部平行作业。为解决这种干扰，可采用带式输送机运输上台阶的石渣或设置由上半断面过渡到下半断面的坡道，将上台阶的石渣直接装车运出。过渡坡道的位置可设在中间，亦可交替地设在两侧。

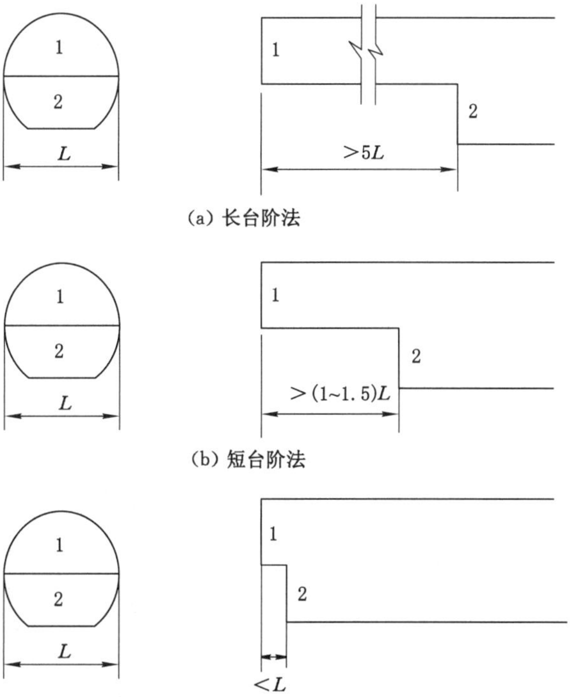

(a) 长台阶法

(b) 短台阶法

(c) 超短台阶法

图 4-2　台阶法

过渡坡道法在断面较大的三车道隧道中尤为适用。

4.1.2.3　超短台阶法

若上台阶仅超前下台阶 3～5 m，称为超短台阶法，如图 4-2(c)所示。由于超短台阶法初期支护全断面闭合时间更短，更有利于控制围岩变形，在城市隧道施工中能更有效地控制地表沉陷。

超短台阶法适于在软弱地层中开挖施工，一般在膨胀性围岩及土质地层中采用。为了尽快形成初期闭合支护以稳定围岩，上、下台阶之间的距离进一步缩短，上台阶仅超前 3～5 m，由于上台阶的工作场地小，只能将石渣堆到下台阶再运出，对下台阶会形成严重的干扰，故不能平行作业，只能采用交替作业，因而施工进度会受到很大的影响。由于围岩条件差，初期支护及时施作显得非常重要。

超短台阶法施工时，首先，可用一台停在台阶下的长臂挖掘机或单臂掘进机开挖上半断面至一个进尺，安设拱部锚杆、钢筋网或钢支撑，喷拱部混凝土；其次，用同一台机械开挖下半断面至一个进尺，安设边墙锚杆、钢筋网，接长钢支撑，喷边墙混凝土(必要时加喷拱部混凝土)；再次，喷仰拱混凝土，必要时设置仰拱钢支撑。在初期支护基本稳定后，进行二次衬砌。

4.1.3　分部开挖法

分部开挖法是将整个横断面分几次完成开挖作业的掘进方法，分为台阶分部开挖法、单侧壁导坑法、双侧壁导坑法、中隔墙法、交叉中隔壁法等。

4.1.3.1　台阶分部开挖法

台阶分部开挖法又称环形开挖预留核心土法，施工顺序如图 4-3 所示。台阶开挖高度宜为 2.5～3.5 m。环形开挖每循环进尺，Ⅴ级围岩宜不大于 1 榀钢架间距，Ⅳ级围岩宜不大于 2 榀钢架间距。中下台阶每循环进尺，不得大于 2 榀钢架间距。核心土面积宜不小于断面面积的 50%。上台阶钢架施工时，应采取有效措施控制其下沉和变形。拱部超前支护完成后，方可开挖上台阶环形导坑；留核心土长度宜为 3～5 m，宽度宜为隧道开挖宽度的 1/3～1/2。各台阶留核心土开挖每循环进尺宜与其他分部循环进尺相一致。核心土与下台阶开挖应在上台阶支护完成且喷射混凝土强度达到设计强度的 70%后进行。下台阶左、右侧开挖应错开 3～5 m，同一榀钢架两侧不得同时悬空。仰拱施作应紧跟下台阶，以及时闭合成稳固的支护体系。

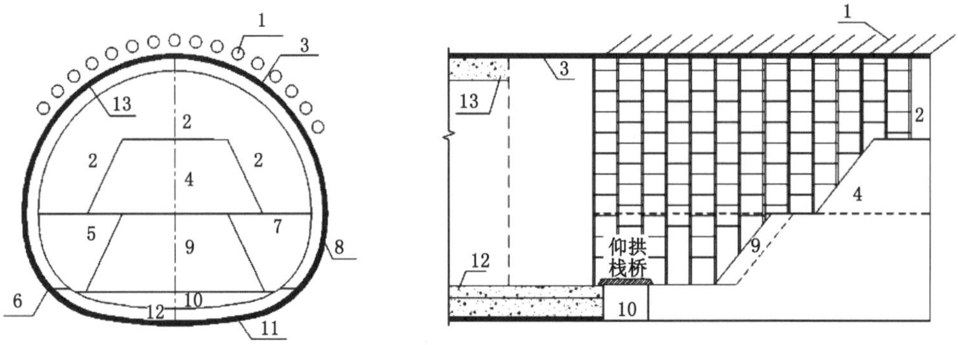

1—超前支护；2—上部环形导坑开挖；3—上部初期支护；4—上部核心土开挖；
5、7—两侧开挖；6、8—两侧初期支护；9—下部核心土开挖；
10—仰拱开挖；11—仰拱初期支护；12—仰拱及填充混凝土；13—拱墙二次衬砌。

图 4-3　台阶分部开挖法施工顺序

台阶分部开挖法的施工作业顺序为：用人工或单臂掘进机开挖环形拱部；架立钢支撑、喷混凝土；在拱部初期支护保护下，用挖掘机或单臂掘进机开挖核心土和下台阶，随时接长钢支撑和喷混凝土、封底；根据初期支护变形情况或施工安排建造内层衬砌。

由于拱形开挖高度较小或地层松软锚杆不易成型，所以施工中不设或少设锚杆。在台阶分部开挖法中，因为上部留有核心土支挡着开挖面，能迅速及时地建造拱部初期支护，所以开挖工作面稳定性好。它与台阶法一样，核心土和下部开挖都是在拱部初期支护保护下进行的，施工安全性好。这种方法适用于一般土质或易坍塌的软弱围岩中。

台阶分部开挖法的主要优点是：与超短台阶法相比，台阶长度可以加长，减少上、下台阶施工干扰，而与下述的侧壁导坑法相比，施工机械化程度较高，施工速度可加快。

采用台阶分部开挖法时应注意下列问题：虽然核心土增强了开挖面的稳定，但开挖中围岩要经受多次扰动，而且断面分块多，支护结构形成全断面封闭的时间长，这些都有可能使围岩变形增大。因此，经常要结合辅助施工措施对开挖工作面及其前方岩体进行预支护或预加固。

单侧壁导坑法
现场施工图片

4.1.3.2　单侧壁导坑法

单侧壁导坑法一般将断面分成三块，即侧壁导坑、上台阶和下台阶，如图

4-4 所示。侧壁导坑宽度不宜超过 0.5 倍洞跨,高度以到起拱线为宜。导坑与台阶的距离没有硬性规定,一般以施工互不干扰为原则。

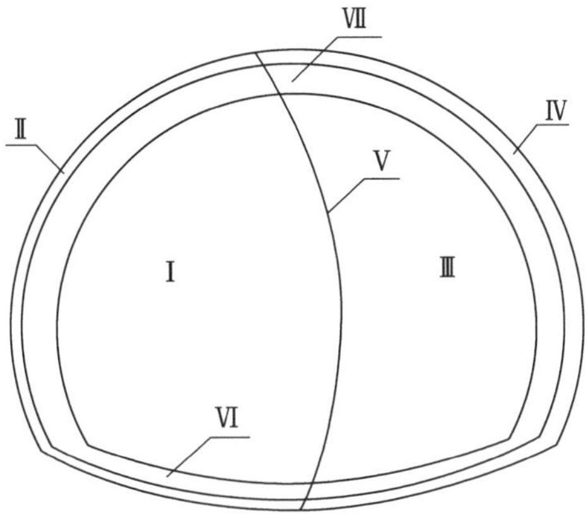

Ⅰ—先行导坑开挖;Ⅱ—先行导坑初期支护;Ⅲ—后行导坑开挖;Ⅳ—后行导坑初期支护;
Ⅴ—拆除中墙;Ⅵ—仰拱衬砌;Ⅶ—洞身二次衬砌。

图 4-4　单侧壁导坑法施工顺序

由于单侧壁导坑法每步开挖的宽度较小,而且封闭型的导坑初期支护承载能力大,因此它适用于断面跨度大、地表沉陷难以控制的软弱松散围岩中。其缺点是由于需要施作侧壁导坑的内侧支护,随后又要拆除,增加了工程造价。

4.1.3.3　双侧壁导坑法

双侧壁导坑法又称眼镜工法,如图 4-5 所示。适用于Ⅴ～Ⅵ级围岩双线或多线等大跨度隧道或地表沉陷要求严格的地段。该方法具有控制地表沉陷小、施工安全等优点,但进度慢、成本高。

施工要求如下:

(1) 侧壁导坑高度以到起拱线为宜。

(2) 侧壁导坑形状应近于椭圆形断面,导坑断面不宜超过隧道断面最大跨度的 1/3。

(3) 左、右导坑应错开开挖,错开距离根据围岩条件而定,以开挖一侧导坑所引起的围岩应力重分布不影响另一侧导坑为原则。

(4) 导坑开挖后应及时进行初期支护,并尽早封闭成环。

双侧壁导坑法虽然开挖断面分块多,对围岩的扰动次数增加,且初期支护全断面封闭时间延长,但每个分块都是在开挖后立即各自封闭,因此在施工期间变形几乎不发展。该法施工安全,但进度慢、成本高。

4.1.3.4　中隔墙法(CD 法)

中隔墙法适用于Ⅴ～Ⅵ级围岩的浅埋双线隧道。中隔墙开挖时,沿一侧自上而下分为两或三部分进行,每开挖一部分均应及时施作锚喷支护、安设钢架、施作中隔壁。底部设临时仰拱,中隔壁墙依次分部连接,之后再开挖中隔墙的另一侧,其分部、分次数及支护形式与先开挖的一侧相同。如图 4-6 所示。

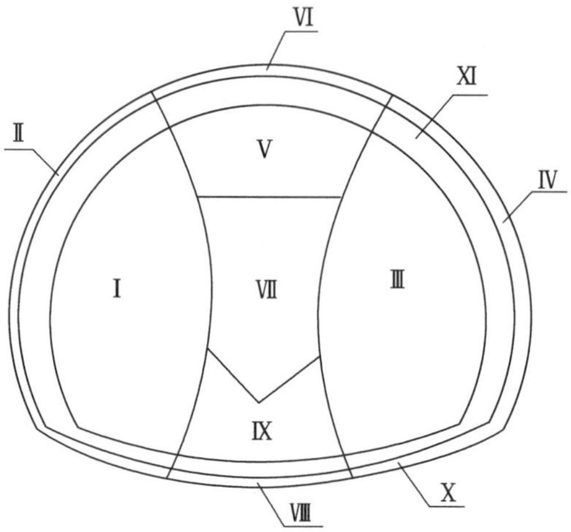

Ⅰ—先行导坑开挖；Ⅱ—先行导坑初期支护；Ⅲ—后行导坑开挖；Ⅳ—后行导坑初期支护；
Ⅴ—中央部拱顶开挖；Ⅵ—中央部拱顶初期支护；Ⅶ—中央部下部开挖；Ⅷ—中央部仰拱初期支护；
Ⅸ—拆除中墙；Ⅹ—仰拱衬砌；Ⅺ—洞身二次衬砌。

图 4-5 双侧壁导坑法施工顺序

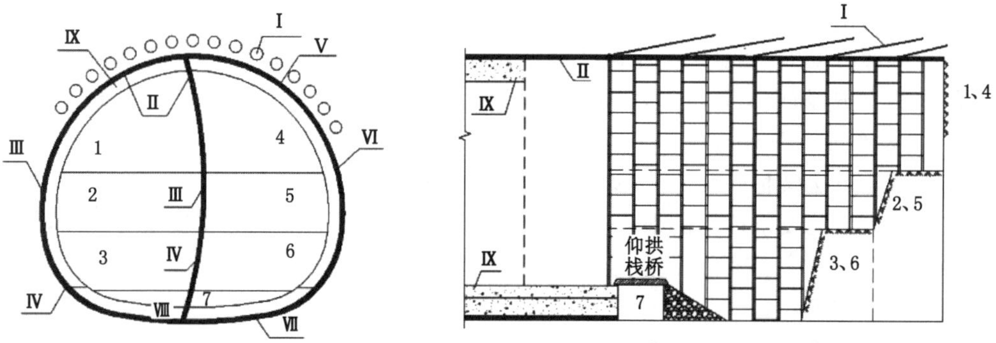

Ⅰ—超前支护；1—左侧上部开挖；Ⅱ—左侧上部初期支护；2—左侧中部开挖；
Ⅲ—左侧中部初期支护；3—左侧下部开挖；Ⅳ—左侧下部初期支护；4—右侧上部开挖；
Ⅴ—右侧上部初期支护；5—右侧中部开挖；Ⅵ—右侧中部初期支护；6—右侧下部开挖；
Ⅶ—右侧下部初期支护；7—拆除中隔壁；Ⅷ—仰拱及填充混凝土；Ⅸ—拱墙二次衬砌。

图 4-6 中隔墙法

施工要求如下：

(1) 各部分开挖时，周边轮廓尽量圆顺，减小应力集中。

(2) 各部分的底部高程应与钢架接头处一致。

(3) 每一部分的开挖高度为 3～5 m。

(4) 后一侧开挖应全断面及时封闭。

(5) 左、右两侧纵向间距一般为 30～50 m。

(6) 中隔壁设置为弧形或圆弧形。

4.1.3.5　交叉中隔壁法(CRD 法)

交叉中隔壁法适用于Ⅴ～Ⅵ级围岩浅埋的双线或多线隧道。交叉中隔壁法是将设计开挖断面分成左、右两个断面,先按台阶法开挖隧道一侧,施工中隔壁竖向支撑和临时仰拱;再按台阶法开挖隧道另一侧,并施工临时仰拱的开挖方法,如图 4-7 所示。

交叉中隔壁法现场施工图片

CD 法与 CRD 法的联系:中隔壁法(CD 法)适用于比较软弱的Ⅳ～Ⅴ级围岩浅埋大断面 2、3 车道隧道的场合;交叉中隔壁法(CRD)适用于软弱的Ⅳ～Ⅵ级围岩浅埋大断面 2、3、4 车道隧道的场合。

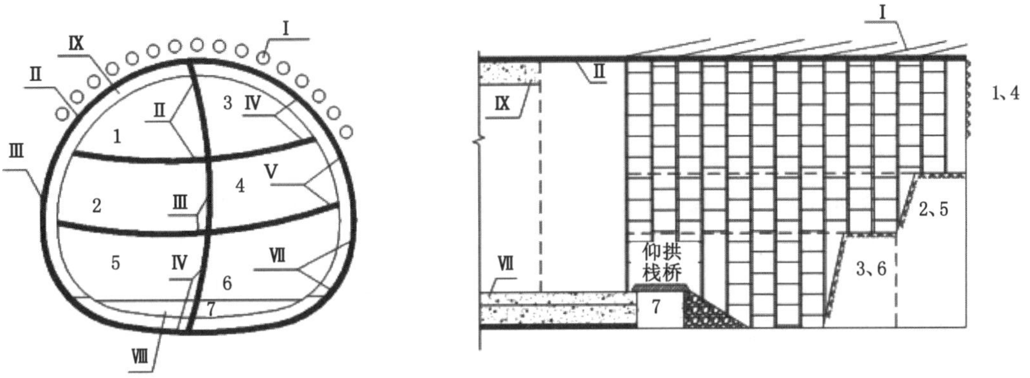

Ⅰ—超前支护;1—左侧上部开挖;Ⅱ—左侧上部初期支护成环;2—左侧中部开挖;
Ⅲ—左侧中部初期支护成环;3—右侧上部开挖;Ⅳ—右侧上部初期支护成环;
4—右侧中部开挖;Ⅴ—右侧中部初期支护成环;5—左侧下部开挖;Ⅵ—左侧下部初期支护成环;
6—右侧下部开挖;Ⅶ—右侧下部初期支护成环;7—拆除中隔壁及临时仰拱;
Ⅷ—仰拱及填充混凝土;Ⅸ—拱墙二次衬砌。

图 4-7　交叉中隔壁法

CD 法与 CRD 法的主要区别:CD 法是用钢架和喷射混凝土的隔壁将断面分割开进行开挖的方法,没有临时仰拱;CRD 法用隔壁和临时仰拱把断面上下、左右分割进行开挖的方法,是在地质条件要求分部开挖及时封闭的条件下采用的,有临时仰拱。CRD 和 CD 法的区别是在施工过程的每一步,都要求用临时仰拱(横撑)闭合。CRD 法对地层的变形控制较 CD 法更为有效。

CD 法和 CRD 法是主要适用于软弱地层的施工方法,特别是对于控制地表沉陷有很好的效果,一般用于城市地下铁道的施工中。但其造价较高,在遇到特殊地层如膨胀土地层时,较多采用,在山岭隧道中很少采用。

4.2　洞口及明洞施工

4.2.1　洞口施工

在山岭隧道中,由于每座隧道所处的地形、地质及线路位置不同,要很明确地规定洞口段的范围是比较困难的。一般是将隧道开挖可能给上坡地表造成不良影响的洞口范围称为“洞口段”。洞口段的范围(长度)应根据各自的围岩条件来确定,亦可参照图 4-8 确定。

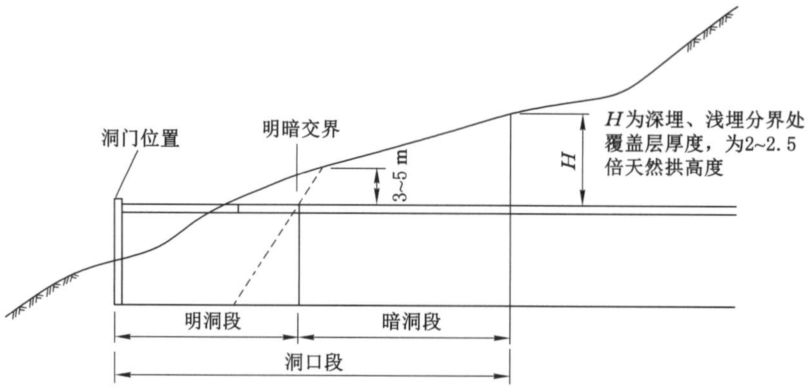

图 4-8 洞口段一般范围

隧道洞口段一般地质条件差、地表水汇集，施工难度较大。施工时要结合洞外场地和相邻工程的情况全面考虑、妥善安排、及早施工，为隧道洞身施工创造条件。

隧道洞口工程的内容主要包括边仰坡土石方、边仰坡防护、路堑挡护、洞门圬工、洞口排水系统、洞口检查设备安装和洞口段洞身衬砌等。洞门结构一般在暗洞施工一段以后再施作，边仰坡防护应及时做好。

4.2.1.1 洞口段施工时应注意事项

(1) 在场地清理做施工准备时，应先清理洞口上方及侧方有可能滑塌的表土、危石等。平整洞顶地表，排除积水，整理隧道周围流水沟渠。之后施作洞口边、仰坡顶处的天沟。

(2) 洞口施工宜避开雨季和融雪期。在进行洞口土石方工程时，不得采用深眼大爆破或集中药包爆破，以免影响边、仰坡的稳定。应按设计要求进行边、仰坡放线自上而下逐段开挖，不得掏底开挖或上下重叠开挖。

(3) 洞口部分圬工基础必须置于稳固的地基上。必须将虚渣杂物、泥化软层和积水清除干净。地基强度不够时，可结合具体条件采取扩大基础、桩基、压浆加固地基等措施。

(4) 洞门拱墙应与洞内相邻的拱墙衬砌同时施工连接成整体，确保拱墙连接良好。洞门端墙的砌筑与回填应两侧同时进行，防止对衬砌产生偏压。

(5) 洞口段洞身施工时，应根据地质条件、地表沉陷控制以及保障施工安全等因素选择开挖方法和支护方式。洞口段洞身衬砌应根据工程地质、水文地质及地形条件，至少设置长度不小于 5.0 m 的模筑混凝土加强段，以提高圬工结构的整体性。

(6) 洞门完成后，洞门以上仰坡脚受破坏处应及时处理。如仰坡地层松软破碎，要浆砌片石或铺种草皮防护。

(7) 隧道洞口开挖前，应结合设计文件，遵循“早进晚出”的原则，复核确认明暗分界位置的合理性，控制边仰坡开挖高度。

(8) 洞口段存在偏压时，应采取偏压防治措施。

(9) 洞口爆破开挖影响邻近建(构)筑物或已建工程时，应采取措施控制爆破震动，并进行爆破震动监测。

进洞方法的选择

4.2.1.2 进洞开挖方法

洞口段施工中最关键的工序就是进洞开挖。隧道进洞前应对边、仰坡进行妥善防护或加固，做好排水系统。洞口段施工方法的确定取决于诸多因素，如施工机具设备情况、工程地质、水文地质和地形条件、洞外相邻建筑的影响、隧道自身构造特点等。根据地层情况，可采用以下几种施工方法。

（1）洞口段围岩为Ⅲ级以上，地层条件良好时，一般可采用全断面法直接开挖进洞，初始10～20 m区段的开挖，爆破进尺应控制在2～3 m。施工支护，于拱部可施作局部锚杆，墙、拱采用素喷混凝土支护。洞口3～5 m区段可以挂网喷混凝土及设钢拱架予以加强。

（2）洞口段围岩为Ⅳ～Ⅲ级，地层条件较好时，宜采用正台阶法进洞（不短于20 m区段）。爆破进尺控制在1.5～2.5 m。施工支护采用拱、墙系统锚杆和钢筋网喷射混凝土，必要时设钢拱架加强施工支护。

（3）洞口段围岩为Ⅴ～Ⅳ级，地层条件较差时，宜采用上半断面长台阶法进洞施工。上半断面先进50 m左右后，拉中槽落底，在保证岩体稳定的条件下，再进行边墙扩大及底部开挖。上部开挖进尺一般控制在1.5 m以下，并严格控制爆破药量。施工支护采用超前锚杆与系统锚杆相结合，挂网喷射混凝土。拱部安设间距为0.5～1.0 m的钢拱架支护，及早施作混凝土衬砌，确保稳定和安全。

（4）洞口段围岩为Ⅴ级以下，地层条件差时，可采用分部开挖法和其他特殊方法进洞施工。具体方法有：① 预留核心土环形开挖法；② 插板法或管棚法；③ 侧壁导坑法；④ 下导坑先进再上挑扩大，由里向外施工法；⑤ 预切槽法等。开挖进尺控制在1 m以下时，宜采用人工开挖，必要时可采用弱爆破。开挖前应对围岩进行预加固措施，如采用超前预注浆锚杆或采用管棚注浆法加固岩层后，用钢架紧贴洞口开挖面进行支护，再进行开挖作业。在洞身开挖中，支撑应紧跟开挖工序，随挖随支。施工支护采用网喷混凝土，系统锚杆支护；架立钢拱架间距为0.5 m，必要时可在开挖底面施作临时仰拱。开挖完毕后及早施作混凝土内层衬砌。当衬砌采用先拱后墙法施工时，下部断面开挖应符合下列要求：① 拱圈混凝土达到设计强度70%之后方可进行下部断面的开挖；② 可采用扩大拱脚，打设拱脚锚杆，加强纵向连接等措施加固拱脚；③ 下部边墙部位开挖后，应及早、及时做好支护，确保上部混凝土拱的稳定。

施工前，在工艺设计中，应对施工的各工序进行必要的力学分析。施工过程中应建立健全量测体系，收集量测数据及时分析，用以指导施工。

4.2.2　明洞施工

明洞是用明挖法修建的隧道。其结构形式分为独立式明洞和接长式明洞。它的结构形式常因地形、地质条件的不同而不同，采用最多的是拱式明洞和棚式明洞。明洞大多设置在塌方、落石、泥石流等地质不良地段。公路隧道有时需在洞口外设置遮光棚，亦属明洞类结构。

明洞施工方法的选择，应根据地形、地质条件、结构形式等因素确定。独立式明洞可采用明挖法或盖挖法施工；接长式明洞可采用开挖与衬砌的施工顺序，分为全部明挖先墙后拱法和部分明挖墙拱交错法两种。

4.2.2.1　*全部明挖先墙后拱法*

全部明挖先墙后拱法适用于埋置深度较浅，边、仰坡开挖后能暂时稳定，或已成路堑中增建明洞地段，如图4-9所示。施工步骤：从上向下分台开挖，先做好两侧边墙，再做拱圈，最后做防水层及洞顶回填。开挖程序：起拱线以上部分，采用拉槽法，开挖临时边坡、仰坡。

当临时边坡、仰坡不够稳定时，采用喷锚网加固坡面。先做好拱圈，然后开挖下部断面，再做边墙，拱脚应设连续的纵钢筋混凝土托梁，并使混凝土与两侧岩石密贴。

此方法的优点是衬砌整体性好，施工空间大，有利于施工；缺点是土方开挖量大，刷坡较高。

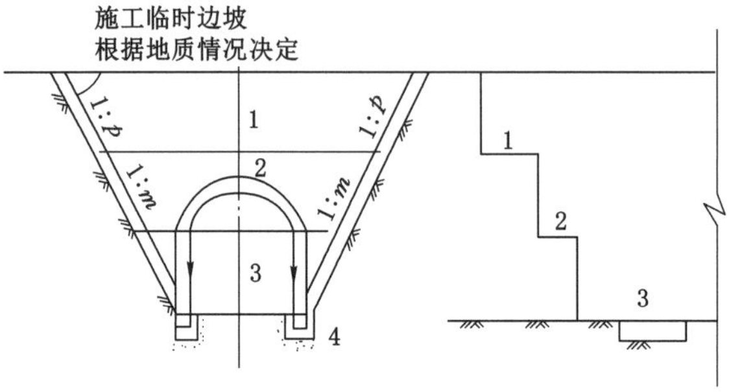

图 4-9　全部明挖先墙后拱法

4.2.2.2　部分明挖墙拱交错法

部分明挖墙拱交错法适用于半路堑、原地面边坡陡峻，由于地形限制不能先做拱圈，或由于外侧地层松软，先做拱圈可能发生较大沉陷，先墙后拱亦有困难时。

(1) 先做外侧边墙法。施工程序如图 4-10 所示。

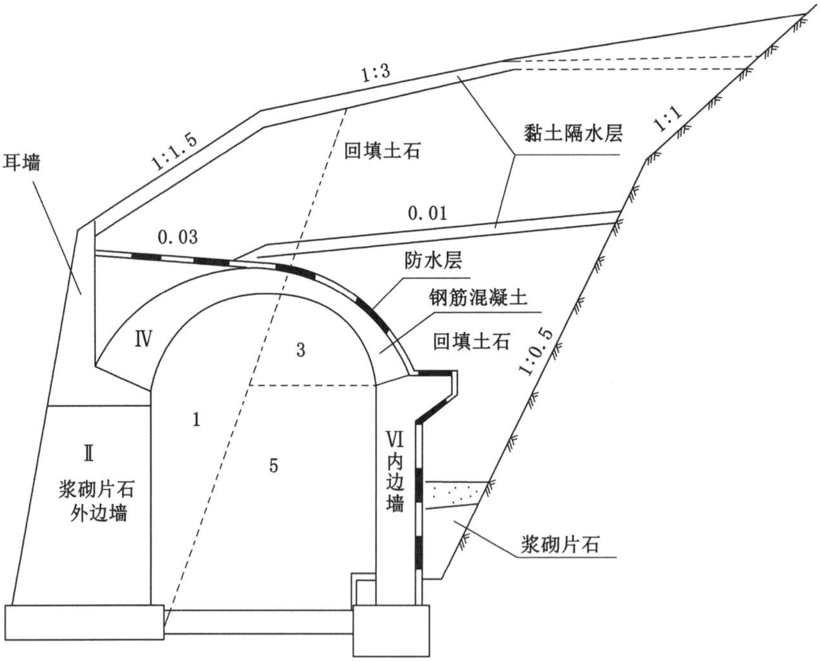

图 4-10　先做外侧边墙法

① 先挖出外侧墙基坑1，然后将外侧墙Ⅱ砌筑（或模筑）至设计高程。

② 开挖内侧起拱线以上部分3，挖除后立即架立拱架灌注拱圈Ⅳ，如有耳墙时，同时做好耳墙。

③ 在拱内落底5，应随落随加支护，以保持内侧边坡的稳定。

④ 开挖内边墙马口，逐段施作内边墙Ⅵ，然后进行拱顶回填，并做防水层。

(2) 挖开灌筑边墙法。当路堑边坡明挖过深可能引起边坡坍塌等不安全情况时，则采用挖开法或拉槽法灌筑边墙。

施工步骤：一般开挖至起拱线后，先间隔挖开或横向与中线垂直间隔拉槽，灌注部分边墙，再做拱圈，拱脚应加纵向钢筋以形成钢筋混凝土托梁，最后挖马口做其余边墙。

明洞大多数修筑于地质较差、地形陡峻的地段，受力条件复杂。施工中应特别注意安全和结构的稳定，做到符合下列各项要求。

① 开挖前要做好全部临时排水系统，选择适当施工方法，要按设计要求正确测定中线和高程，放好边桩和内、外墙的位置。

② 认真处理基础。明洞边墙基础承载力必须保证达到设计要求；有地下水流时，要相应采取措施，如夯填厚度不小于10 cm的碎石层或扩大基础以提高其承载力；若为岩石地基则应挖至表面风化层以下0.25 m。

③ 明洞衬砌其拱圈要按断面要求，制作定型挡头板，内、外模及骨架，加强各部内、外模支撑，防止变形及位移。采用墙拱交错法施工时，要有保证拱脚稳定、防止拱圈沉落的措施。

④ 明洞顶回填土石主要是起缓和边、仰坡上的落石，坍塌和支挡边坡稳定的作用，应按设计厚度和坡度进行施工。

明洞拱背回填应在外模拆除、防水层和排水盲管施工完成后进行。人工回填时，拱圈混凝土强度应不小于设计强度的75%。机械回填时，拱圈混凝土强度应不小于设计强度。路堑式明洞拱背回填应对称分层夯实，每层厚度不宜超过0.3 m；其两侧回填土的上面高差不得大于0.5 m；回填到拱顶以上1.0 m后，方可采用机械碾压。回填土压实度应符合设计规定；回填至拱顶后需满铺分层填筑；拱顶填土高达0.7 m以上才能拆除拱架。采用推土机等大型机械回填时，应先用人工夯填一定的厚度后，方可使用机械在顶部进行作业，并于机械回填全部完成后才能拆除拱架。回填土石与边坡接触处，要挖成台阶，并用粗糙透水材料填塞，防止回填土石沿边坡滑动。

⑤ 明洞与隧道衔接的施工方法，有先做明洞后进隧道和先进隧道后做明洞两种。在明洞长度不大和洞口地层松软，开挖仰坡和边坡时易引起塌方，或在已塌方的地段，一般是先做明洞后进隧道。在地层较为稳定或工期较紧的长隧道没有较长明洞，或是洞口路堑开挖后可能发生坍塌时，则可采用先进隧道后做明洞的施工方法。

无论是先隧后明，还是先明后隧，隧道部分的拱圈都应由内向外和明洞拱圈衔接。必须确保仰坡的稳定和内外拱圈连接良好。一般情况下，明洞与隧道的衔接部位是结构防水的薄弱部位，施工时应把隧道的洞身衬砌向明洞方向延长一定长度，以达到整体防水效果。

4.3 隧道施工的辅助通道

为满足运营通风、防灾救援或增开工作面、改善施工通风与排水条件等需要，可设置辅助通道。一般情况下，隧道长度是选设辅助通道的基本条件，对于长隧道、特长隧道，为满足运营通风、疏散救援需要，需设辅助通道。另外，为满足排水需要，可设置不同类型的辅助坑道。如采用泄水洞对岩溶水或暗河水进行引排，在严寒地区采用防寒泄水洞排出衬砌背后积水，达到消除冻害的目的。根据辅助通道发挥的作用，尽可能利用必须设置的营运通风、疏散救援通道兼作施工通道，防止造成工程上的浪费和对山体进一步的扰动。辅助通道的形式有横洞、平行导坑、斜井和竖井。

辅助通道选址应综合考虑地形、地质条件与施工运营的需要，宜避免在岩溶发育和地下水丰富地段设置。当运营辅助通道兼作施工辅助通道时，应满足施工辅助通道对净空断面的最低要求。运营辅助通道应按永久建筑物设计，宜采用复合式衬砌，也可采用喷锚衬砌，且应有完善的防排水设施。

4.3.1 横洞

横洞（图 4-11）是比较好的辅助坑道形式，当地形条件适宜时，应优先考虑选用。横洞常用于傍山沿河且侧向覆盖层较薄的隧道，也可用于洞口有大量土石方阻挡、洞口处严重塌方或有其他障碍一时难以进洞施工，而地形条件允许设置横洞的隧道。横洞位置应选在地质条件和地形条件较好的地方。横洞长度一般不超过隧道长度的 1/10～1/7，否则就不经济。横洞底面标高应与隧道底面标高一致。为便于排水和运输，向外应有 3‰～6‰的坡度。横洞与隧道的平面交角以 90°为宜，斜交时的交角不应小于 40°。横洞与隧道的连接形式有单联式和双联式（表 4-1），相交处用半径不小于 12 m 的曲线连接。

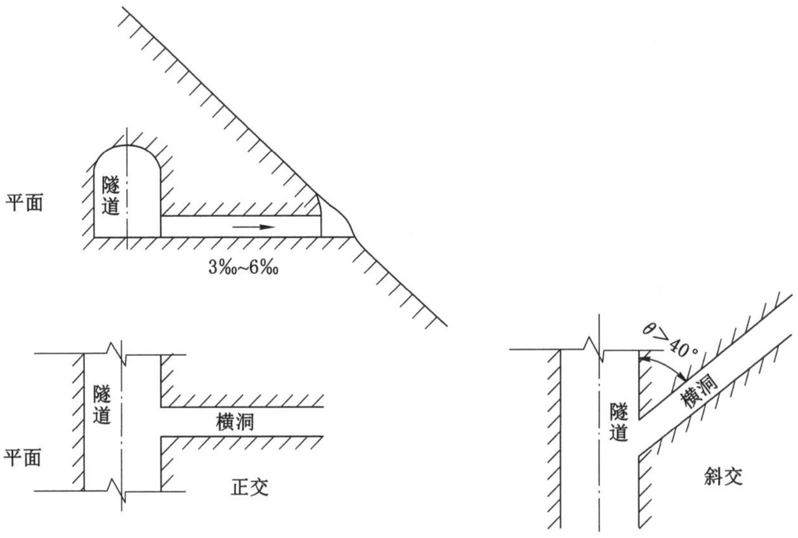

图 4-11 横洞与隧道位置示意图

横洞具有施工简单、不需要特殊的机具设备、出渣运输方便、造价比较低廉等优点，但选用横洞方案时必须有合适的地形条件。

表 4-1　横洞与隧道的连接形式

连接形式		图示	说明	连接形式		图示	说明
单联式	正交	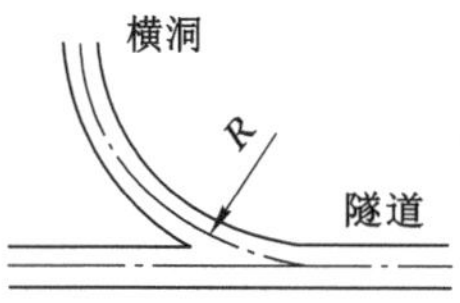	横洞与隧道的平面交角为 40°～90°，R 不小于 7 倍机车车辆轴距	双联式	正交	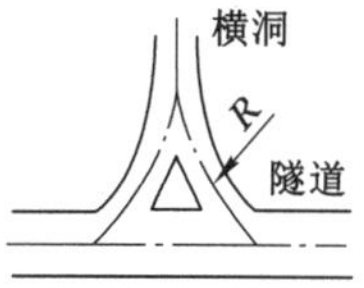	R 不小于机车车辆轴距，$L=15\sim25$ m
	斜交	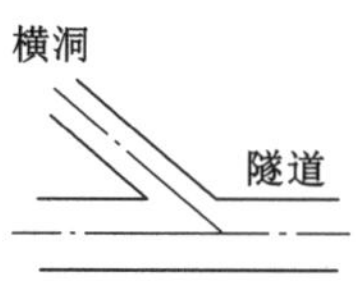			斜交	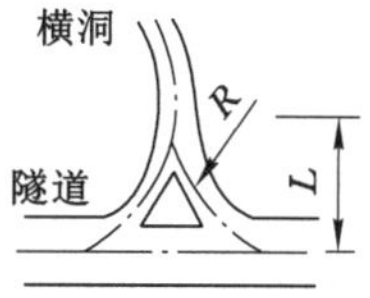	

4.3.2　平行导坑

平行导坑是修建在隧道一侧与隧道走向平行、掘进面总是超前于隧道开挖作业面的导坑。平行导坑的造价为隧道工程造价的 15%～25%。因此只有在长度超过 3 000 m 的长大越岭隧道，且受地形或其他条件限制不宜或无法选用横洞方案时采用。平行导坑通过横通道与隧道正洞多处连接，每个横通道进入正洞后可增加两个新的作业面，如图 4-12 所示。

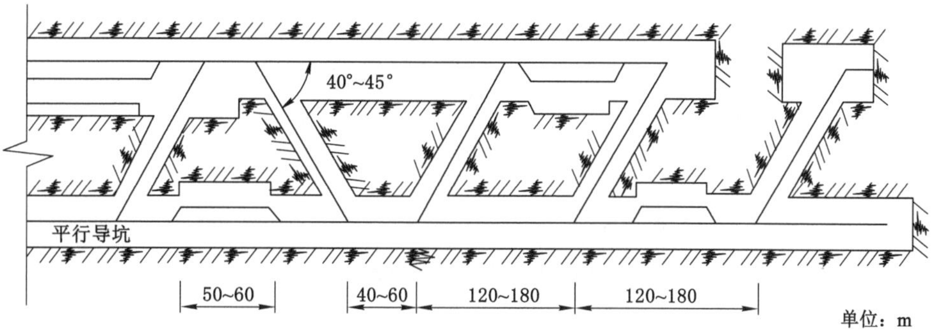

图 4-12　平行导坑设置示意图

一般情况下，平行导坑应设在地下水流向隧道的上游一侧。如规划中有二线隧道时，可设在二线隧道位置，以供将来作为二线隧道施工的导坑用。上述两个条件都不存在时，可设在地质条件较好的一侧。平行导坑与隧道正洞之间的最小净距离，应视地质条件、施工方法、导洞跨度等因素确定，导洞开挖形成的两个自然拱不可相互接触，否则容易造成塌方。目前在中等及以上岩层中常采用的间距为 20 m。平行导坑的底面标高应低于隧道正洞底面标高 0.2～0.6 m，以利于正洞排水和运输。平行导坑的纵向坡度，应与隧道正洞纵向坡度相一致。

横通道应结合避车洞的位置，按 120～180 m 的间隔距离布置。为便于运输调车作业，每隔 3～4 个横通道应设置一个反向横通道。从维持围岩稳定和运输顺畅角度考虑，横通道与正洞的平面交角一般以 40°～45°为宜，如图 4-12 所示。

为充分发挥平行导坑的作用，其开挖面应经常超前于隧道作业面不小于两个横通道间距的距离。为此，平行导坑应以小断面掘进并尽量配备良好的机具设备，做好掘进施工的各项保障工作。在平行导坑中，一般采用单道运输。为满足运输调车的需要，可每隔 2～3 个横通道铺设一个双股道的会车站，其有效长度一般为 50～60 m。

平行导坑除了增加正洞施工作业面外，还具有提前探明地质情况、为正洞施工提供可靠地质资料、布置“三管两路”、减少正洞施工干扰、排水、布置测量导线网和同正洞组成巷道式通风系统等作用。平行导坑除在个别地质松软地段需要施作局部衬砌外，一般均不施作衬砌或仅进行简单的喷锚支护。

喷锚支护介绍

4.3.3 斜井

斜井是从隧道侧上方以倾斜井筒通向隧道正洞的辅助坑道。适用于长度在 1 000 m 以上，埋深较浅或隧道中线斜上方有纵横沟谷低凹地形可做弃渣场地的隧道。斜井运输需要有较强的牵引动力。斜井的施工和使用都比横洞、平行导坑复杂，但比竖井简单。斜井长度一般不宜超过 200 m。

斜井的洞口图片

斜井布置剖面图如图 4-13 所示。要求井口场地宽度不小于 20 m 且有向外 3%左右的下坡，井身倾角以不大于 25°为宜，且不设变坡段，井底车站长度为 8～12 m，并以竖曲线与斜井连接。

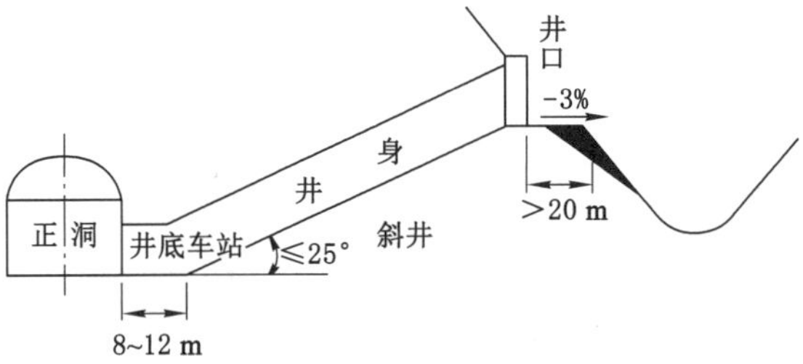

图 4-13　斜井布置剖面图

斜井与隧道正洞的平面连接形式有单联式、斜交双联式和正交双联式三种。

采用单联式时，斜井与正洞中线的平面交角不宜小于 40°。此连接方式施工比较简单，多在用皮带运输机或梭式矿车出渣时采用。

图 4-14 为斜交双联式示意图。其特点是在对着斜井的井底车站前方有一段安全岔线。一旦在斜井中发生溜车事故，不会影响正洞施工的安全。其技术数据为：斜井井底变坡点与正洞中心线间的距离应不小于 25 m，车站长度应不小于 8 m，安全岔线长度应不小于 10 m，连接曲线半径 $R=7\sim10$ 倍的车辆轴距，双通道与正洞平面交角应为 30°～35°。

正交双联式的特点及基本技术数据与斜交双联式相同；不同的是正交双联式的安全岔线设于两通道中间的岩体之中，开挖爆破时容易引起坍塌，故必须加强支护。斜井多采用单道或三轨双道运输。其断面尺寸为：单道时底宽为 2.6 m，三轨双道时底宽为 3.4 m，高度通常为 2.6 m。为解决会车问题，通常在斜井中部铺设一段长度为 20～30 m，底宽为 4.1 m 的四轨双道。

斜井施工与一般的导坑施工基本相同，所不同的是其必须准确控制掘进方向，使其与斜井坡度方向相一致。

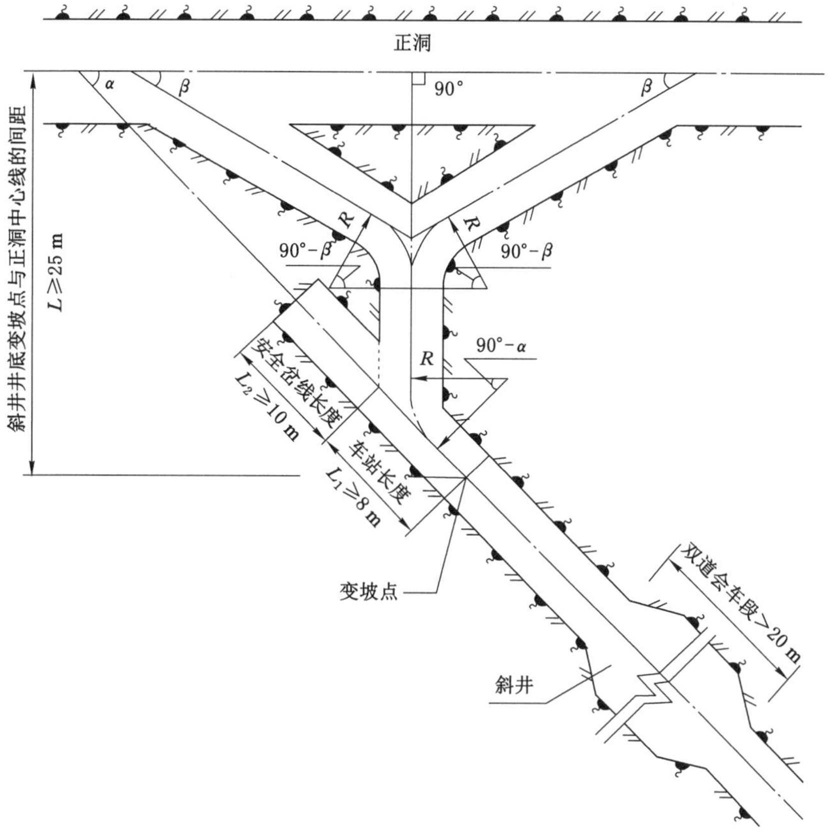

图 4-14　斜交双联式示意图

4.3.4　竖井

当隧道较长而某些地段埋置较浅时，可采用竖井来增加工作面。由于竖井出渣运输是用吊罐或罐笼提升，需要采用井架和提升机具，设备多而复杂，功率较大，施工操作及技术要求较横洞、斜井复杂，故其出渣运输、排水会受到很大限制。同时，采用竖井施工时施工效率较低。因此，除了特长或地形特别有利的隧道外，一般很少采用。在一些特定条件下，例如在一些埋深很浅的地方使用竖井作为运送混凝土的进料孔，或作为运营时的通风孔道时，可以考虑竖井方案。竖井位置以设在隧道中心线一侧为宜。竖井中心与隧道中心之间的距离一般为 15～20 m，其间用通道连接，如图 4-15(a)所示。此种连接方法施工安全，对正洞的施工没有影响，但这种方法通风效果不太好。竖井也有在隧道正上方直接连接的，如图 4-15(b)所示。此法运输方便、提升较快、通风效果好、造价低，但施工时有干扰，也不安全，在竖井地段衬砌防水设施较难施作，故较少采用。竖井的断面形状有长方形和圆形两种。圆形断面能承受较大的地层压力，并可留作隧道永久通风道。竖井断面大小应根据所使用的提升、通风、排水等设备的尺寸来确定，通常采用直径 4.5～6.0 m 的圆形断面。当有两个以上的竖井时，其间距不宜小于 300 m。竖井井筒长度不宜超过 150 m，否则工程造价过高，施工复杂且效率低。

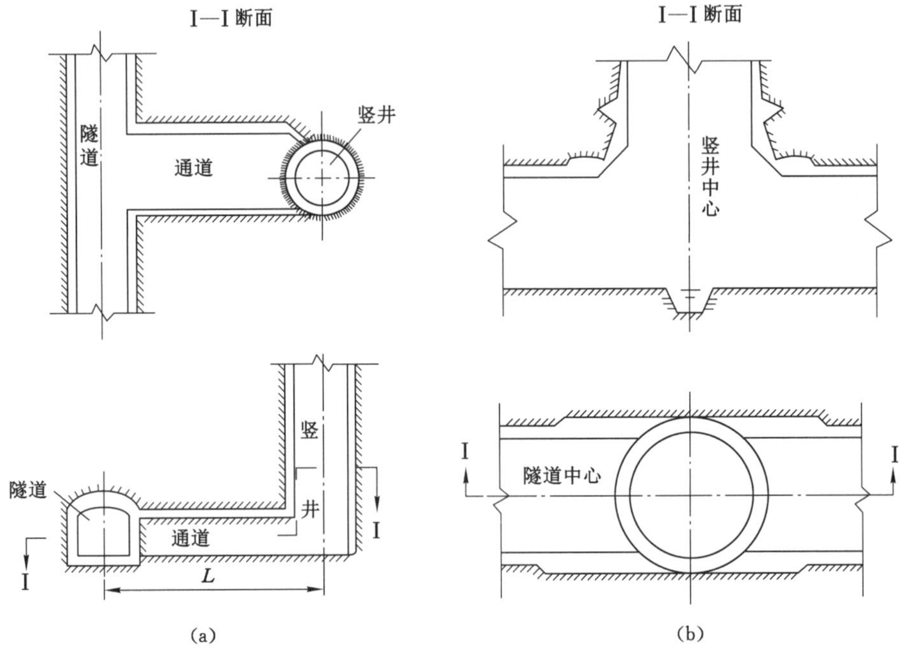

图 4-15　竖井位置设置示意图

竖井的支撑常使用挂圈，挂圈间距通常为 1 m。下一挂圈通过挂钩挂在上一挂圈上，挂圈周围插上背板以支撑井壁。竖井均需施作永久性衬砌。

竖井在施工过程中，要特别加强井口的防洪、排水措施，并应有信号装置，以便于进行井下联系。隧道施工完毕后，竖井均留作通风孔道，井口处应做好防护处理。

4.4　连拱隧道施工

上、下行隧道分修是公路隧道设计中最常用的方式，个别公路隧道因线路选线受地形条件等因素的限制而选用双连拱隧道，但由于其运营后常出现漏水、开裂等问题，所以较少采用，而用超近距单孔隧道取代，技术策略应为宜近不宜连。

连拱隧道是并行的两拱形隧道之间无中央岩柱、隧道的人工结构连接在一起的隧道。连拱隧道跨度大，结构复杂，在动态施工过程中，其支护体系受力状态不断发生变化和调整，围岩经多次扰动而变形，产生多次叠加，施工难度较大。目前，我国已建成的连拱隧道多在 1 km 以内，大多为高速公路隧道。

4.4.1　连拱隧道的适用范围

连拱隧道的适用范围，主要有下列几种情况。

(1) 洞口地形狭窄和地质条件在Ⅴ级围岩以上(可含少量的Ⅵ级)的岩石地层，在Ⅵ级围岩为主的软弱地质条件中常不采用连拱隧道形式。

(2) 在特殊的地形下，若采用分离式隧道导致左右洞长度相差很大，或造成地面建筑受到影响,或洞外路基工程量过大,经济上明显不合理时常采用连拱隧道。

(3) 在山岭重丘地形区内,在路基边坡长度等于或大于 40 m,且左右路幅难以拉开形成独立的左右线时,或为避免大量的深挖高填的土石方工程量,减少自然环境的破坏,适宜采用成群成组兴建连拱隧道。

(4) 在城市周边山丘,人口稠密,土地资源紧张,为减少地面房屋拆迁,保护自然景观和名胜古迹,满足日益增长的人流和交通量需要,更多地采用双连拱或多连拱隧道。

(5) 由于连拱隧道造价较高和一些其他不足,目前在我国主要采用中短规模隧道。

4.4.2　连拱隧道的特点

优点:

(1) 在特殊的山岭重丘地形和在城市周边有山丘阻碍城乡交通处,以及在人多地少经济活跃的山丘区,兴建连拱隧道有利于洞口和洞身的选择,减少隧道长度,减少投资。

(2) 避免隧道洞口桥隧或路隧分幅,节省了进出口洞口路基和桥梁分幅所占土地面积,也避免了线路从整体到分离再到整体的复杂转换,有利于路桥隧总体的线形流畅。

(3) 缩小了所占地下空间,提高了地下空间的利用率。

(4) 在城乡交接的山丘处,因人流量和交通量大,适宜兴建双连拱或多连拱公路隧道,以满足城市发展的需要。

(5) 兴建连拱隧道,居民房屋拆迁和开挖土石方数量都相对较少,有助于减少对自然环境的破坏和保护名胜古迹,又便于运营管理,有着明显的社会效益和经济效益。尽管连拱隧道的造价比分离式隧道高一些,但由于大量减少了占地面积和洞外工程量,尤其是洞口连接路线的土石方及排水工程量,总造价还是划算的。

不足:

(1) 最主要的不足之处是开挖跨度大,两车道隧道跨度大于 22 m,三车道隧道跨度大于 30 m,因而经受围岩压力较大。

(2) 埋深浅,多次开挖爆破导致围岩多次扰动,尤其是中墙顶部及其两侧,稍有不慎易引起隧道围岩塌方,甚至冒顶。

(3) 施工工序多,结构特殊且复杂,结构受力状态变化频繁,质量控制点多,施工技术难度较大,维护不便。

(4) 中墙和边墙的施工及拱部二次衬砌施工相隔时间较长,使得支护系统受力复杂。整体式中墙防排水和主洞拱部防排水施工不同步进行,使施工缝更加明显。

(5) 整体式中墙渗漏水现象较为常见,施工质量和洞口安全比不上分离式隧道。部分污秽空气倒流入另一洞内。

(6) 目前主要适于特殊地形和中短规模隧道等。

公路连拱、分离式、小净距隧道特征对比见表 4-2。

表 4-2　公路连拱、分离式、小净距隧道特征对比

序号	对比项目	连拱隧道	分离式隧道	小净距隧道
1	双洞边墙间距/m	0	大于 15	3～15
2	结构和受力	结构复杂,受力不稳定	简单,稳定	较简单,较稳定
3	工序、工期和难度	工序多,工期长,难度大	少,短,小	较多,较短,较小

表4-2(续)

序号	对比项目	连拱隧道	分离式隧道	小净距隧道
4	围岩扰动和次数	多	少	较少
5	地质条件	差,浅埋,偏压	好、差都有	较好
6	隧道长度	中短型,很少长型	不限,长型显优越性	中短型为主
7	与线路连接	线形最好	差	较好
8	可容交通量	大,可用多连拱隧道	较小	较小
9	适用范围	城市和山丘	山区	较广
10	占地面积	最少	多	较少
11	地下空间利用	最好	差	较好
12	人文景观和环保	最有利	不利	较有利
13	运营管理	最有利	不利	较有利
14	经济评估	每延米造价高,总价划算	每延米造价低,连接线高	有利
15	高跨比(H/B)	<0.5		>0.5

4.4.3 连拱隧道的施工方法

因连拱隧道具有埋深浅、跨度大、地质条件复杂、围岩风化破碎、受雨季地面水影响大等特点,开挖施工必须遵循"短进尺、弱爆破、强支护、早闭合"的原则,根据设计要求,严格进行监控量测,并将结果及时反馈到施工中,及时调整施工方案,确保安全施工。根据围岩情况的不同,目前双连拱隧道主要采用中洞法施工,常见的是中导洞施工法与三导洞施工法两种开挖方式。

隧道监控量测定义

4.4.3.1 中导洞施工法

中导洞施工法就是首先在连接上下行线隧道的中隔墙处贯通一条小断面导洞,并施作中隔墙混凝土,然后再开挖上下行线正洞的施工方法。开挖顺序如图 4-16 所示。

图 4-16 双连拱隧道中导洞施工法开挖顺序

中导洞开挖的施工顺序:① 中导洞开挖初期支护施工;② 中隔墙混凝土施工;③ 正洞

两侧开槽及初期支护施工；④ 正洞拱部开挖及初期支护施工；⑤ 中间部分开挖。

根据隧道进出口地形条件及施工场地的实际情况，中导洞开挖可以从隧道两端同时施工，在隧道中间贯通，也可以从隧道一端开始施工，在另一端贯通。根据地质条件的不同，中导洞开挖分全断面和短台阶两种施工方法。在围岩整体性较好、节理不发育的地段，采用全断面法开挖中导洞可以加快施工进度。在围岩破碎、节理发育以及在洞口地段，采用短台阶法开挖中导洞可以保证施工安全。无论采用哪一种开挖方法，均采用光面爆破技术，尽量减少中导洞爆破对两侧正洞围岩的扰动，每循环进尺一般要控制在 1 m 以下，围岩较好的情况下也不能超过 1.5 m。支护要紧跟开挖面，不容许围岩暴露时间太长，以防止塌方，因为中导洞即使有小面积的塌方，也会给正洞开挖带来很大的影响。

中隔墙的施工顺序与中导洞开挖的顺序刚好相反，根据现场情况，可以采用从隧道中间向两端施工的顺序，也可以采用从隧道一端向另一端施工的方法，如一座隧道只设一个混凝土搅拌站，一般采用从远离搅拌站的一端向靠近搅拌站的一端施工的顺序。但在工期较紧的情况下，也可以创造施工条件，采取从隧道中间向两端同时施工的顺序。

光面爆破定义

为减轻相互影响，上下行线正洞开挖不能齐头并进，必须一前一后错开 20～40 m 的距离，单跨正洞采用分台阶进行开挖，拱墙开挖均采用光面爆破技术，以保证隧道开挖成形及减小爆破对围岩的扰动。拱部开挖高度一般在 3.5～4 m 比较合适，爆破设计要注意尽量降低对中隔墙的影响。不可将中导洞作为临空面进行爆破设计。开挖进尺要控制在 1 m 以内，因进度较小，采用直眼或斜眼掏槽均可。光面爆破参数见表 4-3。

表 4-3　光面爆破参数

围岩类别	装药不耦合系数 K	周边眼间距 E/cm	周边眼最小抵抗线长度 W/cm	相对距离 (E/W)	周边眼装药集中度 q/(kg·m^{-1})
Ⅲ类	1.5～2.0	45～60	60～75	0.8～1.0	0.20～0.30
Ⅱ类	2.0～2.5	30～50	40～60	0.5～0.8	0.07～0.15

下部边墙开挖除了采用光面爆破外，还要注意进尺不能太大，最多开挖出两榀钢支撑的位置就要尽快施作初期支护，封闭围岩。

4.4.3.2　三导洞施工法

三导洞施工法是除了在中隔墙处开挖一个导洞外，在上下行隧道两侧分别开挖一条侧导洞，在中墙混凝土与边墙混凝土施工完后再开挖上下行线正洞。

三导洞施工法开挖顺序如图 4-17 所示。

侧导洞的施工方法与中导洞相似，三导洞施工完成后，正洞开挖还分上下台阶进行，但初期支护的施工顺序与中导洞法不同，是先墙后拱而不是先拱后墙。因侧导洞开挖的过程中正洞边墙初期支护已施作，所以正洞上下台阶开挖爆破设计时，均要考虑尽量减小爆破对中隔墙及侧墙的影响，特别是下部开挖时，不能认为初期支护已全部施工完成而随意增加药量、加大进尺，那样会造成已施作的初期支护垮塌。

如图 4-18 所示，双连拱隧道若采用三导洞先墙后拱的施工方法，应先进行中导洞开挖

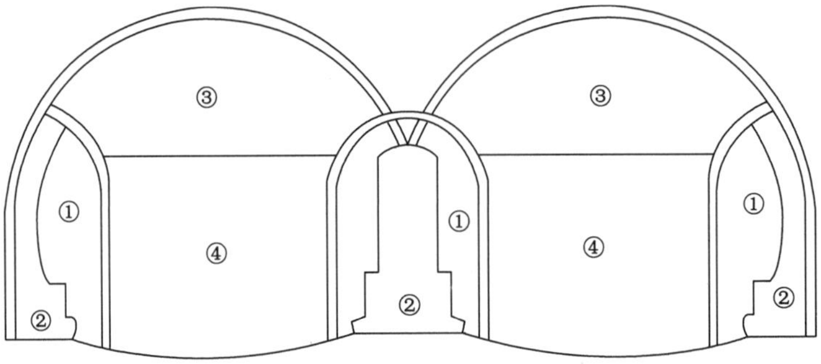

①—中、侧导洞开挖及初期支护施工；②—中隔墙、边墙混凝土施工；
③—正洞拱部开挖支护施工；④—正洞下部开挖。
图 4-17 双连拱隧道三导洞施工法开挖顺序

①，滞后一定的距离相继进行左右侧导洞开挖②-1 和②-2；中导洞贯通后施工中墙钢筋混凝土Ⅰ，侧导洞贯通后相继施工侧墙二衬钢筋混凝土Ⅱ-1 和Ⅱ-2。在两条导洞贯通且完成中墙和边墙衬砌后，进行左右线正洞隧道拱部开挖③-1 和③-2，拱部二次衬砌Ⅲ-1 和Ⅲ-2，随后开挖中部核心土体④-1 和④-2，最后开挖下部仰拱土体⑤-1 和⑤-2，施作仰拱二衬结构V-1 和 V-2，从而形成封闭的支护结构。

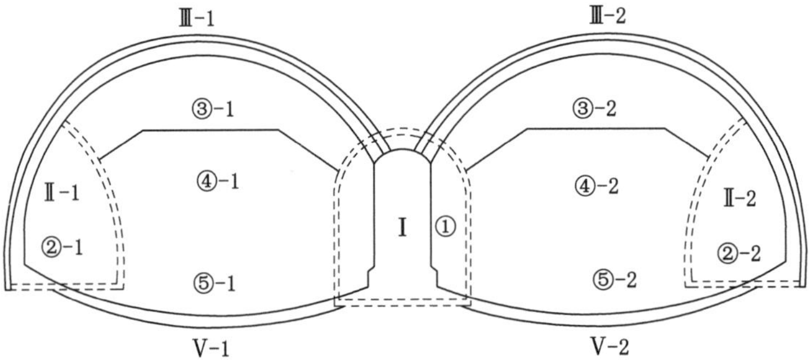

图 4-18 双连拱隧道施工顺序

从以上两种施工方法的施工过程可以看出，中导洞施工法具有工序简单、临时支护量及拆除量小、工期短、成本低的优点，但在地质条件复杂、围岩破碎的地段采用中导洞施工法不利于安全施工。三导洞施工法具有正洞支护闭合早、施工安全的优点，但工序复杂、工期长、成本高。两种施工方法要根据隧道实际地质情况灵活选用，在地质条件复杂、围岩破碎、节理发育、涌水量大的隧道，以及洞口浅埋偏压、围岩软弱段，一般采用三导洞法施工；而在围岩条件较好的地段，一般采用中导洞法施工。

4.4.4 连拱隧道防排水系统

连拱隧道的外部易形成一个聚水廊道，非常不利于防水，会经常出现渗漏，所以施工中必须予以重视。

4.4.4.1 隧道的衬砌结构

隧道采用复合式衬砌结构，为防水设置了三道防线。

第一道防线：初期支护加背后注浆。

第二道防线：设置 1.2 mm 厚 ECB 高分子合成树脂防水卷材，并设置 4 mm 厚 PE 闭孔泡沫塑料衬垫作为夹层防水层。

第三道防线：二次模筑防水混凝土衬砌，采用微膨胀补偿收缩防水混凝土，抗渗等级不小于 0.8 MPa。

由于采用暗挖法施工，当地下水比较丰富、施工工况复杂、防水层的预留搭接与结构的施工缝较多时，在施工阶段对防水卷材可能造成破坏。为了确保能在渗漏的情况下运营，在防水层背后应设置系统隧道专用的塑料排水盲管。

在拱顶与边墙交界处、边墙与仰拱施工缝处、侧洞拱顶与中洞拱顶施工缝处设置六条纵向排水盲管；在边墙上沿隧道轴向每隔 6 m 设一道环向排水盲管，与六条纵向盲管相连，形成排水系统，将渗水引至洞内排水沟。防排水系统设置如图 4-19 所示。

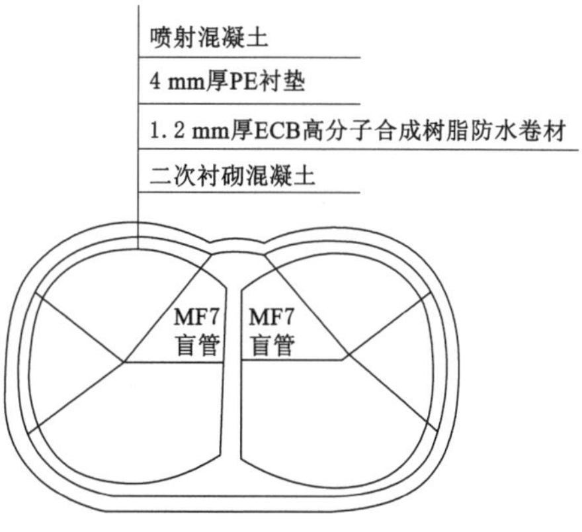

图 4-19 隧道防排水系统示意图

4.4.4.2 变形缝、施工缝的防水设置

变形缝是由于考虑结构不均匀受力和混凝土结构胀缩而设置的容许变形的结构缝隙，它是防水处理的难点，也是结构自防水中的关键环节。隧道均不设置变形缝，但对于连拱隧道，由于受力复杂，尤其为了防止不均匀下沉而引起纵向和横向开裂，必须沿隧道轴向每隔 50～60 m 设置一道变形缝，缝宽 30 mm。在结构内部的中部设置埋入式橡胶止水带，结构内侧(背水面)预留 300 mm×30 mm 的凹槽，待变形缝两侧的混凝土浇筑并养护完毕，在缝内用双组分聚硫橡胶密封膏嵌缝，在凹槽内固定 1 mm 厚钢板做成 U 形接水盒，然后用聚合物水泥砂浆把凹槽填实抹平。如图 4-20 和图 4-21 所示。

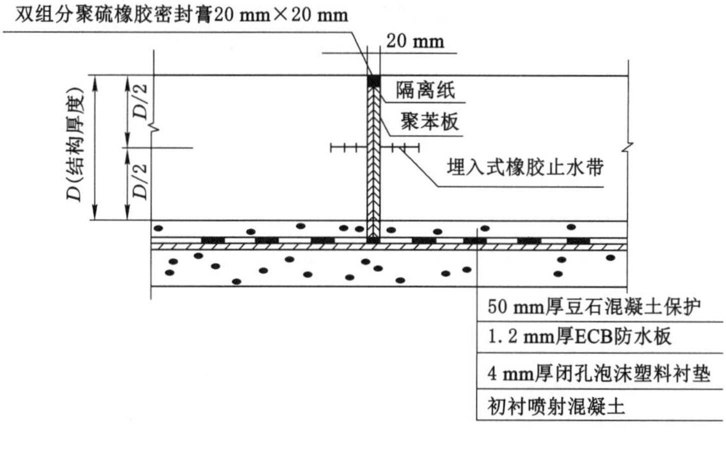

图 4-20 隧道底板变形缝防水示意图

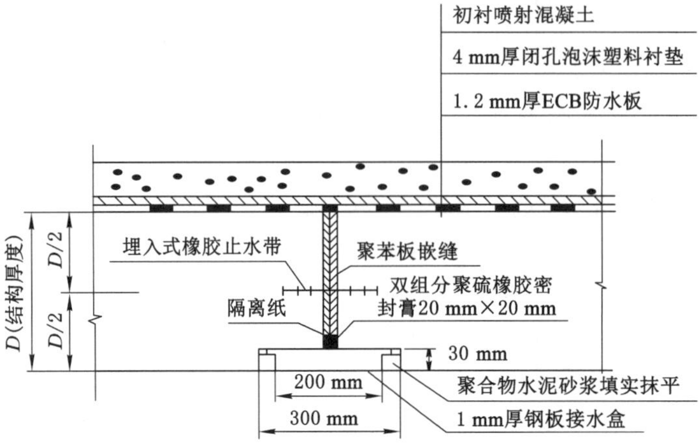

图 4-21 隧道边墙、顶板变形缝防水示意图

橡胶止水带的施工要求如下：

(1) 按照设计要求确定止水带的准确位置及尺寸规格。

(2) 橡胶止水带的安装必须用模板固定，先安装一端，浇筑混凝土；同时应用箱形木板保护另一端，待混凝土达到一定强度时，拆除模板和另一端止水带的箱形木板。

(3) 在止水带中央圆孔的上下方混凝土基面上涂刷黏合剂，并固定填缝用的聚苯板。

(4) 把另一端的止水带端头固定在钢筋上，支模浇筑混凝土。

(5) 施工中止水带的位置要准确，并保证混凝土的浇捣质量，保证混凝土与止水带紧密贴合。

(6) 止水带的接头部位应采用现场硫化的方法处理，接头选在结构应力较小的部位。

隧道施工缝分纵向和环向，就全双连拱结构而言，纵向施工缝在天梁两侧各有一衬砌断面处。施工缝采用在结构断面中部安放 U-2 型 2 mm×30 mm 遇水膨胀腻子条的方法进行止水。

在施工过程中，水平施工缝与环向施工缝是结构自防水的薄弱环节，将直接影响结构的防水质量，因此须认真做好该处的防水处理。

由于止水条钉设过紧容易折断，钉设过松则不能保证与混凝土密贴，从而造成灌注的混凝土钻入止水条下部而失去止水效果。因此，在施工中衬砌堵头板背面可钉设适当厚度及宽度的木条，混凝土灌注后拆模时将木条一起取出，从而形成一道凹槽，并配合加密射钉，保证施工缝的防水效果。

4.4.4.3 结构基面的处理

(1) 基面堵漏

由于防水板铺设前不允许初期支护内表面有漏水现象，因此首先要根据结构的不同部位分别进行堵漏处理。

① 在中洞、侧洞拱部沿隧道纵向每 5 m 一排，每排布置 3 根 ϕ42 mm 注浆管，注水泥单液浆(不能注水泥-水玻璃双液浆)，以填充拱部初期支护背后孔隙并止水。特别在中洞拱部(天梁)位置，应加大注浆压力，增加注浆量，以确保注浆范围高出侧洞拱顶，避免该部位日后形成积水带。

② 对边墙漏水部位进行重点注浆止水处理后，埋管引入边沟，应以引排为主，不宜钻孔注浆。

③ 对基底出水部位，应根据出水量的大小分别采用注浆止水和引排的方法，以确保基面干燥。

(2) 基面找平

① 检查基面上有无钢筋、铁丝和钢管等尖锐突出物，若有，则从根部予以割除，并在割除部位用水泥砂浆抹成圆曲面。

② 在中洞中线至左、右侧洞中线外 300 mm 的拱部范围内施作刚性防水层兼找平层。主要施工工序：a. 涂刷一道界面剂；b. 抹 EVA 防水砂浆(10～15 mm)；c. 搓毛；d. 抹 EVA 聚合物砂浆(2 mm)；e. 二道抹平、压密、压实；f. 洒水养护。

界面剂配合比如下：

硅酸盐水泥：EVA：水：FS-防水剂＝1：0.13：0.37：0.08

EVA 防水砂浆配合比如下：

普通硅酸盐水泥：EVA：水：FS-防水剂：中沙＝1：0.12：0.5：0.08：0.5

③ 对于结构边墙，应根据不同情况分别处理，在渗水明显的部位(如穿越护城河地段和斜穿盖板河地段)同第②条所述，施作刚性防水层；在一般地段，则局部采用 1：2.5 的水泥砂浆找平即可。

④ 隧道底板基面有明显凸凹起伏时，采用 1：2.5 的水泥砂浆找平。

⑤ 隧道断面变化或转弯时的阴阳角用水泥砂浆抹成 $R>50$ mm 的圆弧。

4.4.4.4　PE 闭孔泡沫塑料衬垫的施工

在隧道的初期支护和防水板之间，应采用 4 mm 厚 PE 闭孔泡沫塑料衬垫作为防水板的缓冲层。

泡沫衬垫用水泥钉和塑料圆垫片固定在喷射混凝土的基面上，固定点呈梅花形布设。固定点之间的间距：拱部为 500～800 mm，边墙为 800～1 000 mm，底部为 1 500～2 000 mm。衬垫之间的搭接宽度为 50 mm，搭接部位用热风焊枪焊接。衬垫按环向铺设，不能拉得过紧，以免影响防水卷材的铺设，并在搭接部位预留不少于 200 mm 的搭接余量。

4.4.4.5　ECB 高分子合成树脂防水板的施工

防水板接缝焊接是防水施工最重要的工艺，焊缝用双焊缝热合机将相邻两幅卷材进行热熔焊接；卷材之间的搭接宽度为 100 mm，接缝为双焊缝，焊缝宽度不小于 2 mm，中间留出空腔，以便进行充气检查。焊接应平顺、无波纹、颜色均匀，无焊焦、烧糊或夹层。进行充气检查时，充气压力为 0.12～0.15 MPa，稳定时间≥5 min，容许压力下降 20%。当纵向焊缝与环向焊缝成十字相交时(十字形焊缝)，事先要将纵向焊缝外的多余搭接部分齐根削去。

将台阶修理成斜面并熔平，削去的长度≥130 mm，以确保焊接质量和焊机顺利通过。铺设防水板之前，先在拱顶的衬垫上标出隧道纵向中心线，卷材由拱顶开始向两侧下垂铺设，一边铺一边与圆垫片热熔焊接。

防水层在下一阶段施工前的连接部分要注意加以保护，避免弄脏和破损，并在搭接前将接头处擦拭干净。分段铺设的卷材边缘部位至少要预留 500 mm 搭接余量。

防水板采用无钉孔铺设固定，即利用热风焊枪将裁剪好的卷材热熔粘贴在塑料圆垫片上，固定时要注意不得拉得过紧或出现大的鼓包。尤其是卷材的阴阳角部位一定要与转角部位密贴，以免影响混凝土的灌注厚度或将卷材拉破。

固定点呈梅花形布设，间距：拱顶为 500～800 mm，边墙为 800～1 000 mm，底板为

1 500～2 000 mm。排水盲管设在夹层防水卷材上，用盲管生产厂家提供的特制铁件固定，并用 8 号铁丝将铁件与结构钢筋牢固捆扎。由于盲管是预埋的，因此在衬砌前要做好标记，一旦衬砌台车脱模，应立即将盲管管口掏空并清理干净。

4.4.4.6 二次衬砌防水混凝土的施工

二次衬砌防水混凝土为微膨胀补偿收缩防水混凝土，标号为 C30P8，采用单一型外加剂，掺量为 10%左右。

在施工中要针对混凝土的防水要求，不仅要加强管理，严格执行施工工艺，选好混凝土供应商，对混凝土施工进行全过程监控，还要特别注意以下几点。

(1) 严格控制水灰比

水灰比是对抗渗性起决定作用的因素，增大水灰比，混凝土的密实度降低，相对渗透系数显著增大，因此须严格控制水灰比，工程所采用的水灰比应不大于 0.6。

(2) 防水混凝土的运输

如果必须采用商品混凝土，应优先选择就近的搅拌站，并安排专人负责统一调度，以缩短运输距离和等待的时间，避免出现混凝土离析。还应根据不同气候、不同时间计算运输过程中坍落度的损失，从而保证混凝土浇筑时有良好的和易性。

(3) 混凝土的振捣

工程结构防水混凝土振捣采用插入式振捣器。振捣时等距离插入，均匀捣实全部混凝土；插入点间距小于振捣半径的 1.5 倍，前后两次振捣的作用范围相互重叠，避免漏捣。振捣时不得触及钢筋和模板，严禁触及防水板。

(4) 混凝土的养护

根据防水混凝土的特性，混凝土的裂缝宽度不得大于 0.2 mm，防水混凝土灌注完毕及终凝后应及时采用喷、洒水养护。拆模后，应对结构表面及时进行洒水养护，保持混凝土表面湿润，养护期确保不少于 14 d。

4.4.4.7 二次衬砌背后填充注浆

由于混凝土的凝固收缩特性，在二次衬砌混凝土与防水板之间，一般会存在 5～10 mm 的缝隙，由于泵送混凝土、模板台车灌注的衬砌施工特点，在拱顶处无法振捣密实，因此缝隙肯定会进一步加大，还可能在局部地段出现空洞，容易造成地下水到处流窜，从而侵蚀结构和腐蚀钢筋。因此，在二次衬砌结束后进行背后回填注浆是必不可少的一道工序。

在施作二次衬砌防水混凝土时，应沿隧道纵向每间距 10 m 预埋一组注浆管，每组 2 根，注浆管垂直于结构表面设置，一根指向侧洞拱顶，另一根指向中洞拱顶。

根据结构渗漏水情况，采取先全面注浆后重点注浆的施工方案。在全面注浆阶段，采用掺加 XPM 外加剂的普通水泥浆液，施工水灰比为 1∶1.5，XPM 外加剂掺量按水泥用量的 10%控制。该浆液具有流速快、流动性好、抗渗指标高的特点，最大优点是浆液凝固后基本无缩。注浆顺序为由低处向高处、由无水段向有水段，跳跃间隔式注浆。在重点注浆阶段，针对仍然存在渗水的地段进行再次注浆，并在个别较严重的出水点周围增补注浆管，并用掺加 XPM 外加剂的超细水泥浆液进行注浆，注浆压力控制在 0.3 MPa 以下。

4.4.4.8 连拱隧道结构防水施工步骤

隧道结构防水设计应遵循“以防为主、防排结合、刚柔结合、因地制宜、综合治理”的原则。防水施工工艺步骤：① 初期支护背后注浆；② 基面处理、检查；③ 施作聚合物砂浆防水层；④ 施作 4 mm 厚 PE 衬垫；⑤ 施作 1.2 mm 厚 EBC 高分子合成树脂卷材；⑥ 施作二次衬砌防水混凝土；⑦ 二次衬砌顶部回填注浆。

由于工程复杂，为确保区间无渗漏，在防水层和二次衬砌之间设置排水系统，排水盲管应紧贴防水板内表面，并按要求固定。

结构变形缝防水采用埋入式橡胶止水带，在结构内侧（背水面）预留 300 mm×30 mm 的凹槽，待变形缝两侧的混凝土浇筑并养护完后，在缝内用双组分聚硫橡胶密封膏嵌缝，在凹槽内固定 1 mm 厚钢板做成 U 形接水盒，然后再用聚合物水泥砂浆把凹槽填实抹平。

图 4-22 所示隧道结构防水的施工步骤：① 导洞拱顶初期支护背后回填注浆填充孔隙；② 用聚合物水泥砂浆将导洞顶板抹平压实，涂刷 2 mm 厚聚灰浆，沿导洞纵向固定厚 1 mm、宽 800 mm 钢板顶纵梁各一道。涂刷聚灰浆的基面干燥后，刷冷底子油，在顶板上粘贴 SBS 改性沥青防水卷材，粘贴泡沫塑料保护卷材；③ 施工中墙；④ 拆除导洞初期支护，施作左右洞顶部的闭孔泡沫塑料衬垫，将 SBS 卷材和钢板弯起并紧贴喷射混凝土基面，SBS 卷材与 1.2 mm 厚 ECB 卷材热焊过渡并固定在塑料衬垫上，然后施作侧洞防水夹层；⑤ 施作二次模筑混凝土之前，在施工缝的位置埋设橡胶止水条。

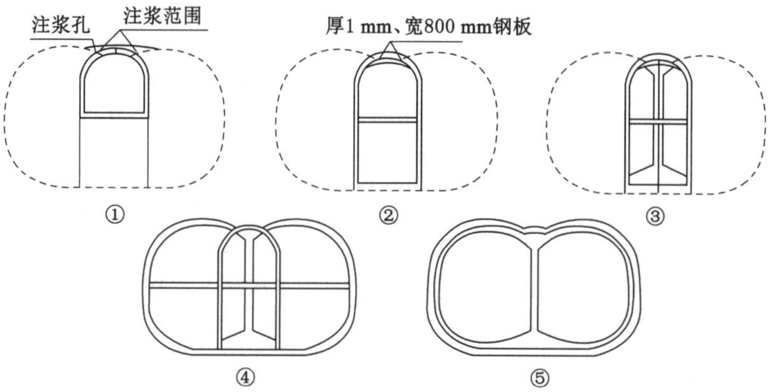

图 4-22　隧道结构防水施工步骤

4.4.4.9　防水系统的改进

(1) 由于隧道施工环境恶劣，防水板的整体封闭质量很难保证，容易导致防水系统“一点破损，全面失效”，且无法找准出水点进行堵漏处理，因而应在地下工程的防水系统中增加分段封闭的措施。

(2) 当前，隧道施工工艺、防水材料的可靠性、作业人员的实际操作技能均处于较低水平，因此在以后相当长的时期内，还是应以“防排结合，多层设防，以防为主，适量排放”为原则指导地下工程防排水系统的施工。

(3) 双连拱隧道在中洞天梁位置呈现 V 形结构，使该处形成人为积水区，且结构复杂，不利于隧道各方面的施工。因此，除了在类似车站等超宽断面不得不如此以外，可以在断面较窄的隧道取消双连拱结构形式，从而消除隐患。

(4) 隧道如设置中心排水沟，将导致排水盲沟出水后漫流在道床上，严重影响隧道的整体外观效果。因此，如果设置两侧水沟或埋管引入中心水沟，即可杜绝此类现象的发生。

4.4.5 连拱隧道施工难点的处理

连拱隧道的结构特点决定了在施工过程中必然会遇到不同于单拱隧道的特殊问题。如何科学地处理好这些特殊问题是确保安全、优质施工的关键。以下几个方面均为连拱隧道施工过程中必须处理好的特殊问题，必须根据具体情况，科学、合理、灵活地选择处理方案。

4.4.5.1 中、侧导洞断面的选择

中、侧导洞是为了安全开挖正洞而先开挖贯通的辅助导洞，其断面的大小在设计上一般没有严格的要求，但在正洞开挖施工之前，必须根据隧道地质情况及施工机械配备情况，合理地确定其大小，以确保导洞与正洞的安全施工。

中、侧导洞的断面一般不宜太大，地质情况对其断面的影响因素较小，断面大小的选择主要根据导洞开挖施工的机械配备情况。在单口开挖长度大于 100 m 的情况下，一般使用装载机和汽车出渣，断面宽度最好在 5.5 m 左右，可根据机械设备的尺寸适当调整，能满足装载机灵活装渣即可。在单口开挖长度小于 100 m 的情况下，也可以采用装载机单独出渣，这种情况下断面尺寸在 4 m 左右即可满足要求。中导洞的高度一般要比中隔墙高出 0.5 m，太低不利于中隔墙施工，太高会造成中隔墙顶的回填量大且不安全。侧导洞的高度一般应与中导洞基本一致。

4.4.5.2 中隔墙水平推力的平衡

上、下行线正洞在中导洞及中隔墙施工结束后开挖，但为了减小开挖施工中相互影响，上、下行线开挖不能齐头并进，要一前一后错开 20～40 m 的距离。这样，在上、下行线两个开挖面之间，一侧正洞的初期支护已支撑在中隔墙上，而另一侧初期支护还未施工，该段中隔墙必然要受到一个指向未开挖一侧的水平推力，如图 4-23 所示。因该水平推力位于中隔墙顶部，它对中隔墙的危害很大，有可能造成中隔墙开裂，甚至导致重大事故。为了平衡这种水平推力，在后开挖的一侧要提前给中隔墙打上临时支撑。支撑可采用方木或钢管，必须牢固，在另一侧正洞下部开挖后再拆除。

4.4.5.3 中隔墙防水措施

中隔墙防排水方案的原始设计如图 4-24 所示，在中隔墙顶部设一条 ϕ100 mm 纵向排水管，每隔 10 m 用一根 ϕ75 mm 硬塑引水管将水引至水沟内；中隔墙顶平铺一层防水板，并与上、下行隧道拱墙防水板相连，形成一封闭系统，以堵截围岩渗水，使其流入墙顶纵向排水管，最终排至水沟内，在中隔墙两侧边缘每隔 10 m 设一竖向半 ϕ50 mm 钢管，将中隔墙渗水引至水沟内。

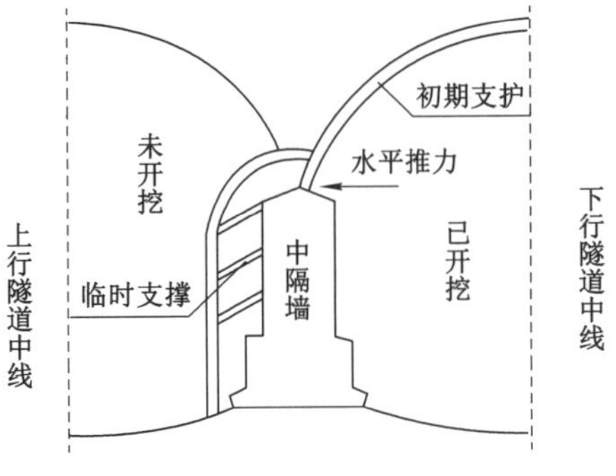

图 4-23 中隔墙水平推力示意图

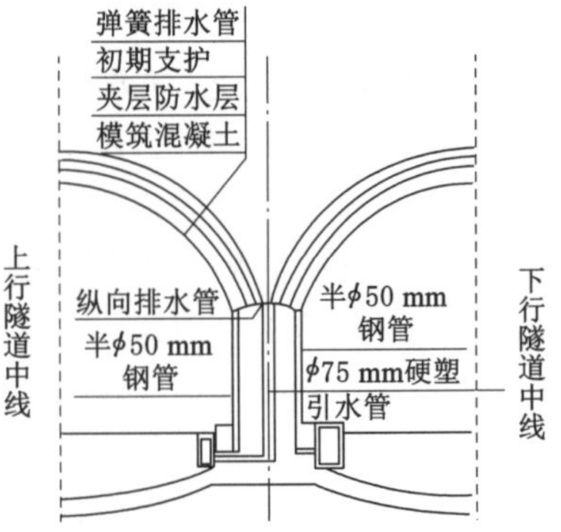

图 4-24 中隔墙防排水设计图

从防排水的原始设计方案来看，中隔墙顶围岩渗漏水问题已由完整的排水系统解决了，如果严格按原始设计要求施工，中隔墙顶渗漏水在理论上能得到控制。然而，在实际施工中要做到这一点比较困难，中隔墙顶渗漏水还是不可避免的，为了能够更好地防止中隔墙渗漏水，我们对防排水原设计方案做了如下改进。

（1）双连拱隧道的施工顺序为首先开挖中导洞，施工中隔墙混凝土，然后再开挖上、下行线正洞，并施作初期支护。这样，中导洞顶部会自然形成一个空区，如图 4-25 所示。按照原设计方案，该空区应采用浆砌片石回填，这样，地下水就不能顺利地流入中隔墙顶部的纵向排水管中，致使排水系统不能正常发挥作用，无法顺利排水。为了解决这一问题，在中隔墙顶设一纵向土工布碎石盲沟，如图 4-26 所示，盲沟顶用浆砌片石回填，从而保证地下水能顺利地流入纵向排水管，最终排至水沟内。

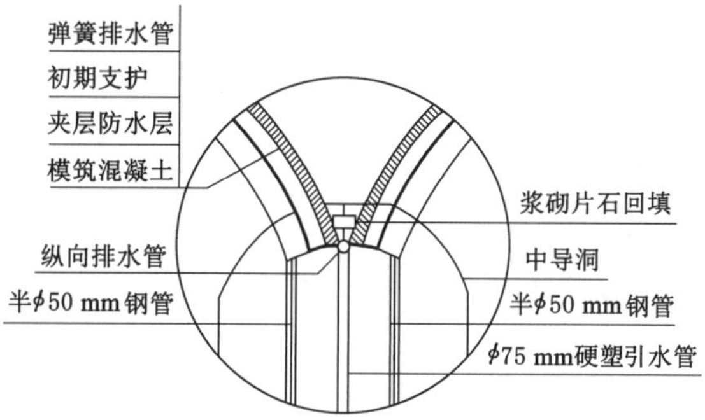

图 4-25　中隔墙顶浆砌回填

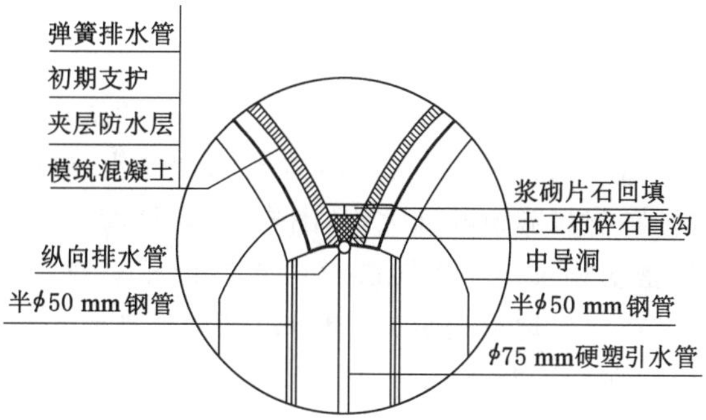

图 4-26　中隔堵顶设碎石沟

（2）根据原始设计方案，上、下行线初期支护中的钢拱架必须与预埋在中隔墙顶的钢板相连，以保证钢拱架的稳定性，这就要求钢拱架必须穿过中隔墙顶中预埋的防水板，导致该处防水板不密封而漏水。为了解决此处漏水，可以先将钢拱架连接螺栓焊接在中隔墙顶中预埋的钢板上，再使防水板穿过螺栓而不是穿过整个连接钢板，并在连接板中间多加一层土工布及防水板，拧紧连接螺栓，防止该处防水板漏水，如图 4-27 所示。

（3）为了进一步防止中隔墙漏水，在中隔墙两侧各增设一条纵向 ϕ50 mm 透水软管，施工时在中隔墙左右两侧凿出两条纵向沟槽（深 30 mm，宽 60 mm），将透水软管置入槽内，并在软管下侧沿纵向钉一条止水条,使中隔墙顶施工缝中渗出的水流入透水软管而不能流出施工缝。纵向每隔 10～15 m 做一条竖向盲沟,将纵向盲沟内的水引至水沟内,如图 4-28 所示。

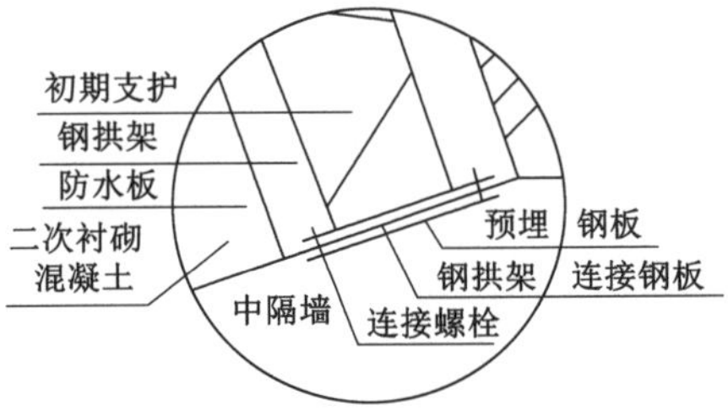

图 4-27 钢架连接图

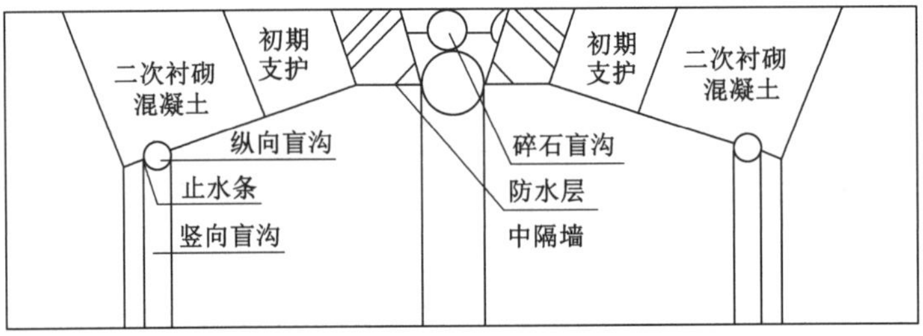

图 4-28 增设纵向排水盲沟

4.5 小净距隧道施工

小净距隧道指并行的两隧道间净距较小,两洞结构彼此产生有害影响的隧道。隧道是否按小净距结构设计,需根据具体情况综合分析、判断两洞间是否产生有害影响。这种影响与隧道断面大小、围岩级别、地层岩性、地质构造和施工方法、开挖顺序密切相关。小净距隧道由于造价相对较高、施工工期较长,一般不采用,只是在洞口地形狭窄、受周边建筑物限制或为减少占地的中隧道、短隧道中采用。在桥隧相连的长隧道和特长隧道洞口局部地段,也有采用小净距隧道布置形式的实例。

小净距隧道施工

4.5.1 小净距隧道施工方法

4.5.1.1 小净距隧道施工方法的选取

小净距隧道与连拱隧道和普通分离式隧道的区别在于:相邻隧道间存在中岩墙,但中岩墙厚度较小。因此,在选择合理施工方法时,首要的问题是保证中岩墙的稳定,避免中岩墙的多次扰动,充分利用中岩墙的自稳能力和强度。为了保证施工过程中的安全以及隧道结构的长期运营安全,有必要结合围岩级别、不同影响程度选取合适的施工方法。

在目前的众多隧道施工方法中,基本的施工方法主要是全断面法、台阶法和分部开挖法,其余施工方法是这几种方法的组合形式。通过理论分析及工程实践,可以得出以下结论。

（1）对分部开挖法、台阶法和全断面法，在低级别围岩中，采用分部开挖法优于台阶法，台阶法优于全断面法；在高级别围岩中，全断面法优于台阶法，台阶法优于分部开挖法。对于初期支护的内力，由于采用分部开挖法较上下台阶法和全断面法支护要早，承担了围岩的多次内力调整，加之在分部开挖处存在内力集中现象，因此，一般内力较大。

（2）对比分析分部开挖法的不同开挖顺序的结果可知，中岩墙应尽早形成并对其进行加固，在中岩墙加固后再进行其他部分开挖，对控制围岩变形、保证岩墙稳定、调整支护受力较为有利。分析可知，在小净距隧道的设计、施工中，中岩墙的变形、受力和稳定是重点。因此，采用分部开挖法开挖时，从静力角度来看，宜先开挖靠近中岩墙侧。

（3）对于高级别围岩（如Ⅲ级），从计算结构来看，无论是采用台阶法还是全断面法施工，其围岩变形、支护受力均很小，在计算工况下无塑性区出现。但是，拱顶范围出现受拉区，并且采用全断面法较台阶法受拉区范围较大，在岩墙顶部有贯通的趋势。

4.5.1.2　小净距隧道施工方法选取原则

通过动力与静力数值计算、模型试验以及现场试验成果，结合收集到的已建小净距隧道施工经验，可以得出小净距施工中应遵循的总原则是：少扰动、快加固、勤量测、早封闭。

具体原则如下。

（1）对于低级别围岩（如Ⅴ级围岩），应以机械开挖为主，辅以微量的弱爆破；对于高级别围岩，采用爆破开挖，施工措施选取考虑降低爆破震动影响。

（2）对于相互影响轻微的小净距隧道，先行洞施工方法选取可以按一般单洞情况进行，但需加强监控量测；对于相互影响严重的小净距隧道先行洞开挖也应考虑对中岩墙的影响。

（3）对于小净距隧道，一般来讲，在Ⅲ级围岩条件下，宜优先考虑全断面法，条件较差时考虑台阶法，更差时可考虑分部开挖法；在Ⅳ级围岩条件下，宜优先考虑台阶法，条件好时，可考虑全断面法，较差时可考虑分部开挖法；在Ⅴ级围岩条件下，宜优先考虑分部开挖法，条件好时，可考虑台阶法。

（4）采用分部开挖法时，如需对中岩墙提前加固，并且以机械开挖为主，宜考虑先开挖靠中岩墙一侧，对中岩墙进行加固后再开挖其余部分；当不需要对岩墙进行加固时，宜先开挖远离中岩墙一侧，以保证中岩墙的稳定。

（5）对于分部开挖，如在围岩条件较好的情况下，以爆破开挖为主时宜先开挖远离中岩墙一侧，以减轻爆破震动对中岩墙的影响。

4.5.2　小净距隧道施工控制爆破

在隧道工程施工中，采用较多的施工方法仍是矿山法施工，小净距隧道由于中岩墙厚度较薄，隧道开挖爆破对中岩墙的稳定和相邻隧道结构的受力有重要影响，因此，有必要对小净距隧道在爆破荷载作用下的行为特征进行研究，确保小净距隧道施工安全和长期可靠。

通过研究发现，围岩级别是影响小净距隧道爆破震动性能的主要因素之一。随着围岩级别的提高，围岩参数提高，围岩条件变好，后行洞的爆破开挖对先行洞洞周质点的震动速度影响明显减弱，而对于洞周质点的附加峰值应力影响不大。考虑到低级别围岩抗拉强度较低，对于低级别围岩（如Ⅴ级围岩）宜采用机械开挖为主，辅以弱爆破；对于高级别围岩（如Ⅲ级围岩）采用爆破施工，应严格控制后行洞的最大装药量和开挖进尺，必要时需采取减震措施，以减少爆破震动的影响。

相邻隧道净距的大小是小净距隧道区别于普通分离式隧道的基本特征，因此净距对爆破震动具有重要的影响。随着两隧道净距的减小，后行洞爆破对先行洞的影响显著增加。根据净距的大小，可将小净距分为净距不大于 6 m，净距在 6～12 m，净距大于 12 m 但小于普通分离式隧道等三种情况。对于第一种情况，应采取特殊的支护体系、中岩墙加固方法、控爆措施以及监控量测体系，以保证隧道的安全；对于第二种情况，宜控制最大段装药量、开挖进尺以及重点监控量测，来保证隧道安全；对于第三种情况，宜加强监控量测。

埋深对小净距隧道的爆破开挖影响相对较小：当埋深小于两隧道净距时，随着埋深的增加，峰值速度和峰值附加应力逐渐增加；当埋深接近两隧道净距附近时，峰值速度接近最大值，峰值拉应力达到最大值；当埋深超过两隧道净距后，峰值速度增加较为缓慢，而峰值拉应力逐渐减小，随着埋深的进一步增加，超过 3 倍净距以后，峰值速度和峰值拉应力均趋于稳定。

先行洞初期支护的及时跟进和封闭，对减轻爆破震动影响较为明显，但需注意在先行洞洞周最大震动速度减小的同时，洞周最大附加应力增大。因此，在小净距隧道中，对于 V 级围岩中应采用封闭初期支护，Ⅳ级围岩中宜采用封闭初期支护，Ⅲ级围岩中可采用非封闭初期支护，但宜及时浇筑仰拱。后行洞应在先行洞初期支护施作完成并进行封闭或仰拱浇筑完成后进行爆破开挖，为了避免爆破中二次衬砌内出现较大的附加拉应力产生裂缝，二次衬砌宜在后行洞爆破影响区通过后浇筑。

对中岩墙采用长锚杆或预应力锚杆进行加固，对减轻爆破震动影响的效果不明显，当对中岩墙进行注浆加固，提高围岩参数，对降低爆破震动影响效果显著。因此，在低级别围岩中，当净距较小时，宜对中岩柱进行注浆加固，提高围岩参数，改善围岩条件。

从控制小净距隧道爆破震动影响来讲，后行洞爆破开挖宜采用台阶法。当采用分部开挖法开挖，考虑到增加临空面对减震的有利影响，宜先开挖远离中岩墙侧。在小净距隧道爆破开挖施工中，后行洞爆破开挖进尺不宜大于隧道净距的 1/3，同时，掏槽眼布置宜远离中岩墙，使中岩墙处于应力波作用范围以外(120～150 倍药包半径)。为了减小小净距隧道爆破开挖的相互影响，两隧道开挖掌子面之间的距离宜保持在 $1B$(B 为隧道开挖跨度)以上。小净距隧道后行洞爆破开挖对先行洞迎爆侧的影响较大，尤其是先行洞迎爆侧拱腰处质点的 X 方向速度和附加拉应力较大，迎爆侧拱肩的影响较大，因此，先行洞迎爆侧应是现场监控量测的重点部位。在隧道的纵向，后行洞爆破开挖对先行洞与爆破开挖断面相对应断面前后 $1B$ 范围内影响较大，因此，在后行洞爆破开挖时，宜对先行洞相应断面前后 $1B$ 范围内进行重点监控量测。

4.5.3 小净距隧道中岩墙加固措施

保持中夹岩的稳定是隧道稳定的必要条件。小净距隧道设计需根据地形、岩性、构造和岩层产状，明确施工顺序、临时支护措施等要求。根据多年工程经验，先行洞二次衬砌超前后行洞掌子 2.0 倍洞径以上的距离，两洞相互影响较小，对中夹岩扰动也小。根据中夹岩的稳定性决定是否需要对中夹岩进行加固。中夹岩加固措施包括加长系统锚杆、设对拉锚杆和小导管注浆等。

(1) 对小净距隧道中岩墙进行加固，可以减小隧道变形，稳定围岩，改善支护受力，减小后行洞爆破开挖的影响。但是，不同加固方法对不同围岩的加固效果是不同的：对于低级别围岩，首先宜考虑注浆加固或注浆与预应力锚杆联合加固的方案；对于高级别围岩，宜考虑采用贯通长锚杆加固或预应力锚杆加固。

(2) 对中岩墙采用注浆加固,把注浆范围扩大到岩墙顶部优于仅对岩墙核心部位注浆,把注浆范围同时扩大到岩墙底部拱脚的方案效果更好。但是,注浆加固提高围岩参数的效果离散性较大,因此,应注意对注浆后的围岩参数进行测定,以保证注浆效果。

(3) 采用预应力锚杆进行加固,为了避免预应力的损失,可采用多次张拉的措施。

(4) 在特殊情况下,采用注浆加固和预应力锚杆加固的联合加固方案对中岩墙实施加固其效果比采用单一的加固方案更好。

4.6 特殊地质地段施工

在修建隧道中,常遇到一些不利于施工的特殊地质地段,如溶洞、断层、岩爆等,在开挖、支护和衬砌过程中,由于各种因素的影响可能发生土石坍塌,导致衬砌结构断裂,严重影响施工进度、安全和质量。

特殊地质地段隧道施工案例

4.6.1 富水断层破碎地段施工

4.6.1.1 概述

在隧道施工中,往往会遇到断层破碎带、富水软岩及大量涌水地段,给隧道施工带来严重困难。

断层破碎带是隧道施工中最常见的不良地质地段,特别是在山区沟谷中,地质上有“十沟九断”的说法。断层带内岩体破碎,常呈块石、碎石或角砾状,有的甚至呈断层泥,岩体强度低,围岩压力增大,自稳能力差,容易坍塌,施工困难。其严重程度随断层带的规模和破碎带的增大而恶化,尤以有地下水时更甚。

富水软岩是指各类土质、软岩、极严重风化的各种岩层、极软弱破碎的断层带以及堆积、坡积层,在富含地下水的情况下,岩体强度很低、自稳能力极差的围岩。这种隧道施工难度极大。

大量涌水是隧道施工中比较常见的不良地质现象。在雨量充沛和地下水丰富地区,隧道穿过断层破碎带、裂隙密集带、不同岩层接触带或岩溶发育地段时,施工期间会发生地下水和承压水大量涌出的现象。

断层破碎带、富水软岩和大量涌水地段往往不是单独出现,而经常是同时存在的。

当断层破碎带内围岩极度软弱破碎,甚至成为断层泥时,在富水情况下就会坍塌成洞。而在雨量充沛或地下水丰富地区,地下水积存在破碎带内,与隔水层相接触部分还会形成承压水,施工时会发生大量涌水。因此三者之间既有联系,又各有特点,其施工措施也是既有共性,又各有侧重。

4.6.1.2 超前地质预报

对于富水软弱破碎围岩隧道,设计一般根据地表探测和少量的地质钻孔为主,推断地下深处的隧道地质条件,这往往与隧道施工实际遇到的地质条件存在差异。而隧道施工对地质的变化又非常敏感,特别是复杂地层施工,更要求准确预报施工前方的工程地质和水文地质条件。因此,应把地质超前预报作为一个工序纳入生产过程。

4.6.1.2.1 预报方法

隧道施工采用的地质预报方法主要有:钻孔超前探测,地质素描,地震波、声波、地质雷达等物理探测。

4.6.1.2.2 预报的重点内容

预测开挖面前方的地质情况，围岩完整性，断层、软弱破碎带在前方的位置和对施工的影响，地下水活动情况等。

4.6.1.2.3 预报方式

（1）长期预报

根据地质背景，确定地质构造形式，建立具体的地层构造标志，以地质观察和类比为主要手段，并用遥感判断、物探、钻孔等验证，进行总体预报，预报断层规模、分布、性质、构造分带、富水性等，并分段做出工程地质评价。

（2）中期预报

① 岩石微观构造研究。在地面不同部位采集岩样论证断层范围、构造分带等。

② 工程地质类比。根据超前导坑日常观测积累的素材，做出岩体分段定性评价，采用地质类比法推测正洞地质。同时根据正洞开挖面和侧壁剖面观测，结合地质背景，预报正洞前方的岩体情况。

③ 地震反射波法。在开挖面布置地震探测的激发和反射波接收装置，根据地震反射波的强弱判断隧道前方岩体的破碎程度和范围。

④ 地质雷达法。向岩体中放射一定频率的声波或电磁波，当声波传播中存在两种不同介质界面时，声波或电磁波将发生折射、反射，频谱特征发生变化，通过探测反射波信号，求得其传播特征后，便可了解前方的岩体特征。

⑤ 图析法。利用极射赤平投影、实体比例投影等作图法，分析岩体稳定状况，判断可能失稳岩块的分布，提供预报。

（3）短期预报

① 开挖面及其附近的预测预报。通过地质观测素描、地质作图，分析判断掌子面前方距离（一般数米以内）不良地质构造间距、岩体稳定情况，提出开挖注意事项和防护措施。一般按开挖循环作业进行相应预报。

② 掌子面超前钻孔预报。根据钻孔的岩屑、钻速、水质等的变化情况，综合判断预报前方地质、水文条件。

4.6.1.3 注浆堵水并加固围岩

富水软弱破碎围岩隧道的显著特点就是地下水对施工的影响。这类隧道地下水发育，除裂隙水外，往往与地表水串通，形成补给通道，使施工长期处于地下水干扰之中。并且软弱破碎地层地下水一般不能形成集中水流，往往以散水形式从坑道周壁或隧底流出，施工处理更加困难。

为了防止或减轻地下水对施工特别是对开挖的影响，必须对地下水进行处理。近年来，在富水软弱破碎围岩隧道施工中探索出许多行之有效的办法，使这些隧道的施工得以正常进行，加快了施工进度，提高了工程质量，保障了施工安全。

富水软弱破碎围岩隧道处理地下水原则一般是以堵截为主，排引为辅。堵截地下水的办法主要有两类：一类是整个富水段进行注浆止水，并加固松散岩体，这种办法是将富水段岩层结构通过高压注浆进行调整，相当于提高围岩等级，使围岩在原有基础上整个综合指标得以改善，主要措施有深孔劈裂、挤压注浆。另一类是对富水地段沿隧道开挖轮廓线以外进行环形注浆，形成止水帷幕，防止或减少地下水进入开挖工作面。这种办法并不能改变开挖段的岩体结构。主要措施有浅孔注浆、管棚注浆、小导管注浆、中空锚杆注浆以及目前正处于研究阶段的水平旋喷注浆技术等。

排水辅助措施有导坑、钻孔等方法,目的是排水降压。

4.6.1.4 开挖和支护

在富水软弱破碎围岩隧道施工中,虽然采用深孔注浆达到了止水固结的目的,但固结范围有限,加上地质及注浆有些不确定因素,为保障施工万无一失,一般在开挖前均采用超前支护,超前支护一般采用超前锚杆或超前小导管。

超前锚杆和超前小导管介绍

对于地下水压较大的隧道,开挖前一段还要采取排水降压措施,排水主要采取钻孔,钻孔深度应超出注浆范围。

开挖方法对于富水软弱破碎围岩隧道施工十分重要,开挖方法有台阶法、台阶分部开挖法、双侧壁导坑法。

开挖采取两种方法:一种是在特别软弱的围岩段采用非钻爆开挖,如利用十字镐、风镐开挖或利用小型挖装机开挖;另一种是采用控制爆破措施,如松动爆破、微震动爆破等。这两种方法的目的是一致的,就是尽可能地减小开挖对围岩的扰动。

4.6.2 塌方地段施工

隧道开挖时,导致塌方的原因有多种,概括起来可归结为:一是自然因素,即地质状态、受力状态、地下水变化等;二是人为因素,即不适当的设计,或不适当的施工作业方法等。由于塌方往往会给施工带来很大困难和很大经济损失。因此,需要尽量注意排除会导致塌方的各种因素,尽可能避免塌方的发生。

4.6.2.1 发生塌方的主要原因

(1) 不良地质及水文地质条件

① 隧道穿过断层及其破碎带,或在薄层岩体的小曲褶、错动发育地段,一经开挖,潜在应力释放快、围岩失稳,小则引起围岩掉块、塌落,大则引起塌方。当通过各种堆积体时,由于结构松散,颗粒间无胶结或胶结差,开挖后引起坍塌。软弱结构面发育或泥质充填物过多,均易产生较大的坍塌。

② 隧道穿越地层覆盖过薄地段,如在沿河傍山地段、偏压地段、沟谷凹地浅埋和丘陵浅埋地段极易发生塌方。

③ 水是造成塌方的重要原因之一。地下水的软化、浸泡、冲蚀、溶解等作用加剧了岩体的失稳和坍落。岩层软硬相间或有软弱夹层的岩体,在地下水的作用下,软弱面的强度大为降低,从而发生滑坍。

(2) 隧道设计考虑不周

① 隧道选定位置时,地质调查不细,未能作详细的分析,或未能查明可能塌方的因素,没有绕开可以避绕的不良地质地段。

② 缺乏较详细的隧道所处位置的地质及水文地质资料,造成施工指导或施工方案的失误。

(3) 施工方法和措施不当

① 施工方法与地质条件不相适应;地质条件发生变化,没有及时改变施工方法;工序间距安排不当;施工支护不及时,支撑架立不合要求,或抽换不当"先拆后支";地层暴露过久,

引起围岩松动、风化，导致塌方。

② 喷锚支护不及时，喷射混凝土的质量、厚度不符合要求。

③ 按新奥法施工的隧道，没有按规定进行量测，或信息反馈不及时，决策失误。

④ 围岩爆破用药量过多，因震动引起坍塌。

⑤ 对危石检查不重视、不及时，处理危石措施不当，引起岩层坍塌。

4.6.2.2 预防塌方的施工措施

(1) 隧道施工预防塌方，选择安全合理的施工方法和措施至关重要。在掘进到地质不良围岩破碎地段，应采取“先排水、短开挖、弱爆破、强支护、早衬砌、勤量测”的施工方法。必须制订出切实可行的施工方案及安全措施。

(2) 加强塌方的预测。为了保证施工作业安全，及时发现塌方的可能性及征兆，并根据不同情况采用不同的施工方法及控制塌方的措施，需要在施工阶段进行塌方预测。预测塌方常用以下三种方法。

① 观察法

在掘进工作面采用探孔对地质情况或水文情况进行探查，同时应对掘进工作面进行地质素描，分析判断掘进前方有无可能发生塌方的超前预测。

定期和不定期地观察洞内围岩的受力及变形状态，检查支护结构是否发生了较大的变形，观察岩层的层理、节理裂隙是否变大，坑顶或坑壁是否松动掉块，喷射混凝土是否发生脱落，以及地表是否下沉等。

② 一般测量法

按时量测观测点的位移、应力，测得数据进行分析研究，及时发现不正常的受力、位移状态及有可能导致塌方的情况。

③ 微地震学测量法和声学测量法

用微地震学测量法和声学测量法预测，前者是采用地震测量原理制成的灵敏的专用仪器，后者通过测量岩石的声波分析确定岩石的受力状态，并预测塌方。

通过上述预测塌方的方法，发现征兆应高度重视、及时分析，采取有力措施处理隐患，防患于未然。

(3) 加强初期支护，控制塌方。当开挖出工作面后，应及时有效地完成喷锚支护或喷锚网联合支护，并应考虑采用早强喷射混凝土、早强锚杆和钢支撑支护措施等。这对防止局部坍塌，提高隧道整体稳定性具有重要的作用。

4.6.2.3 隧道塌方的处理措施

(1) 隧道发生塌方，应及时迅速处理。处理时必须详细观测塌方范围、形状，塌穴的地质构造，查明塌方发生的原因和地下水活动情况，经认真分析，制订处理方案。

(2) 处理塌方时应先加固未坍塌地段，防止坍塌继续发展。并可按下列方法进行处理。

① 小塌方

纵向延伸不长、塌穴不高，首先加固坍体两端洞身，并立即喷射混凝土或采用锚喷联合支护封闭塌穴顶部和侧部，再进行清渣。在确保安全的前提下，也可在塌渣上架设临时支架，稳定顶部，然后清渣。临时支架待灌注衬砌混凝土达到要求强度后方可拆除。

② 大塌方

塌穴高、塌渣数量大，坍体完全堵住洞身时，宜采取先护后挖的方法。在查清塌穴规模大小和穴顶位置后，可采用管棚法和注浆固结法稳固围岩体和渣体，待其基本稳定后，按先上部后下部的顺序清除渣体，采取“短进尺、弱爆破、早封闭”的原则挖坍体，并尽快完成衬砌。

③ 塌方冒顶

在清渣前应支护陷穴口，地层极差时，在陷穴口附近地面打设地表锚杆，洞内可采用管棚支护和钢架支撑。

④ 洞口塌方

洞口塌方一般易塌至地表，可采取暗洞明作的办法。

超前管棚支护介绍

(3) 处理塌方的同时，应加强防排水工作。塌方往往与地下水活动有关，治塌方时应先治水，防止地表水渗入塌体或地下，引截地下水防止渗入塌方地段，以免塌方扩大。具体措施如下。

① 地表沉陷和裂缝，用不透水土壤夯填紧密，开挖截水沟，防止地表水渗入坍体。

② 塌方通顶时，应在陷穴口地表四周挖沟排水，并设雨棚遮盖穴顶。陷穴口回填应高出地面并用黏土或圬工封口，做好排水。

③ 塌体内有地下水活动时，应用管槽引至排水沟排出，防止塌方扩大。

(4) 塌方地段的衬砌，应视塌穴大小和地质情况予以加强。衬砌背后与塌穴洞孔周壁间必须紧密支撑。当塌穴较小时，可用浆砌片石或干砌片石将塌穴填满；当塌穴较大时，可先用浆砌片石回填一定厚度，以上空间应采用钢支撑等顶住稳定围岩；特大塌穴应做特殊处理。

(5) 采用新奥法施工的隧道或有条件的隧道，塌方后要加设量测点，增加量测频率，根据量测信息及时研究对策。浅埋隧道，要进行地表下沉量测。

4.6.3 岩溶地段施工

溶洞是以岩溶水的溶蚀作用为主，间有潜蚀和机械塌陷作用而造成的沿水平方向延伸的通道。溶洞是岩溶现象的一种。

岩溶是指可溶性岩层，如石灰岩、白云岩、白云质灰岩、石膏、岩盐等，受水的化学和机械作用产生沟槽、裂缝和空洞以及由于空洞的顶部塌落使地表产生陷穴、洼地等类现象和作用。我国石灰岩分布极广，常会遇到溶洞。

4.6.3.1 溶洞的类型及对隧道施工的影响

溶洞一般有“死、活、干、湿、大、小”六种。“死、干、小”的溶洞比较容易处理，而“活”的溶洞，处理方法则较为复杂。

当隧道穿过可溶性岩层时，有的溶洞岩质破碎，容易发生坍塌。有的溶洞位于隧道底部，充填物松软且深，使隧道基底难以处理。有时遇到填满饱含水分的充填物溶槽，当坑道掘进至其边缘时，含水充填物不断涌入坑道，难以遏止，甚至使地表开裂下沉，山体压力剧增。有时遇到大的水囊或暗河，岩溶水或泥沙夹水大量涌入隧道。有的溶洞、暗河迂回交错、分支错综复杂、范围宽广，处理十分困难。

4.6.3.2 隧道遇到溶洞的处理措施

(1) 隧道通过岩溶区，应查明溶洞分布范围和类型，岩层的完整稳定程度、填充物和地下水情况，以确定施工方法。对尚在发育或穿越暗河或水囊等地质条件复杂的岩溶区，应查明情况审慎选定施工方案。对有可能发生突然大量涌水、流石流泥、崩坍落石等区域的施工，必须事先制订应对措施，确保施工安全。

(2) 隧道穿过岩溶区，如岩层比较完整、稳定，溶洞已停止发育，有比较坚实的填充，且地下水量小，可采用探孔或物探等方法，探明地质情况，如有变化便于采取相应的措施。如溶洞尚在发育或穿越暗河或水囊等岩溶区时，则必须探明地下水量大小、水流方向等，先要解决施工中的排水问题，一般可采用平行导坑的施工方案，以超前钻探方法，向前掘进。当出现大量涌水、流石流泥、崩坍落石等情况时，平导可作为泄水通道，正洞堵塞时也可利用平导在前方开辟掘进工作面，不会使正洞停工。

(3) 岩溶地段隧道常用处理溶洞的方法，有“引、堵、越、绕”四种。

① 引

遇到暗河或溶洞有水流时，宜排不宜堵。应在查明水源流向及其与隧道位置的关系后，用暗管、涵洞、小桥等设施渲泄水流或开凿泄水洞将水排出洞外。当岩溶水流的位置在隧道顶部或高于隧道顶部时，应在适当距离处开凿引水斜洞(或引水槽)将水位降低到隧底标高以下，再行引排。当隧道设有平行导坑时，可将水引入平行导坑排出。

② 堵

对已停止发育、跨径较小、无水的溶洞，可根据其与隧道相交的位置及其充填情况，采用混凝土、浆砌片石或干砌片石予以回填封闭；或加深边墙基础，加固隧道底部。当隧道拱顶部有空溶洞时，可视溶洞的岩石破碎程度在溶洞顶部采用锚杆或锚喷网加固，必要时可考虑注浆加固并加设隧道护拱及拱顶回填进行处理。

③ 越

当隧道一侧遇到狭长而较深的溶洞，可加深该侧的边墙基础通过。隧道底部遇有较大溶洞并有流水时，可在隧道底部以下砌筑圬工支墙，支承隧道结构，并在支墙内套设涵管引排溶洞水。隧道边墙部位遇到较大、较深的溶洞，不宜加深边墙基础时，可在边墙部位或隧道底下筑拱跨过。当隧道中部及底部遇有深狭的溶洞时，可加强两边墙基础，并根据情况设置桥台架梁通过。隧道穿过大溶洞，情况较为复杂时，可根据情况，采用边墙梁、行车梁等，由设计单位负责特殊设计后施工。

④ 绕

在岩溶区施工，个别溶洞处理耗时且困难时，可采取迂回导坑绕过溶洞，继续进行隧道前方施工，并同时处理溶洞，以节省时间，加快施工进度。绕行开挖时，应防止洞壁失稳。

4.6.3.3 溶洞地段隧道施工的注意事项

(1) 当施工达到溶洞边缘时，各工序应紧密衔接。同时应利用探孔或物探作超前预报，设法探明溶洞的形状、范围、大小、充填物及地下水等情况，据以制订施工处理方案及安全措施。

(2) 施工中注意检查溶洞顶部，及时处理危石。当溶洞较大、较高且顶部破碎时，应先喷射混凝土加固，再在靠近溶洞顶部附近打入锚杆，并应设置施工防护架或钢筋防护网。

(3) 在溶蚀地段的爆破作业应尽量做到多打眼、打浅眼，并控制爆破药量减少对围岩的扰动。防止在一次爆破后溶洞内的填充物突然大量涌入隧道，或溶洞水突然涌入隧道，造成严重损失。

(4) 在溶洞充填体中掘进，如充填物松软，可用超前支护施工。如充填物为极松散的砾石、块石堆积等，可于开挖前采用地表注浆、洞内注浆或地表和洞内注浆相结合的方式加固。

如遇颗粒细、含水量大的流塑状土壤，可采用劈裂注浆技术，注入水泥浆或水泥-水玻璃双液浆进行加固。

（5）溶洞未做出处理方案前，不要将弃渣随意倾填于溶洞中。因弃渣覆盖了溶洞，不仅不能了解其真实情况，反而会造成更多困难。

4.6.4　瓦斯地段施工

瓦斯是在地层中赋存或逸出的以甲烷为主要成分的烷烃类气体的总称。瓦斯隧道是指修建于含瓦斯地层中的隧道，分为低瓦斯隧道、高瓦斯隧道及瓦斯突出隧道三种。当隧道穿过煤层、油页岩或含沥青等岩层，或从其附近通过而围岩破碎、节理发育时，可能会遇到瓦斯。如果洞内空气中瓦斯浓度已达到爆炸限度与火源接触，就会引起爆炸，给隧道施工带来很大的危害和损失。所以，在有瓦斯的地层中修建隧道，必须采取相应措施，才能安全顺利施工。

4.6.4.1　瓦斯的性质

（1）瓦斯为无色、无味的气体，与碳化氢或硫化氢混合在一起，发出类似苹果的香味，很容易使人窒息或发生死亡事故。

（2）瓦斯的相对密度为 0.554，仅占空气一半，所以在隧道内，瓦斯容易存在坑道顶部，其扩散速度比空气大 1.6 倍，很容易透过裂隙发达、结构松散的岩层。

（3）瓦斯不能自燃，但极易燃烧，其燃烧的火焰颜色随瓦斯浓度的增大而变淡，空气中含有少量瓦斯时火焰呈蓝色，浓度达 5%左右时，火焰呈淡青色。

4.6.4.2　瓦斯的燃烧和爆炸性

当坑道中的瓦斯浓度小于 5%遇到火源时，瓦斯只是在火源附近燃烧而不会爆炸；瓦斯浓度在 5%～16%时，遇到火源具有爆炸性；瓦斯浓度大于 16%时，一般不爆炸，但遇火能平静地燃烧。

瓦斯燃烧时，遇到障碍而受压缩，即能转燃烧为爆炸。爆炸时产生高温，封闭状态的爆炸（即容积为常数），温度可达 2 150～2 650 ℃；能向四周自由扩张时的爆炸（即压力为常数），温度可达 1 850 ℃。坑道中发生瓦斯爆炸后，坑道中完全无氧，而充满氮气、二氧化碳及一氧化碳等气体。这些气体很快扩散到邻近的坑道和工作面，会造成人员中毒窒息甚至死亡。瓦斯爆炸时，爆炸波运动造成暴风在前，火焰在后，暴风遇到积存瓦斯，使它先受到压力，然后火焰点燃发生爆炸。第二次瓦斯受到的压力比原来的压力大，因此爆炸后的破坏力也更剧烈。

4.6.4.3　瓦斯放出的类型

从岩层中放出瓦斯，可分为三种类型。

（1）瓦斯的渗出。它是缓慢地、均匀地、不停地从煤层或岩层的暴露面的孔隙中渗出，延续时间很久，有时带有一种嘶音。

（2）瓦斯的喷出。比上述渗出强烈，从煤层或岩层裂缝或孔洞中放出，喷出的时间有长有短，通常有较大的响声和压力。

（3）瓦斯的突出。在短时间内，从煤层或岩层中，突然猛烈地喷出大量瓦斯能从几分钟到几小时，喷出时常有巨大轰响，并夹有煤块或岩石。

以上三种瓦斯放出形式，以第一种放出的瓦斯量为最大。

4.6.4.4　揭煤段施工方法

4.6.4.4.1 揭煤施工流程

揭煤施工必须遵循以下原则。

(1) 先探测后揭煤。必须先判明是否有煤层、瓦斯突出的危险。

(2) 先处理后揭煤。必须先进行防突处理或超前加固处理,才能揭煤。

(3) 贯彻“十八字”方针。即“短进尺、弱爆破、强支护、勤测量、快封闭、紧衬砌”。施工流程如图 4-29 所示。

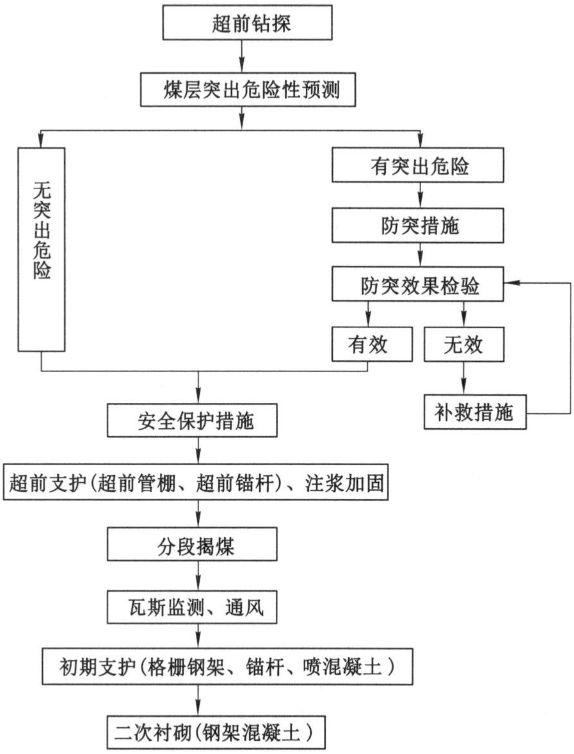

图 4-29 揭煤施工工艺流程图

“一炮三检”
的定义

4.6.4.4.2 揭煤段施工工艺

(1) 揭煤前煤层预探

揭煤前必须做好煤层预探工作,防止误穿煤层引起突出。预探工作应遵守以下规定:

① 施工单位必须对设计院和地方煤矿、地质部门提供的煤层参数及地质资料进行整理,熟悉掌握。

② 在开挖掘进工作中,随时掌握掘进工作面里程及围岩倾角地质情况。

③ 在距煤层 10 m 的工作面至少打 3 个及以上的超前探孔,探清煤层位置、底板倾角。探孔布置按有关规定执行。

④ 若是在缓倾斜煤层或在地质构造地带,必须在距煤层垂距 20 m 的工作面打超前探孔对煤参数进行预探。

⑤ 在距煤层垂距 5 m 的工作面至少打 3 个以上穿煤层的钻孔,准确探清煤层倾角、厚度、走向等煤层参数及地质情况,为防突措施设计提供可靠依据。

⑥ 在实施防突措施后，经措施效果检验无突出危险后，继续掘进到距煤层垂距 2 m 岩柱处，采用边掘进边用大角度钎探钻孔，准确探清距煤层距 1.0～1.5 m 的工作面位置。

(2) 揭煤前煤层突出危险性预测

揭煤前必须做好煤层突出危险预测工作，煤层突出危险性预测，应遵守下列规定：

① 施工单位必须认真整理设计院和地方煤矿、地质部门提供的煤层瓦斯参数性预测，掌握煤层瓦斯及地质情况。

② 在打超前探孔预探煤层参数时，必须认真观察煤层瓦斯动力现象(瓦斯喷孔、顶水、顶钻情况)，做好记录。

③ 在距煤层垂距 10 m 处预探煤层参数时，取煤样，测定钻孔煤屑瓦斯解析指标 K 值。

④ 对设计院和地方煤矿、地质部门提供的有突出危险煤层，以及打超前探孔时有瓦斯喷孔、顶水、顶钻的煤层，都必须在距煤层垂距 5 m 工作面取煤样测 K 值。

⑤ 在距煤层垂距 5 m 工作面，对有突出威胁和突出危险的煤，打测压孔检测瓦斯压力。

⑥ 预测煤层突出危险性指标临界值。根据检测各项数据，综合分析，测定煤层突出危险性。

(3) 抽放、排放施工

根据煤层参数、煤层瓦斯、煤层透气性系数和抽放、排放时间，确定抽放、排放钻孔参数。

① 抽放是采用排钻孔对煤层瓦斯进行一次抽放。抽放孔参数如下：a. 抽放孔直径：$\phi=75$ mm；b. 抽放半径：1.0～2.0 m；c. 抽放范围：在开挖断面轮廓线外，底部、边墙和顶部分别为 3 m、6 m、7 m。

② 排放是在缓倾斜煤层采用多排距孔、分段布置、分段施工、逐步排放的方法。排放孔参数如下。a. 排放孔直径 $\phi=75$ mm；b. 排放半径：0.5～0.75～1.0 m；c. 排放范围：开挖断面轮廓线外，底部、边墙和顶部分别为 3 m、6 m、7 m。

③ 布孔原则：在抽放、排放范围内，无论是在开挖断面内还是开挖断面外，纵向和横向都要均匀布孔。

④ 根据煤层和钻孔参数及布孔原则，绘制抽放、排放孔施工图，并对抽放、排放孔编号，列表示出各孔参数。

⑤ 从隧道内引出瓦斯的排放管，其上端管口应高出隧道拱顶不小于 3 m，其周围 20 m 内禁止有明火火源及易燃易爆物品。采用金属排放管时应妥善接地。

(4) 钻孔施工准备工作

① 做好工作面的支护工作。在工作面 10 m 范围内加强支护、清理杂物、平整场地。

② 重新核定工作面至煤垂直距离，如与设计不符时，必须重新计算钻孔参数。

③ 抽放、排放工作面，必须设置在距煤层垂距 5 m 及以外。

(5) 钻孔作业

做好施钻工作，确保各个孔按参数钻到位，达到排放范围够、钻孔密度匀，不漏钻、少钻。

① 做好施钻书面交底和现场施工技术交底工作。

② 将开孔位置点画在工作面上并进行编号。

③ 做好施钻操作，提高钻进速度和抽放效果。钻进中遇到瓦斯喷孔、顶水、顶钻时不能硬顶钻进，应采用来回钻进方法，诱导喷孔。防止垮孔堵塞孔道，造成夹钻。钻完孔后，退钻时应来回钻清洗钻孔，使孔道畅通。

④ 钻孔施工顺序为先打上部和两侧，后打中部和下部。

⑤ 钻够孔数。打不到位的孔，必须在孔旁补打 1～2 个孔，避免存在抽排放死角。

⑥ 施钻过程中，及时收集钻孔参数，绘制钻孔图(为防突措施效果检验提供依据)，做好纠偏工作。

(6) 施钻安全工作

① 钻机安设底座要平整，支架要牢固。施钻过程中，注意随时检查加固，防止瓦斯顶钻造成钻机移位、倾倒伤人。

② 施钻人员站在机旁，侧面操作，不能正对着孔，并佩戴护目镜，以防瓦斯喷孔伤人。

③ 注意观察突出预兆。

④ 加强通风、检测。

⑤ 随时检查工作面支护状况，发现变形应及时加固。

(7) 抽排放

① 抽放瓦斯前必须按照有关安全规定，做好瓦斯抽放站的选点、修建工作。

② 抽放设备的安装必须符合有关规定，有关仪器、仪表必须齐全，管路安设应顺直，接头不漏气。

③ 在抽放工作面的汇合总管处，必须配置双开关的放水箱。抽放过程中，每班定时放水。

④ 做好抽排放瓦斯计量工作。

⑤ 抽放和排放时间。抽放时间：至少 1 个月；排放时间：在打完排放孔后，一般为 5～7 d，全煤层地段 3～5 d。

⑥ 经过抽排放瓦斯后，应达到消除突出危险的安全指标值。排放瓦斯：排放出来的瓦斯量等于或大于排放范围内瓦斯总量的 25%；抽放瓦斯：抽出的瓦斯浓度在 30%以下。

(8) 防突措施效果检验

① 以检验来控制掘进，未经检验不准掘进。检验范围：从距煤层垂距 3 m 至揭穿煤层进入顶(底)板 2 m，都必须进行防突措施效果检验。

② 检验部位及项目。

a. 揭开石门前，主要检验工作面上部，检验项目为瓦斯解吸指标 K_1、钻孔瓦斯涌出初速度 q_m、煤层瓦斯压力 P 及煤粉钻屑量 S(kg/m)；

b. 揭开煤层，检验上部和中部，检验项目为 K_1、q_m；

c. 过门坎，主要检验工作面中、下部(厚煤层增加检验上部)；

d. 过煤掘进，主要检验工作面中部和下部(厚煤层增加检验上部)，项目为 K_1、q_m、S_{max}(最大煤粉钻屑量)；

e. 过煤层底板，检验工作面下部，检验项目为 K_1、q_m、S_{max}、$T_{差}$。

③ 检验指标突出临界值。

检验 K_1、q_m、P，同预测煤层突出危险性指标临界值，$S_{max}\geqslant 6.0$ kg/m 为有突出危险。

经检验，有一项指标超标时必须采取补充防突措施，再经检验后指标不超标时方准掘进。

④ 检验值虽然不超标，但在检验时或检验后，煤爆声频繁，有闷雷声及瓦斯浓度忽大忽小变化较大等煤与瓦斯突出预兆时，必须采取补充防突措施，消除以上突出预兆后，再经检

验无突出危险时，方可掘进。

⑤ 掘进的安全煤(岩)柱距离为5 m。

(9) 揭穿煤层中的开挖爆破和强支护

为防止开挖爆破或者支护不强造成坍塌、冒顶落煤等引起突出，要遵守以下规则。

① 揭穿煤层应采用“短掘进、弱爆破、强支护、勤量测、快封闭”的施工方法。

② 揭穿煤层爆破方式。

a. 揭开煤层、过门坎和进入煤层顶(底)板的爆破，应采用低爆力震动爆破，全洞停电撤人。

b. 穿越煤应采用短进尺、弱爆破、远距离撤人。

c. 在有煤层及岩石中掘进时，只在岩石中打眼装药爆破。

d. 在掘进工作面全部都是煤层中掘进，只在下部打眼装药爆破。

e. 不准用风镐、手镐及铲子开挖掘进。

③ 爆破应遵守以下原则。

a. 采用矿用炸药。

b. 采用矿用毫秒电雷管，最后一段延期时间，不得超过130 ms，并不得跳段使用，雷管使用前必须进行导通试验，每组雷管中的电阻差值不大于±0.2 Ω。

c. 必须采用正向爆破，封泥应用水炮泥1～2个(有煤层爆炸危险煤层必须用水炮泥)。水炮泥外剩余部分爆破眼必须用黏土炮泥封实。

d. 爆破母线必须采用信号专用电缆或橡胶钢芯二星线。

④ 实行揭煤爆破定时、撤人、停电、复电、复工报告、通知制度。

a. 爆破时间：在交接班前30 min至后1 h内进行，过时不准爆破，延至下一个交接班期间进行。

b. 爆破前2 h预报。

c. 爆破前20 min报告撤人，爆破单位必须指派专人通知，巡视相邻单位撤人，爆破前5 min通知停电，待人员全部撤出警戒区后，方准连线起爆。

d. 爆破后30 min，由救护队员进洞检查瓦斯、排出瓦斯，待工作面和总回风流中瓦斯浓度分别降到1.0%、0.75%以下且稳定后，向指挥室调度报告，由调度通知各单位复工。

e. 各单位接到复工通知后，立即派瓦斯检查工进洞检测瓦斯，瓦斯浓度在1.0%以下的，向调度报告，再由调度通知配电房送电，送电复工。

⑤ 施行预防爆破后延期突出及撤人制度。

a. 揭开煤层爆破后，揭煤工作面停歇6 h，其回风流中不准有人，过煤门的掘进爆破后停歇3 h。

b. 揭煤工作面设专人检查突出预兆。

c. 当发现有煤与瓦斯突出危险预兆时，立即通知撤人，并立即向调度室值班报告，调度立即通知配电房停电，通知各单位撤人。

d. 揭煤单位接到突出危险通知后，立即通知救护队员进洞检查，并向指挥室报告。

e. 各单位撤人、停电后，立即向指挥室报告。

f. 经处理无突出危险后复电复工。

⑥ 做好揭煤过程中的强支护、抢支撑、快喷锚工作。

a. 强支护采用超前锚杆、片状钢筋网、钢支架等联合支护。

b. 强支护范围，从距煤层垂距 3 m 处掘进工作面起至穿过煤层进行到煤顶板 2 m 处止。

c. 超前锚杆必须始终超前掘进工作面至少 0.5 m，爆破后必须抢支撑、快喷锚、后出碴，支撑紧跟工作面，严禁空顶作业。

d. 钢架支撑间距应为 0.3～0.4 m。

e. 在松软煤层及围岩破碎地段掘进时，掘进工作面应留“核心土”以防垮塌。

f. 加强瓦斯检测，严格瓦斯控制，严禁超限作业。

⑦ 严格瓦斯浓度控制，严禁超限作用。

a. 总回风流中瓦斯浓度超过 0.75％时，应立即查明原因，进行处理。

b. 总回风流中瓦斯浓度达到 1.0％时，在回流道中，应停电、停工、撤人并进行处理。

c. 揭煤工作面瓦斯浓度达到 1.0％时，必须停止电钻打眼，停止装药和爆破。

d. 工作面瓦斯浓度达到 1.5％时，必须停工、停电、撤人，进行处理。

e. 大于 0.5 m^3 的空洞中的瓦斯浓度达到 2％时，附近 20 m 范围内必须停电、撤人，用高压风驱散或设置临时局部通风机通风。

f. 局部通风机地点风流中的瓦斯浓度大于 0.5％时，必须关闭局部通风机电源，停止局部通风机运转，进行处理，待瓦斯浓度下降到 0.5％以下且稳定后，方可人工开动局部通风机。

⑧ 做好“四防工作”（防电气设备失爆、防施工人员穿化纤衣服和携带烟火进洞、防杂散电流进洞、防施工作业引起火花），防止瓦斯燃烧爆炸。

（10）瓦斯灾害事故预防和救护工作

① 搞好教育培训工作，提高职工防治灾害事故和自救互救能力。

② 揭煤前应修建好避难硐室，采用正压供风。避难室内配设自救器和直通洞口防爆电话。

③ 揭煤工作面应备设一定数量的自救器，进入揭煤工作面的工作人员，必须佩戴自救器。

④ 确保避难通道畅通，在各通道岔口处，悬挂避难路线指示牌。

⑤ 揭煤前两天，救护队及医疗救护组必须进驻洞口并下井调查，熟悉各工作面及避难路线情况。

⑥ 揭煤期间，救护队员及医疗救护组人员在洞内避难室或洞口值班。

⑦ 当发生严重突出预兆或瓦斯浓度越限时，立即通知和组织施工人员到洞内避难室或由避难路线撤出洞外。

⑧ 备齐防灾救灾所需的机具、材料和用品。

⑨ 如果发生灾害事故，立即组织撤出人员。由救护队员进洞调查、救护，领导及有关人员立即集中到值班室，根据救护队调查情况，制定抢救措施，组织指挥抢救。各单位必须顾全大局，听从指挥，全力做好抢救工作。

4.6.4.4.3 石门揭煤

煤矿部门要求，必须用震动爆破一次揭开石门（薄煤层）或进入煤层不小于 1.3 m，其目的是人为地诱发可能发生的突出。在铁路及公路交通隧道施工中，应慎用震动爆破，以防引起塌方。

(1) 石门钻眼及爆破

石门爆破的爆破眼按一次揭开石门长 2～2.5 m 确定，只在岩石段装药，装药系数同普通爆破作业，采用矿用安全炸药与安全雷管。

(2) 预留沉降量

建议在石门揭煤段及煤层掘进段预留 30 cm 沉降量，有时需要预留 50 cm 左右，以防止大变形、隧道侵限而导致的施工二次处理。

(3) 支护

应采用强支护，并及时封闭。

(4) 石门坎的掘进

揭开石门前的半煤半石岩巷，称之为石门坎。石门坎的掘进应“勤检测、短进尺、弱爆破、强支护、快喷锚、早封闭”。

4.6.4.5 瓦斯隧道塌方处理技术

瓦斯隧道塌方处理应遵循“先治理瓦斯、后处理塌方”的原则。塌方区域前后 20 m 范围内的瓦斯浓度降至 0.5%以下后，方可进行塌方处理。

(1) 探明塌方情况及基本特征

瓦斯隧道在揭煤过程中(多为穿越断层破碎带)一旦发生塌方事故，应迅速探明塌方情况及基本特征。主要了解塌方发生时间、里程，塌方范围，塌方体特征，地质条件及围岩变形、瓦斯浓度、支护变形等情况。

为了进一步了解塌方体基本特征，还可以采用地质预报的手段对塌方体进行检测。

(2) 确定塌方处理方案

瓦斯隧道在揭煤过程中一旦发生塌方事故，应该立即启动应急预案，进行抢险救护，防止事态扩大。

塌方处理的总体指导思想是加固塌方影响段，稳定围岩，固结塌方体，排出腔内积聚的瓦斯，稳步推进，安全施工。

① 加固塌方影响段

为了避免塌方规模进一步扩大，应该立即采用临时环向支撑(型钢拱架)加固，确保已作初期支护的稳定，工字钢环向间距 50～80 cm，与原初期支护的工字钢间隔分布，同时对塌方影响段拱部 180°范围内周边围岩采用由 ϕ42 mm 小导管注浆加固(小导管布置参数根据现场实际情况确定)。

② 封堵塌方体面

为了抑制塌方继续发展，保证向塌方体内注浆的质量，抑制塌腔内瓦斯溢出，必须对塌方体进行封堵。先采用挖掘机修正塌方体面，自上而下喷射 20 cm 厚的 C20 混凝土封闭。原初期支护与塌方体接触处喷射 50 cm 混凝土，作为塌腔回填混凝土的挡墙。

③ 注浆固结塌方堆积体

在做好封堵塌方体面的前提下，采用分段注浆方式固结塌方堆积体，注浆压力 1～2 MPa。在塌方体面上按照 1 m×1 m 的间距布设梅花形注浆孔位。注浆管采用 ϕ75 mm 热轧无缝钢管。每次固结长度 6 m，待塌方体清理至 4 m 时再进行搭接，小导管前段呈圆锥形，孔壁钻 ϕ10 mm 注孔，孔间距 20 cm，呈梅花形布设，注浆管尾部 1 m 不钻孔，注浆材料采用水泥-水玻璃双液浆，掺磷酸氢二钠作缓凝剂，自下而上进行注浆。浆液配合比为

1∶1,水泥和水玻璃体积比为1∶1,磷酸氢二钠按水泥用量的2%添加。

④ 施作瓦斯排放孔

为了保证塌方段清理施工安全,可施作瓦斯排放孔。

⑤ 向塌腔内泵送混凝土

为了稳定围岩,抑制塌方发展,确保拱顶以上混凝土厚度,需对塌腔回填密实。当场腔内瓦斯降低到0.5%后,通过混凝土输送管将C15混凝土泵送入塌腔分层回填,每层厚度不大于50 cm。回填混凝土时有瓦斯从瓦斯排放孔溢出,必须加强该区域的局部通风和瓦斯监控。混凝土回填达到要求后,用高压水清洗混凝土输送管,便于开挖时及时排除瓦斯。

⑥ 分部开挖通过塌方区

塌方体经上述措施加固后,可根据具体加固的情况,有针对性地制定开挖通过塌方体的方案。如采用超前小导管或管棚预先加固、台阶法、双侧壁导坑法、CD法、CRD法等。

⑦ 瓦斯实时监控及加强通风

虽然已采取了排放孔释放瓦斯、降低瓦斯浓度的措施,但是在处理塌方体的过程中,仍然会有瓦斯沿着塌方体的裂隙通道涌出,因此还需要在处理整个塌方体的过程中不间断地检测瓦斯浓度,并且加强通风。

如果瓦斯浓度超限,施工设备还需要按照瓦斯工区要求配置防爆设备。

4.6.4.6 防止瓦斯事故的措施

(1) 隧道穿过瓦斯溢出地段,应预先确定瓦斯探测方法,并制定瓦斯稀释措施、防爆措施和紧急救援措施等。

(2) 隧道通过瓦斯地区的施工方法,宜采用全断面开挖,因其工序简单、面积大、通风好,随掘进随衬砌,能够很快缩短煤层的瓦斯释放时间和缩小围岩暴露面,有利于排除瓦斯。上下导坑法开挖,因工序多,岩层暴露的总面积多,成洞时间长,洞内各工序交错分散,易使瓦斯分处积滞浓度不匀。采用这种施工方法,要求工序间距离尽量缩短,尽快衬砌封闭瓦斯地段,并保证混凝土的密实性,以防瓦斯溢出。

(3) 加强通风是防止瓦斯爆炸最有效的办法。把空气中的瓦斯浓度稀释到爆炸浓度以下的1/10～1/5,将其排出洞外,有瓦斯的坑道,绝不允许用自然通风,必须采用机械通风。通风设备必须防止漏风,并配备备用的通风机,一旦原有通风机发生故障时,备用机械能立即供风。保证工作面空气内的瓦斯浓度在允许限度内。当通风机发生故障或停止运转时,洞内工作人员应撤离到新鲜空气地区,直至通风恢复正常,才准许进入工作面继续工作。

(4) 洞内空气中允许的瓦斯浓度应控制在下述规定以下。

① 洞内总回风风流中小于0.75%。

② 从其他工作面进来的风流中小于0.5%。

③ 掘进工作面2%以下。

④ 工作面装药爆破前1%以下。

如瓦斯浓度超过上述规定,工作人员必须立即撤到符合规定的地段,并切断电源。

(5) 开挖工作面风流中和电动机附近20 m以内风流中瓦斯浓度达到1.5%时,必须停工、停机,撤出人员,切断电源,进行处理。开挖工作面内,局部积聚的瓦斯浓度达到2%时,附近20 m内,必须停止工作,切断电源,进行处理。因瓦斯浓度超过规定而切断电源的电气设备,都必须在瓦斯浓度降到1%以下时,方可开动机器。

(6) 瓦斯隧道必须加强通风,防止瓦斯积聚。由于停电或检修,使主要通风机停止运转,必须有恢复通风、排除瓦斯和送电的安全措施。恢复正常通风后,所有受到停风影响的地段,必须经过监测人员检查,确认无危险后方可恢复工作。所有安装电动机和开关地点的20 m范围内,必须检查瓦斯,符合规定后方可启动机器。局部通风机停止运转,在恢复通风前,亦必须检查瓦斯,符合规定方可开动局部风机,恢复正常通风。

(7) 如开挖进入煤层,瓦斯排放量较大,使用一般的通风手段难以稀释到安全标准时,可使用超前周边全封闭预注浆。在开挖前沿掌子面拱部、边墙、底部轮廓线轴向辐射状布孔注浆,形成一个全封闭截堵瓦斯的帐幕。特别对煤层垂直方向和断层地带进行阻截注浆,其效果会更佳。开挖后要及时进行喷锚支护,并保证其厚度,以免漏气和防止围岩失稳。

(8) 采用防爆设施。

① 遵守电气设备及其他设备的保安规则,避免发生电火,在瓦斯散发区段使用防爆安全型的电气设备,洞内运转机械须具有防爆性能,避免运转时发生高温火花。

② 凿岩时用湿式钻岩,防止钻头发生火花,洞内操作时,防止金属与岩石撞击、摩擦发生火花。

③ 爆破作业使用安全炸药及毫秒电雷管。采用毫秒电雷管时,最后一段的延期时间不得超过130 ms。爆破电闸应安装在新鲜风流中,并与开挖面保持200 m左右距离。

④ 洞内只允许用电缆,不允许使用皮线。使用防爆灯或蓄电池灯照明。

⑤ 铲装石渣前必须将石渣浇湿,防止金属器械摩擦和撞击发生火花。

(9) 瓦斯隧道应建立门禁管理系统,宜建立人员定位管理系统和通信联络系统。进洞人员严禁穿化纤衣服,禁止携带烟草及点火物品、手机、钥匙等违禁物品。洞内作业人员应配备防爆型对讲机,并在洞内作业区、洞外调度室、值班室内等地方建立通信联络系统。

4.6.5 岩爆地段施工

埋藏较深的隧道工程,在高应力、脆性岩体中,由于施工爆破扰动原岩,岩体受到破坏,使工作面附近的岩体突然释放出潜能,产生脆性破坏,这时围岩表面发生爆裂声,随之有大小不等的片状岩块弹射剥落出来,这种现象称之岩爆。岩爆有时频繁出现,有时甚至会延续一段时间后才逐渐消失。岩爆不仅直接威胁作业人员与施工设备的安全,而且会严重影响施工进度,增加工程造价。

4.6.5.1 隧道内岩爆的特点

(1) 岩爆在未发生前并无明显的预兆(虽然经过仔细找顶并无空响声)。一般认为不会掉落石块的地方,也会突然发生岩石爆裂声响,石块有时应声而下,有时暂不坠落。这与塌顶和侧壁坍塌现象有明显的区别。

(2) 岩爆时,岩块自洞壁围岩母体弹射出来,一般呈中厚边薄的不规则片状,块度大小多呈几平方厘米长宽的薄片,个别的达几十平方厘米长宽。严重时,上吨重的岩石从拱部弹落,造成岩爆性塌方。

(3) 岩爆发生的地点多在新开挖工作面及其附近,也有个别的在距新开挖工作面较远处。岩爆发生的频率随暴露后的时间延长而降低。一般岩爆发生在16 d之内,但是也有时滞后一个月甚至数月。

4.6.5.2 岩爆产生的主要条件

研究结果表明,地层的岩性条件和地应力的大小是产生岩爆与否的两个决定性因素。

从能量的观点来看，岩爆的形成过程是岩体中的能量从储存到释放直至最终使岩体破坏而脱离母岩的过程。因此，岩爆是否发生及其表现形式就主要取决于岩体中是否储存了足够的能量，是否具有释放能量的条件及能量释放的方式等。

4.6.5.3 岩爆的防治措施

隧道施工中在可能发生岩爆的地段，应遵循“以防为主、防治结合”的原则。应进行岩爆的预测预报，针对开挖面前方可能发生的岩爆，及时采取施工对策。应仔细研究岩爆规律，制订出后续施工的对策并逐步改进。

岩爆的产生取决于围岩的应力状态与围岩的岩性条件。在施工中控制和改变这两个因素就可能防止或延缓岩爆的发生。因此，防治岩爆发生的措施主要有两种：一是强化围岩，二是弱化围岩。

强化围岩的措施很多，如喷射混凝土或喷钢纤维混凝土、锚杆加固、锚喷支护、锚喷网联合、钢支撑网喷联合等，这些措施的出发点是给围岩一定的径向约束，使围岩的应力状态较快地从平面转向三维应力状态，以达到延缓或抑制岩爆发生的目的。

弱化围岩的主要措施是注水、超前预裂爆破、排孔法、切缝法等。注水的目的是改变岩石的物理力学性质，降低岩石的脆性和储存能量的能力。后三者的目的是解除能量，使能量向有利的方向转化和释放。据文献介绍，切缝法和排孔法能将能量向深层转移。围岩内的应力，特别是在切缝或排孔附近周边的切向应力显著降低。同时，围岩内所积蓄的弹性应变能也得以大幅度地释放，因而可有效地防治岩爆。

4.6.5.4 岩爆地段隧道施工的注意事项

(1) 如设有平行导坑，则平行导坑应掘进超前正洞一定距离，以了解地质情况，分析可能发生岩爆的地段，使正洞施工到达相应地段时加强防治，采取必要措施。

(2) 爆破应选用预先释放部分能量的方法，如超前预裂爆破法、切缝法和排孔法等，先期将岩层的原始应力释放一些，以减少岩爆的发生。爆破应严格控制用药量，以尽可能减少爆破对围岩的影响。

(3) 根据岩爆发生的频率和规模情况，必要时应考虑缩短爆破循环进尺。初期支护和衬砌要紧跟开挖面，以尽可能减少岩层的暴露面和暴露时间，防止岩爆的发生。

(4) 岩爆引起塌方时，应迅速将人员和设备撤到安全地段，采用摩擦型锚杆进行支护，增大初锚固力。采用钢纤维喷射混凝土，抑制开挖面围岩的剥落。采取挂钢筋网或用钢支撑加固，充分做好岩爆现象观察记录，采用声波探测预报岩爆工作。

习题

1. 钻爆法施工隧道时，有哪些开挖方案？各有何特点？
2. 如何合理地选择隧道开挖方法？
3. 岩溶隧道的处理方法有哪些？
4. 简述隧道洞口进洞的开挖方法。
5. 小净距隧道中岩墙加固措施有哪些？
6. 岩爆的防治措施有哪些？

第5章　顶管法施工

【知识目标】（1）掌握顶管法施工的定义；（2）了解顶管法施工的技术发展；（3）熟悉顶管施工的基本原理和施工系统组成；（4）掌握泥水加压平衡顶管施工的施工工艺原理和流程；（5）掌握土压平衡顶管施工的施工工艺原理和流程。

【能力目标】（1）能编制顶管法施工方案；（2）能进行顶管法施工的技术交底；（3）能进行顶管法施工的安全检查和质量检查。

【素质目标】（1）培养学生绿色施工，文明施工的意识，严格贯彻“绿水青山就是金山银山”的理念，做好工程建设和环境保护的兼顾；（2）通过介绍先进的顶管施工技术，引导学生要通过不断实践和创新，积极发明和使用新技术、新材料、新工艺。

5.1　概述

顶管法施工是指直接在松软土层或富含水松软地层中敷设中、小型管道的一种施工方法。它无须挖槽或开挖土方，可避免为疏干和固结土体而采用降低水位等辅助措施，从而大大加快了施工进度，能在特殊地下和地表环境下施工，如能够穿越公路、铁道、河川、地面建筑物、地下构筑物以及各种地下管线等，具有施工速度快、施工质量比盾构法好等优点。

顶管法施工案例

顶管法已有百年历史，在短距离、小管径类地下管线工程施工中，许多国家广泛采用此法。近几十年继接力顶进技术的出现使顶管法已发展成为顶进距离不太受限制的施工方法。美国于1980年曾创造了9.5 h顶进49 m的记录。

我国的顶管施工是从20世纪50年代初在北京和上海开始使用的，当时采用的是手掘式顶管，设备也比较简陋。60年代后，顶管施工在我国有了发展，开始使用大口径机械式顶管。随着我国经济、技术的发展，引进了国外先进的机械式顶管设备，顶管施工技术无论是在施工理论，还是在施工工艺方面，都得到了突飞猛进的发展。我国浙江镇海穿越甬江工程，于1981年4月完成ϕ2.6 m的管道采用五只中继环从甬江的一岸单向顶进581 m，终点偏位上下、左右均小于1 cm。1986年，上海基础工程公司，用4根长度在600 m以上的钢制管道先后穿越黄浦江，其中黄浦江上游引水工程关键之一的南市水场输水管道，单向一次顶进1 120 m，并成功地将计算机控制中继环指导纠偏、陀螺仪激光导向等先进技术应用于超千米顶管施工中。西气东输工程大量地采用顶管技术，最大顶进长度达到1 166 m，创世界之最，这些都标志着我国长距离顶管技术已经达到世界先进水平。

顶管施工随着城市建设的发展已越来越普及，应用的领域也越来越宽，如下水道、自来水管、煤气管、动力电缆、通信电缆、发电厂循环水冷却系统、人行通道等施工中。有三种平衡理论：气压平衡、泥水平衡和土压平衡理论。

气压平衡理论分为全气压平衡和局部气压平衡理论。全气压平衡是在所顶进的管道中及挖掘面上都充满一定压力的空气，以空气的压力来平衡地下水的压力；局部气压平衡是在顶进的土舱内充以一定压力的空气，起到平衡地下水压力和疏干挖掘面土体中地下水的作用。

泥水平衡理论是以含有一定量黏土的，且具有一定相对密度的泥浆水充满顶进机的泥水仓，并对它施加一定的压力，以平衡地下水压力和土压力的一种顶管施工理论。按照该理论，泥浆水在挖掘面上能形成泥膜，以防止地下水的渗透，然后再加上一定的压力就可平衡地下水压力，同时也可以平衡土压力。

土压平衡理论是以顶进机土舱内泥土的压力来平衡掘进机所处土层的土压力和地下水压力的顶管理论。

从目前发展趋势来看，土压平衡理论的应用已越来越广，因而采用土压平衡理论设计出来的顶管掘进机也应用得越来越普遍。其主要原因是它的适用范围比前述的两种宽，土压平衡顶进机在施工过程中所排出的渣土要比泥水平衡掘进机所排出的泥浆容易处理。加之土砂泵的出现，使其渣土的长距离输送和连续排土、连续推进已成为可能，另外土压平衡顶管机的设备要比泥水平衡和气压平衡简单得多。

过去顶管施工是作为一种特殊的施工手段，不到必要时，不轻易采用。因此，顶管常被当作穿越铁道、公路、河川等的特殊施工手段，施工的距离一般也比较短，大多在 20～30 m。随着顶进技术的发展，顶管施工作为一种常规施工工艺已广泛地被业界所接受，而且一次连续顶进的距离也越来越长，最长的一次连续顶进距离可达数千米之远。为了适应长距离顶管的需要，已开发出一种玻璃纤维加强管，它的抗压强度可达 90～100 MPa，是目前使用顶管用管的 1.5 倍左右。另外，混凝土管的各种防腐措施也很多，甚至有用 PVC 塑料管和玻璃纤维管取代小口径的混凝土管或钢管作为顶管用管。

常用的顶管口径也日渐增大，实际施工中，最大的顶管口径已达 4 m。我国和日本都把 3 m 口径的混凝土管列入顶管口径系列之中，德国最大的顶管口径为 5 m。顶管技术除了向大口径管的顶进发展以外，也向小口径管的顶进发展，最小顶进管的口径只有 75 mm，称得上微型顶管。这类管子具有覆土浅、距离短的特点，在电缆、供水、煤气等工程中有较多的应用。

为了克服长距离大口径顶进过程中所出现的推力过大的困难，注浆减摩成了重点研究课题。现在顶管的减摩浆有单一的也有由多种材料配制而成的。它们的减摩效果已被广大施工单位所认同。在黏性土中，混凝土管顶进的综合摩擦阻力可降到 3 kPa，钢管则可降到 1 kPa。

顶管施工技术在过去大多只能顶直线，现在已发展成可曲线顶管。曲线形状也越来越复杂：不仅有单一曲线，而且有复合曲线，如 S 形曲线；不仅有水平曲线，而且有垂直曲线，还有水平和垂直兼而有之的复杂曲线等。随着技术的发展，曲线的曲率半径也越来越小。

顶管的附属设备、材料也得到不断的改良，如主顶油缸已有两级和三级等推力油缸。土压平衡顶管用的土砂泵已有多种形式。此外，测量和显示系统有的已向自动化的方向发展，可做到自动测量、自动记录、自动纠偏，而且所需的数据可以自动打印出来。

5.2 顶管施工的基本原理和施工系统组成

5.2.1 基本原理

顶管法是采用液压千斤顶或具有顶进、牵引功能的设备，以顶管工作井作为承压壁，管子按设计高程、方位、坡度逐根顶入土层直至到达目的地，是修建隧道和地下管道的一种方法。顶管施工技术是指在不开挖地表的情况下，利用液压缸从顶管工作井将顶管和待铺设的管节在地下逐节顶进直到接收井的非开挖地下管道敷设施工工艺。顶管施工过程如图5-1所示。

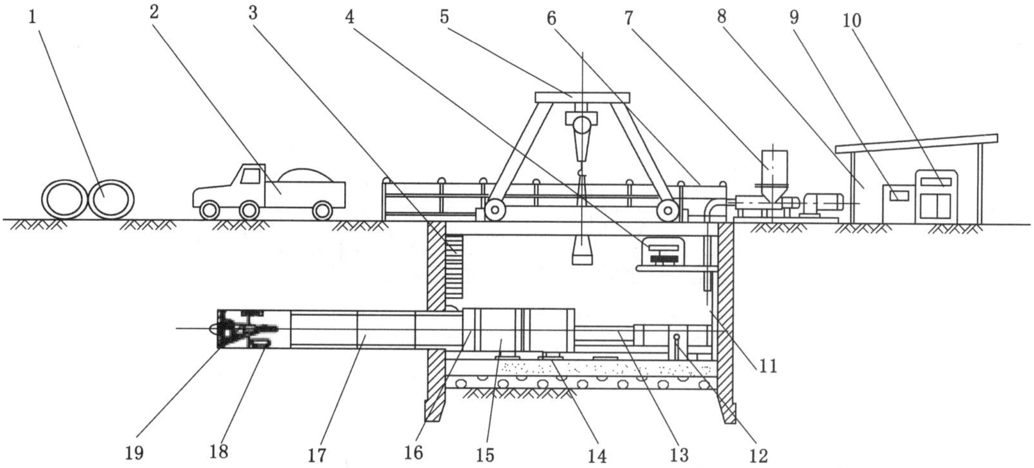

1—预制的混凝土管；2—运输车；3—扶梯；4—主顶油泵；5—行车；6—安全护栏；7—润滑注浆系统；8—操纵房；9—配电系统；10—操纵系统；11—后座；12—测量系统；13—主顶油缸；14—导轨；15—弧形顶铁；16—环形顶铁；17—已顶入的混凝土管；18—运土车；19—机头

图 5-1 顶管施工示意图

由于顶管施工不需要进行地面开挖，因此不会阻碍交通，不会产生过大的噪声和震动，对周围环境影响也很小。顶管最初主要用于地下水道施工，随着城市的发展，其运用领域也越来越广泛，目前广泛运用于城市给水排水、煤气管道、电力隧道、通信电缆、发电循环水冷却管道等基础设施建设以及公路、铁路、隧道等交通运输的施工中。

顶管施工过程如下：先在管道设计路线上施工一定数量的小基坑作为顶管工作井（大多数采用沉井施工），在工作井内的一面或两面侧壁设有圆孔作为预制管节的出口或入口。顶管出口孔壁对面侧墙为承压壁，其上安装液压千斤顶和承压垫板。用液压油缸将带有切口和支护开挖装置的工具管顶出工作井出口孔壁，然后以工具管为先导，将预制管节按设计轴线逐节顶入土层中，同时排出和运走挖出的泥土。当第一节管节完全顶入土层后，再把第二节管节接在后面继续顶进。同时将第一节管节内挖出的泥土完全运走，直至第二节管节也全部顶入土层，然后把第三节管节接上顶进，如此循环。

5.2.2 顶管施工系统组成

一个完整的顶管施工大体包括工作井、推进系统、注浆系统、定位纠偏系统及辅助系统五大部分。

5.2.2.1　工作井

在需要顶进的管道一端修建的竖井称为工作井。工作井是安放所有顶进设备的场所，也是顶管掘进机的始发场所，还是承受主顶油缸推力的反作用力的构筑物。工作井按其使用用途可分为顶管始发工作井和接收工作井。顶管始发工作井是为布置顶管施工设备而开挖的工作井，一般设置有后墙，以承受施工过程中的反力，接收工作井是为了接收顶管施工设备而开挖的工作井。通常管节从工作井中一节节推进，当首节管进入接收工作井时，整个顶管工程才结束。

顶管施工图片

工作井中常需要设置各种配套装置，包括扶梯、集水井、工作平台、洞口防止水圈、后背墙以及基础和导轨，如图 5-2 所示。

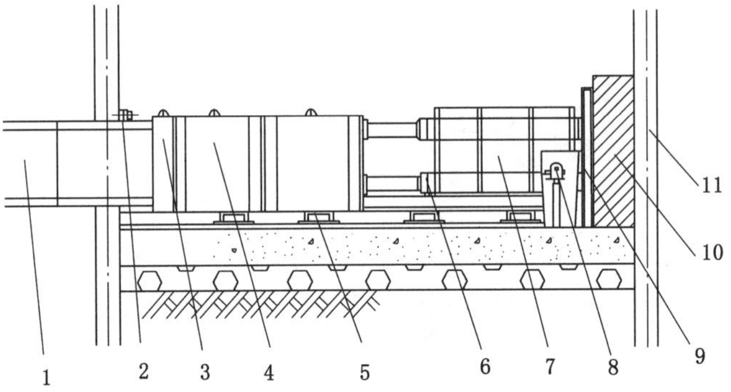

1—管节；2—洞口止水系统；3—环形顶铁；4—弧形顶铁；5—顶进导轨；6—主顶油缸；7—主顶油缸架；8—测量系统；9—后靠背；10—后座墙；11—井壁。

图 5-2　顶进工作井内布置示意图

(1) 工作平台

工作平台宜布置在靠近主顶油缸的地方，由型钢架设而成，上面铺设方木和木板。

(2) 洞口止水圈

洞口止水圈安装在顶管始发工作井的出洞洞口，防止地下水和泥沙流入工作井。

(3) 扶梯

工作井内需设置扶梯，以方便工作人员上下，扶梯应坚固防滑。

(4) 集水井

集水井用来排除工作井底的地下水，或兼作排除泥浆的备用井。

(5) 后座墙

后座墙是把主顶油缸推力的反力传递到工作坑后部土体中去的墙体。它的构造会因工作坑的构筑方式不同而不同。在钢板桩工作坑中，必须在工作坑内的后方与钢板桩之间浇筑一座与工作坑宽度相等的厚度为 0.5～1 m 的钢筋混凝土墙，目的是使推力的反力能比较均匀地作用到土体中去，尽可能地使主顶油缸的总推力的作用面积大些。由于主顶油缸较细，对于后座墙的混凝土结构来讲只相当于几个点，如果把主顶油缸直接抵在后座墙上，则后座墙极容易损坏。为了防止此类事情发生，在后座墙与主顶油缸之间，再垫上一块厚度为 200～300 mm 的钢结构件，称之为后靠背。通过它把油缸的反力较均匀地传递到后座墙上，这样后座墙就不容易损坏。

(6) 基础与导轨

基础是工作井坑底承受管节质量的部位。基础的形式取决于地基土的种类、管节的重量及地下水位。一般的顶管工作井常采用土槽木枕基础、卵石木枕基础及钢筋混凝土木枕基础。

① 土槽木枕基础。适用于地基承载力大而又没有地下水的地方，这种基础是在工作井底部平整后，在坑底挖槽并埋枕木，枕木上安放导轨。

② 卵石木枕基础。适用于有地下水但渗透量较小，以细粒为主的粉砂土。为了防止安装导轨时扰动地基土，可铺设一层厚度为 100 mm 的碎石以增强承载力。

③ 钢筋混凝土木枕基础。适用范围广，适用于地下水位高、地基土软弱的情况。这种基础是在工作井地基上浇筑一定厚度的钢筋混凝土，导轨安装在钢筋混凝土基础上。它的主要作用有两点：一是使管节沿一稳定的基础导向顶进；二是使顶铁在工作时有一个托架。

导轨一般采用型钢焊接而成，应具有较高的尺寸精度，并具有耐磨和承载能力大的特点；导轨下方应采用刚性结构垫实，两侧撑牢固定。基础和导轨应该具有足够的强度和刚度，并具有坚固且不移位的特点。

5.2.2.2　推进系统

推进系统主要由主顶装置、顶铁、顶管机、顶进管节和中继间组成。

(1) 主顶装置

主顶装置主要由主顶油缸、主顶压泵站、操作系统以及油管等组成。

① 主顶油缸。主顶油缸是主顶装置的主要设备，工程中习惯称之为千斤顶，它是管节推进的动力。主顶油缸安装在顶管工作井内，一般均匀布置在管壁两侧。油缸主要由缸体、活塞、活塞杆及密封件组成，多为可伸缩的液压驱动的活塞式双作用油缸。

② 主顶液压泵站。主顶液压泵站的压力由主顶液缸通过高压油缸供给。

③ 操作系统。主顶油缸的推进和回缩是通过高压操作系统控制的。操作方式有电动和手动两种，前者运用电磁阀或电液阀，后者使用手动换向阀。

④ 油管。常用的油管有钢管、高压软管等。管接头的形式根据系统的压力选取，常用的管接头为卡套式和焊接式。

(2) 顶铁

顶铁是顶进过程中的传力构件，起到传递顶力并扩大管节端面承压面积的作用，一般由钢板焊接而成。通常是一个内外径与管节内外径相同的，有一定厚度的钢结构构件。顶铁由 O 形顶铁和 U 形顶铁组成。

① O 形顶铁。直接与管子接触的构件，通过该构件可将主顶油缸的顶力全部传到管节上，用以扩大管子的承载面积。

② U 形顶铁。该构件是 O 形顶铁与主顶油缸之间的垫块，用以弥补主顶油缸行程的不足。

U 形顶铁的数量和长度取决于管子的长度和主顶油缸的行程大小。顶铁应具有足够的强度和刚度。尤其要注意主顶油缸的受力点与顶铁相对应位置肋板的强度，防止顶进受力后顶铁变形和破坏。

（3）顶管机

顶管机是在盾壳的保护下，采用手掘、机械或水力破碎的方法来完成隧道开挖的机器，如图 5-3 所示。顶管机安放在所有顶管管节的最前端，主要功能有两点：一是开挖正面的土体，同时保持正面的水土压力的稳定；二是通过纠偏装置控制顶管机的姿态，确保管节按照设计的轴线方向顶进。目前的顶管机的形式主要有泥水平衡式、土压平衡式和气压平衡式等。

(a)　(b)

图 5-3　顶管机

（4）顶进管节

顶进管节通常包括钢筋混凝土管、钢管、玻璃钢夹砂管和预应力钢筒混凝土管等，如图 5-4 所示。

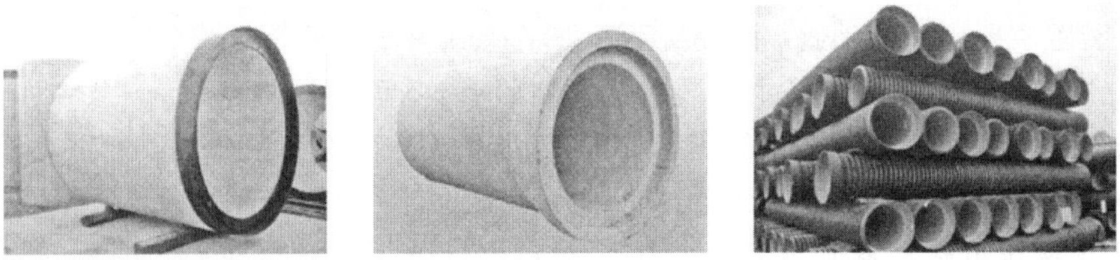

(a)　(b)　(c)

图 5-4　顶进管节

① 钢筋混凝土管的管节长度有 2～3 m 不等。这类管节接口必须在施工时和施工完成后的使用过程中都不渗漏。这种管节的接口形式目前主要是 F 形。

② 钢管的长度根据工作井的长度确定，施工完后成为一刚性较大的管子。它的优点是接口不易渗漏，缺点是只能用于直线顶管。

③ 顶管也可采用玻璃钢夹砂管，一般顶距较短，目前仅用于中小口径，管节的防腐性能比较好。

④ 预应力钢筋混凝土管在顶管工程中得到应用，由于管节能够承受较大的内压，所以适用于给水管道工程。

（5）中继间

中继间也称中继站或中继接力环，是长距离顶管中不可缺少的设备。中继间安装在顶进管线的某些部位，把顶进管道分成若干个推进区间。它主要由多个推进油缸、特殊的钢制外壳、前后两个特殊的顶进管节和均压环、密封件等组成。如图 5-5 所示。当所需的顶进力超过主顶工作站的顶推能力、施工管道或者后座装置所允许承受的最大荷载时，需要在施工的管道中安装一个或多个中继间进行接力顶进施工。

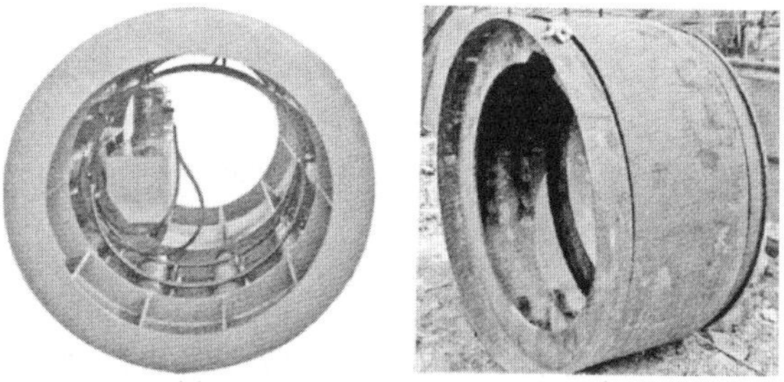

(a)　　(b)

图 5-5　中继间

中继间是在顶进管段中间安装的接力顶进工作室，此工作室内部有中继千斤顶，中继间必须具有足够的强度、刚度和良好的密闭性，而且要方便安装。因管体结构及中继间工作状态不同，中继间的结构也有所不同。图 5-6 所示的是中继间的一种形式。它主要由前特殊管、后特殊管和壳体油缸、均压环等组成。在前特殊管的尾部，有一个与 T 形套环相类似的密封圆和接口。中继间壳体的前端与 T 形套环的一半相似，利用它把中继间壳体与混凝土管连接起来。中继间的后特殊管外侧设有两环止水密封圈，使壳体在其上来回抽动而不会产生渗漏。

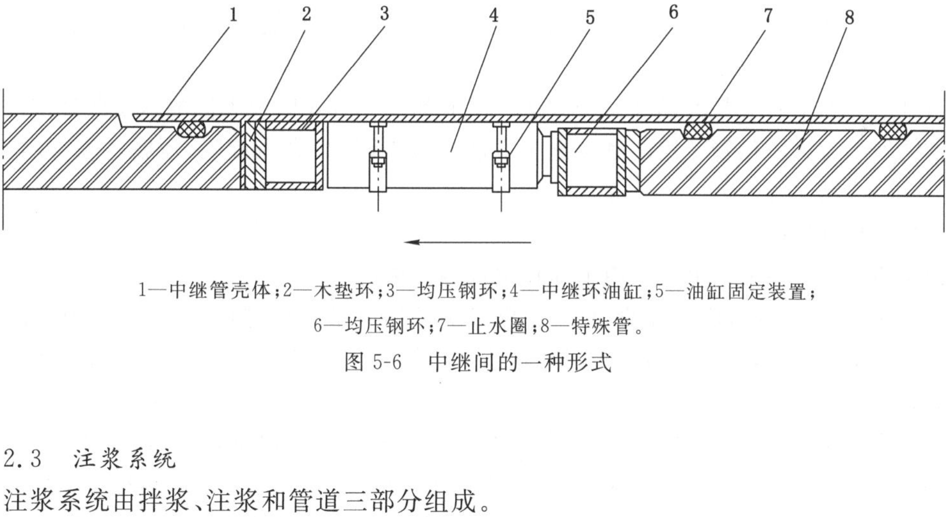

1—中继管壳体；2—木垫环；3—均压钢环；4—中继环油缸；5—油缸固定装置；6—均压钢环；7—止水圈；8—特殊管。

图 5-6　中继间的一种形式

5.2.2.3　注浆系统

注浆系统由拌浆、注浆和管道三部分组成。

(1) 拌浆

拌浆是把注浆材料加水以后再搅拌成所需的浆液。

(2) 注浆

注浆是通过注浆泵来进行的，它可以控制注浆压力和注浆量。

(3) 管道

管道分为总管和支管，总管安装在管道内的一侧，支管则是把总管内压送过来的浆液输送到每个注浆孔。

5.2.2.4 纠偏系统

纠偏系统由测量设备和纠偏装置组成。

(1) 测量设备

常用的测量装置是置于基坑后部的经纬仪和水准仪。经纬仪用来测量管道的水平偏差,水准仪用来测量管道的垂直偏差。机械式顶管有的适用激光经纬仪,激光经纬仪是在普通经纬仪上加装一个激光发射器。激光束打在顶管机的光靶上,通过观察光靶上光点的位置就可判断管子顶进的偏差。

(2) 纠偏装置

纠偏装置是纠正顶进姿态偏差的设备,主要包括纠偏油缸、纠偏液压动力机组和控制台。对曲线顶管,可以设置多组纠偏装置,以满足曲线顶进的轨迹控制要求。

5.2.2.5 辅助系统

辅助系统主要由输土设备、起吊设备、辅助施工、供电照明、通风换气系统组成。

(1) 输土设备

输土设备因顶进方式的不同而不同,在手掘式顶管中,大多采用人力车或运土斗车出土;在采用土压平衡式顶管中,可以采用有轨渣土车、电瓶车和土砂泵等出土方式;在泥水平衡式顶管中,则采用泥浆泵和管道输送泥水。

(2) 起吊设备

起吊设备一般分为龙门吊和吊车两类。其中,最常用的是龙门吊,它操作简便、工作可靠,不同口径的管子应配不同起重质量的龙门吊,它的缺点是转移过程中的拆装比较困难。汽车式起重机和履带式起重机也是常用的地面起吊设备,它的优点是转移方便、灵活。

(3) 辅助施工

顶管施工离不开一些辅助施工的方法。不同的顶管方式以及不同的地质条件应采用不同的辅助施工方法。顶管常用的辅助施工方法有井点降水、高压旋喷、压密注浆、双浆液注浆、搅拌桩、冻结法等。

(4) 供电照明

顶管施工中常用的供电方式有低压供电和高压供电。

① 低压供电。根据顶管机的功率、管内设备的用电量和顶进长度,设计动力电缆的截面大小和数量,这是目前应用较普遍的供电方式。对于大口径长距离顶管,一般采用多线供电方案。

② 高压供电。在口径比较大而且顶进距离又比较长的情况下,也采用高压供电方案。先把高压电输送到顶管机后的管子中,然后由管子中的变压器进行降压,再把降压后的电送到顶管机的电源箱中。高压供电的好处是途中损耗少而且所用电缆可细些,但高压供电危险性大,要做好用电安全工作。

(5) 通风换气系统

通风换气系统是长距离顶管中所必需的,否则可能发生缺氧或气体中毒的现象。顶管中的通风采用专用轴流风机或者鼓风机。通过通风管道将新鲜的空气送到顶管机内,把浑浊的空气排出管道。除此以外,还应对管道内的有毒有害气体进行定时检测。顶管法施工流程如图 5-7 所示。

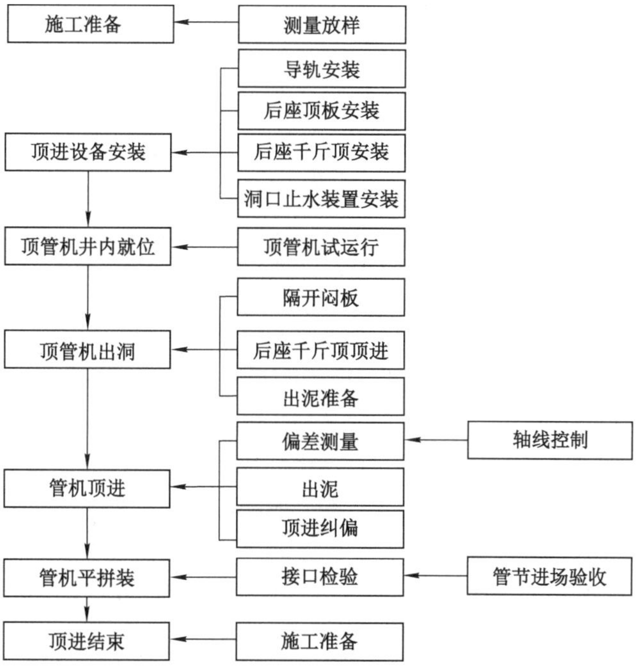

图 5-7　顶管法施工流程

5.3　常用顶管施工技术

目前较常使用的顶管工具管有手掘式、挤压式、局部气压水力挖土式、泥水平衡式和多刀盘土压平衡式等几种。手掘式顶管工具管为人工挖土，如图 5-8 所示。

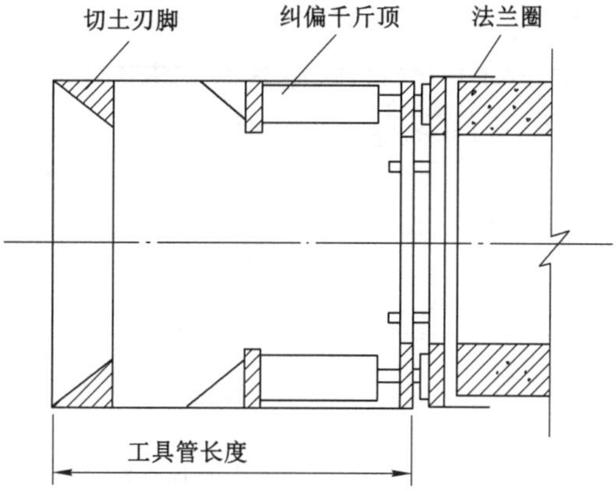

图 5-8　手掘式顶管机示意图

挤压式顶管工具管正面有网格切土装置或将切口刃脚放大，由此减小开挖面，采用挤土顶进。

局部气压水力挖土式顶管工具管正面设有网格并在其后设置密封舱，在密封舱中加适当气压以支承正面土体，密封舱中设置高压水枪和水力扬升机用以冲挖正面土体，将冲下的泥水吸出并送入通过密封舱隔墙的水力运泥管道排放至地面的储泥水池，如图 5-9 所示。

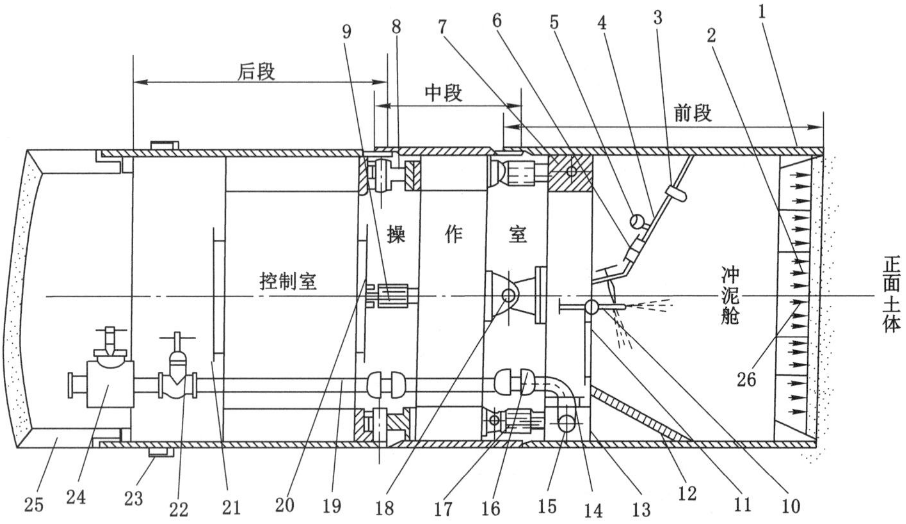

1—刃脚；2—格栅；3—照明灯；4—胸板；5—真空压力表；6—观察窗；7—高压水仓；8—垂直铰链；9—左右纠偏油缸；10—水枪；11—小水密门；12—吸口格栅；13—吸泥门；14—窨井；15—吸管进口；16—双球活接头；17—上下纠偏油缸；18—水平铰链；19——吸泥管；20—气闸门；21—大水密门；22—吸泥管闸门；23—泥浆环；24—清理窨井；25—管道；26—气压。

图 5-9 三段双铰型局部气压水力挖土式顶管工具管

泥水平衡式顶管工具正面设置刮土刀盘，其后设置密封舱，在密封舱中注入稳定正面土体的保护壁泥浆，刮土刀盘刮下的泥土沉入密封舱下部的泥水中并通过水力运输管道排放至地面的泥水处理装置，如图 5-10 所示。

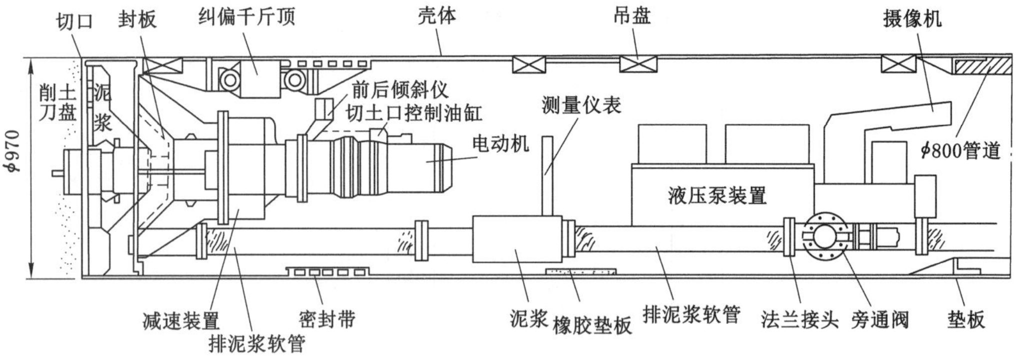

图 5-10 刀盘可伸缩式泥水平衡顶管机示意图

多刀盘土压平衡式顶管工具管头部设置密封舱，密封隔板上装设数个刀盘切土器，顶进时螺旋器出土速度与工具管推进速度相协调，如图 5-11 所示。

近年来，顶管法已普遍用于建筑物密集区和穿越江河、江堤及铁路。外包钢板复合式钢筋混凝土管和钢筋混凝土管道的顶距已达 100～290 m，钢管的顶距已达 1 200 m。在合理

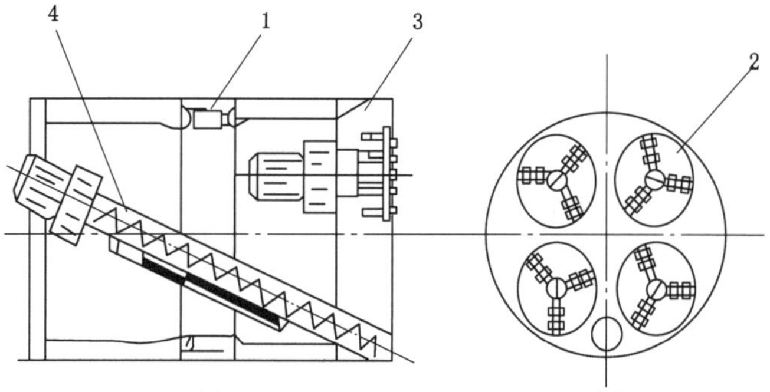

1—刀刃；2—刀盘；3—纠偏千斤顶；4—螺旋出土机。

图 5-11　多刀盘土压平衡式工具管

的施工条件下，采用一般顶管工具引起的地表沉降量可控制在 5～10 cm，而采用泥水平衡式顶管工具管引起的地表沉降量在 3 cm 以下。但是若在施工前对地质条件、环境条件的调查不够详细，对工具管的工艺特点及流程不熟悉，技术方案不合理，施工操作不当，在施工中就可能引起破坏性的地面沉降。下面详细介绍常用的两类顶管工具管的施工工法。

5.3.1　泥水加压平衡顶管施工工法

5.3.1.1　工法特点

泥水加压平衡顶管与其他顶管相比，具有平衡效果好、施工速度快、对土质的适应性强等特点。采用泥水加压平衡顶管工具管，如施工控制得当，地表最大沉降量可小于 3 cm，每昼夜顶进速度可达 20 m 以上。可采用地面遥控操作，操作人员不必进入管道。管道轴线和标高的测量是用激光连续进行的，能做到及时纠偏，顶进质量也容易控制。

5.3.1.2　适用范围

适用于各种黏性土和砂性土的土层中 ϕ800～ϕ1 200 mm 的各种口径管道。如有条件解决泥水排放问题或大量泥水分离问题，大口径管道同样适用。还适应于长距离顶管，特别是穿越地表沉降要求较高的地段，可节约大量环境保护费用。所用管材可以是预制钢筋混凝土管，也可以是钢管。

5.3.1.3　工艺原理

泥水加压平衡顶管机机头设有可调整推力的浮动大刀盘进行切削和支承土体。推力设定后，刀盘随土压力大小变化前后浮动，始终保持对土体的稳定支撑力使土体保持稳定。刀盘的顶推力与正面土压力保持平衡。机头密封舱中接入有一定含泥量的泥水，泥水亦保持一定的压力，一方面对切削面的地下水起平衡作用，另一方面又起运走刀盘切削下来的泥土的作用。进泥泵将泥水通过旁通阀送入密封舱内，排泥泵将密封舱内的泥浆抽排至地面的泥浆池或泥水分离装置内，通过调整进泥泵和排泥泵的流量来调整密封舱的泥水压力。

刀盘上承受的土压力和舱内泥水压力均由压力表反映，机械运转情况、各种压力值、激光测量信息、纠偏油缸动作情况均通过摄像仪反馈到地面操纵台的屏幕上，操作人员根据这些信息进行遥控操作。由于顶管机头操作反馈正确，可及时调整操作，所以泥水平衡顶管平衡精度较高，顶进速度较快且地表沉降量小。

5.3.1.4 施工工艺与流程

泥水加压平衡顶管由主机、纠偏系统、进排泥系统、主顶系统、操纵系统和压浆系统等组成。主机包括切削土体的刀盘以及传动和动力机构;纠偏系统包括纠偏油缸、油泵、操纵阀和油管;进排泥系统由进泥泵、排泥泵、旁通阀、管路和沉淀池组成;主顶系统由主顶油缸、油泵、操纵阀及管路组成;操纵系统由操纵台、电器控制箱、液压控制箱、摄像仪和通信电缆组成;压浆系统由拌浆筒、储浆筒压泵和管路组成。其工艺流程如图 5-12 所示。

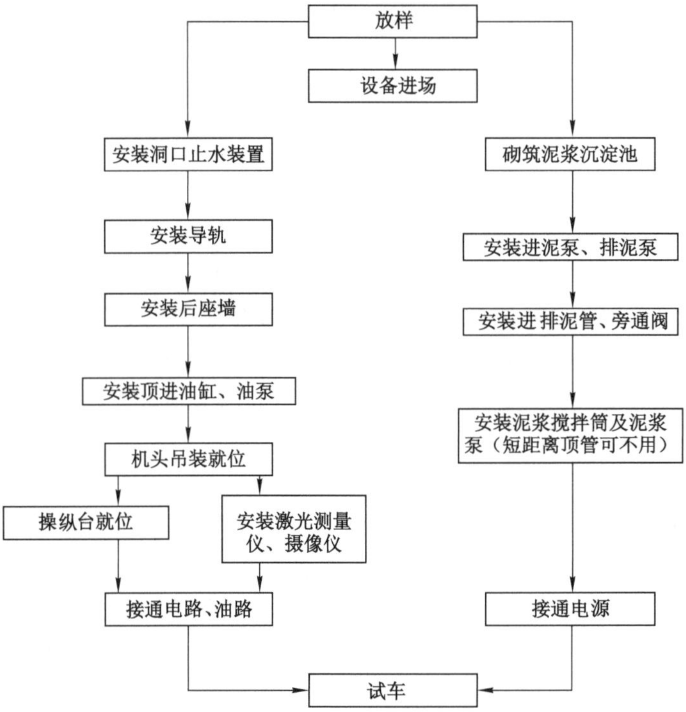

图 5-12 泥水加压平衡施工流程图

5.3.1.5 施工要点

(1) 准备工作

① 工作井的清理、测量及轴线放样。

② 安装和布置地面顶进辅助设施。

③ 设置与安装井口龙门吊车。

④ 安装主顶设备后靠背。

⑤ 安装与调整主顶设备导向机架、主顶千斤顶。

⑥ 安装与布置工作井内的工作平台、辅助设备、控制操作台。

⑦ 实施出洞辅助技术措施井点降水、地基加固等。

⑧ 安装调试顶管机准备出洞。

(2) 顶进

① 拆除洞口封门。

② 推进机头,机头进入土体时开动大刀盘和进排泥泵。

③ 机头推进至能卸管节时停止推进，拆开动力电缆、进排泥管、控制电缆和摄像仪连线，缩回推进油缸。

④ 将事先安放好密封环的管节吊下，对准插入就位。

⑤ 接上动力电缆，控制电缆、摄像仪连线，进排泥管接通压浆管路。

⑥ 启动顶管机，进排泥泵、压浆泵、主顶油缸，推进管节。

⑦ 随着管节的推进，不断观察机头轴线位置和各种指示仪表，纠正管道轴线方法并根据土压力大小调整顶进速度。

⑧ 当一节管节推进结束后，重复以上第②至第⑦步骤继续推进。

⑨ 长距离顶管时，在规定位置设置中继间。

（3）顶进到位

① 顶进即将到位时，放慢顶进速度，准确测量出机头位置，当机头到达接收井洞口封门时停止顶进。

② 在接收井内安放好接引导轨。

③ 拆除接收井洞口封门。

④ 将机头送入接收井，此时刀盘的进、排泥泵均不运转。

⑤ 拆除动力电缆、摄像仪及连线和压浆管路等。

⑥ 分离机头与管节，吊出机头。

⑦ 将管节顶到预定位置。

⑧ 按次序拆除中继间油缸并将管道靠拢。

⑨ 拆除主顶油缸、油泵、后座及导轨。

⑩ 清场。

5.3.1.6　施工机械设备

采用泥水加压平衡顶管所需施工机械设备见表 5-1。

表 5-1　泥水加压平衡顶管所需施工机械设备

序号	设备名称	单位	数量	备注
1	泥水加压平衡顶管掘进机	台	1	包括操作台
2	后座顶进装置	套	1	包括油缸、油泵、顶铁
3	起重机械	台	1	吊车或行车
4	进排泥浆	台	1	
5	泥水管路机旁通阀	套	1	
6	压浆设备	套	1	包括搅拌桶、压浆泵管路
7	中继顶进装置	套	1	视顶程长度而定
8	农用污泥泵	台	1	井内降水用

5.3.1.7　劳动组织

顶管作用一般需要三班制连续作业，每班人员配置见表 5-2。

表 5-2　泥水加压平衡顶管施工每班人员配备

序号	人员	数量	职 责 分 配
1	技术人员	1	施工技术管理、质量管理、数据收集分析、发现问题并提出解决措施
2	班长	1	在技术人员指挥下进行指挥、调度、计划安排、质量控制
3	顶管机操作人员	1	操作机头运转、顶进、进排泥浆泵运转、纠偏
4	起重机驾驶员	1	操作起重机
5	压浆机	1	拌浆、压浆
6	辅助工	2	接管、拆管、挂钩等

5.3.2　土压平衡顶管施工工法

5.3.2.1　工法特点

土压平衡顶管利用带面板的刀盘切削和支承土体，对土体的扰动较小。采用干式排土，废弃泥土处理方便，对环境的影响和污染小。土压平衡系统采用具有自整定功能控制的“760 智能控制器”，土压平衡控制精度较高。

5.3.2.2　适用范围

适用于饱和含水地层中的淤泥质黏土、黏土、粉砂或砂性土，适用管径为 ϕ650～ϕ2 400 mm。适用于穿越建筑物密集区、公路、铁路、河流等地层位移限制要求较高的地区。顶管管材一般为钢筋混凝土，管节的接头形式可选用 T 形、F 形钢套环式和企口承插式等，也可以按工程的要求选用其他材质的管节和管口接扣形式。

5.3.2.3　工艺原理

土压平衡顶管是根据土压平衡的基本原理，利用顶管机的刀盘削和支承机内土压舱的正面土体，抵抗开挖面的水土压力以达到土体稳定的目的。以顶管机的顶速即切削量为常量，螺旋输送机转速即排土量为变量进行控制，使土压舱内的水土压力与切削面的水土压力保持平衡，以此减少对正面土体的扰动，减小地表的沉降与隆起。

5.3.2.4　施工工艺与流程

（1）施工准备。

（2）顶管顶进。

① 安放管接口扣密封环、传力衬垫。

② 下吊管节，调整管口中心，连接就位。

③ 电缆穿管道，接通总电源、轨道、注浆管及其他管线。

④ 启动顶管机主机土压平衡控制器，地面注浆机头顶进注水系统机头顶进。

⑤ 启动螺旋输送机排土。

⑥ 随着管节的推进，测量轴线偏差，调整顶进速度直至一节管节推进结束。

⑦ 主顶千斤顶回缩后位后，主顶进装置停机，关闭所有顶进设备，拆除各种电缆与管线，清理现场。

⑧ 重复以上步骤继续顶进。

（3）顶进到位。顶进到位后的施工流程与水泥回压平衡顶管相类似。

5.3.2.5　施工机械设备

土压平衡顶管所需的主要施工机械设备包括顶进设备和辅助设备，顶进设备由顶管机主机、中继顶进装置、主顶进装置三大部分组成。

5.3.2.6　劳动组织

土压平衡顶管施工必须连续作业，实行三班运转，每班施工人员约 10 人。见表 5-3。

表 5-3　土压平衡顶管施工每班人员配备

序号	人员	数量	职责分工
1	技术人员	1	施工技术管理、质量管理、施工记录分析、解决问题
2	班长	1	指挥、调度、计划安排、质量控制
3	顶管机操作员	2	顶管机操作
4	电动车驾驶员	1	机车驾驶
5	机、电修理工	2	设备检修等
6	起重机驾驶员	1	操作起重设备
7	测量工	1	顶进轴线测量与检测
8	辅助工	1～2	拌浆、压浆、接管、拆管、挂钩等

习题

1. 简述顶管法的基本概念及应用条件。
2. 顶管法施工的基本原理是什么？
3. 试比较顶管法和盾构法的异同。
4. 工作井、中继间的主要功能是什么？
5. 泥水平衡式顶管施工的技术要点是什么？
6. 土压平衡式顶管施工的技术要点是什么？
7. 顶管施工时如何对顶管机进行选型？

第6章 沉管隧道施工

【知识目标】（1）了解沉管隧道施工发展现状；（2）熟悉沉管隧道的分类；（3）掌握沉管隧道施工作业的施工程序和技术要点；（4）熟悉基础处理与回填的方法和技术要求。

【能力目标】（1）能编制沉管隧道施工方案；（2）能进行沉管隧道施工的技术交底；（3）能进行沉管隧道施工的安全检查和质量检查。

【素质目标】（1）引导学生在学习和工作中，要具备团队合作的精神；（2）通过港珠澳大桥沉管隧道的案例，培养学生的民族自豪感、工匠精神、创新精神和奋斗精神。

6.1 概述

6.1.1 沉管隧道施工发展现状

地下线路经过江河、港湾时，常用采用水底隧道的跨越方法。水底隧道的单位造价比桥梁高，但桥梁在跨越港湾或海轮经过的江河时，因跨越所需桥梁跨长、桥高，引桥长度大，造价增大，引桥过长对市内交通干扰及占地问题不易妥善解决，建水底隧道有时比建桥更为经济、合理。修建水下隧道的施工方法通常有以下五种：围堰明挖法，矿山法，气压沉箱法，盾构法，沉管法。目前常采用是盾构法和沉管法施工。根据已有的实践经验，沉管法较盾构法在工程总量、克服地质条件限制性、隧道断面、抗渗性、工期、造价、运营费用等方面比较有利，特别是水力压接法（水下连接）和基础处理的压注法已取得了突破性进展，使沉管隧道的建设进入了一个迅速发展的新纪元。目前，世界各国水底隧道建设大都采用该法。

沉管法施工案例

沉管法，亦称预制管段沉放法。先在隧址以外的预制场（多为临时干坞或船坞）制作隧道管段（每节长 60～140 m，多数为 100 m 左右，最长达 300 m），管段两端用临时封墙密封，制成后运到指定位置上，在已预先挖好的基槽上沉放下去，通过水力压接进行水下连接，再覆土回填，完成隧道。用这种沉管法修建的水下隧道称之为沉管隧道。沉管隧道一般由敞开段、暗埋段、岸边竖井及沉埋段等部分组成，如图 6-1 所示。在沉埋段两端，通常设置竖井作为沉埋段的起止点，竖井是沉管隧道的重要组成部分，它起到通风、供电、排水和监控作用。根据两岸地形和地质条件，也可将沉埋段与暗埋段直接相接而不设竖井。

在 1810 年，伦敦进行了采用沉管法修筑水下隧道施工试验，虽然试验因防水问题而失败，但为后来该技术的发展奠定了基础。到 1894 年采用此法在美国波士顿建成一条城市下水道工程和底特律水底铁路隧道。自 1959 年加拿大迪斯隧道成功采用水力压接法进行管段水下连接后，沉管法很快被各国普遍采用。

我国台湾和香港于 20 世纪 40 年代、60 年代用沉管法修建了 4 条海湾隧道。1993 年在广州珠江建成内地第一条沉管隧道，1995 年又在宁波甬江建成第二条沉管隧道。这两条沉

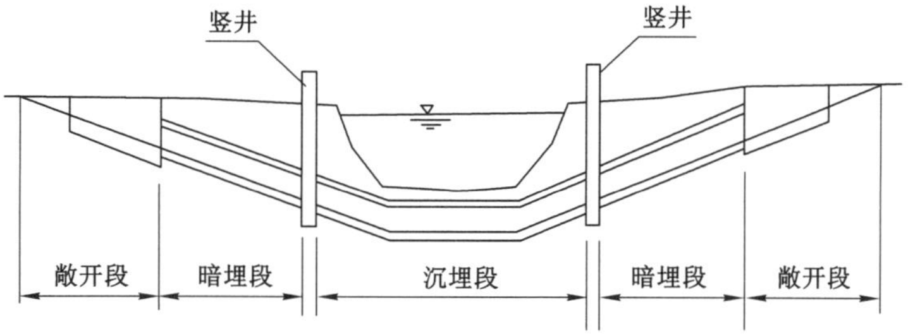

图 6-1　沉管隧道纵断面

管隧道的建成为我国修建河底、海底隧道积累了丰富的经验。目前，我国已有沉管隧道 10 余条（含在建）。港珠澳大桥是连接香港、澳门和珠海的跨海大桥，全段长接近 50 km，主体工程长度约 35 km，包含离岸人工岛及海底隧道，是国内第一个采用沉管工艺的海底隧道，是世界上最长的沉管隧道。2013 年 4 月，位于桂山牛头岛的预制厂顺利完成首个海底隧道标准管节。2013 年 7 月，首节 180 m 管节海底安装，标志着深海隧道安装全面开启。

6.1.2　沉管隧道的分类

沉管隧道按断面形状分为圆形与矩形两大类，其施工及所用材料均有所不同。初期一般采用圆形钢壳沉管，此类隧道目前在美国还比较常用；20 世纪 50 年代后，多采用矩形钢筋混凝土沉管。

6.1.2.1　圆形沉管

圆形沉管多是钢壳与混凝土的复合结构，钢壳可作为防水层并在结构上有明显的作用。混凝土主要承受压力和作为承载物，并且也满足结构上的需要。钢壳管段具有弹性特点，钢壳管道隧道是一个具有柔性的整体结构。施工时多数利用船厂的船坞制作钢壳，制成后滑行下水，并系泊于码头边上，进行水上钢筋混凝土作业，这种方式被称为“钢壳方式”。这类沉管的横断面，内部均为圆形，外表有圆形、八角形或花篮形，如图 6-2 所示。

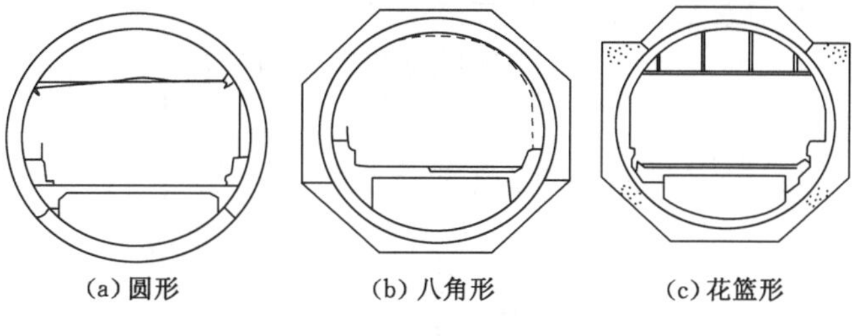

图 6-2　各种圆形沉管

圆形沉管的主要优点：圆形断面，受力合理衬砌弯矩较小，在水较深时，比较经济有利；沉管的底宽较小，基础处理比较容易；钢壳既是浇筑混凝土的外模，又是浇筑隧道的防水层，这种防水层不会在浮运过程中被碰损，当具备利用船厂设备的条件时，工期较短，在管段需要量较大时，优点更为明显。其缺点是：圆形断面空间，常不能充分利用；耗钢量大，造价高；钢壳本身需作防锈处理等。

6.1.2.2 矩形沉管

矩形沉管隧道的管段多由钢筋混凝土制成，钢筋混凝土用于结构构造和作为承载物，隧道外部防水一般采用钢板或沥青防水薄膜。需修建作业的船坞用以制造预制管段，称为“干船坞方式”。绝大多数混凝土管段隧道由多个节段用柔性接缝连在一起组成。因为每一管段是一个整体结构，更易控制混凝土的灌注和限制管段内的结构力。自荷兰的玛斯隧道(Mass，1942 年)首创矩形沉管以来，目前各国(除美国外)大多采用矩形沉管，如图 6-3 所示。当隧道跨度较大，且土、水压力又较大时，采用预应力混凝土结构可获得较经济的效果。预应力的采用，可大大提高水密性，减少管段的开裂，并减小构件厚度和管段的重量。

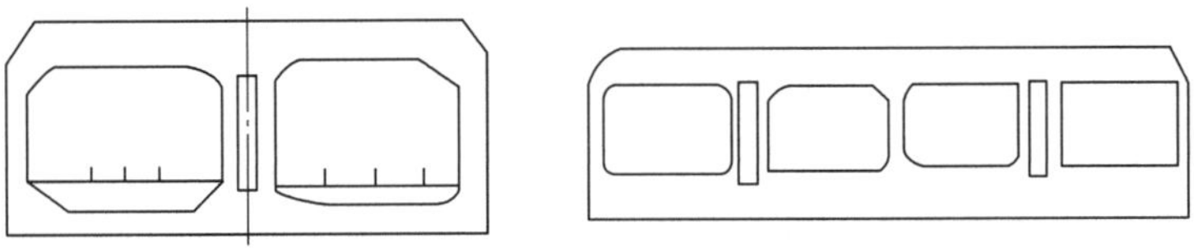

(a) 六车道矩形沉管　　(b) 八车道矩形沉管

图 6-3　矩形沉管结构

矩形沉管的优点是：不占用造船厂设备，不妨碍造船工业生产；空间利用率较高，可实现铁路、公路共用隧道；隧道全长较短，挖槽土方量少；一般不需钢壳，可节省钢材。其缺点是：建造临时干坞的费用较大；由于矩形沉管干舷较小，要求在灌筑混凝土及浮运过程中，须有一系列严格控制措施；断面相比圆形的厚些，基地的处理要困难些。

6.1.3 沉管隧道施工工艺

沉管隧道主要施工流程如图 6-4 所示。

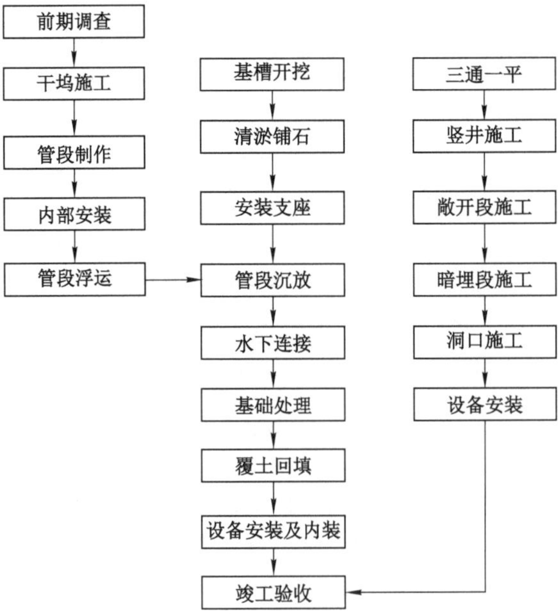

图 6-4　管形沉管隧道主要施工流程

6.2　临时干坞和管段制作

6.2.1　临时干坞施工

一般情况下在隧址附近的适当位置，需建造一个与工程规模相适应的临时干船坞，用于预制沉管管段的场地。它不同于船坞，船坞的周边有永久性的钢筋混凝土坞墙，而临时干坞却没有。干坞的构造没有统一的标准，要根据工程实际，如地理环境、航道运输、管段尺寸及生产规模等具体情况确定。

坞底基础除满足管节预制荷载及变形要求外，尚满足管节起浮要求。干坞防排水体系可根据干坞使用年限按当地暴雨重现期降雨量与干坞的渗漏水量要求进行设计。干坞应设置入坞便道，便道宽度不宜小于 5 m，坡度不宜大于 10%。干坞坞顶宽度应根据防汛、管理、施工、构造及其他要求确定，且不宜小于 3 m。干坞支护应按实际的周边建筑物、地下管线、道路和施工荷载等条件设计，设计中应提出明确的干坞坞顶堆载及施工荷载限值。干坞坞门宽度应满足管节浮运的要求，单侧富余量不宜小于 2.5 m。

根据工程特点及工期要求，结合干坞处的地质、地下水位情况，选定适宜的施工方法。一般干船坞施工方法有两种，即干挖方式和先湿挖后干挖方式。

干挖方式施工便利，可同时采用多台套的大型机械施工。能合理选择干坞坞门及出坞航道的施工时机，对防洪影响较小。干坞的挖方就近弃于干坞附近，经整平后作材料堆放场地等。开挖及干坞施工完成后的回填均较便利。但干挖前，需预先采取降水措施。

先湿挖后干挖方式是利用开挖船在干坞预制或在出坞航道开挖及支护完成后，进行干坞开挖，且坞门必须在洪水季节来临前完成，施工组织难度较大。并且这种开挖方式需要大面积的卸泥脱水区，并需较长的管道输送。干坞施工完成后，经脱水后的泥沙还需要回运至干坞处回填。

6.2.2　管段制作

管段制作在干坞中进行，其工艺与一般混凝土结构大体相同。但考虑到浮运沉设对均质性与水密性的特殊要求，应注意以下几点。

管段制作图片

(1) 要保证混凝土的防水性及抗渗性。

(2) 要严格控制混凝土的重度，若重度超过 1%，管段将浮不起来，将不能满足浮运要求。

(3) 必须严格控制模板的变形，以保证对混凝土均质性的要求。若出现管段板、壁厚度的局部较大偏差，或前后、左右混凝土重度不均匀，浮运中会发生管段侧倾。

此外，管段中不同的位置有相应的构造措施和施工要求，具体如下。

6.2.2.1　管段的施工缝和变形缝

在管段制作中，为了保证管段的水密性，必须注意混凝土的防裂问题，因此须谨慎安排施工缝和变形缝。纵向施工缝(横断面上的施工留缝)，于管段下端，靠近底板面留一道缝，应高于地板 30～50 cm。横向施工缝(沿管段长度方向上分段施工时的留缝)需采取防水措施，为防止发生横向通透性裂缝，通常可把横向施工缝做成变形缝，每节管段由变形缝分成若干节段每节段长约 10～20 m，如图 6-5、图 6-6 所示。

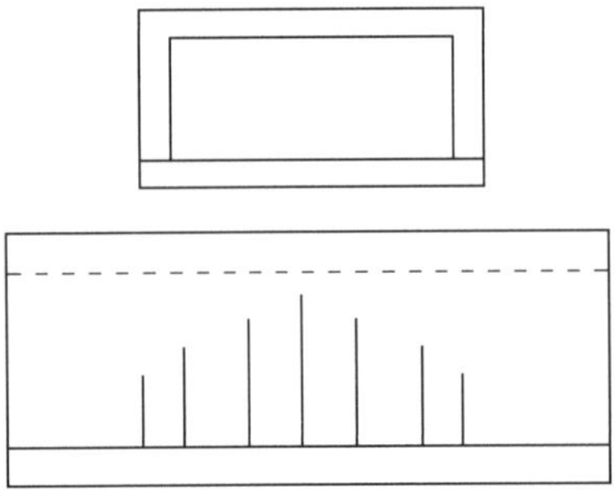

图 6-5　管段侧壁上的构造裂缝

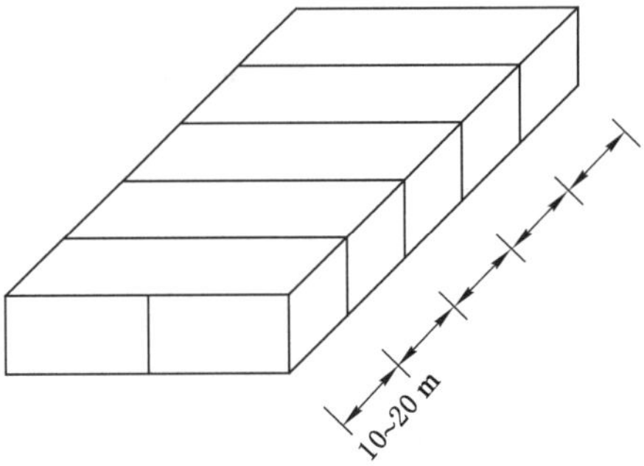

图 6-6　节段的划分

6.2.2.2　顶板和底板

在船坞制作场地上，如果管段下的地层发生不均匀沉降，有可能引起管段裂缝。一般在船坞底的砂层上铺设一块 6 mm 厚的钢板，将钢板和底板混凝土直接浇在一起，这样它不但能起到底板防水的作用，而且在浮运、沉放过程中能防止外力对底板的破坏，也可使用 9～10 cm 的钢筋混凝土板来代替这种底部的钢板，在上面贴上防水膜，并将防水膜从侧墙一直延伸到顶板上，这种替代方法其作用与钢板完全相同，但为了使它和混凝土底板能紧密结合，需应用多根锚杆或钢筋穿过防水膜埋到混凝土底板内。在混凝土顶板的上面，通常铺上柔性防水膜，并在其上浇筑 15～20 cm 厚的(钢筋)混凝土保护层，一直要包到侧墙的上部，并将它做成削角，以避免被船锚钩住。

6.2.2.3　侧墙

在侧墙的外周也可使用钢板，这时可将它作为外模板(也可作为侧墙的外防水)，在施工时应确保焊接的质量。在侧墙的外周也有使用柔性防水膜的例子，为了避免在施工时对防水膜的破坏，须对防水膜进行保护。

6.2.2.4　端封墙

管段浮运前必须于管段的两端离端面 50～100 cm 处设置端封墙。端封墙可用木料、钢材或钢筋混凝土制成。端封墙设计按最大静水压力计算。端封墙上须设排水阀、进气阀以及入水孔。排水阀设于下部，进气阀设于顶部，口径约 100 mm。出入孔应设置防水密闭门。

6.2.2.5　压载设施

管段下沉由压载设施加压实现，容纳压载水的容器称为压载设施，一般采用水箱形式，须在管段封墙安设之前就位，每一管段至少设置四只水箱，对称布置于管段四角位置。水箱容量与下沉力要求、干舷大小、基础处理时“压密”工序所需压重大小等有关。

管段检漏图片

管段制作完成后，须做一次检漏。如有渗漏，可在浮运出坞前做好处理。一般在干坞灌水之前，先往压载水箱里注水压载，然后再往干坞坞室里灌水，灌水 24～48 h 后，工作人员进入管段内对管段进行水底检漏。

检漏合格后浮起管段，并在干坞中检查干舷是否合乎规定，有无侧倾现象。通过调整压载的办法，使干舷达到设计要求。

在一次制作多节管段的大型干坞中，经检漏和调整好干舷的管段，应再加压载水，使之沉置坞底，待使用时再逐一浮升，拖运出坞。

6.3 沉管隧道施工作业

6.3.1 基槽浚挖

沉管隧道的基槽通常采用疏浚的方法开挖，需要较高的精度，要求沟槽底部相对平坦，误差一般为±15 cm。基槽浚挖是沉管隧道工程中一个重要环节，关系到工程能否顺利、迅速地开展。开挖前应作基槽边坡稳定性离心模拟试验和平面二维泥沙数学模型、物理概化模型试验，并根据水文、地质、工程数量、工期要求、施工航道宽度、水深等条件采用合理的疏浚方案。

6.3.1.1 基槽开挖的要求

沉管基槽的断面主要由三个基本尺度决定，即底宽、深度和坡度，这些尺寸应视土质情况、沟槽搁置时间以及河道水流情况而定。

沉管基槽的底宽，一般应比管段底宽 4～10 m，不宜定得太小，以免边坡坍塌后影响管段沉设的顺利进行。沉管基槽的深度为覆土厚度、管段高度及基础处理所需超挖深度三者之和，如图 6-7 所示。沉管基槽边坡的稳定坡度与土层的物理力学性能有密切关系。此对不同的土层，应分别采用不同的坡度。表 6-1 列出了不同土层的稳定坡度概略数值，可供初步设计时参考。

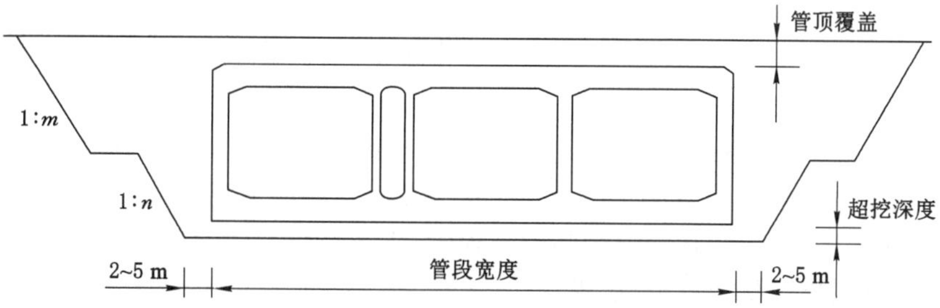

图 6-7 沉管基槽

表 6-1 不同土层的稳定坡度概略数值

土层种类	荐用坡度	土层种类	荐用坡度
硬土层	1∶0.5～1∶1	紧密的细砂、软弱的砂夹黏土	1∶2～1∶3
砂砾、紧密的砂夹黏土	1∶1～1∶1.5	软黏土、淤泥	1∶3～1∶5
砂、砂夹黏土、较硬黏土	1∶1.5～1∶2	极稠软的淤泥、粉沙	1∶8～1∶10

除了土壤的物理力学性能之外，沟槽留置时间的长短、水流情况等，均对稳定坡度有很大的影响，不可忽视。

6.3.1.2 基槽开挖时间的确定

根据回淤计算、基槽地质状况和管段沉放时间，具体确定基槽开挖时间。一般在管段沉放前 10 d 开始施工(泥砂质河床)。

6.3.1.3 开挖施工机械设备

基槽开挖机械设备主要有戽斗式挖泥机、带切泥头或吸泥头的吸泥或挖泥机、带抓斗的起重机等。上述机械安装在锚柱式、锚固式驳船上进行作业,由运泥船将开挖泥沙等运至指定区域卸掉。

6.3.1.4 开挖施工

将疏浚船停泊在隧道位置,经测量准确定位后,开始作业。基槽开挖分为粗挖和精挖两个阶段,首先粗挖至距基底设计标高 1.0～2.0 m,然后采用抓斗式挖泥船进行精挖。在开挖全过程中经常检查基槽位置、宽度、深度和边坡,合理控制。精挖完成后,由潜水员进行水下喷射修整工作。如遇孤石,根据实际情况,可采用抓斗式挖泥船、岩石破碎机或水下钻爆等方法开挖清除。基槽开挖长度应比相对应管段长约 30 m。

基槽开挖后,及时进行清淤,以确保隧道基础的质量。清淤主要采用气力吸泥泵等高效清淤船来进行。消淤后立即进行基底整平。

在开挖过程中,要经常监测疏浚作业对环境的污染,并通过数据分析,适时采取有效措施降低污染指标。开挖作业全过程中要在作业区域边缘设置警戒船或警戒标识,避免船只进入作业区域发生意外。

6.3.2 沉管方法

沉管管节在干坞中预制好之后,必须浮运到隧址指定位置上进行沉放就位,并进行水下连接。这是沉管隧道施工中至关重要的工序,必须精心组织方能确保万无一失。

管节浮运进行管节稳定性和主缆受力数值模拟分析计算,水文条件复杂时进行物理模型试验。管节浮运工况内力在最不利荷载组合作用下,按波浪最不利波长进行计算。管节拖航时对拖航阻力进行验算。

浮运之前,应对管节本体、端封墙、水密门进行检漏测试。管节在内河和湖泊中浮运时,与航道底部的安全距离 h 不宜小于 0.5 m。管节在海洋环境下浮运时,与航道底部的安全距离 h 不宜小于 1.0 m。浮运航道为临时工程时,应结合管节的尺寸和浮运方案进行专项设计。管节浮运时应严格控制横倾、纵倾。

管段沉放大体可以分为吊沉法和拉沉法两种方法,吊沉法又分为分吊法、杠吊法和骑吊法,如图 6-8 所示。

管段沉放方法
- 吊沉法
  - 分吊——起重船或浮箱
  - 杠吊——方驳船组
  - 骑吊——水上作业平台
- 拉沉法——桩墩地垄

图 6-8 管段沉放方法

(1) 分吊法。管段制作时,预先埋设 3～4 个吊点,分吊法沉设作业时分别用 2～4 艘 100～200 t 浮吊(即起重船)或浮箱提着各个吊点,逐渐将管段沉放到规定位置。

图 6-9 所示为玛斯隧道,第一条四东道矩形管段隧道采用了四艘起重船分吊沉设。20 世纪 60 年代荷兰柯恩隧道首创以大型浮筒代替起重船的分吊沉设法。

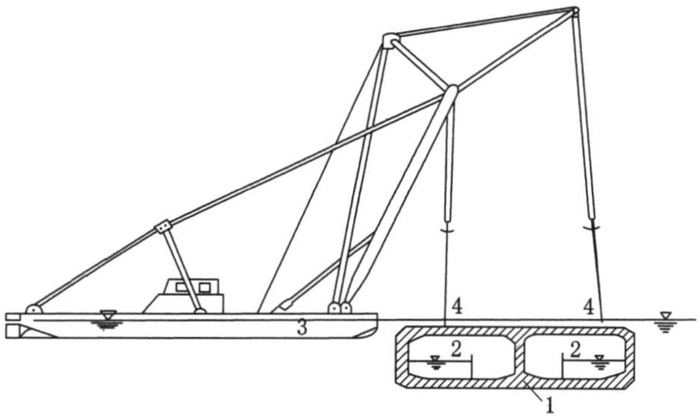

1—沉管；2—压载水箱；3—起重船；4—吊点。

图 6-9　起重船吊沉法

浮箱吊沉设备简单，适用于度大的大型管段。沉放用 4 只 100～150 t 的方形浮箱（边长约 10 m，深约 4 m）直接将管段吊起来，吊索起吊力作用在各个浮箱中心，4 只浮箱分成前后两组。如图 6-10 所示。

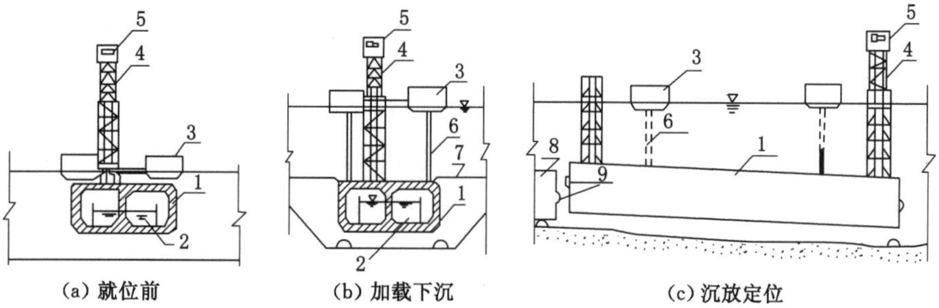

1—沉放管段；2—压载水箱；3—浮箱；4—定位塔；5—指挥室；6—吊索；7—定位索；
8—既设管段；9—鼻式托座。

图 6-10　浮箱吊沉法

(2) 杠吊法。杠吊法又称方驳船杠吊法（图 6-11）。方驳船杠吊法是用 4 艘方驳船，分前后两组，每组方驳船负一副“杠棒”，即这两副“杠棒”由位于下沉管中心线左右的两艘方驳船作为各自的两个支点；前后两组方驳船用钢杵架连接起来，构成一个整体驳船组，“杠棒”实际上是型钢梁或是钢板组合梁，其上的吊索一端系于卷扬机上，另一端用来吊放沉管；驳船组由 6 根锚索定位，沉管管段另用 6 根锚索定位。加拿大台司隧道工程中，曾采用吨位较大船体较长的方驳船，将各侧前后两艘方驳船直接连接起来，以提高驳船组的整体稳定性。

在美国和日本的沉管隧道工程中，习惯用“双驳杠沉法”，其所用方驳船的船体尺度比较（驳体长度为 60～85 m，宽度为 6～8 m，型深 2.5～3.5 m）。“双驳杠沉法”的船组整体稳定性较好，操作较为方便，但大型驳船费用较高。管段定位索改用斜对角方向张拉的吊索，系定于双驳船组上。美国旧金山市地下铁道的港下水底隧道（长达 5.82 km，共沉设 58 节 100～105 m 长的管段）工程即用此法。

(3) 骑吊法。骑吊法是用水上作业平台“骑”于管段上方，将管段慢慢地吊放沉放，水上作业平台亦称自升式作业平台 SEP，原为海洋钻探或开采石油的专用设备。它的工作平台实

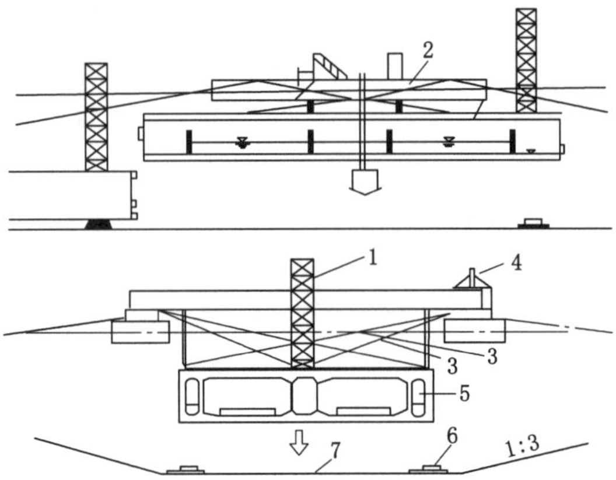

1—定位塔；2—方驳船；3—定位索；4—操作室；5—沉管；6—地垄；7—基础。

图 6-11 方驳船杠吊法

际上是个矩形钢浮箱，有时为方环形钢浮箱。就位时，向浮箱内灌水加载，使 4 条钢腿插入海底或河底。移位时则反之，排出箱内贮水使之上浮，将 4 条钢腿拔出。在外海沉设管段时，因海浪袭击只有用此法施工；在内河或港湾沉设管段，如流速过大，亦可采用此法施工。此法不需抛设锚索，作业时对航道干扰较小。由于设备费用很高，一般内河沉管施工时较少采用。

（4）拉沉法。拉沉法是利用预先设置在沟槽底面上的水下桩墩作为地垄，依靠安设在管段上面的钢桁架上的卷扬机，通过扣在地垄上的钢索，将管段缓慢地“拉下水”，沉设于桩墩上，然后进行水下连接。该法费用较大，所以很少采用。

6.3.3 管段沉放步骤

管段沉放作业全过程可按以下三阶段进行。

6.3.3.1 沉放前的准备

沉放前必须完成航道疏浚清淤，设置临时支座，以保证管段顺利沉放到规定位置。应事先与港务、港监等有关部门商定航道管理事项，并及早通知有关方面。做好水上交通管制准备，抓紧时间做好封锁线标志（浮标、灯号、球号等）。短暂封锁的范围：上下游方向各 100～200 m，沿隧道中线方向的封锁距离视定位锚索的布置方式而定。

6.3.3.2 管段就位

在高潮平潮之前，将管段浮运到指定位置，可位于距规定沉设位置 10～20 m 处，并挂好地锚，校正好方向，使管段中线与隧道轴线基本重合，误差不应大于 10 cm。管段纵向坡度调至设计坡度。定位完毕后，可开始灌水压载，至消除管段的全部浮力为止。

6.3.3.3 管段下沉

下沉时的水流速度宜小于 0.15 m/s，如流速超过 0.5 m/s，需采取措施。每段下沉分三步进行，即初次下沉、靠拢下沉和着地下沉，如图 6-12 所示。

（1）初次下沉。灌注压载水至下沉力达到规定值的 50%，随即进行位置校正，待前后左右位置校正完毕后，再灌水至下沉力规定值的 100%。然后按 40～50 cm/min 速度将管段下沉，直到管底离设计高程 4～5 m 止，下沉时要随时校正管段位置。

（2）靠拢下沉。将管段向前平移，至距已设管段约 2 m 处，然后再将管段下沉到管底离设计高程 0.5～1 m 左右，并校正管位。

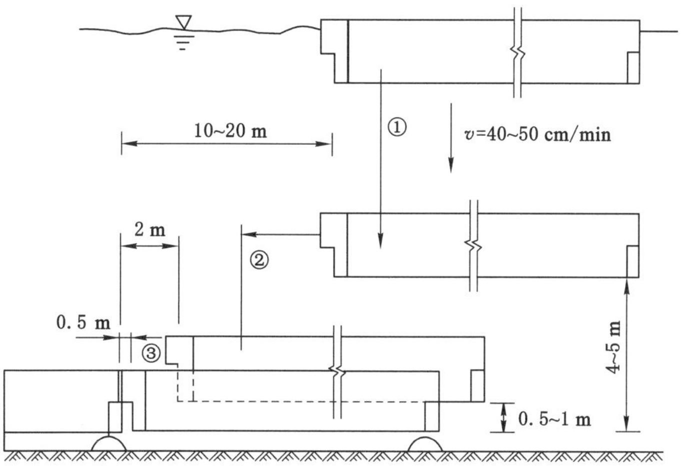

①—初次下沉；②—靠拢下沉；③—着地下沉。

图 6-12　管段下沉作业步骤

(3) 着地下沉。先将管段前移至距已设管段约 50 cm 处，校正管位并下沉，最后 10 cm 的下沉速度要很慢并应随沉随测。鼻式托座上或套上卡式定位托座，然后将后端轻轻地放置到临时支座上。放好后，各吊点同时分次卸荷至整个管段的下沉力全都作用在临时支座上为止。

6.3.4　管段水下连接

管段的水下连接常用的方法有水下混凝土法和水力压接法。由于水下混凝土法形成的接头是刚性的，一旦发生误差难以修补，并且该法工艺复杂、潜水工作量大、工艺复杂，且不能适应隧道变形，易开裂漏水，现已较少使用。水力压接法是利用作用在管段上的巨大水压力使安装在管段端部周边上的橡胶垫圈发生压缩变形，进而形成一个水密性良好而又可靠的管段接头，该法施工简单、方便，质量可靠，节省工料费用，目前已在水底工程中普遍采用。

6.3.4.1　水力压接法的发展

自 20 世纪 50 年代末加拿大的台司隧道首创了水力压接法之后，许多沉管隧道都采用了这种水力压接法。随后又有不少改进，连接性能更加可靠。台司隧道所用胶垫为一方形硬橡胶，外套一软橡胶片。20 世纪 60 年代，荷兰鹿特丹地下铁道沉管隧道，将胶垫改进成为尖肋型(Gina)。目前，普遍采用尖肋型胶垫。

6.3.4.2　水力压接法施工

水力压接系利用作用在管段后端(亦称自由端)端面上的巨大水压力，使安装在管段前端(即靠近已设管段或管节的一端)端面周边上的一圈橡胶垫环(Gina 带，在制作管段时安设于管段端面上)发生压缩变形，构成一个水密性良好、相当可靠的管段间接头，如图 6-13 所示。

Gina 止水带的设计规定

用水力压接法进行水下连接的主要工序是：对位—拉合—压接—拆除端封墙。

(1) 对位。着地下沉时必须结合管段连接作进行对位，对位精度要求见表 6-2。自采用鼻式托座后，对位精度很容易控制。上海金山沉管工程中曾用一种卡式托座，只要前端的

“卡钳”套上,定位精度就自然控制在水平方向±1 cm之内。一般来说,只要上卡,定位精度就必然控制在±2 cm以内。如果连接误差超过允许值用设在新设管段后端的定位索作左右方向的调整,或用管段后端底部的定位千斤顶作上下的调整,以校正管段位置使之符合对位精度要求。

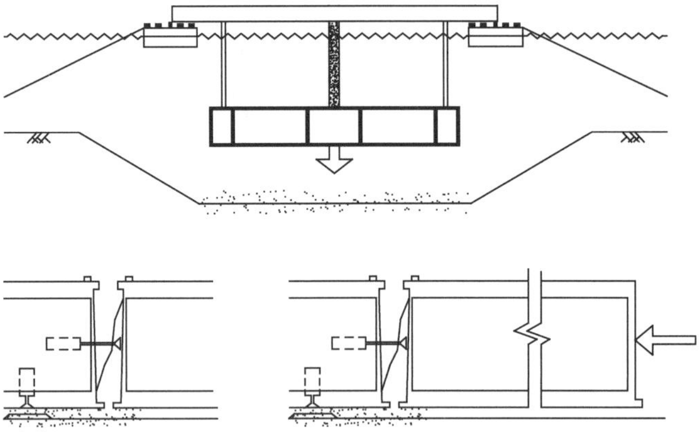

水力压接对位

图 6-13 管段接头构造及水力压接法

表 6-2 对位精度要求

部位	水平方向/cm	垂直方向/cm
前端	±2	±0.5
后端	±5	±1

(2) 拉合。拉合工序是用较小的机械力量,将刚沉设的管段拉向前节既设管段,使胶垫的尖肋部产生初步变形,起到初步止水作用。拉合时所需机械拉力不大,一般为每延米胶垫长度10～30 N,通常用安装于管段竖壁(可为外壁或内壁)上带有锤形拉钩的拉合千斤顶进行拉合。拉合千斤顶总拉力一般为1 000～3 000 kN,行程为1 000 mm左右。一个管段可设一具或两具拉合千斤顶,其位置应对称于管段的中轴线。通常采用2个1 000～1 500 N拉力的拉合千斤顶设于管段两侧,以便调整管段。

(3) 压接。拉合完成之后,打开既设管段后端封墙下部的排水阀,排出前后两节沉管封墙之间被胶垫所包围封闭的水。

排水完毕后,作用到整环胶上的压力,等于作用于新设管段后端封墙和管段周壁端面上的全部水压力。在此压力作用下,胶垫必然进一步压缩,其压缩量一般为胶垫本体高度的1/3左右。

(4) 拆除端封墙。压接完毕后,即可拆除前后两节管段间的端封墙。

6.4 基础处理与回填

6.4.1 基础施工

沉管隧道一般不需构筑人工基础,但为了平整槽底,施工时仍须进行基础处理。因挖泥设备浚挖后槽底表面总留有15～50 cm的不平整度(铲斗挖泥船可达100 cm),使槽底表面与管段表面之间存在着许多不规则孔隙,导致地基土受力不匀,引起不均匀沉降,使管段结构受到较高的局部应力以致开裂。故必须进行适当处理。

沉管的基础处理方法大体上分为先铺法和后填法两大类。

6.4.1.1 先铺法

先铺法的基本程序如下:

(1) 在浚挖沟槽时超挖60～80 cm。

(2) 在沟槽两侧打数排短桩,安设导轨以控制高程、坡度。

(3) 向沟底投放铺垫材料粗砂,或粒径不超过100 mm的碎石,铺宽比管段底宽1.5～2.0 m,铺长为一节管段长度,在地震区应避免用黄沙作铺垫材料。

(4) 按导轨所规定的厚度、高度以及坡度,用刮铺机刮平,刮平后的表面平整度,对于刮砂法,可在±5 cm左右;用刮石法,约在±20 cm。

(5) 为使管底和垫层密贴,管段沉设完毕后,可进行压密工序。压密可采用灌压载水,或加压砂石料的办法,使垫层压紧密贴。刮铺法费工费时,平整度不高,逐渐被后填法所取代。

6.4.1.2 后填法

(1) 喷砂法。1941年荷兰玛斯隧道(世界上第一条矩形断面沉管隧道,底宽为24.79 m)施工时创造了喷砂法。此法是从水面上用砂泵将砂、水混合料通过伸入管段底面下的喷管向管段底下喷注,以填满孔隙。喷砂法所筑成的垫层厚一般为1 m。

喷砂材料平均砂粒径为0.5 mm,混合料中含砂量一般为10%,有时可达20%,但喷出的砂整层比较疏松,孔隙比为40%～42%。喷砂作业用一套专用的台架,台架顶部突出在水面上,可沿铺设在管段顶面上的轨道作纵向前后移动。喷砂作业的施工速度约为200 m^3/h,在喷砂进行的同时,经两根吸管抽吸回水,使管段底面形成一个规则有序的流动场,沙子便能均匀沉淀。如图6-14、图6-15所示。

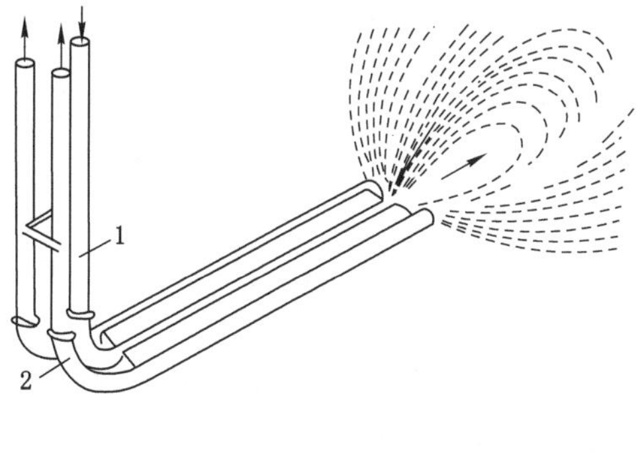

1—喷砂管;2—吸管。

图6-14 喷砂法原理

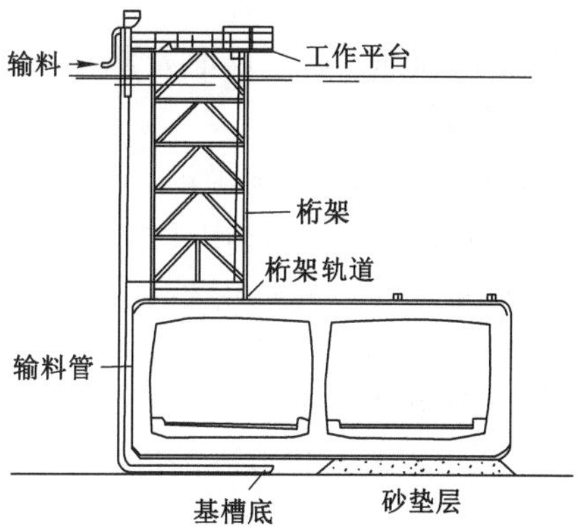

图6-15 喷砂台架

喷砂法在欧洲用得较多,适于宽度较大的沉管隧道,德国汉堡市的易北河隧道(管段宽11.5 m)、比利时安特卫普市的肯尼迪隧道(管段宽47.85 m)等大型沉管隧道都用此法完成基础处理。

(2) 灌囊法。灌囊法是在砂、石垫层面上用砂浆囊袋将剩余孔隙垫密。沉设管段之前需先铺设层砂、石垫层。管段沉设时，带着事先系紧扣在管段底面下的空囊袋一起下沉。待管段沉设完毕后，从水面上向囊袋内灌注由黏土、水泥和黄砂配成的混合砂浆，以使管底孔隙全部消除。

(3) 压浆法。采用此法时，沉管沟槽须先超挖 1 m 左右，摊铺一层碎石(厚约 40～60 cm)，大致整平后，再设临时支座所需碎石(道碴)堆和临时支座。管段沉设结束后，沿管段两侧边沿及后端底部边缘堆筑砂、石封闭栏，栏高至管底以上 1 m 左右，用来封闭管底周边。然后从隧道内部用压浆设备通过预埋在管段底板上的压浆孔(直径 80 mm)，向管底孔隙压注混合砂浆。

混合砂浆系由水泥、膨润土、黄沙和适量缓凝剂配成。膨润土或黏土可增加砂浆流动性，节约水泥。混合砂浆强度为 500 kPa 左右，且不低于地基土体的固有强度。混合砂浆之间每立方米比：水泥 150 kg，膨润土 25～30 kg，黄沙 600～1 000 kg。压浆孔的间距一般为 40～90 cm。压浆的压力一般比水压力大 20%。

此法比灌囊法省去了囊袋费用以及频繁的安装工艺及水下作业等。我国的宁波甬江水底隧道是国内第一座采用压浆基础的沉管隧道，管段沉放后，通过管段内的压浆孔先用高压水冲洗管底，将淤泥冲出，然后压注 40 cm 厚的水泥膨润土砂浆，压浆间距为 5.5 m。

(4) 压砂法。压砂法与压浆法相似，但压入的是砂、水混合料。所用砂的粒径以 0.15～0.27 mm 为宜，注砂压力比静水压力大 50～140 kPa。

压砂法具体做法是：在管段内沿轴向铺设 ϕ200 mm 的输料钢管，接至岸边或水上砂源，通过吸料管将砂水混合料泵送(流速约为 3 m/s)到已接好的压砂孔，打开单向球阀，将混合料压入管底孔隙。停止压砂后，在水压作用下球阀自动关闭。此法设备简单，工艺容易掌握，施工方便。而且对航道干扰小，受气候影响小。我国广州珠江沉管隧道成功采用压砂基础，压砂孔出口静压强为 0.25 MPa。

压浆法与压砂法的共同特点是：不需水上作业，不干扰航运；不需要大型专用的设备；作业不受水深、流速、气候、风浪等影响；工艺较简单，不需潜水作业。

6.4.2 基础加固

沉管隧道的地基土如果过于软弱，仅作垫平处理是不够的，应结合基槽地基的实际情况对沉管隧道的基础予以加固。常见的加固方法有：以粗砂置换软弱土层、打砂桩并加载预压、减轻沉管重量以及采用桩基。其中比较常用的方法是采用桩基。

在沉管隧道中采用桩基时，会遇到桩顶标高不齐平的问题，必须设法使各桩顶与管底均匀接触，一般用以下三种方法。

(1) 水下混凝土传力法。基桩打好后，先浇筑一、二层水下混凝土，将桩顶裹住，而后在其上刮砂或刮石，使沉管荷载经砂、石垫层和水下混凝土层传递到桩基上，如图 6-16 所示。

(2) 灌囊传力法。在管底与桩群顶部之间，用大型化纤囊袋灌注水泥砂浆加以垫实，使所有基桩均能同时受力。

(3) 活动桩顶法。在所有基桩上设一小段预制混凝土活动桩顶。活动桩顶与预制混凝土桩间有一孔隙，空腔周围用尼龙织物裹住，形成一个囊袋。管段沉没完毕后，向空腔与囊袋内灌注水泥砂浆，将活动桩顶顶升，使之与管底密贴。待砂浆强度达到要求后，卸除千斤顶,管段荷载侧便能均匀地传递到桩群上,如图6-17所示。

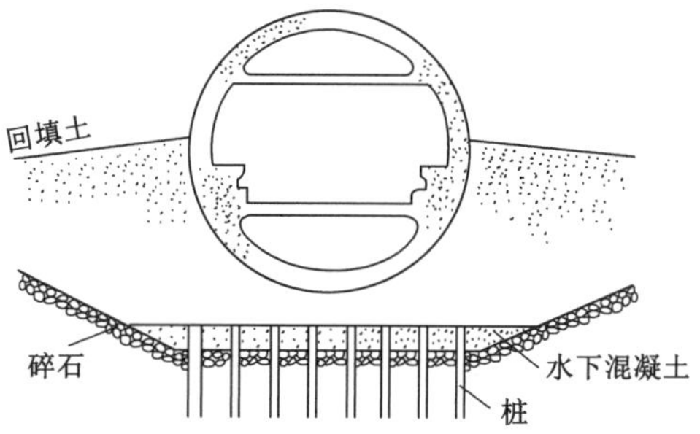

图6-16 水下混凝土传力法

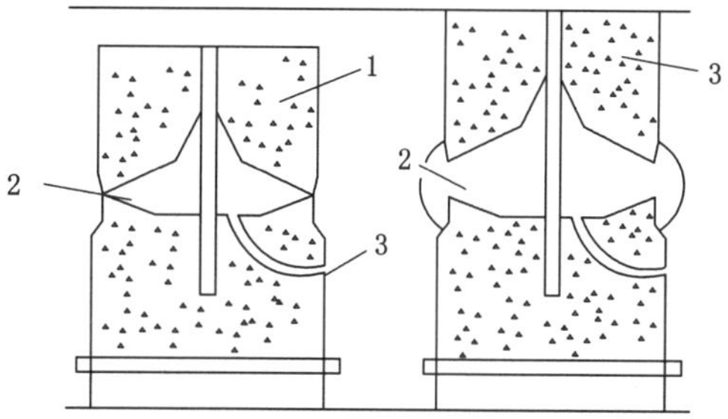

1—活动桩顶;2—尼龙布套;3—压浆孔。

图6-17 活动桩顶法

6.4.3 覆土回填

回填工作是沉管隧道施工的最终工序,回填工作包括沉管侧面回填和管顶压石回填。沉管外侧下半段一般采用砂砾、碎石、矿渣等材料回填,上半段则可用普通土砂回填。覆土回填工作应注意以下几点。

(1) 全面回填工作必须在相邻的管段沉放完后方能进行,采用喷砂法进行基础处理或采用临时支座时,则要等管段基础处理完,落到基床上再回填。

(2) 采用压注法进行基础处理时,先对管段两侧回填,但要防止过多的岩渣存落管段顶部。

(3) 管段上、下两侧(即管段左右侧)应对称回填。

(4) 在管段顶部和基槽的施工范围内应均匀回填,不得在某些位置投入过量而造成航道障碍,也不得在某些地段投入不足而造成漏洞。

习题

1. 简述沉管隧道施工的工艺流程。
2. 简述沉管法施工的工艺流程。
3. 简述管段制作的技术要求。
4. 基槽开挖的时间如何确定?
5. 简述杠吊法沉放工艺过程。
6. 简述管段沉放的步骤。
7. 简述水下连接的步骤。
8. 简述压砂法地基处理的工艺流程。
9. 覆土回填的注意事项有哪些?

第7章　盾构法施工

【知识目标】（1）了解盾构及其工作原理;（2）熟悉盾构的基本构造;（3）了解盾构机的类型及选择;（4）掌握盾构法的施工过程及技术要点;（5）掌握盾构衬砌、注浆和防水的施工技术。

【能力目标】（1）能编制盾构法隧道施工方案;（2）能进行盾构法隧道施工的技术交底;（3）能进行盾构法隧道施工的安全检查和质量检查。

【素质目标】（1）引导学生在学习和工作中,要具备团队合作的精神;（2）培养民族自豪感和爱国主义情怀。

7.1　盾构概论

地铁作为疏导城市交通“大动脉”的“毛细血管”,凭借其快速、准点、安全、便利、舒适等优势,已经成为解决人口密集的大都市出行难的主要手段。目前,世界上已经有100多座城市建成了地铁,线路总长度超过了7 000 km。根据《“十三五”城轨交通发展形势报告》,城轨交通将出现更大规模的发展态势。由于地下铁路的修建往往通过人口密集区,所以无法大面积进行地表开挖,需要采用盾构机。

7.1.1　盾构及其工作原理

盾构,全称隧道掘进机,是一种用于软土、土岩混合、岩石等地层内隧道暗挖施工的机械设备,具有金属外壳,外壳内装有整机及其辅助设备,可进行地层开挖、渣土(石)排运、整机推进和管片安装或其他支护等作业,使隧道一次成型。传统上讲,用于土层或土岩混合地层的机械设备称为盾构,用于岩石地层的机械设备称为岩石全断面掘进机(国际上简称TBM)。在欧美地区,一般将上述两种情形统称为TBM,而在日本、中国和东南亚地区,仍有盾构和TBM之分。

盾构是一种隧道掘进的专用工程机械,现代盾构集机、电、传感、信息等技术于一体,具有开挖切削地层、输送渣土、拼装隧道衬砌(一般是管片或锚喷支架支护)、测量导向纠偏等功能。盾构已广泛用于城市地铁、铁路、公路、市政、水电隧道等工程中。

地铁盾构是城市地铁施工中一种重要的施工技术,是在地面下暗挖隧洞的一种施工方法。它使用地铁盾构机在地下掘进,在防止软基开挖面崩塌或保持开挖面稳定的同时,在机内安全地进行隧洞的开挖和衬砌作业。施工时需先在隧洞某段的一端开挖竖井或基坑,将地铁盾构机吊入安装,地铁盾构机从竖井或基坑的墙壁开孔处开始掘进并沿设计洞线推进直至到达洞线中的另一竖井或隧洞的端点,其施工工艺如图7-1所示。

地铁盾构施工法主要由稳定开挖面、挖掘及排土、衬砌包括壁后灌浆三大要素组成。其中开挖面的稳定方法是其工作原理的主要方面,也是区别于硬岩掘进法,比硬岩掘进法复杂

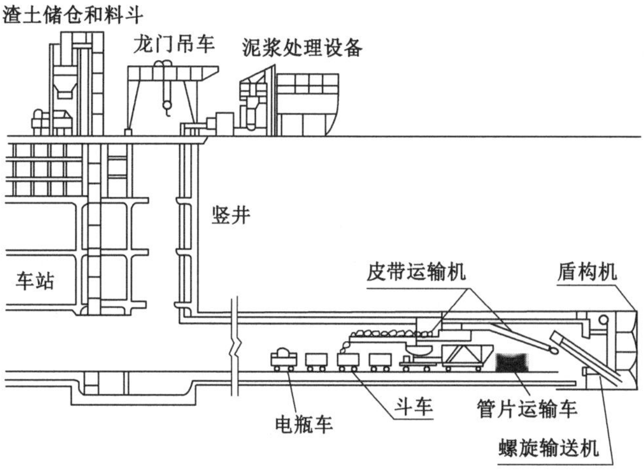

图 7-1 盾构法施工工艺

的主要方面。大多数硬岩岩体稳定性较好，不存在开挖面稳定问题。用地铁盾构法进行隧洞施工具有自动化程度高、节省人力、施工速度快、一次成洞、不受气候影响、开挖时可控制地面沉降、减少对地面建筑物的影响和在水下开挖时不影响水面交通等特点，在隧洞洞线较长、埋深较大的情况下，用地铁盾构法施工更为经济合理。

7.1.2 盾构法的主要优缺点

地铁工程中，盾构法施工与浅埋暗挖法施工相比优点如下：

(1) 盾构法施工地面作业少，隐蔽性好，因噪声、震动引起的环境影响小。

浅埋暗挖法的定义

(2) 盾构法施工自动化程度高、劳动强度低、施工速度快。

(3) 隧道衬砌属工厂预制，盾构法施工质量有保证。

(4) 盾构法施工穿越地面建筑群和地下管线密集的区域时，周围可不受施工影响。

(5) 穿越河底或海底时，盾构法施工不影响航道，不受气候影响。

(6) 对于地质复杂、含水量大、围岩软弱的地层，采用盾构法施工可确保施工安全。

(7) 在费用和技术难度上盾构法施工受覆土深度影响较小。

尽管盾构法具有很多优点，但也存在一些不足：

(1) 当隧道曲线半径过小时，施工较为困难。

(2) 在陆地建造隧道时，如隧道覆土太浅，开挖面稳定较为困难，甚至不能施工；当在水下施工时，如覆土太浅则盾构法施工不够安全，要确保一定厚度的覆土。

(3) 竖井施工时有噪声和震动，需有解决措施。

(4) 盾构法施工中采用全气压方法疏干和稳定地层时，对劳动保护要求较高，施工条件差。

(5) 盾构法隧道上方一定范围内的地表沉陷难以完全防止，特别是在饱和含水松软的土层中，要采取严密的技术措施才能把沉陷限制在很小的限度内。

(6) 在饱和含水地层中，盾构法施工所用的拼装衬砌，对达到整体结构防水性的技术要求高。

(7) 对于结构断面尺寸多变的区段适应能力较差。

7.1.3 盾构技术发展简介

国产盾构机的研发

盾构法施工技术最早起始于1818年，由英国工程师布鲁诺提出并获得了专利。20世纪中叶，盾构法施工开始逐渐普及到美国、法国、日本、德国等国家，加速了盾构技术的发展，在加气压施工方法和盾尾注浆技术、衬砌等方面有了突破性进展。20世纪70年代，日本和英国分别开发了具有刀盘切削的密闭式可平衡开挖面水土压力的两种新型掘进机——土压平衡盾构机和泥水加压平衡盾构机，使盾构掘进技术产生了质的飞跃。近年来，盾构工法得到了快速发展。盾构设备经历了手掘式、气压式、半机械式、机械式的发展，机械化程度越来越高，对地层的适应性也越来越好。德国、美国、加拿大等国家也相继研制成功土压平衡式盾构机，并成功应用于现场施工。20世纪80年代以来，随着盾构施工技术的革新，盾构进出洞技术、管片拼装、壁后注浆以及盾尾油脂密封等技术都得到了不同程度的改进和创新。由于日本地层结构复杂、地质条件差，所以从工程实际出发，针对不同的地质条件开发了各种新型盾构机（双圆、三圆、椭圆形、矩形、球体盾构、母子盾构等），加速推进了世界盾构技术的发展。虽然盾构技术起源于欧洲，但由于欧洲地层比较稳定，所以在盾构机型及功能上没有像日本那样推陈出新，但是却在改善盾构机性能方面做了大量的工作。目前日本和德国的盾构施工技术以及在盾构机的性能方面处于世界领先水平。

我国盾构技术的研究从20世纪50年代开始，由于受到各种因素的制约，未能取得明显进展，长期以来盾构掘进装备几乎全部依赖进口，其中德国和日本的盾构机在中国市场的占有率达到了90%以上。直至20世纪90年代我国盾构技术才取得了一些进展，自主研发了挤压式盾构、气压式盾构，重点开展了土压平衡盾构、泥水加压盾构的研究工作。为了满足国内盾构市场的大量需求，创造具有自主知识产权的国产盾构机，2001年科技部将盾构国产化列入国家“863”计划，盾构技术的发展得到了国家的政策性保障。2004年，上海隧道工程股份有限公司和中铁隧道集团有限公司设计制造了我国第1台具有自主知识产权的适用于软土地层的土压平衡盾构机——先行号，其综合指标达到了国际先进水平。2008年4月，由国家“863”计划资助、我国自主研发制造的首台复合式盾构机在中铁隧道集团盾构机产业化基地下线，实现了从关键技术向整机制造的跨越，填补了国内相关领域的空白，打破了国外企业长期以来在盾构机制造方面的技术垄断。同年12月，上海隧道工程股份有限公司研制的具有自主知识产权的“大直径泥水平衡盾构及复合型盾构”，直径达11.22 m，总体技术水平达到国际先进水平。2009年8月，中国铁建重工集团完成第1台复合式土压平衡盾构机的调研、设计、制造和组装调试，在长沙打造了国际上最完备的1条盾构机生产线，盾构机国产化率已经在80%以上，实现了盾构机“中国制造”的梦想。2010年7月，上海建工基础公司自主研发制造的两台直径7.26 m的盾构机在奉贤基地启动，这两台盾构机全部装上了“中国心”，整机包括驱动全部是自主设计加工制作，这标志着国产盾构在核心部件制造上实现了新突破，实现了完全国产化。2011年12月，由我国中交集团天和机械设备制造有限公司自主研制、开发的泥水气压平衡复合式盾构机“天和一号”，直径14.93 m，开挖直径达15 m，是根据南京纬三路隧道地质条件量身定做的。这是中国首台拥有自主知识产权的超大型盾构机，其中可推出式滚刀、饱和潜水作业人行闸和可视摄像系统等三项科研技术属世界首创。

近几年我国盾构技术发展较为迅速，尤其在盾构机设计制造的关键技术、管片拼装、泡沫添加剂以及壁后注浆等方面取得了突破性进展，这也加速了我国盾构本土化、产业化进程。

7.1.4　盾构技术发展方向

现代盾构掘进机集成了多种现代技术，如机电液一体化、测控、材料等，属于技术密集型产品。随着技术的不断进步，盾构机的操作、控制地表沉降更加便捷，隧道的施工质量大大提高。

7.1.4.1　系统化

盾构机的施工方法和机器的革新、改良都是针对以下几个方面：① 地表沉降量和地质构造；② 施工的自动化程度和掘进施工的快捷程度；③ 隧道内衬砌筑可靠度。以往盾构施工则是单独对这几个方面带来的影响进行考虑，一般情况下，施工单位会用以下方法提高地层稳定性：降低地下水位、通过地基改良增加地耐力、冻结法。但是这些方法只是依靠外界作用，并没有从设备本身入手考虑如何解决施工问题。尽管采用上述方法能够提高地层稳定性，但是考虑到在不同地点施工时要求会有所不同，而很难达到所有的要求，尤其是第一个因素会使相应地上建筑的稳固性受到影响。相比之下，目前的盾构机将上述要点进行综合考虑，从设备结构角度提高了施工层面的稳定性，进而大幅度增加施工过程的安全性。

7.1.4.2　种类丰富多样

为适应不同工程的需要，盾构机的种类也越来越多，目前生产了多种形式的断面盾构机，例如圆形、矩形、双圆等盾构掘进设备，以满足不同地质结构的需求。例如圆形大口径的盾构机，就是为在江海中进行施工而量身打造的；在高楼林立、房屋密集的城市进行作业时，厂家则推出了小口径的设备；为了加快我国城市化进程，厂家又研发了异形截面的盾构机，以提高施工效率。

7.1.4.3　超大型化和微小型化

为满足施工单位越来越高的需求，目前厂家所生产的产品正朝着超大化和微小化的两个方向发展。例如：由德国生产的 RVS 系列设备，有 RVS80、RVS160、RVS250-RVS1200 等型号；加拿大推出了不超过 1.4 m 的设备，如 MS40PJS 型，其断面直径仅为 1 m，另有 2 m 的产品。而美国 Robbins 公司研发的设备直径一般为 1.8、2.1、2.4 m，直径 1.8 m 的产品隧道的挖掘长度长达 125 m。德国的 Herrenknecht AG 公司研发出口径为 0.21～0.7 m 的系列设备。日本先后推出了一系列产品，其直径范围从 0.15 m 到 2.95 m，目前，全球最小的盾构机就是该公司生产的直径为 0.15 m 的产品。这种设备特别适用于隧道的分断面施工，该设备先把施工断面划分为若干个小断面，将其一一作业完成后再将小断面间的薄壁贯通，从而完成整个施工过程。较以往的方法而言，这种新的方法可使工程费用得到大幅度降低，使施工期大幅缩短。另外，考虑到盾构机的市场价格达到数千万，从经济性方面考虑，在工程量不大的情况下选取日本公司生产的小型盾构机设备，完成隧道施工，从而达到节约成本的目的。

我们应该注重产品创新，并认真学习国外先进技术，提高自身技术水平，努力缩短与国际先进技术的差距。

7.2 盾构的基本构造

7.2.1 概述

盾构机由通用机械(外壳、掘削机构、挡土机构、推进机构、管片拼装机构、附属机构等部件)和专用机构组成。专用机构因机种的不同而异。

盾构的外形主要有:圆形[图 7-2(a)]、双圆搭接形、矩形[图 7-2(b)]、马蹄形、半圆形等,绝大多数为传统的圆形断面。

(a) 圆形盾构　　(b) 矩形盾构

图 7-2　盾构外形图

盾构在地下穿越,要承受各种压力,推进时,要克服正面阻力,故要求盾构具有足够的强度和刚度。盾构主要用钢板(单层厚板或多层薄板)制成,钢板一般采用 A3 钢。大型盾构考虑到水平运输和垂直吊装困难,可制成分体式,到现场进行拼装,部件的连接一般采用定位销定位,高强度螺栓连接,最后焊接成型。

盾构的基本构造主要由壳体、切削系统、推进机构、拼装系统等组成。简单的手掘式盾构机的基本构造如图 7-3 所示。

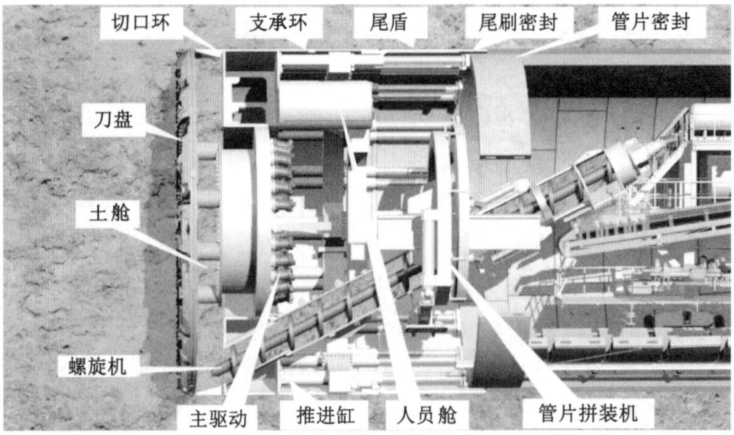

图 7-3　手掘式盾构机基本构造

7.2.2 盾构壳体

设置盾构外壳的目的是保证掘削、排土、推进、施工衬砌等所有作业设备、装置的安全，故整个外壳用钢板制作，并用环形梁加固支撑。盾构壳体从工作面开始可分为切口环、支承环和盾尾三部分。

7.2.2.1 切口环

切口环部分是开挖和挡土部分，它位于盾构机的最前端，施工时最先切入土层并掩护开挖作业。切口环保持着工作面的稳定，并作为开挖下来的土砂向后方运输的通道，采用机械化开挖式盾构时，根据开挖下来土砂的状态，确定切口环的形状、尺寸。切口环的长度主要取决于盾构正面支承、开挖的方法。对于机械化盾构切口环内按不同的需要安装各种不同的机械设备，这些设备是用于正面土体的支护及开挖，而各类机械设备是由盾构种类而定的。

切口环内主要设备：土压平衡盾构，安置有切削刀盘、搅拌器和螺旋输送机；泥水盾构，安置有切削刀盘、搅拌器和吸泥口；网格式盾构，安置有网格、提土转盘和运土机械的进口；棚式盾构，安置有多层活络平台、储土箕斗；水力机械盾构，安置有水枪、吸口和搅拌器。在局部气压、泥水加压、土压平衡等盾构中，因切口环内压力高于隧道内常压，所以在切口环处还需布设密封隔板及人行舱的进出闸门。

7.2.2.2 支承环

支承环是盾构的主体结构，是承受作用于盾构上全部载荷的骨架。它紧接于切口环，位于盾构中部，通常是一个刚性很好的圆形结构。地层压力、所有千斤顶的反作用力、切口入土正面阻力、衬砌拼装时的施工荷载均由支承环来承受。

在支承环外沿布置有盾构千斤顶，中间布置拼装机及部分液压设备、动力设备、操纵控制台。当切口环压力高于常压时，在支承环内要布置人行加、减压舱。

支承环的长度应不小于固定盾构千斤顶所需的长度，对于有刀盘的盾构还要考虑安装切削刀盘的轴承装置、驱动装置和排土装置的空间。

7.2.2.3 盾尾

盾尾一般由盾构外壳钢板延伸构成，主要用于掩护隧道管片衬砌的安装工作。盾尾末端设有密封装置，以防止水、土及压注材料从盾尾与衬砌之间进入盾构内。盾尾密封装置损坏、失效时，在施工中途必须进行修理更换，所以盾尾长度要满足上述各项工作的进行。

盾尾厚度从整体结构上考虑应尽量薄，这样可以减小地层与衬砌间形成的建筑孔隙，压浆工作量也少，对地层扰动范围也小有利于施工，但盾尾也需承担土压力，在遇到纠偏及隧道曲线施工时，还有一些难以估计的荷载出现。所以盾尾是一个受力复杂的圆筒形薄壳体，其厚度应综合上述因素来确定。

盾尾密封装置要能适应盾尾与衬砌间的孔隙，由于在施工中纠偏的频率很高，因此，就要求密封材料要富有弹性，结构形式要耐磨、防撕裂，其最终目的是要能够止水。止水的形式有许多，目前较为理想且常用的是采用多道、可更换的盾尾密封装置，如图 7-4 所示，盾尾的道数根据隧道埋深、水位高低来定，一般取 2～3 道。

由于钢丝束内充满了油脂，钢丝又为优质弹簧钢丝，使其成为一个既有塑性又有弹性的整体，油脂保护钢丝免于生锈损坏。油脂加注采用专用的盾尾油脂泵，这种盾尾密封装置使用后效果较佳，一次推进可达 500 m 左右，主要看土质情况，相对而言，在砂性土中掘进盾

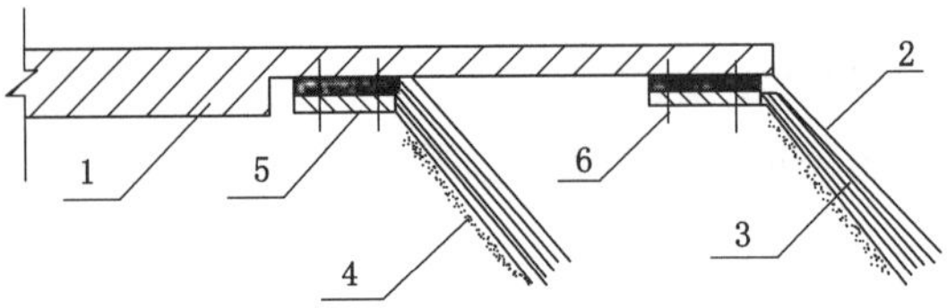

1—盾壳;2—弹簧钢板;3—钢丝束;4—密封油脂;5—压板;6—螺栓。

图 7-4 盾尾密封示意图

尾损坏较快,而在黏性土中掘进则寿命较长。

盾尾的长度必须根据管片宽度、形状及盾尾的道数来确定,对于机械化开挖式、土压式、泥水加压式盾构,还要根据盾尾密封的结构来确定,最少要保证衬砌组装工作的进行,要考虑在衬砌组装后因管片破损而需更换管片,修理盾构千斤顶和在曲线段进行施工等因素,故必须给予一些余裕量。

7.2.3 推进机构

盾构掘进的前进动力是靠液压系统带动若干个千斤顶工作所组成的推进机构,它是盾构重要的基本构造之一。

(1) 盾构千斤顶的选择和配置

盾构千斤顶的选择和配置应根据盾构的灵活性、管片的构造、拼装衬砌的作业条件等来决定。选择盾构千斤顶时必须考虑以下事项。

① 采用高液压系统,使千斤顶机构紧凑。目前使用的液压系统压力值为 30～40 MPa。

② 千斤顶要尽可能轻且经久耐用,易于维修保养和更换。

③ 千斤顶要均匀地配置在靠近盾构外壳处,使管片受力均匀。

④ 千斤顶应与盾构轴线平行。

(2) 千斤顶的数量

千斤顶的数量根据盾构直径、千斤顶推力、管片的结构、隧道轴线的情况综合考虑。一般情况下,中小型盾构每只千斤顶的推力为 600～1 500 kN,在大型盾构中每只千斤顶的推力多为 2 000～4 000 kN。

(3) 千斤顶的行程

盾构千斤顶的行程应考虑到盾尾管片的拼装及曲线施工等因素,通常取管片宽度加上 100～200 mm 的余裕量。

另外,成环管片有一块封顶块,若采用纵向全插入封顶成环时,在相应的封顶块位置应布置数只双节千斤顶,其行程大致是其他千斤顶的一倍,以满足拼装成环所需。

(4) 千斤顶的速度

盾构千斤顶的速度必须根据地质条件和盾构形式来定,一般取 50 mm/min 左右,且可无级调速。为了提高工作效率,千斤顶的回缩速度要求越快越好。

(5) 千斤顶块

盾构千斤顶活塞的前端必须安装顶块,顶块必须采用球面接头,以便将推力均匀分布在管片的环面。其次,根据管片材质的不同,还必须在顶块与管片的接触面上安装橡胶或柔性材料的垫板,对管片环面起到保护作用。

7.2.4　管片拼装机

管片拼装机俗称举重臂，是盾构的主要设备之一，常以液压为动力。为了能将管片按照所需要的位置，安全、迅速地进行拼装，拼装机在钳捏住管片后，还必须具备沿径向伸缩、前后平移和360°(左右叠加)旋转等功能。

拼装机的形式有环形、中空轴形、齿轮齿条形等，一般常用的是环型拼装机(如图7-5)。这种拼装机安装在支承环后部，或者盾构千斤顶撑板附近的盾尾部，该拼装机形式中间空间大，便于安装出土设备。

目前，欧洲国家制作盾构时，常采用真空吸盘装置，该装置具有管片夹持简便、拼装平稳及碎裂现象少等优点。在超大型盾构制作中，较多应用此类拼装机。

7.2.5　刀盘和刀盘驱动

刀盘是一个带有多个进料槽的切削盘体(如图7-6所示)，位于盾构机的最前部，用于切削土体，刀盘通过安装在前盾承压隔板上的法兰上的刀盘电机来驱动。它可以使刀盘在顺时针和逆时针两个方向上实现无级变速。刀盘电机的变速齿轮箱内需设置制动装置，用于制动刀盘。为了适用于不同的土质条件，刀盘上安装了多种类型和功能的刀具，所有刀具都由螺栓连接，可以从刀盘后面的泥土仓中进行更换。

图7-5　环型拼装机

图7-6　刀盘

铲刀(如图7-7所示)可以双向进行开挖，主要用于保证开挖直径的稳定不变。

切削刀(如图7-8所示)主要用于切削软土、泥沙地层。其中刀口与刀盘旋转方向水平的称为切刀，刀口与刀盘旋转方向垂直的称为削刀。

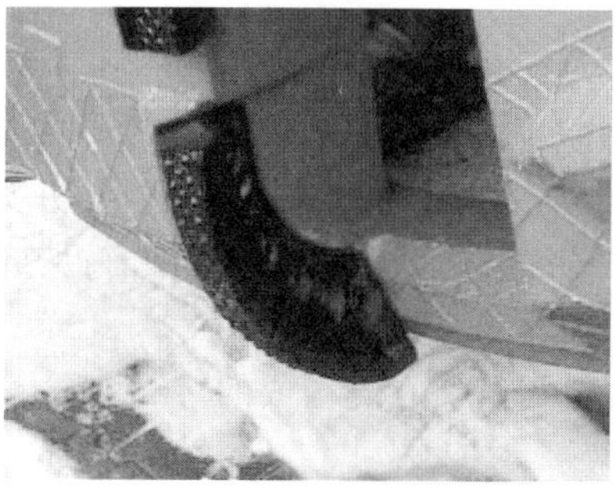

图7-7　铲刀

图7-8　切削刀

滚刀与推出式滚刀(如图 7-9 所示)。滚刀用于砂卵石、硬岩地层,它可将大块的岩石打碎,分成小块。而推出式滚刀可替代外部已磨损的滚刀,从而减少复合地层的带压换刀,延长掘进距离,加快施工进度,缩短工期。同推出式滚刀一样,切削刀同样有推出式的。

仿形刀(如图 7-10 所示)是一种通过油缸进行伸缩操作的特殊刀具,其伸缩量在主控室内事先加以设置控制。当盾构机因为隧道路线设计或由于地质状况需要转向时,仿形刀的超挖功能可以帮助盾构机转向。盾构具有仿形超挖功能是目前盾构中较为先进的一种,其仿形超挖方位、超挖量可根据不同的施工要求而调整。

图 7-9 推出式滚刀

图 7-10 仿形刀

7.2.6 排土系统

土压平衡盾构机的排土机构主要包括螺旋输送机和带式输送机。螺旋输送机(如图 7-11 所示)由斜盘式变量轴向柱塞马达驱动,带式输送机由电机驱动。渣土由螺旋输送机从泥土仓中运输到带式输送机上,带式输送机再将渣土向后运输至第四节台车的尾部,落入等候的渣土车的土箱中,土箱装满后,由电瓶车牵引沿轨道运至竖井,龙门吊将土箱吊至地面,并倒入渣土坑中。螺旋输送机有前、后两个闸门,前者关闭可以使泥土仓和螺旋输送机隔断,后者可以在停止掘进或维修时关闭,在整个盾构机断电紧急情况下,此闸门也可由蓄能器储存的能量自动关闭,以防止开挖仓中的水及渣土在压力作用下进入盾构机。

图 7-11 螺旋输送机

土仓内较大的岩石会由螺旋输送机入口前的破碎机将其破碎成小块,如岩石的尺寸超过可以通过螺旋输送机的最大粒径,且破碎机无法处理,可以将螺旋输送机缩回,并关闭前闸门。然后可以从开挖舱人工搬除岩石。破碎机往往对质地较软的物体没有办法,如木头等。

泥水平衡盾构同样有排土系统,其排土设备是由排泥管路系统构成的。

7.2.7 挡土机构

挡土机构是为了防止掘削时掘削面坍塌和变形,确保掘削面稳定而设置的机构,该机构因盾构种类的不同而不同。

就全敞开式盾构机而言，挡土机构是挡土千斤顶；对半敞开式网格盾构而言，挡土机构是刀盘面板；对机械盾构而言，挡土机构是网格式封闭挡土板；对泥水盾构而言，挡土机构是泥水仓内的加压泥水和刀盘面板；对土压盾构而言，挡土机构是土舱内的掘削加压土和刀盘面板。此外，采用气压法施工时由压缩空气提供的压力也可起挡土作用，保持开挖面稳定。开挖面支撑上常设有土压计，以监测开挖面土体的稳定性。

7.2.8 驱动机构

驱动机构是指向刀盘提供必要旋转扭矩的机构。该机构(如图7-12所示)是带减速机的油压马达或电动机，经过副齿轮驱动装在掘削刀盘后面的齿轮或削锁机构。油压式马达对启动和掘削砾石层较为有利；电动机噪声小、维护管理容易，也可相应减少后方台车的数量。驱动液压系统由高压泵、油马达、油箱、液压阀及管路等组成。

图7-12 盾构机主驱动机构

7.2.9 盾构机的辅控系统

盾构机的功能单元及其相应的控制系统大体上可分为主控部分和辅控部分。前文中提及的刀盘驱动系统、推进机构、排土系统以及管片拼装系统均属于盾构机的主控部分。盾构机重要的辅控系统及相关设备如下。

(1) 盾尾刷和同步注浆系统

盾尾密封油脂泵在盾构机掘进时将盾尾密封油脂和砂浆通过管路压送到盾尾密封钢丝刷与管片之间形成的腔室中，从而填补管片间的缝隙，防止地面沉陷，同时防止地下水和泥沙进入隧道中。

(2) 土体改良系统

在不同种类且高渗水性的土壤中(砂层、砾石等)中开挖时，需要进行土体改良来保证土压平衡操作模式能够顺利进行(易于形成结块从而保持螺旋输送机内的水压)。对于泥水平衡式盾构来说，为保证注入工作仓的泥水可以与盾构机前端的水土压力抗衡，要有以下特性：高的可塑性；具有流动性，密度低；低的内摩擦；低的渗水性。而一般的泥土不经处理是不具有以上特性的，因此泥水平衡式盾构注入的泥水是由膨润土调节而成。膨润土往往被称为盾构的血液，可见其重要性。

泡沫是另一种调节介质，适用于靠土压支持的盾构在掘进过程中遇到泥土黏性非常高的意外情况。经泡沫调节后的土壤有以下特点和好处:使支持压力传递到隧道开挖面、流动性好、渗水性能低、良好的弹性、降低对盾构机的附着性、减少对盾构机的磨损、减少驱动功率。泡沫是在泡沫发生器内用空气对液体进行搅拌混合而获得的。空气和液体的剂量通过PLC和流量计来计量。是否进行调整主要是根据掘进速度、支持压力和所给的配方来决定。泡沫发生系统有三种操作模式:手动、半自动和全自动。通过控制可控制球阀,盾构机操作员通过操作控制台元件向有关注入点将泡沫注入刀盘前端、土仓和螺旋输送机内。

盾构机掘进时,润滑油脂系统将润滑油脂送到主驱动齿轮箱、螺旋输送机齿轮箱及刀盘回转接头中。这些油脂起到两个作用,一个作用是被注入上述三个组件中唇形密封件之间的空间起到润滑唇形密封件工作区域及帮助阻止脏物进入被密封区域内部的作用,对于螺旋输送机齿轮箱还有另外一个作用,就是润滑齿轮箱的球面轴承。

(3) 通风系统

新鲜的空气是由一条空气管来输送。抽风管从拖车一直延伸到整个后配套系统。它将盾体及液压系统中的废气抽出,此管路中含有消音通风机。通风机及管路保证了隧道中有持续的新鲜空气提供。空气通过压缩后还用来驱动盾尾油脂泵和润滑油脂泵,用来给人行闸、开挖室加压,用来操作膨润土、盾尾油脂的气动开关,用来与泡沫剂、水混合形成改良土壤的泡沫等。

(4) 水循环系统

在隧道中铺设盾构机的进、回水管,将竖井地面的蓄水池与水管卷筒上的水管连接起来,与蓄水池连接的一台高压水泵驱动盾构机用水在蓄水池和盾构机之间循环。正常掘进时,进入盾构机水循环系统的水有以下的用途:对液压油、主驱动齿轮油、空压机、配电柜中的电器部件及刀盘驱动副变速箱具有冷却功能,为泡沫剂的合成提供用水,提供给盾构机及隧道清洁用水。

(5) 气体保护系统

盾构机在掘进中有可能会遭遇瓦斯泄露、一氧化碳超标、氧气不足等危险,该系统通过测量气体中的氧气和有害气体的含量,适时进行报警,保证工作人员的人身安全。

(6) 冷却系统

盾构机具有一个封闭的回路用以冷却设备上的电气及液压设备。

(7) 数据采集系统

采集、处理、存储、显示和评估与掘进机联网所获得的数据。如压力、水位、温度、电气参数等,将这些数据作为盾构机控制系统的控制依据。通过数据采集系统,地面工作人员就可以在地面监控室中实时监控盾构机各系统的运行状况。数据采集系统还可以完成以下任务:用来查找盾构机以前掘进的档案信息,通过与打印机相连打印各环的掘进报告,修改隧道中盾构机的PLC的程序等。

(8) 隧道导向系统

隧道导向系统可以提供盾构机高精度地沿着设计路线掘进所需的必要信息。为了进行文件处理,测量到的盾构机姿态和管片数据可以在任何时候保存、显示或打印出来。

隧道导向系统可以随时在显示屏上以图形的形式显示盾构机轴线相对于隧道设计轴线的准确位置,这样在盾构机掘进时,操作者就可以依此来调整盾构机掘进的姿态,使盾构机的轴线接近隧道的设计轴线,这样盾构机轴线和隧道设计轴线之间的偏差就可以始终保持在一个很小的数值范围内。每当推进一环结束后，隧道导向系统从盾构机 PLC 自动控制系统获得推进油缸和铰接油缸的油缸杆伸长量的数值，并依此计算出上一环管片的管环平面，再综合考虑被手工输入隧道导向系统电脑的盾尾间隙等因素，计算并选择这一环适合拼装的管片类型。

(9) 控制系统

控制系统用以控制盾构机的主要功能，所有系统都有失效保护，包括在错误情况下的错误操作引起的电路自锁及断路保护。所有的主要设备均设置有预先报警系统及远程的控制功能。其关键部件的硬件安全措施是与总控系统(PLC)分设的。

(10) 台车

台车(如图 7-13 所示)是盾构机盾体后挂的配套拖车，盾构机上所有的设备都置于台车上。

(a) 盾构台车外观　　(b) 台车内部结构

图 7-13　台车

7.3　盾构机的类型及选择

7.3.1　盾构机的类型

盾构机的分类较多，可按盾构切削面的形状、盾构自身构造的特征、尺寸的大小、功能、挖掘土体的方式、掘削面的挡土形式、稳定掘削面的加压方式、施工方法、适用土质的状况等多种方式分类。下面我们按照盾构机组合命名分类阐述。

(1) 全敞开式盾构机

全敞开式盾构机的特点是掘削面敞露，故挖掘状态是干态状，所以出土效率高。适用于掘削面稳定的性好的地层，对于自稳定性差的冲积地层应辅以压气、降水、注浆加固等措施。

① 手工掘削式盾构机

手工掘削式盾构机的前面是敞开的，所以盾构的顶部装有防止掘削面顶端坍塌的活动前檐和使其伸缩的千斤顶。掘削面上每隔 2～3 m 设有一道工作平台，即分割间隔为 2～3 m。另外，在支承环柱上安装有正面支撑千斤顶。掘削面从上往下，掘削时按顺序调换正面支撑千斤顶，掘削下来的砂土从下部通过带式输送机运输给出土台车。掘削工具多为鹤嘴锄、风镐、铁锹等。

② 半机械式盾构机

半机械式盾构机是在人工式盾构机的基础上安装掘土机械和出土装置，以代替人工作业。掘土装置有铲斗、掘削头及两者兼备三种形式。具体装备形式有铲斗、掘削头等装置设在掘削面的下部；铲斗装在掘削面的上半部，掘削头在下半部；掘削头装在掘削面的中心；铲斗装在掘削面的中心这四种形式。

③ 机械式盾构机

盾构机的前部装有旋转刀盘，故掘削能力大增。掘削下来的砂土由装在掘削刀盘上的旋转铲斗，经过斜槽送到输送机。由于掘削和排土连续进行，故工期缩短，作业人员减少。

(2) 部分开放式盾构机

部分开放式盾构机即挤压式盾构机，其构造简单、造价低。挤压盾构适用于流塑性高、无自立性的软黏土层和粉砂层。

① 半挤压式盾构机(局部挤压式盾构机)

在盾构的前端用胸板封闭以挡住土体，以防止发生地层坍塌和水土涌入盾构内部的危险。盾构向前推进时，胸板挤压土层，土体从胸板上的局部开口处挤入盾构内，因此可不必开挖，提高掘进效率，改善劳动条件。这种盾构称为半挤压式盾构，或局部挤压式盾构。

② 全挤压式盾构机

在特殊条件下，可将胸板全部封闭而不开口放土，构成全挤压式盾构。

③ 网格式盾构机

在挤压式盾构的基础上加以改进，可形成一种以胸板为网格的网格式盾构，其构造是在盾构切口环的前端设置网格梁，与隔板组成许多小格子的胸板；借土的凝聚力，用网格胸板对开挖面土体起支撑作用。当盾构推进时，土体克服网格阻力从网格内挤入，把土体切成许多条状土块，在网格的后面设有提土转盘，将土块提升到盾构中心的刮板运输机上并运出盾构，然后装箱外运。

(3) 封闭式盾构机

① 泥水式盾构机

泥水式盾构是在机械式盾构的刀盘的后侧，设置一道封闭隔板，隔板与刀盘间的空间定名为泥水仓。把水、黏土及其添加剂混合制成的泥水，经输送管道压入泥水仓，待泥水充满整个泥水仓，并具有一定压力，形成泥水压力室。通过泥水的加压作用和压力保持机构，能够维持开挖工作面的稳定。盾构推进时，旋转刀盘切削下来的土砂经搅拌装置搅拌后形成高浓度泥水，用流体输送方式送到地面泥水分离系统，将渣土、水分离后重新送回泥水仓，这是泥水加压平衡式盾构法的主要特征。因为是泥水压力使掘削面稳定平衡的，故得名泥水加压平衡盾构，简称泥水盾构。

② 土压式盾构机

土压式盾构机是把土料(必要时添加泡沫等对土壤进行改良)作为稳定开挖面的介质，刀盘后隔板与开挖面之间形成泥土室，刀盘旋转开挖使泥土料增加，再由螺旋输料器旋转将土料运出，泥土室内土压可由刀盘旋转开挖速度和螺旋输出料器出土量(旋转速度)进行调节。它又可细分为削土加压盾构、加水土压盾构、加泥土压盾构和复合土压盾构。

7.3.2 盾构机的选型

(1) 概述

盾构法是建造地下隧道先进的施工方法之一。经过多年的应用与发展盾构法已能够适用于许多水文地质条件下的施工。

目前，盾构法隧道的施工技术在许多国家不断得到发展，但在推广与应用上出现了一些施工事故，这些事故的发生，80%以上是因盾构的选型失误所引起的。

盾构要根据工程地质、水文地质、地貌、地面建筑物及地下管线和构筑物等具体特征来“度身定做”，盾构不同于常规设备，其核心技术不仅仅是设备本身的机电工业设计，还在于设备如何适用于各类工程地质。盾构施工的成功率，主要取决于盾构的选型，取决于盾构是否适应现场的施工环境，盾构的选型正确与否决定着盾构施工的成败。

(2) 盾构的类型

盾构的类型是指与特定的盾构施工环境，特别是与特定的基础地质、工程地质和水文地质特征相匹配的盾构的种类。

根据施工环境，隧道掘进机(包括盾构和硬岩掘进机)分为软土盾构、硬岩掘进机（即通常所说 TBM，主要用于山岭隧道)、复合盾构三类。盾构的类型分为软土盾构和复合盾构两类。

软土盾构是指适用于未固结成岩的软土、某些半固结成岩及全风化和强风化围岩条件下的一类盾构。软土盾构的主要特点是刀盘仅安装切削软土用的切刀和刮刀，不需要滚刀。

复合盾构是指既适用于软土，又适用于硬岩的一类盾构，主要用于既有软土又有硬岩的复杂地层施工。复合盾构的主要特点是刀盘既安装有用于软土切削的切刀和刮刀，又安装有破碎硬岩的滚刀，或安装有破碎砂卵石和漂石的撕裂刀。

(3) 盾构的机型

盾构的机型是指在根据工程地质和水文地质条件，盾构所采用的最有效的开挖面支护形式。

盾构按支护地层的形式主要分为自然支护式、机械支护式、压缩空气支护式、泥水支护式、土堆平衡支护式五种机型。

根据这个定义，盾构的机型主要有敞开式盾构(采用自然支护式和机械支护式)、压缩盾构(压缩空气支护式)、泥水盾构(泥水支护式)和土压平衡盾构(土压平衡支护式)等四种。目前，敞开式盾构和压缩盾构已基本被淘汰。

(4) 盾构的操作模式

盾构的操作模式是指在一定型的基础上，根据特定的盾构施工环境，盾构所采用的最有效的“出渣进料”操作方式。操作模式是盾构在施工过程中采用的一种操作方式。如复合式土压平衡盾构的操作模式可分为敞开式、半敞开式(气压式)和闭胸式(土压平衡模式)三种。

(5) 盾构的形式

盾构的形式涉及盾构的型和操作模式。

无论是适用于单一软土地层的软土盾构，还是适用于复杂地层的复合盾构，都有土压平衡盾构和泥水盾构两种机型。

盾构的型是指盾构的类型和机型，是在施工前决定的；而操作模式则是在施工过程中根据具体的施工环境由操作人员实时决策的。

(6) 盾构选型的原则

盾构选型时，主要遵循下列原则。

① 适用性原则

盾构的断面形状与外形尺寸适用于隧道断面形状与外形尺寸，种类与性能要适用工程地质与水文地质条件、隧道埋深、地下障碍物、地下构筑物与地面建筑物安全需要、地表隆沉要求等使用条件。若所选盾构不能充分满足上述使用条件，应增加相应的辅助工法，如压气工法、注浆工法等。由于盾构具有较长使用寿命，可用于多项施工工程，因此应根据使用寿命期内预计的常用使用条件或最不利使用条件选型，以便具有较广泛的适用性。

② 技术先进性原则

选择技术先进的盾构，一方面可以更好地适应建设单位当前及今后的工程施工要求，提升施工单位的市场竞争力；另一方面在合理使用寿命期内保持技术先进性，从而更加安全、高效地施工。

③ 经济合理性原则

经济合理性是指所选择的盾构及其辅助工法用于工程项目施工，在满足施工安全、质量标准、环境保护要求和工期要求的前提下，其综合施工成本合理。

④ 盾构选型考虑的其他因素

盾构选型除了上面的原则外，在具体实施时，还需要解决理论的合理性与实际的可能性之间的矛盾，且必须考虑环保、地质和安全因素。

根据以上原则，对盾构的形式及主要技术参数进行研究分析，以确保盾构法施工的安全、可靠，选择最佳的盾构施工方法和选择最适宜的盾构。盾构选型是盾构法施工的关键环节，直接影响盾构隧道的施工安全、施工质量、施工工艺及施工结果，为保证工程的顺利完成，对盾构的选型工作应非常慎重。

（7）盾构选型的依据

盾构选型应以工程地质、水文地质为主要依据，综合考虑周围环境条件、隧道断面尺寸、施工长度、埋深浅路的曲率半径、沿线地形、地面及地下构筑物等环境条件，以及周围环境对地面变形的控制要求的工期、环保等因素，同时，参考国内外已有盾构工程实例及相关的盾构技术规范、施工规范及相关标准，对盾构类型、驱动方式、功能要求、主要技术参数，辅助设备的配置等进行研究。选型时的主要依据如下。

① 工程地质、水文地质条件。颗粒分级及粒度分布，单轴抗压强度，含水率，砾石直径，液限及塑限，N 值，黏聚力 c、内摩擦角 φ，土粒子相对密度，孔隙率及孔隙比，地层反力系数，压密特性，弹性波速度，孔隙水压，渗透系数，地下水位（最高、最低、平均），地下水的流速、流向，河床变迁情况等。

② 隧道长度、隧道平纵断面及横断面形状和尺寸等设计参数。

③ 周围环境条件。地上及地下建构筑物分布，地下管线埋深及分布，沿线河流、湖泊、海洋的分布，沿线交通情况，施工场地条件，气候条件，水电供应情况等。

④ 隧道施工工程筹划及节点工期要求。

⑤ 宜用的辅助工法。

⑥ 技术经济比较。

（8）盾构选型的主要步骤

① 在对工程地质、水文地质条件、周围环境、工期要求、经济性等充分研究的基础上选定盾构的类型，对敞开式、闭胸式盾构进行比选。

② 在确定选用闭胸式盾构后，根据地层的渗透系数、颗粒级配、地下水压、环保、辅助施工方法、施工环境、安全等因素对土压平衡盾构和泥水盾构进行比选。

③ 根据详细的地质勘探资料，对盾构各主要功能部件进行选择和设计（如刀盘驱动形式，刀盘结构形式、开口率，刀具种类与配置，螺旋输送机的形式与尺寸，沉浸墙的结构设计与泥浆门的形式，破碎机的布置与形式，送泥管的直径等），并根据地质条件等确定盾构的主要技术参数进行详细计算，主要包括刀盘直径，刀盘开口率，刀盘转速，刀盘扭矩，刀盘驱动功率，推力，掘进速度，螺旋输送机功率、直径、长度，送排泥管直径，送排泥泵功率、扬程等。

④ 根据地质条件选择与盾构掘进速度相匹配的盾构后配套设备。

(9) 盾构选型的主要方法

① 根据地层的渗透性系数进行选型

地层渗透系数对于盾构的选型是一个很重要的因素。通常，当地层的渗透系数小于 10^{-7} m/s 时，可以选用土压平衡盾构；当地层的渗透系数在 $10^{-7}\sim10^{-4}$ m/s 时，既可以选用土压平衡盾构也可以选用泥水式盾构；当地层的透水系数大于 10^{-4} m/s 时，宜选用泥水盾构。若地层以各种级配富水的砂层、砂砾层为主时，宜选用泥水盾构；其他地层宜选用土压平衡盾构。

② 根据地层的颗粒级配进行选型

土压平衡盾构主要适用于粉土、粉质黏土、淤泥质粉土、粉砂层等黏稠土壤的施工，在黏性土层中掘进时，由刀盘切削下来的土体进入土仓后由螺旋机输出，在螺旋机内形成压力梯降，保持土仓压力稳定，使开挖面土层处于稳定。一般来说，细颗粒含量多，渣土易形成不透水的流塑体，容易充满土仓的每个部位，在土仓中可以建立压力来平衡开挖面的土体。

一般来说，当岩土中的粉粒和黏粒的总量达到 40%以上时，通常宜选用土压平衡盾构，相反的情况选择泥水盾构比较合适。粉粒的绝对大小通常以 0.075 mm 为界。

③ 根据地下水压进行选型

当水压大于 0.3 MPa 时，适宜采用泥水盾构。如果采用土压平衡盾构，螺旋输送机难以形成有效的土塞效应，在螺旋输送机排土闸门处易发生碴土喷涌现象，引起土仓中压力下降，导致开挖面坍塌。如因地质原因需采用土压平衡盾构，则需增大螺旋输送机的长度或采用二级螺旋输送机，或采用保压泵。

(10) 盾构选型时必须考虑的特殊因素

盾构选型时，在实际实施时，还需解决理论的合理性与实际的可能性之间的矛盾，必须考虑环保、工程地质和安全因素。

① 环保因素

对泥水盾构而言，虽然经过过筛、旋流、沉淀等程序，可以将弃土浆液中的一些粗颗粒分离出来，并通过汽车、船等工具运输弃渣，但泥浆中的悬浮或半悬浮状态的细土颗粒仍不能完全分离出来，而这些物质又不能随意处理，就形成了使用泥水盾构的一大困难。降低污染保护环境是选择泥水盾构面临的十分重要的课题，要考虑如何防止将这些泥浆弃置于江河湖海等水体中造成范围更大、更严重的污染。

要将弃土泥浆彻底处理为固体物料运输的程度也是可以做到的，国内外都有许多成功的事例，但要做到这点并不容易，因为：处理设备贵，增加了工程投资；用来安装这些处理设备需要的场地较大；处理时间较长。

② 工程地质因素

盾构施工段工程地质的复杂性主要反映在基础地质（主要是围岩岩性）和工程地质特性

的多变方面。在一个盾构施工段或一个盾构合同标段中,某些部分的施工环境适合选用土压平衡盾构,但某些部分又适合选用泥水盾构。盾构选型时应综合考虑并对不同选择进行风险分析后择其优者。

③ 安全因素

从保持工作面的稳定、控制地面沉降的角度来看,当隧道断面较大时,使用泥水盾构要比使用土压平衡盾构的效果好一些,特别是在河湖等水体下、在密集的建筑物或构筑物下及上软下硬的地层中施工时,在这些特殊施工环境中,施工过程的安全性将是盾构选型的一项极其重要的选择。

7.4 盾构法施工过程

7.4.1 盾构机组装与调试

(1) 组装场地的布置及吊装设备

盾构机的组装场地按业主提供的场地分成三个区:后配套拖车存放区、主机及后配套存放区、吊机存放区。吊装设备为:履带吊一台,汽车吊一台,液压千斤顶两台以及相应的吊具。

盾构组装调试流程如图 7-14 所示。

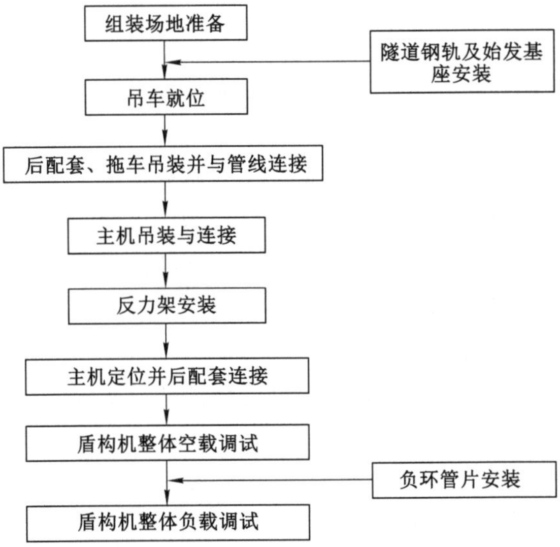

图 7-14 盾构组装调试流程

(2) 组装顺序及方法

在组装井内精确放置始发台托架并定位固定,然后铺设轨道,再进行盾构的下井组装。各节拖车下井顺序为:五号拖车→四号拖车→三号拖车→二号拖车→一号拖车→连接桥。拖车下井后由电瓶机车牵引至指定的区域,拖车间由连接杆连接在一起。主机下井顺序为:螺旋输送机→前体→中体→刀盘→管片安装机→盾尾。中体、前体、刀盘、盾尾、螺旋输送机用吊机和汽车吊机配合下井。反力架与负环管片的下井、安装、定位。主机后移与前移的后配套连接,然后连接液压和电气管路。

7.4.2　盾构机调试

（1）空载调试

盾构机组装完毕后，即可进行空载调试。空载调试的目的主要是检查设备是否能正常运转。主要调试内容为：配电系统、液压系统、润滑系统、冷却系统、控制系统、注浆系统以及各种仪表的校正。

（2）负载调试

空载调试证明盾构机具有工作能力后，即可进行盾构机的负载调试。负载调试的主要目的是检查各种管线及密封设备的负载能力，对空载调试不能完成的调试工作进一步完善，以使盾构机的各个工作系统及其辅助系统达到满足正常生产要求的工作状态。

7.4.3　盾构始发及试掘进

（1）始发流程

盾构始发流程如图7-15所示。

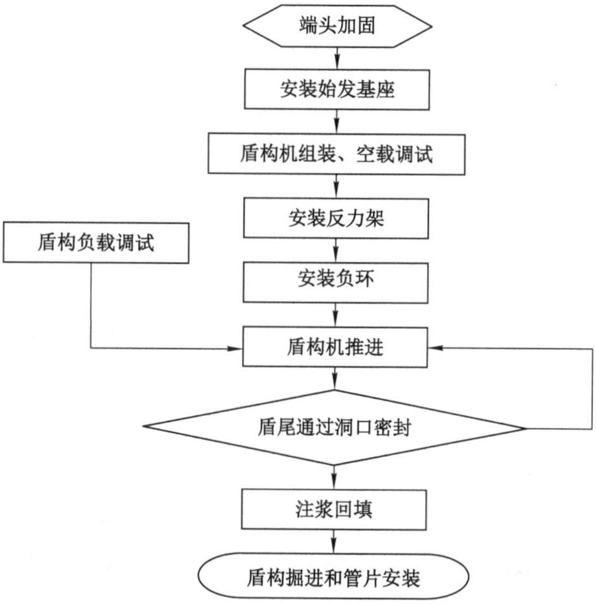

图7-15　盾构始发流程

（2）始发阶段运输方案

根据业主提供的施工场地和工作井条件以及盾构机自身结构的特点，制定盾构始发掘进阶段的出渣、运输方案。

工作井的定义

（3）始发方案的确定

根据业主提供的始发场地，综合考虑各方因素，拟定采用全地下始发方案，即先将5～1号台车依次吊入轨排井中，再将盾构机主机吊入盾构始发井中进行组装，并安装反力架，连接各管路，进行调试、始发。

（4）盾构始发的出渣、运输布置

始发阶段的出渣采用渣斗车，垂直运输使用45 t龙门吊，井下水平运输采用电瓶车。

（5）始发台安装

始发台结构如图 7-16 所示。

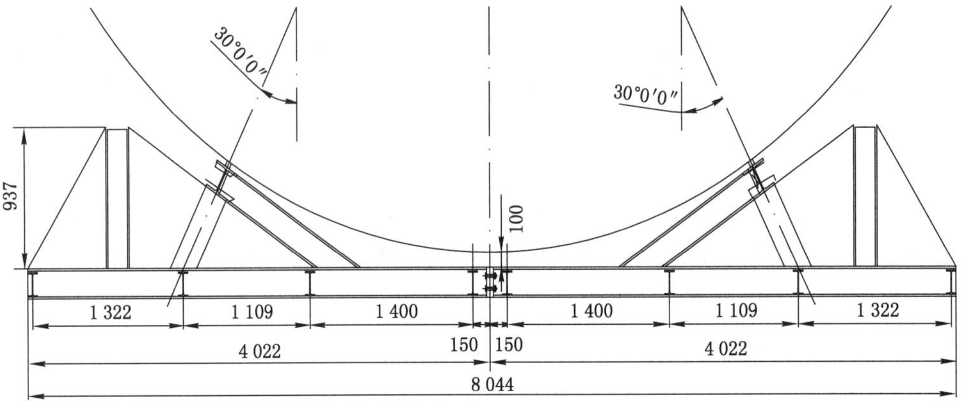

图 7-16 始发台结构

在洞门凿除完成之后，依据隧道设计轴线定出盾构始发姿态的空间位置，然后反算出始发台的空间位置，始发台的安装高程可根据端头地质情况适当进行抬高。由于始发台在盾构始发时要承受纵向、横向的推力以及约束盾构旋转的扭矩，所以在盾构始发之前，必须对始发台两侧进行必要的加固。

（6）反力架安装

反力架结构如图 7-17 所示。

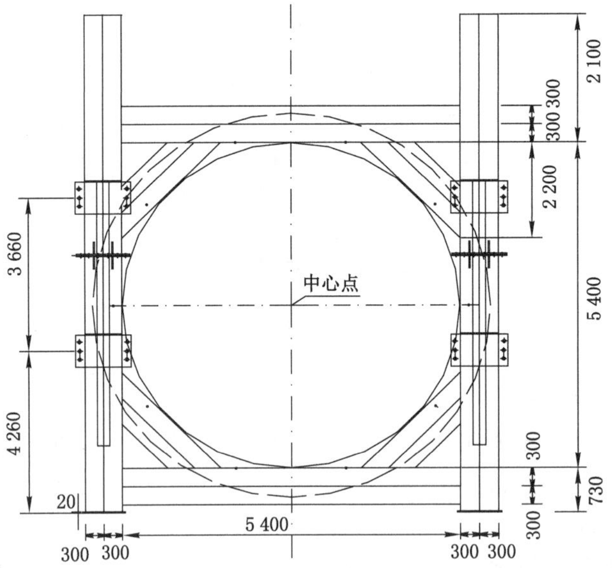

图 7-17 反力架结构

在盾构主机与后配套连接之前，进行反力架的安装。由于反力架为盾构始发时提供反推力，在安装反力架时，反力架端面应与始发台轴线垂直，以便盾构轴线与隧道设计轴线保持平行。安装时反力架与始发井结构连接部位的间隙要垫实，以保证反力架脚板有足够的抗压强度。

(7) 洞门凿除

始发井与接收井围护结构为 800 mm 地下连续墙，洞门凿除分两步进行：第一步，以手持风镐方式由上至下分块凿除连续墙外层混凝土，保留最内层钢筋；第二步，当盾构组装调试完成，并推进至距离洞门约 1.0 m 左右时，再由上至下分层、间隔地割除预留的最内层钢筋。

(8) 洞门防水装置安装

洞门防水装置由帘布橡胶板、圆环板、固定板、压板、垫板和螺栓等组成。在洞门凿除第一步工作完成后，将前述构件按顺序安装在始发井施工时预埋的洞门圈钢环上。为防止盾构推进洞门圈时刀盘损坏帘布橡胶板，可在帘布橡胶板外侧涂抹一定量的油脂。随盾构向前推进需根据情况对洞门密封压板进行调整，以保证密封效果。如图 7-18 所示。

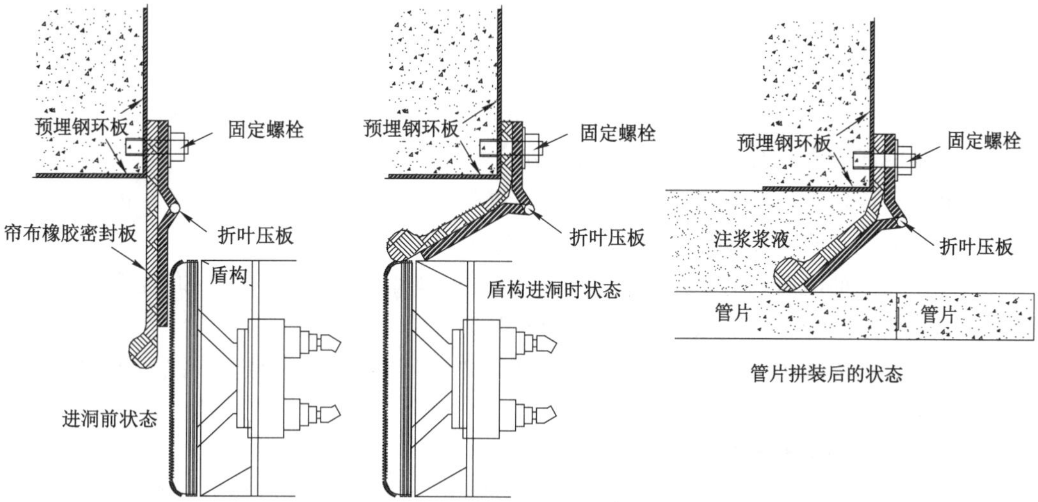

图 7-18　始发洞口密封

(9) 负环管片安装

当前述及盾构组装调试等工作完成后，组织相关人员对盾构设备、反力提供系统、始发台等进行全面检查与验收。验收合格后，开始将盾构向前推进，并安装负环管片。负环管片也称临时管片。盾构始发时，在始发工作竖井里，盾构机的后端是一个反力架(提供反力的后背)，在反力架和盾构千斤顶之间安装环状管片，以给盾构机掘进向前推进的作用力，直到将盾构机构的盾尾进入井壁另一侧的洞口，并向前掘进一段距离，使得地层与正环管片之间的摩擦力能够抵消盾构机推进产生的反力，那么此时从反力架到盾尾之间的临时管片就完成了使命，可以进行拆除了。

① 分别调试推进系统和管片安装系统，确保这两个系统能稳定工作。

② 割除洞门内的最后一层钢筋网，为盾构推进做好准备。钢筋网必须在盾构推进之前割除完成。

③ 在盾尾壳体内安装管片支撑垫块，为管片在盾尾内的定位做好准备，如图 7-19 所示。

④ 从下至上一次安装第一环管片，管片的转动角度一定要符合设计。偏差宜控制为：

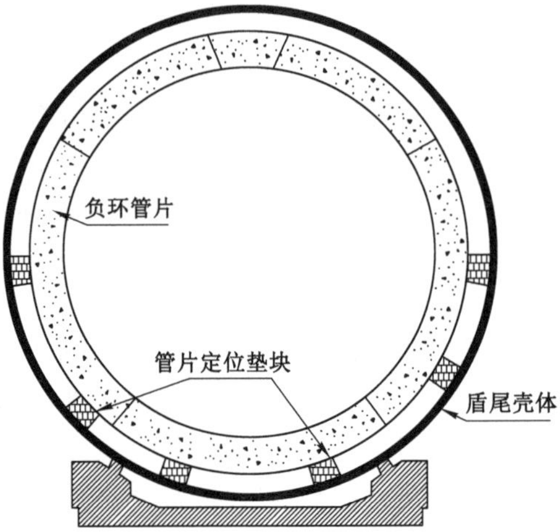

图 7-19 负环管片安装

高程和平面±50 mm,每环相邻管片高差±5 mm,纵向相邻管片高差±6 mm。

⑤ 安装拱部的管片时,由于管片支撑不足,一定要及时加固。

⑥ 第一环负环管片拼装完成后,用推进油缸把管片推出盾尾,并施加一定的推力把管片压紧在反力架上,即可开始下一环管片的安装。

⑦ 管片在被推出盾尾时,要及时支撑加固,防止管片下沉或失圆。同时也要考虑到盾构推进时可能产生的偏心力,支撑应尽可能稳固。

⑧ 当刀盘抵拢掌子面时,推进油缸已经可以产生足够的推力稳定管片后,再把管片定位块取掉。

7.4.4 盾构始发掘进技术要点

(1) 在进行始发台、反力架和首环负环管片的定位时,要严格控制始发台、反力架和负环的安装精度,确保盾构始发姿态与隧道设计线形符合。

(2) 负环管片安装前,在盾尾内侧标出负 6 环管片的位置和封顶块的偏转角度,管片安装顺序与正常掘进时相同。第一环负环管片定位时,管片的后端面应与线路中线垂直,负环管片采用错缝拼装方式。负 6 环管片拼装完成后,用推进油缸把管片推出盾尾,并施加一定的推力把管片压紧在反力架上,即可开始下一环管片的安装。

(3) 始发前基座定位时,盾构机轴线与隧道设计轴线保持平行,盾构中线可比设计轴线适当抬高。

(4) 在盾尾壳体内安装管片支撑垫块,为管片在盾尾内的定位做好准备。安装拱部的管片时,由于管片支撑不足,要及时垫方木进行加固。管片在被推出盾尾时,要及时进行支撑加固,防止管片下沉或失圆。同时也要考虑到盾构推进时可能产生的偏心力,支撑应尽可能稳固。

(5) 在始发阶段由于推力较小,地层较软要特别注意防止盾构低头。

(6) 盾构在始发台上向前推进时,通过控制推进油缸行程使盾构机基本沿始发台向前推进。

(7) 始发初始掘进时,盾构机处于始发台上,因此需在始发台及盾构机上焊接相对的防扭转支座，为盾构机初始掘进提供反扭矩。

(8) 在始发阶段由于设备处于磨合阶段，要注意推力、扭矩的控制，同时也要注意各部位油脂的有效使用。掘进总推力应控制在反力架承受能力以下，同时确保在此推力下刀具切入地层所产生的扭矩小于始发台提供的反扭矩。

(9) 盾构始发前要根据地层情况，设定一个掘进参数。开始掘进后要加强监测，及时分析、反馈监测数据，动态地调整盾构掘进参数。

(10) 盾构组装前在基座轨道上涂抹油脂，减少盾构推进阻力；始发前在刀头和密封装置上涂抹油脂，避免刀盘上刀头损坏洞门密封装置。

(11) 始发掘进时采用 45 t 龙门吊进行出渣，洞内水平运输采用小渣斗出渣。

7.4.5 盾构试掘进

盾构掘进的前 100 m 作为试掘进段，通过试掘进段达到以下目的。

(1) 用最短的时间对新盾构机进行调试、熟悉机械性能。

(2) 了解和认识本工程的地质条件，掌握各地质条件下复合式盾构的操作方法。

(3) 收集、整理、分析及归纳总结各地层的掘进参数，制定正常掘进各地层操作规程，为实现快速、连续、高效的正常掘进打好基础。

(4) 熟悉管片拼装的操作工序，提高拼装质量，加快施工进度。

(5) 通过本段施工，加强对地面变形情况的监测分析，反映盾构机进洞时以及推进时对周围环境的影响，掌握盾构推进参数及同步注浆量。

(6) 通过盾构试掘进施工，摸索出盾构在本标段地层中掘进姿态控制措施和方法。

在试验段施工中详细记录不同时段、不同地层所采取的不同掘进参数的进尺情况；相同的掘进参数对于不同地层进尺和刀盘的磨损情况；相同的地层采取不同的掘进参数，记录其进尺及刀盘磨损的情况。同时，详细记录注浆压力与地层的关系。数据收集后，及时进行分析、整理，总结出本工程隧道掘进过程中不同地层应该采取的掘进参数，为工程的顺利进行提供技术依据。

7.4.6 管片拼装

在拼装管片前，检查确认所安装的管片及连接件等是否为合格产品，并对前一环管片环面进行质量检查和确认；掌握所安装的管片排列位置、拼装顺序，盾构姿态、盾尾间隙(管片安装后，盾尾间隙要满足下一掘进循环限值，确保有足够的盾尾间隙，以防盾尾直接接触管片)等；盾构推进后的姿态应符合拼装要求。

管片螺栓连接

管片的拼装从隧道底部开始，先安装标准块，依次安装相邻块，最后安装封顶块。安装封顶块时先径向搭接约 2/3 管片宽度，调整位置后缓慢纵向顶推。管片安装到位后，及时伸出相应位置的推进油缸顶紧管片，然后移开管片安装机。

管片每安装一片，先人工初步紧固连接螺栓；安装完一环后，用风动扳手对所有管片螺栓进行紧固；管片脱出盾尾后，重新用风动扳手进行紧固。拼装要点如下。

(1) 管片拼装应按拼装工艺要求逐块进行，安装时必须从隧道底部开始，然后依次安装相邻块，最后安装封顶块。每安装一块管片，立即将管片纵环向连接螺栓插入连接，并套上螺帽用电动扳手紧固。

(2) 封顶块安装前，对止水条进行润滑处理，安装时先径向插入。调整位置后缓慢纵向顶推。

(3) 在管片拼装过程中,应严格控制盾构推进油缸的压力和伸缩量,使盾构位置保持不变,管片安装到位后,应及时伸出相应位置的推进油缸顶紧管片,其顶推力应大于稳定管片所需力。然后方可移开管片安装机。

(4) 管片连接螺栓紧固质量应符合设计要求。

(5) 拼装管片时应防止管片及防水密封条的损坏,安装管片后顶出推进油缸,扭紧连接螺栓,保证防水密封条接缝紧密,防止由于相邻两片管片在盾构推进过程中发生错动,防水密封条接缝增大和错动,影响止水效果。

(6) 对已拼装成环的管片环作椭圆度的抽查,确保拼装精度。

(7) 曲线段管片拼装时,应注意使各种管片环向定位准确,保证隧道轴线符合设计要求。

(8) 同步注浆压力必须得到有效控制,注浆压力不得超过限值。

椭圆度的定义

7.4.7 壁后注浆

管片壁后注浆按与盾构推进的时间和注浆目的不同,可分为同步注浆、二次补强注浆和堵水注浆。

同步注浆。同步注浆与盾构掘进同时进行,是通过同步注浆系统及盾尾的注浆管,在盾构向前推进盾尾孔隙形成的同时进行,浆液在盾尾孔隙形成的瞬间及时起到充填作用,使周围岩体获得及时支撑,可有效防止岩体的坍塌,控制地表的沉降。

二次补强注浆。管片背后二次补强注浆是在同步注浆结束以后,通过管片的吊装孔对管片背后进补强注浆,以提高同步注浆的效果,补充部分不充填的空腔,提高管片背后土体的密实度。二次注浆其液充填时间滞后于掘进一定的时间,对围岩起到加固和止水的作用。

堵水注浆。为提高背衬注浆层的防水性及密实度,在富水地区考虑前期注浆受地下水影响以及浆液固结率的影响,必要时在二次注浆结束后进行堵水注浆。

盾构推进时,盾尾孔隙在围岩坍落前及时地进行压浆,充填孔隙,稳定地层,不仅可防止地面沉降,而且有利于隧道衬砌的防水,选择合适的浆液(初始黏度低,微膨胀,后期强度高)、注浆参数、注浆工艺,在管片外围形成稳定的固结层,将管片包围起来,形成一个保护圈,防止地下水侵入隧道中。壁后注浆的目的如下:

(1) 使管片与周围岩体的环形孔隙尽早建立注浆体的支撑体系,防止洞室岩壁坍陷与地下水流失造成地层损失,控制地面沉降值。

(2) 尽快获得注浆体的固结强度,确保管片衬砌的早期稳定性。防止长距离的管片衬砌背后处于无支撑力的浆液环境内,使管片发生移位变形。

(3) 作为隧道衬砌结构加强层,具有耐久性和一定强度。充填密实的注浆体将地下水与管片相隔离,避免或大大减少地下水直接与管片的接触,从而作为管片的保护层,避免或减缓了地下水对管片的侵蚀,提高管片衬砌的耐久性。

7.4.8 施工测量

盾构隧道施工测量的目的是保证盾构隧道掘进和管片拼装按隧道设计轴线施工;建立隧道贯通段两地面控制网之间的直接联系;并将地面上的坐标、方位和高程适时地导入地下联系测量,作为后续工作(铺轨、设备安装等)的测量依据。

盾构施工测量应根据施工环境、工程地质条件、水文地质条件、掘进指标等确定施工测量与控制方案。盾构施工测量的内容主要应包括:隧道环境监控量测、隧道结构监控量测、盾构掘进测量、盾构隧道贯通测量、盾构隧道竣工测量等。

7.4.8.1 交桩复核测量

对业主所交的水平控制网的点位和高程控制网的水准点,在开工前应复测一次。水平控制网的点位主要由两部分组成:一部分是 GPS 控制点,另一部分是加密的导线点。对导线点在其旁边所做的附点组成闭合导线环进行复测,开工前复测一次,以后根据施工进度在复测洞内控制点时进行复测,或根据现场需要组织复测。高程控制网的水准点,开工前复测一次,以后根据施工进度在复测洞内控制点时进行复测,或根据现场需要组织复测。

7.4.8.2 隧道环境监控量测

隧道环境监控量测,包括线路地表沉降观测、沿线邻近建(构)筑物变形测量和地下管线变形测量等。线路地表沉降观测,应沿线路中线按断面布设,观测点埋设范围应能反映变形区变形状况。沿线邻近建(构)筑物变形测量,应根据结构状况、重要程度、影响大小有选择地进行变形量测。

盾构穿越地面建筑物、铁路、桥梁、管线等时除应对穿越的建(构)特进行观测外,还应增加对其周围土体的变形观测。隧道环境监控量测,应在施工前进行初始观测,直至观测对象稳定时结束。

7.4.8.3 隧道结构监控量测

隧道结构监控量测包括盾构始发井、接收井结构和隧道衬砌环变形测量,管片应力测量。隧道管片环的变形量测包括水平收敛、拱顶下沉和底板隆起,隧道管片应力测量应采用应力计量测,初始观测值应在管片浆液凝固后 12 h 内采集。

7.4.8.4 盾构掘进测量

(1) 盾构始发位置测量

盾构掘进测量也称施工放样测量。盾构始发井建成后,应及时将坐标、方位及高程传递到井下相应的标志点上;以井下测量起始点为基准,实测竖井预留出洞口中心的三维位置。

盾构始发基座安装后,测定其相对于设计位置的实际偏差值。盾构拼装竣工后,进行盾构纵向轴线和径向轴线测量,主要有刀盘、机头与盾尾连接点中心、盾尾之间的长度测量;盾构外壳长度测量;盾构刀口、盾尾和支承环的直径测量。

(2) 盾构姿态测量

① 平面偏离测量

测定轴线上的前后坐标并归算到盾构轴线切口坐标和盾尾坐标,与相应设计的切口坐标和盾尾坐标进行比较,得出切口平面偏离和盾尾偏离,最后将切口平面偏离和盾尾偏离加上盾构转角改正后,就是盾构实际的平面姿态。

② 高程偏离测量

测定后标高程加上盾构转角改正后的标高,归算到后标盾构中心高程,按盾构实际坡度归算切口中心标高及盾构中心标高,再与设计的切口里程标高及盾尾里程标高进行比较,得出切口中心高程偏离及后尾中心高程偏离,就是盾构实际的高程姿态。

盾构测量的技术手段应根据施工要求和盾构的实际情况合理选用,及时准确地提供盾构在施工过程中的掘进轨迹和瞬时姿态;采用 2′全站仪施测;盾构纵向坡度应测至 0.1%、横向转角精度测至 1′、盾构平面高程偏离值和切口里程精确至 1 mm。盾构姿态测定的频率视工程的进度及现场情况而定。

③ 管片成环状况测量

管片测量包括测量衬砌管片的环中心偏差、环的椭圆度和环的姿态。管片 3～5 环测量一次，测量时每个管片都应当测量，并测定待测管片的前端面。测量精度应小于 3 mm。

7.4.8.5 贯通测量

隧道贯通后应进行贯通测量，测量内容包括隧道的纵横向和高程贯通误差。贯通测量时，应在贯通面设置贯通相遇点。纵横向贯通误差，可利用隧道贯通面两侧平面控制点测定贯通相遇点的坐标闭合差确定，也可利用隧道贯通面两侧中线在贯通相遇点的间距测定；隧道的纵横向贯通误差应投影到线路及其法线方向上。高程贯通误差应利用隧道贯通面两侧高程控制点测量。

7.4.8.6 盾构隧道竣工测量

(1) 线路中线调整测量

以地面和地下控制导线点为依据，组成附合导线，并进行左右线的附合导线测量。中线点的间距，直线上平均为 150 m，曲线除曲线元素外不小于 60 m。

对中线点组成的导线采用Ⅱ级全站仪，左右角各测三测回，左右角平均值之和与 360°较差小于 5″，测距往返各测二测回，往返二测回平均值较差小于 5 mm。经平差后线路中线依据设计坐标进行归化改正。

(2) 断面测量

利用断面仪进行断面测量，每一断面处测点 6 个。根据测量结果确定检查盾构管片衬砌完成后的限界情况。地铁隧道一般直线段每 10 m，曲线段每 5 m 测量一个净空断面，断面测量精度小于 10 mm。

7.4.9 盾构到达

(1) 盾构到达的施工程序

盾构到达是指盾构沿设计线路，在区间隧道贯通前 100 m 至车站的整个施工过程。盾构到达一般按下列程序进行：洞门凿除→接收基座的安装与固定→洞门密封安装→到达段掘进→盾构接收。

盾构到达施工图片

到达设施包括盾构接收基座(也称接收架)、洞门密封装置。接收架一般采用盾构始发架。

(2) 盾构到达施工的主要内容

盾构到达施工的主要内容包括：

① 到达端头地层加固。

② 在盾构贯通之前 1 00 m、50 m 处分两次进行人工复核测量。

③ 到达洞门位置及轮廓复核测量。

④ 根据前两项复测结果确定盾构姿态控制方案并进行盾构姿态调整。

⑤ 到达洞门凿除。

⑥ 盾构接收架准备。

⑦ 靠近洞门最后 10～15 环管片拉紧。

⑧ 贯通后刀盘前部渣土清理。

⑨ 盾构接收架就位、加固。

⑩ 洞门防水装置安装及盾构推出隧道。

⑪ 洞门注浆堵水处理。

⑫ 制作连接桥支撑小车、分离盾构主机和后配套机械结构连接件。

(3) 盾构到达的准备工作

盾构到达前,应做好下列工作:

① 制订盾构接收方案,包括到达掘进、管片拼装、壁后注浆、洞门外土体加固、洞门围护拆除、洞门钢圈密封等工作的安排。

② 对盾构接收井进行验收并做好接收盾构的准备工作。

③ 盾构到达前 100 m 和 50 m 时,必须对盾构轴线进行测量、调整。

④ 盾构切口离到达接收井距离约 10 m 时,必须控制盾构推进速度、开挖面压力、排土量,以减小洞门地表变形。

⑤ 盾构接收时应按预定的拆除方法与步骤,拆除洞门。

⑥ 当盾构全部进入接收井内基座上后,应及时做好管片与洞门间隙的密封,做好洞门堵水工作。

(4) 盾构到达的施工要点

盾构到达的施工要点如下:

① 盾构到达前应检查端头土体加固效果,确保加固质量满足要求。

② 做好贯通测量,并在盾构贯通之前 100 m、50 m 两次对盾构姿态进行人工复核测量,确保盾构顺利贯通。

③ 及时对到达洞门位置及轮廓进行复核测量,不满足要求时及时对洞门轮廓进行必要的修整。

④ 根据各项复测结果确定盾构姿态控制方案并提前进行盾构姿态调整。

⑤ 合理安排到达洞门凿除施工计划,确保洞门凿除后不暴露过久。并针对洞门凿除施工制订专项施工方案。

⑥ 盾构接收基座定位要精确,定位后应固定牢靠。

⑦ 增加地表沉降监测的频次,并及时反馈监测结果指导施工。盾构到站前要加强对车站结构的观察,并加强与施工现场的联系。

⑧ 为保证近洞管片稳定,盾构贯通时需对近洞口 10～15 环管片作纵向拉紧。

⑨ 帘布橡胶板内侧涂抹油脂,避免刀盘刮破影响密封效果。

⑩ 在盾构贯通后安装的几环管片,一定要保证注浆及时、饱满。盾构贯通后必要时对洞门进行注装堵水处理。

⑪ 盾构到达时各工序衔接要紧密,以避免土体长时间暴露。

(5) 到达位置复核测量

盾构到达施工位置范围时,应对盾构位置和盾构隧道的测量控制点进行测量,对盾构接收井的洞门进行复核测量,确定盾构贯通姿态及掘进纠偏计划。在考虑盾构的贯通姿态时要注意两点:一是盾构贯通时的中心轴线与隧道设计轴线的偏差;二是接收洞门位置的偏差。综合这些因素在隧道设计中心轴线的基础上进行适当调整,纠偏要逐步完成。

(6) 盾构到达段掘进

根据到达段的地质情况确定掘进参数:低速度、小推力、合理的土压力(或泥水压力)和及时饱满的回填注浆。

在最后 10～15 环管片拼装中要及时用纵向拉杆将管片连接成整体，以避免在推力很小或者没有推力时管片之间的松动。

（7）洞门圈封堵

在最后一环管片拼装完成后。拉紧洞门临时密封装置，使帘布橡胶板与管片外弧面密贴，通过管片注浆孔对洞门圈进行注浆填充。注浆过程中要密切关注洞门的情况，一旦发现有漏浆的现象应立即停止注浆并进行封堵处理。确保洞口注浆密实，洞门圈封堵严密。

（8）盾构拆卸与包装

盾构的拆卸和包装是盾构工程完工后，盾构退场的必经程序。拆卸使用履带起重机和汽车起重机，拆卸顺序为主机→设备桥→拖车，拆卸前作好管线的标志。

为便于运输，包装应采用木包装，通过薄铁皮焊接到大件上。运输距离较近时，为节省费用，可临时使用塑料布进行简易包装。

盾构拆卸前必须制订详细的拆卸方案与计划，同时组织有经验的经过技术培训的人员组成拆卸班组。履带起重机工作区应铺设钢板，防止地层不均匀沉陷。大件吊装时采用 90 t 汽车起重机车辅助大件翻转。

拆卸作业前，应按起重作业安全操作规程及盾构制造商的拆卸技术要求进行班前交底。盾构的拆卸按先电气系统、后液压系统、再机械构件的原则进行。拆卸前应对要拆卸的部件进行分别标志和登记，确保再次组装时不缺件、不错装。所有管线接头必须做好相应的密封和保护，特别是液压系统管路、传感器接口等。对液压油管除要进行标志外，拆卸后要立即安上堵头，以防污染。

盾构主机吊耳的布置必须使吊装时的受力平衡，吊耳的焊接必须由专业技术人员操作，同时必须有专业技术人员进行检查监督。

7.5 盾构衬砌、注浆和防水

7.5.1 拼装式管片衬砌

管片作为盾构开挖后的一次衬砌，支撑作用于隧道上的土压和水压，防止隧道土体坍塌、变形及渗漏水，是隧道永久性结构物，并且要承受盾构推进时的推力以及其他荷载。

7.5.1.1 按断面形式分类

管片按断面形式的不同可分为箱形和平板形。

箱形管片是指因手孔较大而呈肋板形结构的管片，手孔大不仅方便螺栓的穿入和拧紧，而且也节省了大量的材料，并使单块管片质量减轻。箱形管片通常使用在大直径隧道中，但若设计不当，在盾构推进油缸的作用下容易开裂。如图 7-20 所示。

平板形管片是指因手孔较小而呈现曲板型结构的管片，由于管片截面削弱小，对盾构推进油缸具有较大的抵抗能力，正常运营时对隧道通风阻力也小。如图 7-21 所示。

7.5.1.2 按材质分类

管片因使用材料、断面性状及接头方式的不同而异。管片按材质的不同，主要可分为钢筋混凝土管片、铁制管片（铸铁管片、球墨铸铁管片）、钢管片、复合管片。此外，还有使用特殊接头抗震的可绕性管片及背面附有注浆袋和尿烷泡沫剂的特殊管片。目前较常使用的管

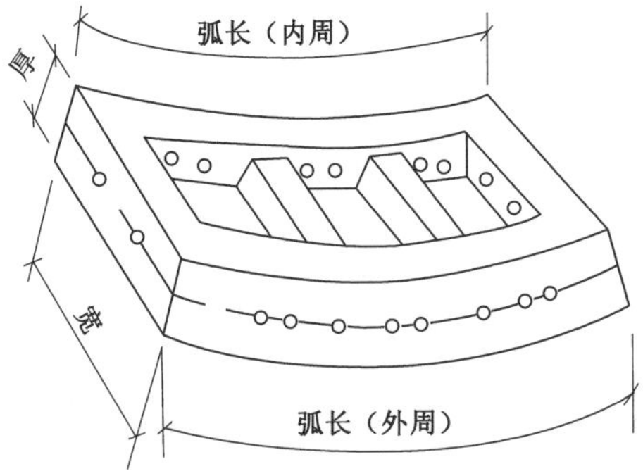

图 7-20　箱形管片示意图

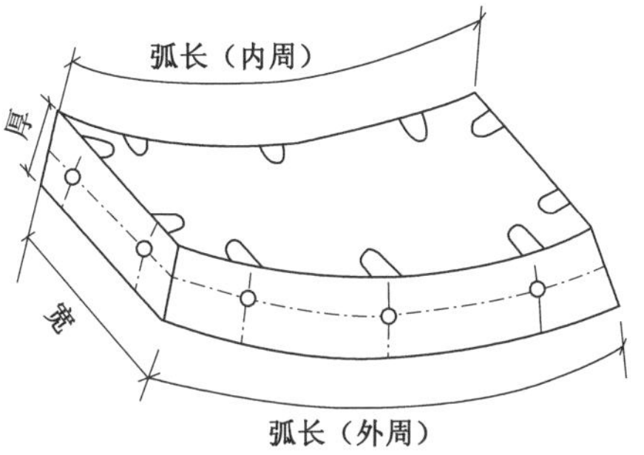

图 7-21　平板形管片示意图

片主要有钢管片、铸铁管片、球墨铸铁管片、钢筋混凝土管片、复合管片。

(1) 钢管片

钢管片的优点是质量轻、强度高、组装运输容易，可任意安装加固材料、加工容易；缺点耐锈蚀性差、成本昂贵、金属消耗量大。钢管片比钢筋混凝土管片具有更大的承受不均匀荷载和变形的能力，常用于隧道通过高层建筑或桥梁等局部荷载下以及地层不均匀的地段。

(2) 铸铁管片

国外在饱和含水不稳定地层中修建隧道时较多采用铸铁管片，由初期的灰口铸铁逐步发展到球墨铸铁，其延性和强度接近于钢材，管片较轻，安装运输方便，耐蚀性好，机械加工后管片精度高，能有效地防渗抗漏。缺点是金属消耗最大、机械加工量大、价格昂贵，同时具有脆性破坏特性，不宜用作承受冲击荷载的隧道衬砌结构。近年来已逐步被钢筋混凝土管片代替。

(3) 球墨铸铁管片

球墨铸铁管片的特点是强度好、耐久性好、掘削面小、制作精度高，在承受特殊荷载的地点可选用特殊构造。其缺点是成本较高，焊接困难。

(4) 钢筋混凝土管片

由于施工条件和设计方法的不同，钢筋混凝土管片具有不同的形式，按管片手孔成形大小区分，可大致分为箱形和平板形两类。钢筋混凝土管片成本低，使用最多，耐久性好，可构建实用、无障碍衬砌。

(5) 复合管片

复合管片常用于区间隧道的特殊段，如隧道与工作井交界处，旁通道连接处，变形缝处，垂直顶升段以及有特殊要求的泵房交界和通风井交界处等。有时也用于高压水条件下的输水隧道中。它的构造形式是：外周、内弧面或外弧面采用钢板焊接，在钢壳内部用钢筋混凝土浇筑，形成由钢板和钢筋混凝土复合的管片。

复合管片与钢筋混凝土管片相比厚度小、管片轻，但强度比钢筋混凝土管片大、抗渗性能好；与铸铁管片相比，它具有抗压性、韧性高等优点；与钢管片相比，金属消耗量小。

复合管片由混凝土和钢板复合构造，耐腐蚀性差，造价较高，无特殊要求时不宜大量采用。

7.5.1.3 按适用线形分类

(1) 楔形管片

具有一定锥度的管片称为楔形管片。楔形管片主要用于曲线施工和修正轴向起伏。管片拼装时,根据隧道线路的不同,直线段采用标准环管片,曲线段施工时采用楔形管片(左转弯环、右转弯环)。由楔形管片组成的楔形环有最大宽度和最小宽度,用于隧道的转弯和纠偏。用于隧道转弯的楔形管片由管片的外径和相应的施工曲线半径而定。楔形环的楔形角由标准管片的宽度、外径和施工曲线的半径而定。

采用这类管片时,至少需三种管模,即标准环管模、左转弯环管模、右转弯环管模。

(2) 通用管片

通用管片是针对同一条等直径隧道而言的。这种管片既能适用于直线段隧道,也能适用于不同半径的曲线段隧道。通用管片就是由楔形管片拼装而成的楔形管环,所谓通用就是把楔形管环实施组合优化,使得楔形管环能适用于不同曲率半径的隧道。

从理论上而言,通用管片可适用于所有单圆盾构施工的隧道工程,其原因在于,通过通用管片的有序旋转可完成直线段和不同半径的曲线段以及空间曲线段。在隧道的实际设计过程中,通用管片更适用于轴线存在较多曲线段以及空间曲线段的隧道,采用通用管片的优点在于:设计图纸简洁、施工方便、可减少钢模的品种、降低工程造价。其缺点在于:K 块管片必须作纵向插入时,要求盾构推进油缸的行程增大,盾构的机身长度大、管环的每块管片必须等强度设计。比照通用管片的优缺点,可以认为隧道轴线为直线时,采用通用管片无特别的优势。另外,轴线存在较多曲线段,并且其中某一曲线段的曲率半径 $R\leqslant 40D$(隧道外径)时,因管环宽度会受到限制而无法体现通用管片的优势。

7.5.2 挤压混凝土衬砌

挤压混凝土衬砌是 1982 年日本开发的工法(也称 ECL 工法)。ECL 是英文 Extruded Concrete Lining 的缩写,意为挤压混凝土衬砌,即以现浇灌注的混凝土代替传统的管片衬砌。ECL 盾构工法即挤压混凝土衬砌法,掘进与衬砌同时进行施工,不使用常规的管片,而是在掘进的同时将混凝土压入围岩与内模板之间,构筑成与围岩紧密结合的混凝土衬砌。由于用现浇混凝土直接衬砌,所以不需要进行常规盾构施工法的管片安装和壁后同步注浆等施工。

挤压混凝土衬砌是在盾构尾部安装有可现浇混凝土的装置形成挤压混凝土衬砌,类似于地面高层建筑的现场浇筑混凝土的滑升模板结构,随着盾构的推进,现浇的混凝土通过自动混凝土供应管路送到盾尾的作业面,直接在盾构尾部浇捣成所需要的衬砌结构。该施工方法自动化程度高,在施工时必须掌握好盾构推进速度与盾尾内现浇混凝土的施工速度及混凝土衬砌凝固时间的关系。挤压混凝土法具有以下特点:自动化程度高,施工速度快;衬砌结构为现场浇注的整体式混凝土或钢筋混凝土结构,可达到理想的受力、防水要求,建成的隧道有满意的使用效果。

7.5.3 二次衬砌

二次衬砌的设计参数应根据一次衬砌的类型和特征、衬砌的接触面情况、围岩和环境条件、防水要求、施工方法等确定。

盾构隧道多采用现场浇注混凝土的方法修筑二次衬砌。一般有下列三种设计方法。

(1) 一次衬砌为隧道的主体结构,二次衬砌一般用来进行防蚀、修正蛇行、防水、装饰和防震等而施行的，并对一次衬砌的管片起到加固效果，多采用素混凝土，但为了能适应将来的荷载的变化，有时也加一些配筋，因此二次衬砌厚度较小，在日本大多为150～300 mm。

（2）将二次衬砌和一次衬砌合并作为隧道的主体结构。

在局部有大荷载作用、因周边地基开挖引起荷载发生变化、土压等荷载的时效变化明显、隧道轴向刚度需要提高等情况下，也可采用二次衬砌与一次衬砌一起作为主体结构施工的做法。此时的设计可分考虑从临时结构到最终状态的荷载变化的设计方法和只考虑最终状态的荷载进行设计的方法。

（3）单独以二次衬砌为隧道的主体结构。

在良好的围岩条件下，也有将一次衬砌的管片作为临时结构，将二次衬砌作为主体结构设计的做法。该方法随着从盾构施工法适宜的围岩扩大到自立性好的良好围岩，有时在经济上显得更为有利。

将二次衬砌与一次衬砌合在一起作为隧道的主体结构时，和单独以二次衬砌作为主体结构时，二次衬砌厚度和配筋应根据受力情况结合防蚀、防水等其他功能确定。为减小二次衬砌厚度，采用钢纤维加强混凝土，缩小隧道外径的做法在国外也有应用。二次衬砌多采用现浇混凝土，在一次衬砌内侧浇筑，但也有使用内插管（钢管、铸铁管等），在与一次衬砌之间使用填充材料而形成二次衬砌的施工实例。

7.5.4　盾构隧道防水施工技术

7.5.4.1　盾构隧道防水标准

盾构隧道防水标准见表7-1。

表7-1　盾构隧道防水标准

等级	管片	隧道上部	隧道下部	渗水量/[L·(m^2·d)$^{-1}$]
一级	无渗漏、无湿渍	无渗漏	无渗漏，可有偶见湿渍	0.05
二级	无渗漏、无湿渍	无渗漏，可有偶见湿渍	少量渗漏水	0.1

盾构隧道防水应与隧道防腐一并考虑，并应满足环境保护的要求。盾构隧道防水以管片自防水为基础，以接缝防水为重点，辅以对特殊部位的防水处理，形成一套完整的防水体系。盾构隧道的防水包括管片防水、管片接缝防水、螺栓孔防水、注浆孔防水及渗漏处理等，同时应加强隧道与洞门及联络通道之间的防水处理。

隧道管片接缝防水的构造形式、截面尺寸和材料性能，是根据隧道纵向变形允许值，计算出的管片环缝张开值确定的。故接缝防水密封条的防水效果是盾构隧道的防水重点。

管片螺栓孔的防水按设计要求和构造尺寸制成环状垫圈，依靠紧固螺栓达到防水目的。必要时，应按设计要求进行螺栓孔注浆。

隧道变形缝和柔性接头是变形集中、变形量大的特殊部位，因此防水处理和结构施工应严格按设计要求实施，以达到隧道整体防水的目的。

7.5.4.2　管片防水

管片强度和抗渗等级以及各项质量指标必须符合设计要求，管片的所有预埋件、钻孔、连接螺栓孔等，应按设计要求进行防水、防腐处理。管片堆放、运输中应加强管理和检查，防止管片开裂或在运输中碰掉边角。盾构推进过程中，避免对拼装好管片产生纵向或环向裂纹，影响管片防水能力。

7.5.4.3　管片接缝防水

管片接缝防水密封条的构造形式、材料的性能与尺寸必须符合设计要求。管片接缝防水材料必须按照设计图纸要求选择。施工前应注意做好以下工作：所采用的防水材料，必须按设计要求和生产厂的质量指标分批进行抽检；采用水膨胀橡胶防水材料时，运输和存放时须采取防潮措施，并设专门库房存放。

现场防水密封条粘贴应遵守下列规定：

① 按管片型号使用，严禁使用尺寸不符或有质量缺陷的产品。

② 在管片角隅处加贴自黏性橡胶薄片时，其尺寸应符合设计要求。

③ 环面纠偏要求粘贴传力衬垫材料时，必须按正确位置粘贴。

④ 变形缝、柔性接头等管片接缝防水的处理应按设计图纸要求实施。

⑤ 防水密封条及其黏结剂的存放库房、烘箱设备等处需按规定配备防火设施。

防水密封条采用粘贴安装，粘贴好防水密封条的管片应注意防雨、防水和防晒，以防止密封条胀落和老化；运输和装拼中应避免擦碰、剥离、脱落或损伤密封条；作业前的运输、堆放、翻动等工作均不得损坏管片防水槽等关键部位；防水密封条粘贴后，在运输时应保护好，发现问题及时修补后，方能下井进行拼装。拼装时应逐块检查防水密封条（包括传力衬垫材料）确保完整、位置正确。

管片采用嵌缝防水材料，槽缝应清洗干净，使用专用工具填塞平整密实。封顶块和邻接块管片止水条采用弹性较高、便于粘贴牢固、不易损伤的遇水膨胀弹性橡胶密封条。

变形缝、柔性接头等特殊部位，除按图进行结构施工外，还必须严格按图纸的防水处理要求实施。

盾构隧道始发段，以及到达段设置变形缝，变形缝的环缝弹性密封条采用三元乙丙复合遇水膨胀橡胶密封条，以加强密封效果。

7.5.4.4　管片螺栓孔防水

管片的每一个连接螺栓两端均设置一个O形遇水膨胀橡胶圈防水。橡胶圈设置时紧靠管片混凝土，靠垫片和管片螺母压紧。

7.5.4.5　联络通道防水

联络通道在铺设防水层前，应将基面清理干净，混凝土作业时应捣实。防止收缩变形产生开裂。使用合格防水卷材，用专用热合连接成幅及无钉悬挂铺设。防水密封条在混凝土具有一定的强度后才开始膨胀，切实发挥止水作用。防水密封条在粘贴或固定时要牢固，防止脱落。

联络通道绑扎钢筋时用木板、麻布等垫片对防水板和密封条进行防护。联络通道浇注混凝土和振捣时避免碰到止水带。浇注后及时向施工缝的预留槽填设高强度聚氨酯密封胶。联络通道内部防水砂浆施工前对基底进行严格清理，对局部渗漏和裂纹进行修补堵漏。

7.5.4.6　特殊部位防水

盾构施工过程中如采用注浆孔进行注浆，注浆结束后要对注浆孔进行密封防水处理。

盾构隧道与工作井现浇混凝土施工缝宜采用缓膨型遇水膨胀止水条，应严格按照设计施作，确保施工缝密封止水。洞门混凝土施工应做好收缩应力和变形开裂工作，避免裂缝引起渗漏。盾构隧道与联络通道、取排水口等附属构筑物的接缝防水按设计要求选择防水材料和施工方法。

习题

1. 简述盾构施工工作原理。
2. 盾构主要由哪些部分组成?
3. 简述盾构选型依据及程序。
4. 土压平衡盾构的工作原理是什么?
5. 简述盾构组装顺序。
6. 简述盾构隧道止水措施。

第8章 隧道TBM掘进施工

【知识目标】（1）了解TBM类型及工作原理；（2）熟悉TBM主机及后配套系统的组成；（3）了解TBM选型中的地质因素和选型要点；（4）熟悉TBM主机结构；（5）掌握TBM施工工艺过程及施工技术要求；

【能力目标】（1）能编制TBM法隧道施工方案；（2）能进行TBM法隧道施工的技术交底；（3）能进行TBM法隧道施工的安全检查和质量检查。

【素质目标】（1）培养学生踏实严谨、吃苦耐劳、追求卓越等优秀品质；（2）培养学生社会主义核心价值观，传播爱党、爱国、积极向上的正能量。

8.1 概述

随着我国大规模基础设施建设的开展，铁路、公路、调水工程、水电工程、城市地铁、市政供水供电和排污等重大工程越来越多，需要修建的长大隧道也越来越多。由于工程规模大，地质条件复杂，工程施工速度、环保、质量和效益要求高，传统钻爆法施工技术已经难以应对这一艰巨挑战。

国产TBM
走出国门

因此，全断面岩石隧道掘进机（简称TBM）技术必将得到长足发展，推动我国装备制造业和施工企业的科技进步。同时，掌握TBM技术将使企业获得巨大的市场竞争力。

8.1.1 TBM类型及原理

隧道掘进机一般分为盾构机和岩石掘进机两种，盾构机主要应用于软土地层的开挖，岩石掘进机主要用于硬质地层的开挖。另外，两种掘进机在破岩机理和需要解决的根本问题上有很大不同：岩石掘进机主要是利用滚刀解决如何高效破岩问题，盾构机主要是利用刮刀开挖软土并解决掌子面不稳定和地面沉陷的问题。

TBM由主机和盾配套系统组成。主机主要由刀盘、主驱动系统（含主轴承）、护盾、主梁、推进系统、撑靴系统、盾支腿、主机皮带机、支护系统等部分组成，是TBM系统的核心部分，完成主要掘进和部分支护工作。盾配套系统与主机相连，由一系列彼此相连的钢结构台车组成，其上用于布置液压动力系统、供电和控制系统、供排水系统、通风除尘系统、出渣系统、支护系统等。

TBM一般分为开敞式TBM和护盾式TBM两大类型，护盾式TBM又有双护盾TBM和单护盾TBM之分。开敞式TBM目前主要有两种结构形式：一种为前盾共有两组X形支撑的双支撑（凯氏）TBM含有内凯机架和外凯机架，如图8-1所示；另一种为单支撑主梁开敞式TBM，如图8-2所示。从地质角度来讲，软弱围岩所占比例较大的隧道一般选用护盾式TBM，而岩石稳定性好、软弱围岩较少的隧道一般选用开敞式TBM。此外，还要根据工程设计、工期及工程造价进行综合分析确定。

图8-1　双支撑开敞式TBM

双护盾TBM如图8-3所示，其特点是主机在护盾的保护下进行掘进作业，护盾包括前盾、伸缩护盾、撑靴护盾，主机盾部一般装有衬砌管片安装器。随着TBM的向前掘进，双护盾TBM可同时进行管片安装作业，盾配套系统则完全在已经完成管片衬砌的隧道内作业，同时完成石喷射和灌浆作业。当岩石太软，无法实现径向支撑而需要辅助推进液压缸提供所需推进力时，推力作用于衬砌管片上，掘进作业与管片安装作业此时不能同时进行，相当于"单护盾模式"的作业方式，相应掘进效率较低。开敞式TBM则只设有较短的护盾，在其主机和盾配套系统上安装有支护设备，随着TBM的向前掘进，一般可以同时进行安装锚杆、挂网、钢拱架和喷射混凝土等支护作业。开敞式TBM刀盘推力和扭矩通过机架或主梁传递到支撑系统，支撑系统径向作用于岩壁上承受推力和扭矩。

图8-2　单支撑主梁开敞式TBM

图8-3　双护盾TBM

TBM掘进破岩工作原理(见图8-4)为：主机前部是装有若干滚刀的刀盘，由刀盘驱动系统驱动刀盘旋转，并由TBM推进系统给刀盘提供推进力，撑靴系统支撑洞壁承受支反力，在推进力的作用下滚刀切入掌子面岩石，不同部位的滚刀在掌子面上留下不同半径的同心圆切槽轨迹，在滚刀的挤压下岩石产生破裂，裂纹不断扩展连通，使相邻切槽的岩石在剪切力和拉应力的作用下从岩体上剥落下来形成石渣，石渣则随着刀盘的旋转由刀盘上的铲渣斗自动抬起，经刀盘结构内的溜渣槽滑落到主机皮带机上，再连续转运到盾配套系统皮带机上，最后经矿车或连续皮带机出渣运输系统运出洞外。TBM掘进行程一般在1.0～2.0 m完成一个行程盾推进液缸收回，撑靴重新支撑进行换步，直至掘进贯通为止。

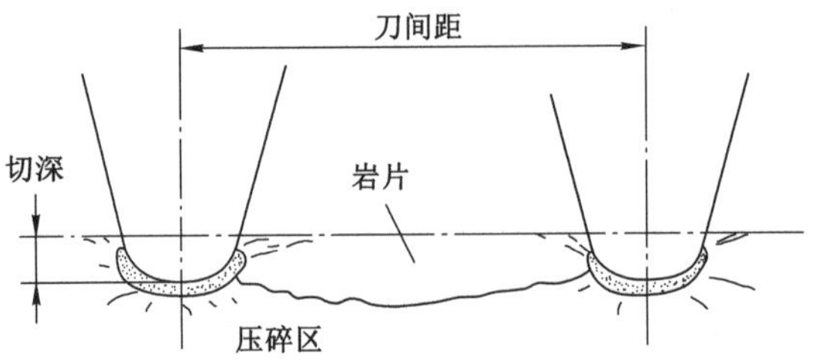

图 8-4 TBM 掘进破岩工作原理

8.1.2 TBM 主机及其后配套系统构成

8.1.2.1 TBM 主机主要部件

(1) 刀盘

刀盘为螺栓连接的钢结构焊接件,在不同半径位置上安装有若干滚刀,沿刀盘外围分布有铲斗用来拾起岩渣。刀盘由主轴承支撑,通过液压张紧螺栓与其旋转部件相连。刀盘上安装了带有旋转接头的喷水系统用来控制掌子面的灰尘和冷却刀具。刀盘上设有进入闸孔,安装检修时可以进入刀盘前面和掌子面。

(2) 护盾

护盾用以在掘进过程中防止大块岩渣卡住刀盘,为安装钢拱架提供顶部保护,并在一个掘进循环结束重新复位时支撑机器前端和稳定刀盘旋转。刀盘护盾一般包括顶护盾、侧护盾、底护盾和指形护盾,一般顶护盾、侧护盾通过液压缸与机头架相连,实现护盾的伸缩和固定;底护盾支撑机头架,机头架内装有主轴承和主驱动大齿轮;指形护盾连接固定在顶(或侧)护盾尾部,用于钢拱架安装等支护作业时的安全保护。

(3) 刀盘驱动

刀盘驱动或称主驱动,由机头架内含的主轴承和驱动齿轮组成,用于支撑和驱动刀盘旋转。主轴承一般采用两轴向一径向的三轴滚子轴承或圆锥滚子轴承。主轴承坐于机头架的轴承座内,转动环与刀盘由螺栓连接。主驱动由多个主驱动电动机、行星齿轮减速器和外伸小齿轮组成,由小齿轮驱动位于机头架内与主轴承相连的大齿圈,从而驱动刀盘旋转。主驱动设有内密封和外密封,用于保护机头架内的主轴承和驱动组件。内外密封分别由三重或四重唇形密封组成,唇形密封外则由迷宫密封保护,TBM 掘进时,油脂润滑系统不断地自动向外清洗迷宫密封,防止灰尘进入。主轴承、大齿圈及小齿轮驱动由压力油循环润滑系统润滑。该润滑系统配有泵、过滤器及电子监控系统。压力油润滑系统和刀盘驱动连锁,一旦该润滑系统出现故障,TBM 就会停止工作。

(4) 主梁

机头架的前端是刀盘,后面则是与其螺栓相连的主梁,其截面一般为矩形或圆形的焊接结构,两侧带有导轨,用于支撑推进系统和撑靴系统,并承受和传递推进液压缸与扭矩液压缸的推力、扭矩,撑靴系统的支撑鞍架可在其导轨上滑行,以实现掘进换步。

(5) 推进和支撑系统

位于主梁两侧的推进液压缸组成推进系统,一端与主梁相连,另一端与撑靴相连,为刀盘提供推进力,并承受和传递刀盘的反作用力,将力传递到支撑在洞壁的撑靴上。由位于主梁导轨侧鞍架和与鞍架通过十字销轴相连的撑靴液压缸、支撑靴和扭矩液压缸构成支撑系统。承受刀盘的反作用力和反扭矩，将其传递到洞壁上，并可利用其浮动支撑的设计特点进行 TBM 调向。

(6) 后支腿

与主梁尾部相连的还有带伸缩液压缸的后支腿，用于非掘进作业时支撑主机尾部。掘进作业时，撑靴支撑到洞壁上后，需将后支腿抬起；掘进完毕，将其放下再收回撑靴缸换步。

8.1.2.2　TBM 后配套系统

(1) TBM 后配套系统台车

后配套系统由主机后面的连接桥及连接桥后部的若干平台车组成，其上布置供水、供电、通风、除尘、支护、出渣等作业所需的辅助设备、设施、管线和作业空间。后配套系统一般有门架式和封闭台车式两种结构，封闭台车式后配套系统上面有轨道车行走轨道。

一般完成混凝土喷射作业的机械手和混凝土输送泵安置于连接桥和前部台车上，有时需要在连接桥处再布置系统锚杆钻机；后配套系统行走轨道铺设或仰拱块安装在后配套系统台车前部和连接桥处完成；后配套系统皮带机置于台车上接收主机皮带机运来的石渣，并继续将石渣运至后配套系统卸渣点。

(2) TBM 后配套系统附属设备

后配套系统上的主要附属设备有：连接桥皮带机、后配套系统皮带机、清渣装置，混凝土喷射机械手和混凝土输送泵系统，注浆系统，钻机动力站，液压动力站，主断路开关柜，高压变压器，VFD 变频柜，主电控柜和后配套系统电控柜，应急发电机，空压机和储气罐，高压电缆卷筒，后配套系统排水泵、排水管卷筒、污水箱、供水泵、供水管、供水管卷筒、供水箱、VFD 冷却水箱，风管储存筒及其提升装置，二次通风风机、除尘器、除尘风机和风管，洗手间、休息间和机修平台，混凝土罐车移动装置，材料转运吊机等。隧道矿车运渣时，一般还设有推车器；隧道连续皮带机出碴时，皮带机尾部装在后配套系统上，与后配套系统一起前行延伸。

8.2　TBM 选型

随着长大隧道(洞)工程项目越来越多，工程地质条件越来越复杂，对开挖速度、环保、效益的要求越来越高，TBM 施工新技术必将成为我国未来长大隧道首选的施工法。然而，从技术和经济两个角度来说，并不是所有地质情况的工程都适宜 TBM 施工，而且，TBM 系统是专门定制的非标产品。因此，能否选用 TBM 施工，选用何种类型的 TBM，如何确定 TBM 的主要技术参数和进行系统优化配置与集成，是需要 TBM 设计制造商、勘察设计单位、业主和承包商共同解决的问题。TBM 选型及系统集成设计是工程成败的首要环节。

8.2.1　TBM 选型设计中的地质因素

TBM 与地质因素的关系主要应从工程的地质条件是否适宜 TBM 施工，以及是否影响 TBM 开挖效率和成本加以考虑，并根据不同的地质情况选择合适的 TBM 类型。总体来讲，任何一个隧道都有可能遇到不良地质情况，通过采取适当的技术措施，TBM 能够通过各种不良地质段，但从技术、工期、经济性等方面综合考虑，应对不良地质段所占隧道长度的比例大小给予充分重视。

8.2.2　TBM 对地质条件的适应性

若在以下地质条件下采用 TBM 施工，TBM 掘进时将遭遇很大的困难，需要采取其他相应的技术措施进行辅助施工。

(1) 塑性地压大的软弱围岩、类砂性土构成的软弱围岩和具有中等以上膨胀性的围岩。这类围岩因其岩石强度低而围压高易产生大的塑性变形，TBM 容易被卡住。

(2) 断层破碎带。主要指由碎裂岩与断层泥构成的宽大断层带，不但围岩自稳性差或无自稳能力，而且大多富水，会给 TBM 掘进带来很大困难。此类隧道地层若采用 TBM 开挖或 TBM 通过时，应采取其他辅助措施对围岩进行强支护处理。

(3) 高压涌水地段。严重涌水将给 TBM 施工带来困难，若围岩为软弱岩层、断层带，严重的涌、漏水，将大大恶化围岩的工程地质条件，采用 TBM 施工法要有相应设计上的考虑。当然，涌水同样对钻爆法产生影响。工程实践表明，有些存在大规模高压涌水的大直径隧洞采用 TBM 施工法比采用钻爆法更有优势。

(4) 岩溶发育带。当隧道穿过强烈岩溶发育段时，隧道极可能遭遇巨大的岩溶洞穴，或充水溶洞、暗河通道等，TBM 掘进或通过都将极为困难，严重时有可能发生陷机、埋机等事故。

(5) 极强岩爆。埋深大、地应力高的隧道，如埋深超过 1 500～2 500 m，有发生极强岩爆的可能。相对钻爆法而言，TBM 遭遇极强岩爆有可能使工程失败，需要在 TBM 设计和施工方法上给予特殊考虑。

(6) 按照目前的 TBM 技术水平，在岩石单轴抗压强度超过 300 MPa 的极硬岩，节理不发育、高磨蚀性岩石材料，TBM 一般难以掘进，且极不经济。

选择 TBM 施工法需要从技术、工期、经济性、环保等多方面综合考虑。一般长度超过 5 km 的隧道，如不良地质地段所占比例不是太大，危害程度并不是特别严重，可以考虑采用 TBM 施工，此时，应注意 TBM 类型的选择，并需采取地质超前预报措施和配备相应的预处理设备。如果不良地质洞段过长，TBM 卡机或支护处理花费时间过多，TBM 掘进速度快的优势就会丧失。另外，一些工程如因采用钻爆法可能造成环境较大破坏而不被批准，或承担金额较大的罚款或赔偿而不经济，可改用 TBM 法施工。

8.2.3 影响 TBM 掘进效率的主要地质因素

(1) 岩石抗压强度

岩石的单轴抗压强度是影响 TBM 掘进效率的关键因素之一。一般 TBM 最适合掘进抗压强度为 30～150 MPa 的硬岩。如果岩石抗压强度超过 150 MPa，且节理不发育，TBM 掘进速度将大幅度降低，而且刀具磨损损耗大，刀盘振动、磨损、焊缝开裂也将加剧，刀盘和刀具维护停机时间将大大增长，工期计算时必须考虑该因素的影响。根据统计，大多数已建成工程的岩石平均单轴抗压强度为 30～175 MPa，最大单轴抗压强度约为 350 MPa。应该说，单轴抗压强度为 350 MPa 的岩石是目前 TBM 所能掘进的极硬岩。

(2) 岩体结构面发育程度及方位

岩体的结构面（节理、层理、片理、小断层等）发育程度，即岩体的裂隙化程度或完整程度，也是影响 TBM 掘进效率的关键因素之一。抗压强度、硬度、磨蚀性相同或相近的岩体，若结构面发育程度不同，则 TBM 的贯入度和纯掘进速度差异明显。

通常，用岩体完整性系数 K_v、岩体体积节理数 J_v 或岩石质量指数（RQD）来反映结构面发育程度。一般情况下，岩体完整程度和结构面间距较小时，TBM 掘进较快。但当岩体结构面极为发育，即节理密度极大，岩体完整性很小（$K_v \leqslant 0.25$）时，岩体已呈碎裂状或松散状，其整体强度很低，不具有自稳性，虽然 TBM 有能力获得较大的贯入度，但因在此地段必须加强支护，反而会影响 TBM 进尺。

此外，对围岩稳定性起关键作用的主要结构面的产状与隧道轴线方位的关系，对 TBM 掘进速度也有一定的影响。当主要结构面与隧道轴向平行或交角小于 45°，且该组结构面倾角小于 30°时，需要控制 TBM 推进速度，注意围岩的坍塌或掉块。

（3）岩石的硬度和耐磨性

岩石的硬度越高，岩石的耐磨性越强，刀具的磨损就越快，刀具消耗和施工成本就越高，而且造成停机换刀次数增加，影响掘进速度。岩石中石英等研磨材料的含量和颗粒大小是影响岩石耐磨性的重要因素，对刀具消耗影响很大。国内外采用多种指标来表征岩石硬度和岩石耐磨性。目前，国际上多采用岩石磨蚀试验测定岩石磨蚀值 CAI(Cerchar Abrasivity Index)来表征岩石的磨蚀性，从而判断对刀具磨损和 TBM 掘进效率的影响。

当岩石凿碎比功小于 60 kg · m/cm^3、钎刃磨钝宽度小于 0.30 mm 时，TBM 的掘进效率较高；当岩石凿碎比功为 60～70 kg · m/cm^3、钎刃磨钝宽度为 0.30～0.60 mm 时，TBM 的掘进效率一般；当岩石凿碎比功大于 70 kg · m/cm^3、钎刃磨钝宽度大于 0.60 mm 时，TBM 的掘进效率较低。

8.2.4　TBM 类型的选择

对于 TBM 施工隧道，一般可选开敞式 TBM、双护盾 TBM 或单护盾 TBM 施工。TBM 类型的选取应从地质、工期、施工成本、工程设计和现场条件等角度进行综合分析确定。

开敞式 TBM 通常用于围岩稳定的隧道（洞）的开挖。一般认为，若隧道总长超过 80%是稳定的，则考虑采用开敞式 TBM。若岩石质量指数（RQD）为 50%～100%、节理大于 60 cm，则首选开敞式 TBM。在软弱围岩条件下，开敞式 TBM 施工的支护量大，并限制撑靴的支撑能力，影响掘进进程，因此，一般软弱围岩所占长度比例较大时，可考虑选用双护盾 TBM；若软弱围岩地段严重，所占比例为绝大部分，撑靴难以支撑时，需要选用单护盾 TBM。

从工期的角度来看，由于开敞式 TBM 一般是掘进贯通后再进行模筑衬砌，而双护盾 TBM 是在掘进的同时完成顶制管片衬砌，因此，从工期上看双护盾 TBM 占有优势。但要指出的是，在不良地质情况下，影响开敞式 TBM 施工进程的主要因素是支护时间增加；而双护盾 TBM 护盾长，易被卡机，掘进进程取决于可能卡机次数及卡机总时间，如果卡机频繁、累计处理时间长，则掘进工期就会受到很大影响。因此，需要根据具体工程地质条件，将开敞式 TBM 的可能支护延误时间与双护盾 TBM 可能卡机时间进行对比分析。

从施工来成本来看，一般双护盾 TBM 比开敞式 TBM 设备成本略高，而且双护盾 TBM 需要很大的管片预制厂，所需管片模具和人员费用较高、场地较大，需要考虑现场是否有足够的管片加工、存放场地及运输条件。综合考虑，一般采用双护盾 TBM 施工比采用开敞式 TBM 施工增加 10%～20%工程成本。

工程实践表明，对于地质勘查不够或不明的工程，开敞式 TBM 比双护盾 TBM 在及时探明前方地质及不良地质处理空间上有更大优势，更能降低工程风险。

8.3　TBM 主机结构

8.3.1　TBM 主机总体构造

8.3.1.1　开敞式 TBM 主机总体构造

如图8-5和图8-6所示，开敞式TBM的主机部件主要由刀盘（含刀具、铲斗）、主驱动（含机头架、驱动电动机、减速箱、主驱动小齿轮、大齿圈、主轴承及其润滑和密封系统）、护盾（顶护盾、侧护盾和下支撑）、主梁、推进和撑靴系统（鞍架、撑靴、推进液压缸、撑靴液缸、扭矩液压缸）、后支撑（或称后支腿）组成；主机上的附属设备一般包括钢拱架安装器、锚杆钻机、超前钻机、主机出渣皮带机等，有时布设有钢筋网安装器和应急混凝土喷射装置。

国产最大直径的开敞式掘进机

图 8-5　开敞式 TBM 主机构造

图 8-6　开敞式 TBM 主机构造（组装中）

刀盘位于 TBM 主机的最前端，装有盘形滚刀和铲渣斗，直接面对需要开挖的岩石，与主驱动内的主轴承转动环通过螺栓连接，由主驱动电动机驱动减速箱、小齿轮、大齿圈，进而使刀盘旋转。主驱动外部为钢构机头架，机头架内部装有小齿轮、大齿圈和主轴承，通过内密封和外密封使主驱动内部为封闭状态，防止外部灰尘进入和内部润滑油流出，主驱动内部主轴承和小齿轮、大齿圈采取强制油循环润滑，内外密封采取三道或四道唇形密封。主驱动机头架外围圆周为护盾，护盾通过液压缸与机头架相连，能够伸张或收缩，同时侧护盾上的楔块液压缸通过楔块使TBM掘进时侧护盾楔紧固定于洞壁，以便稳定刀盘。主驱动机头架的后侧则与主梁用螺栓连接，主梁为钢板焊接而成的矩形或圆形截面钢结构梁，内部布置主机出渣皮带机。后支撑(或称后支腿)钢结构与主梁螺栓连接，左右竖直钢结构箱体内置液压缸，底部销轴连接支撑靴板，通过液压缸抬起或落下。推进和撑靴系统是TBM重要部件，为TBM提供推进力和承受支反力，系统中的钢结构鞍架可在主梁两侧的轨道上纵向滑行，左右带有撑靴的撑靴液压缸则通过鞍架两侧竖向布置的扭矩液压缸与鞍架相连，且撑靴液压缸与鞍架间有多自由度副的连接。左右推进液压缸两端一端通过销轴与主梁两侧连接，另一端与撑靴连接。

钢拱架安装器一般布置在顶护盾的下方，与主梁间有纵向滑道，可纵向移动一定距离；两台锚杆钻机一般布置在钢拱架安装器后面，主梁两侧，在主梁有滑行轨道，能够纵向滑行至少与TBM推进行程相当的距离，周向也可移动，以便覆盖洞壁一定的圆周范围；超前钻机一般布置在主梁上方，与TBM轴线有一定仰角，以便钻杆从护盾导向孔内穿过进入刀盘的前上方，超前钻机可沿其机架圆周转动，以便在机架周向一定范围进行钻孔，其机架固定于主梁上。在有的设计中，将锚杆钻机作为超前钻机使用，这时需要设计有使锚杆钻机纵向转动的机构。辅助挂网机构及应急喷混装置一般也布置在主梁前上方，考虑空间有限和不相互干扰，在很多情况下采取人工挂网或利用锚杆钻机辅助而不单独设置辅助装置；应急喷混装置则备有手动喷混或机械手喷混，其管路与后配套系统上的混凝土输送泵相连。

8.3.1.2 双护盾TBM主机总体构造

双护盾TBM主机主要由刀盘、主驱动、盾体(包括前盾、伸缩盾、撑靴盾和盾尾)、主推进液压缸、辅助推进液压缸、抗扭机构、稳定器、主机皮带机等构成。在辅助推进液压缸后面中心部位盾尾内布置有预制管片安装器。

进行双护盾掘进模式施工时，掘进作业和后面管片安装可以同时进行。掘进时，撑靴支撑在洞壁上，承受推进和扭矩支反力，由主推进液压缸推动刀盘和前盾一起向前，后面利用管片安装器安装管片，并由辅助推进缸固定管片；一个掘进行程结束，撑靴收回，拉动撑靴前移，使撑靴撑紧洞壁进行下一个掘进循环。

当岩石软弱破碎，撑靴无法撑住洞壁时，应该采用另外的掘进模式，即撑靴收回，利用主推进液压缸或辅助推进液压缸向前推进前盾和刀盘掘进，由管片承受支反力；当由辅助推进液压缸提供刀盘掘进推进力时，主推进液压缸缩回，撑靴盾与前盾完全形成一个固定整体，伸缩护盾处于封闭状态，相当于单护盾掘进模式。此时，由于由辅助推进缸提供刀盘掘进推进力，因此掘进作业和管片安装作业不能同时进行。

前盾内的主驱动、主推进液压缸和稳定器如图8-7所示。双护盾TBM的刀盘、主驱动的结构与开敞式TBM的类似，而稳定器在TBM掘进中起到稳定刀盘的作用，同时撑靴收回和撑靴后前移时起到稳定TBM前部的作用。前盾与主驱动间通过法兰连接，稳定器安装在前盾内，同时前盾与撑靴盾通过主推进液压缸连接。前盾与撑靴盾之间是伸缩盾，包括伸缩液压缸、外伸缩盾和内伸缩盾，外伸缩盾焊接在前盾上，内伸缩盾则可随固定在撑靴盾上的伸缩液压缸纵向移动。为了便于检查岩石情况，在内伸缩盾上一般开有3个直径600 mm左右的检查孔。当掘进行程结束时，可将内伸缩盾推进到前盾内，这样，便有了查看和处理洞壁岩石的空间。撑靴、撑靴液压缸和撑靴机构安装在撑靴护盾内，当撑靴液压缸伸出时，将承受掘进时的反力和反力矩。

图 8-7 盾体内主驱动电动机及主推进液压缸

如图 8-8 所示，辅助推进液压缸布置在撑靴盾圆周范围内，尾部伸至盾尾处，盾尾固定在撑靴盾上。盾尾底部一般设计成开口，以便安装管片；上部是封闭的，以利于作业安全保护。为了防止注浆时浆液溢出，应在管片和盾尾间设密封装置。

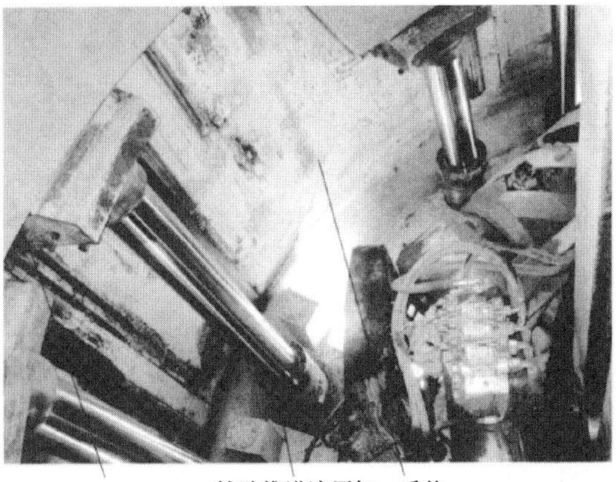

图 8-8 辅助推进液压缸

连接前盾和撑靴盾的主推进液压缸可实现 TBM 的调向功能。推进液压缸分成几组，通过给定不同组别液压缸不同的压力来实现调向。各组别液压缸的压力和行程数据可在操作室内显示。同样，单护盾掘进模式时可以通过控制不同组别辅助推进液压缸的压力来实现 TBM 的调向，且在底部辅助液压缸设有液压调整机构，可以预设使辅助推进液压缸与隧洞轴线成不同的角度，以这个角度作为杠杆臂，矫正 TBM 的滚动趋势。

8.3.1.3 单护盾 TBM 主机总体构造

双护盾 TBM 的单护盾掘进模式掘进相当于单护盾 TBM 的掘进，即双护盾 TBM 的伸缩护盾完全封闭，不需要撑靴和撑靴液压缸，不需要同时具有主推进液压缸和辅助推进液压缸。如图 8-9、图 8-10 和图 8-11 所示，单护盾 TBM 主要由刀盘、主驱动（主驱动电动机、减速箱、小齿轮、大齿圈、主轴承、机头架）、护盾、推进缸和主机皮带机构成，主机后面设置管片安装器。

可见,单护盾 TBM 结构比双护盾 TBM 结构简单,护盾单一且很短,没有伸缩护盾、撑靴护盾、撑靴及撑靴缸,其刀盘和主驱动结构与双护盾 TBM 及开敞式 TBM 的类似。

当软弱围岩所占比例很大,且撑靴无法撑住洞壁的隧道时,应该考虑采用单护盾 TBM 掘进,这样,不仅单护盾 TBM 的价格比双护盾 TBM 的价格低,而且其护盾短不易卡机。掘进速度也会因为减少岩石支护处理时间比开敞式 TBM 快。

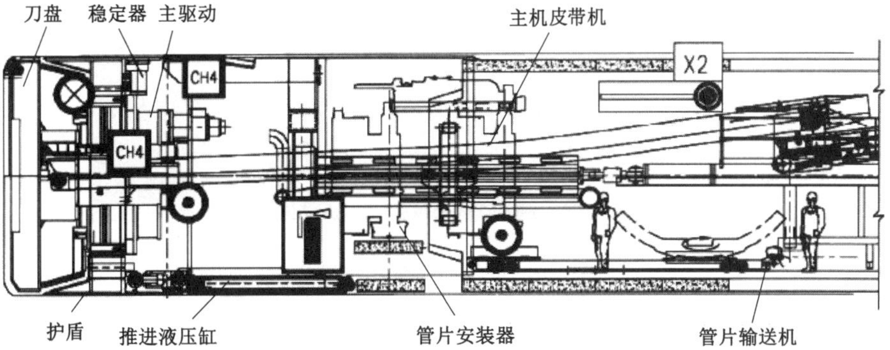

图 8-9　单护盾 TBM 主机结构图

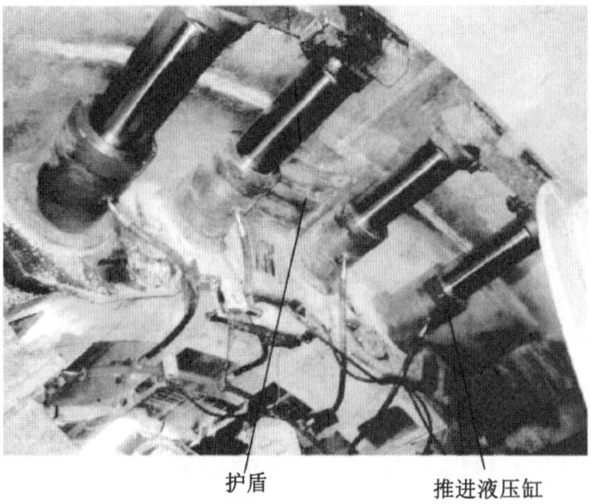

图 8-10　单护盾 TBM 护盾及推进液压缸

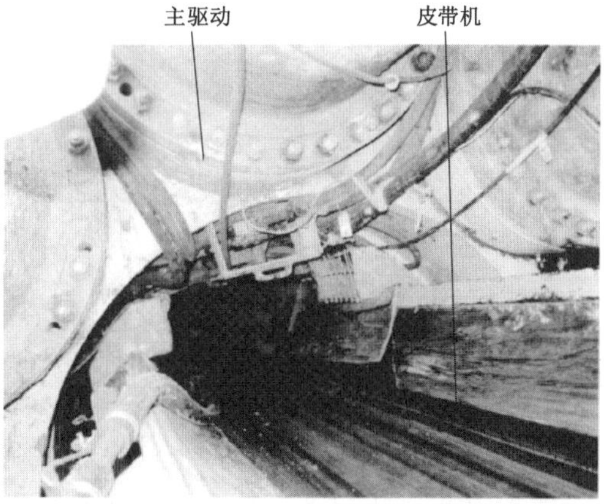

图 8-11　单护盾 TBM 主驱动及皮带机

8.3.2　TBM 主机部件及其结构

8.3.2.1　刀盘

刀盘由刀盘钢结构主体、滚刀、铲斗和喷水装置等组成,如图 8-12 和图 8-13 所示。随着 TBM 技术的进步,刀盘设计开始采用平面状刀盘,以有利于稳定掌子面。一般大直径刀盘采取分块设计结构,以方便刀盘向现场的运输,在现场将各分块用螺栓连接后再焊接在一起。小直径刀盘可制造成整体直接运往现场。

(1) 刀盘主体结构

刀盘主体结构由钢板焊接而成,刀盘钢板厚度大,刀盘前盾面板纵向连接隔板很多,结构复杂,背面连接法兰需要经过机加工,并用特制螺栓连接。刀座焊接需要精确定位并机加工。刀盘厚度和焊缝尺寸要考虑动荷载的影响,需要采用加热、保温、气体保护焊接,焊接工

图 8-12 小直径整体刀盘结构

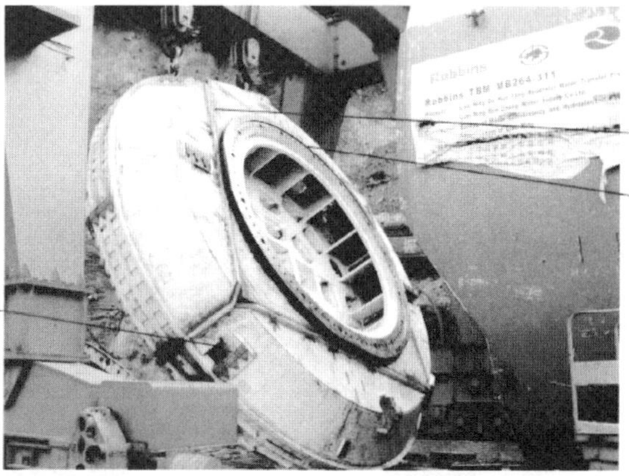

图 8-13 焊接完成后的刀盘背部结构

艺要求高。刀盘总体结构需要考虑强度、刚度、耐磨性和振动稳定性，焊缝也需要有足够的强度，且在振动工况下不易开裂。隧道的开挖直径由刀盘最外缘边刀控制，而通常刀盘结构的最大直径设计在铲斗唇口处，一般铲斗唇口最外缘离洞壁留有 25 mm 左右的间隙，此间隙过大则不利于岩渣清除，过小则容易使铲斗直接刮削洞壁而造成损坏。因此，刀盘本体结构的最大直径一般比理论开挖直径小 50 mm 左右。

(2) 刀座和刀具

刀盘主体结构上焊接有刀座，用于安装盘形滚刀，如图 8-14 所示。在刀盘上焊接刀座前必须经过严格定位，刀座上用于刀具的定位面和安装接合面都需机加工。盘形滚刀按在刀盘上安装的位置分为中心刀、正刀和边刀，中心刀一般为双刃滚刀，而正刀和边刀则为单刃。滚刀刀盘可拆卸更换，一般用楔块螺栓结构在刀盘刀座上安装和固定刀具。刀盘上刀具安装设计结构一般要求既能前装刀具，又能背装刀具。有些国家规定，能够背装刀具是必须要求，以利作业人员的安全。

图 8-14 正刀(或边刀)

(3) 铲斗和铲齿

铲斗开口一侧装有铲齿，另一侧装有若干垂直挡板。铲斗上的铲齿用螺栓固定在铲齿座上，用于掘进时铲起石渣，铲齿磨损或损坏后可更换。铲齿对面的垂直挡板一方面防止大块石渣从铲斗开口进入刀盘内，进而到达主机皮带机；另一方面，还起到破碎大块岩石和保护铲齿的作用。刀盘的背面也设计有铲斗，以便铲起掉落或遗留在隧洞底部刀盘背部与下支撑之间的石渣。刀盘掘进时单向旋转，只有维护刀盘和刀具时可点动双向旋转。

(4) 喷嘴和旋转接头

刀盘的喷水装置主要用于掌子面的降尘和刀具的冷却，由 TBM 供水系统通过水管将水供到刀盘背部中心安装的旋转接头处，再通过刀盘内部管路通到刀盘前面的若干喷水嘴。喷水系统需要具有一定的水量和水压，在操作室可根据隧洞涌水情况及出渣情况进行调整。由于喷水嘴容易堵塞，需要到达刀盘前面进行定期检查和维护。

(5) 进人孔

刀盘上一般还设计有若干进人孔，方便作业人员必要时进入掌子面进行刀盘的检查和维护。进人孔采取封闭或半封闭结构，以防止大块岩石进入刀盘，开口能够固定或打开。

(6) 耐磨设计

为了保护刀盘主体结构和刀具，刀盘考虑了耐磨保护设计，如刀盘前面的耐磨保护板、周边的耐磨条和耐磨保护柱等。这些耐磨结构磨损后可以更换或修复。值得注意的是，对于岩石坚硬的隧道，刀盘更容易出现焊缝开裂及加剧磨损，在刀盘设计制造及维护时都应进行充分考虑。

(7) 扩挖设计

刀盘一般需要考虑扩挖设计，即必要时能够开挖出更大的洞径，特别是对于围岩变形较大的隧道更需详细考虑扩挖设计，以防止 TBM 被卡。目前，扩挖设计主要采用垫片方式或安装带伸缩液压缸的扩挖刀两种结构。垫片方式是通过边刀刀座调整垫片，使边刀向外伸出来实现扩挖，此种方式结构简单，但扩挖半径有限，一般能扩挖直径 70 mm 左右。伸缩液压缸扩挖刀，可获得较大的扩挖量，但结构较复杂，对刀盘也有一定削弱，目前应用较少。

8.3.2.2 刀具

(1) 刀具在刀盘上的布置

硬岩 TBM 的刀具为盘形滚刀，根据在刀盘上的位置不同分为中心刀、正刀和边刀，如图 8-14 所示。就刀具结构本身而言，通常正刀与边刀完全一样，但有的 TBM 厂家设计的边刀不像正刀那样刀圈相对刀轴对称。刀具按一定的力学和几何学规律布置在刀盘上，为了有序布置刀具，首先要对每把刀具进行编号，同时以极坐标(r,θ)和直角坐标(x,y)确定每把刀在刀盘上的位置，以便于设计、制作和安装。

(2) 刀具在刀盘上的安装固定

正刀和边刀的刀轴切面与刀座上的定位面贴合，用楔块和螺栓拉紧和固定刀轴，从而使刀具定位和固定在刀盘上，螺栓螺母考虑防松设计。中心刀 3 个端盖底部平面与刀座定位面贴合，楔块螺栓使楔块斜面与端盖斜面贴合拉紧，从而定位和固定刀具。这种用楔块和螺栓安装固定的方式，结构简单可靠。

(3) 刀具结构及零件

刀具主要由刀圈、刀体、刀轴、轴承、浮动金属环密封、端盖、刀圈轴向挡圈、轴承调整螺母等组成。正刀与中心刀不同的是，正刀有一个刀圈、一个刀体、一对轴承、两组密封、两个端盖，而中心刀则有两个刀圈、两个刀体、两对轴承、四组密封、三个端盖(含中间端盖)。另外，正刀和边刀在刀盘上安装时是通过楔块螺栓定位和固定刀轴，而中心刀则是定位和固定端盖。

刀具检查工作分成两部分：一部分为在洞内进行刀盘上的检查、安装和拆卸，另一部分则是在洞外刀具维修车间进行刀具的拆解、修复和组装。在洞外刀具车间组装好的新刀或经修复的刀具运进洞内，由洞内刀具检查作业人员将其安装在刀座上。刀具备件消耗的预测和预定是 TBM 施工的一项重要任务，应确保刀具备件的及时供应，以免延误掘进作业。

(4) 刀圈材料

为了增加刀具的贯入度和掘进速度，人们不断研究和发展刀圈材料。不同厂家刀具的最大差别是刀具的材料质量、成分、热处理工艺及刀圈剖面的几何形状，其难度在于需要在材料的耐磨性和韧度之间找到最佳平衡点。

8.3.2.3 主驱动(含主轴承)

(1) 主驱动方式

主驱动也称为刀盘驱动，驱动方式主要有液压驱动、双速电动机驱动和变频电动机驱动。

由于变频技术的发展，其可靠性大大提高，目前，硬岩 TBM 普遍采用变频电动机驱动，这样，可以在较宽范围内无级调速，以适应不同岩石掘进的要求。刀盘驱动需要功率、扭矩大，因此采取多套电动机、减速箱和小齿轮驱动大齿圈，进而带动刀盘转动；为了减小电动机的外形尺寸，驱动电动机用电电压为 690 V。

由于铲斗单向铲渣的要求，主驱动掘进时单向转动，但为了刀盘刀具的检修，刀盘驱动具有点动功能，可双向慢速点动，并设有制动器，使点动后尽快停止转动，但掘进中的转动不能使用制动器。

(2) 主驱动的结构

图 8-15 所示为主驱动的外观结构，可见机头架和驱动电动机、驱动减速器、小齿轮、大

齿圈和主轴承都装在机头架内，并由内、外密封使整个机构为封闭结构。对于开敞式 TBM，机头架后部中间部位将与主梁螺栓连接，机头架上部将通过顶护盾液压缸与护盾连接，左、右侧面将通过侧护盾液压缸和楔块液压缸与侧护盾连接，底部将通过键和螺栓与下支撑连接。主驱动前部将与刀盘螺栓连接。

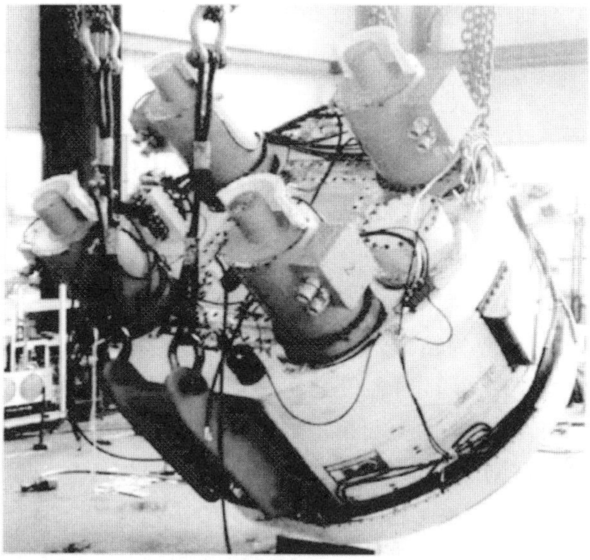

图 8-15　主驱动的外观结构

TBM 主驱动装置由机头架、电动机、减速器、小齿轮、大齿圈、主轴承、轴承座套、内密封、外密封等构成。驱动路线为：电动机通过其尾部的限扭离合器和传动轴驱动二级行星齿轮减速器，从而带动减速器外的小齿轮，小齿轮驱动大齿圈。由于大齿圈与轴承座套用螺栓连接，而刀盘、主轴承内圈与轴承座套间也用另外一组螺栓连接，因此大齿圈、轴承座套、主轴承内圈和刀盘将一起转动。主轴承采取三轴滚子轴承（两排轴向滚子，一排径向滚子），安装在轴承座套上的内圈是转动件，而外圈安装在机头架上的座孔内，是不转动的。

主驱动的主轴承和小齿轮、大齿圈采用强制循环油润滑，润滑泵站一般安装在固定于下支撑后面的支架上，经过过滤和冷却进行循环润滑。内、外密封则采取三道或四道唇形密封结构，外部两道唇形密封需要不断注入润滑脂，防止灰尘进入，内侧一道唇形密封防止润滑油溢出，行星齿轮减速器则在齿轮箱内装有一定油位的润滑油，采取飞溅润滑方式。此外，主驱动电动机和行星齿轮减速箱都有循环冷却水进行冷却。润滑油的油温和流量、减速器和电动机温度、润滑脂注入压力和注入量都采用传感器进行监控。

8.3.2.4　*护盾*

护盾的主体为钢结构焊接件。双护盾 TBM 和单护盾 TBM 的护盾较长，而且与机头架间用法兰连接。而开敞式 TBM 的护盾则围绕在主驱动机头架周边，与机头架相连，用于 TBM 掘进时张紧在洞壁上稳定刀盘，并防止大块岩渣掉落在刀盘后部及主驱动电动机处。整个护盾分成底护盾、侧护盾和顶护盾，底护盾又称为下支撑。底护盾与机头架底面通过键和螺栓连接，侧护盾和顶护盾通过液压缸与机头架相连，之间有较大孔隙，因此开敞式 TBM 需要设计有护盾隔尘板，防止灰尘从此孔隙中进入主机后面。

(1) 下支撑和侧护盾

下支撑底部与洞底接触，上部平面与主驱动机头架的底部平面接合并通过螺栓和键连接，中间有前后通孔，并布置有通向主驱动的油管路。下支撑与左、右侧护盾之间通过销轴连接，通过侧护盾液压缸可使侧护盾张开或回收，并在掘进时通过楔块液压缸将侧护盾楔紧在洞壁上，楔块的两个斜面一侧与机头架上的斜面接触，另一侧与侧护盾上的斜面接触。楔块与侧护盾和机头架相接触的斜面，其中之一应该是可围绕销轴转动的摆块平面，有转动自由度。

(2) 顶护盾

顶护盾分成三块，中间块与顶护盾液压缸上部相连，可通过顶护盾液压缸在支座上滑动，顶护盾液压缸下部安装在机头架上。左、右两块顶护盾与中间块用销轴连接，可围绕中间块摆动，另一边则搭接在侧护盾上。

8.3.2.5 主梁和盾支腿

开敞式 TBM 的主梁一般为箱形钢结构，长 20 m 左右。为了制造和运输方便，一般分为前段、中段和尾段，如图 8-16 所示，各段之间将用螺栓连接，前段与主驱动机头架也用螺栓连接。主梁承受刀盘传递过来的力和扭矩的作用，并将力和力矩传递到作用在洞壁的撑靴上，应具有足够的强度和刚度。

图 8-16 主梁前段和中段

8.3.2.6 推进和撑靴系统

推进和撑靴系统的功能一是推进液压缸给刀盘提供掘进所需推力，二是由撑靴液压缸将撑靴撑紧在洞壁上承受掘进时的反力和反力矩。如图 8-17 所示，推进和撑靴系统主要由鞍架、推进液压缸、撑靴液压缸、扭矩液压缸和撑靴构成。

(1) 鞍架

鞍架为承载撑靴系统的钢结构小车，安装在主梁的导轨上，可在导轨上滑行，以实现掘进行程完成后的换步。鞍架滑槽内镶嵌有耐磨板，磨损到一定程度后可进行更换。鞍架一般为左、右两块结构，安装在导轨上后拼接并用螺栓固定在一起。

(2) 推进液压缸

推进液压缸布置在主梁的两侧，前端通过销轴与主梁连接，后端用销轴与撑靴连接，前

图 8-17　推进液压缸和撑靴

后端都通过中间转接件由水平销轴和竖直销轴连接到主梁、撑靴上，为了减少冲击，推进液压缸与撑靴之间的连接设有减振弹簧。当掘进时，推进液压缸向前推进主梁，连同主驱动、护盾和刀盘一起向前掘进，支反力传递到撑靴上。一个掘进行程完成后，后支腿落下，撑靴收回，利用推进液压缸拉动鞍架和撑靴系统向前移动，实现换步，同时推进液压缸也完成回缩准备下一个掘进循环。推进系统设计时，主要考虑刀盘推力、护盾摩擦力和后配系统拖拉力三部分所需的推进力。

(3) 撑靴液压缸和扭矩液压缸

撑靴系统有左右连为整体的撑靴液压缸，中间结构通过十字销轴与鞍架连接，并通过左侧两个竖向扭矩液压缸和右侧两个竖向扭矩液压缸将撑靴液压缸悬挂在鞍架上，即扭矩液压缸上端用销轴连接在鞍架上侧，下端用销轴连接在撑靴液压缸上。

(4) 撑靴

撑靴为焊接钢结构，尽可能设计较大的撑靴面积，以适应软弱围岩的掘进，中间开槽以便跨过钢拱架，表面安装有若干圆锥钉以增大撑靴在洞壁上的抵抗力。如图 8-18 所示，撑靴与撑靴液压缸端部采用球面副接触，并用螺栓连接，有一外球面套用螺栓固定在撑靴液压缸的端部，撑靴的内侧凸球面与球面套的凹球面相接触，与外球面套配合的法兰将撑靴用螺栓连接固定。这种球面副结构允许撑靴在各向都可以有一定的摆角，以适应 TBM 姿态和洞壁不规则的需要。为防止摆动过大，撑靴液压缸内部设有几个平衡液压缸，保压后始终顶住球面套。

8.3.3　TBM 主机附属设备

如前所述，双护盾 TBM 和单护盾 TBM 的主机附属设备主要是管片安装器和出渣皮带机，而开敞式 TBM 主机上的附属设备如图 8-19 所示，主要有钢拱架安装器、锚杆钻机和超前钻机、出渣皮带机等。根据新奥法原理利用钢拱架安装器、锚杆钻机和超前钻机进行及时的初期支护作业和超前处理，主机皮带机完成出渣作业。下面重点介绍开敞式 TBM 的主要附属设备。

图 8-18　撑靴与撑靴液压缸

图 8-19　开敞式 TBM 主机上的附属设备

8.3.3.1　钢拱架安装器

钢拱架安装器布置在主梁前部顶护盾下面，以便在顶护盾的保护下及时支立钢拱架。钢拱架由型钢制作的多段钢拱片拼装而成，安装器需要完成旋转拼接、顶部和侧向撑紧、底部开口张紧封闭等动作。

8.3.3.2　锚杆钻机和超前钻机

（1）锚杆钻机

一般在主梁左右两侧各布置一台锚杆钻机，锚杆钻机的操作台布置在钻机的后面，可随锚杆钻机一起纵向移动，也可固定在后面主梁的两侧。锚杆钻机的液压动力站则布置在后配套系统台车上。

锚杆钻机应能实现周向旋转、纵向移动。周向范围的旋转可通过液压缸组成的杆件机构来实现，也可以通过布置在主梁环形钻架上的链轮链条驱动来实现；大直径隧洞有可能实现 270°以上圆周范围的钻孔，小直径隧洞钻孔一般圆周范围小于 180°。锚杆钻机纵向移动距离应大于 TBM 掘进行程，通过纵向拖拉液压缸和主梁上的导轨来实现。值得指出的是，由于希望掘进作业时能够进行锚杆作业，所以钻机系统应该设有同步机构，保证 TBM 掘进和钻机钻孔同时作业时，主梁能够自由滑过钻机机架而不会折断钻杆甚至损伤钻机，可以采取液压同步液压缸机构来实现这一要求。

锚杆钻机具有旋转、推进、冲击、反转、回收等运动要求，受作业空间的限制。直径为 4.5 m 隧洞一般钻孔深度小于 2 m(不接杆的情况下)，而直径 12.4 m 隧洞钻孔深度可以达到 3 m 以上。值得注意的是，由于钻机布置在主梁两侧，因此锚杆不可能径向通过隧洞中心，如图 8-20 所示。

图 8-20　锚杆作业示意图

(2) 超前钻机

如图 8-21 所示，超前钻机一般布置在主梁上方，用于超前钻孔和超前注浆作业。由于前方护盾和刀盘的存在，超前钻机必须与洞轴线倾斜一个角度进行钻孔，一般在 7°左右，周向可钻孔范围在 120°以上，钻进距离可达掌子面前方 30 m 左右。

超前钻机的钻架固定在主梁上，链轮链条驱动机构可使钻机沿钻架周向运动，从而实现一定圆周范围内的钻孔作业。钻杆穿过的护盾处应有导向孔。钻机与护盾之间布置距离较远时应设导向架。有的 TBM 锚杆钻机可用作超前钻机，此时应有专门配置的机构，使锚杆钻机能够转到纵向方向，不需要打超前钻孔时再转回。

8.3.3.3　主机皮带机

主机出渣皮带机采用槽型皮带机，布置在主梁内，尾部伸向刀盘内承接卸下来的石碴，运到主机头部转运到后配套系统皮带机上。主机皮带机主要由头部驱动滚筒、尾部从动滚筒、皮带架、托辊、皮带、刮渣板、渣斗等组成。皮带机尾部托辊采用耐冲击托辊，并加密布置，如图 8-22 所示。

图 8-21 超前钻机及其布置

图 8-22 皮带机尾段

8.3.4 TBM 后配套系统

TBM 是庞大而又复杂的工厂化隧道施工作业系统，需要连续、并行地完成掘进、支护、出渣等一系列作业工序。除 TBM 主机外，还需后配套系统与主机构成完整的施工作业系统才能完成隧道施工任务。TBM 后配套系统与主机尾部相连，由一系列钢结构台车及其上的设备构成，包括 TBM 主机所需供电、供水、供风、供气，以及出渣、除尘、材料吊运、支护等设备。长度在 100～300 m，高度和外廓尺寸主要根据隧道直径大小，并考虑设备布置、作业方便与洞壁不干涉等因素确定。

8.3.4.1 后配套系统构成

下面以开敞式 TBM 为例，阐述后配套系统的主要构成。后配套系统的设备和设施一般可分为钢结构台车、供应系统和动力系统、辅助作业工序设备、安全设施、生活设施等。

(1) 台车

后配套系统主体由若干节钢结构台车组成，各节间用销轴连接。有时在台车与主机之间加设连接桥，连接桥也可以看作是后配套系统的一部分。此外，采用单线轨道矿车出渣时，为了减少等待渣车的时间，常在台车的后面连接加利福尼亚道岔。加利福尼亚道岔底部装有行走轮，与台车一起沿隧洞轨道前行，一般长 120 m 左右，由一系列平台车组成，其上布置双线轨道和道岔，尾部有斜坡段供渣车从隧洞轨道上到其平台上。加利福尼亚道岔也可以视为后配套系统的一部分。

(2) 风、水、电、动力供应系统

① 液压动力站。一般布置在后配套系统上，有时也布置在主机上。主机上的锚杆钻机液压动力站一般也安装在台车上。

② 供电与电气控制系统。包括与隧道布设电缆接口的高压电缆卷筒、变压器、电气控制柜、电缆等。

③ 供风系统。包括与隧道通风系统接口的风管储存筒、二次风机及台车上从后向前铺设的金属风管等。

④ 供水系统。包括与隧道供水管接口的水管卷筒及后配套系统上的供水管、水泵、水箱等。

⑤ 供气系统。主要指高压空气，包括喷混用压缩空气和气动工具用压缩空气的设备，主要由空气压缩机、储气罐及管路等构成。

(3) 辅助作业工序设备

① 锚杆钻机。一般布置在 TBM 主梁的前部，但有时也需要在连接桥上或后配套系统前部布设附加的锚杆钻机，主要用于隧洞直径较大、锚杆数量较多的隧道。

② 混凝土喷射系统。包括混凝土输送泵及其液压动力站、控制柜，喷射机械手及其液压动力站、控制柜，混凝土输送管路，速凝剂输送泵及储存箱等。

③ 注浆系统。包括注浆泵站、搅拌器及其管路。

④ 出渣作业系统。一般主机皮带机直接转到后配套系统的皮带机上。有时出渣系统由三段皮带机组成，石渣由主机皮带机转到连接桥皮带机，再转到后配套系统皮带机上。若采用矿车运渣出洞，则需要考虑台车上的列车行走轨道、推车器、卸渣点布置等。若采用连续皮带机出渣，则需要考虑在台车上布置连续皮带机尾段及安装皮带架的空间。

⑤ 排水系统。主要由排水泵、污水箱、管路等组成。一般在主机至后配套系统尾部安排多级排水泵。

⑥ 轨道或仰拱块铺设设施。包括轨道等材料吊机及其滑道，需要留出铺设轨道空间。采用仰拱预制块时，需要有仰拱块吊机。

⑦ 除尘作业系统。一般由除尘器、除尘风机、除尘风管等构成。

⑧ 清渣作业设备。TBM 施工时，洞底会沉积大量泥渣，特别是破碎岩石时，需要清渣设备。一般将泥渣清理到清渣皮带机或吊运铲头上，再转运到后配套系统皮带机上。有时在主机处还采取螺旋输送机将石渣返回到刀盘上。

(4) 安全设施

安全设施包括台车上布设的扶手、走道、台阶、爬梯、护栏，以及灭火装置、照明设施、应急发电机、有害气体监控报警系统等。

(5) 生活设施

生活设施主要包括休息间、厕所等。

8.4 TBM 法施工工艺过程

8.4.1 TBM 施工方式的选择

钻爆法与掘进机 TBM 法是隧道开挖的两个行之有效的施工方法，两者各有所长，在不同范围内，不同的条件下表现出各自的优势。

TBM 施工法的优点在于施工速度快，能缩短工期，但只从开挖的可能性来考虑，还不能确定能否采用。如果岩质相同，TBM 施工法没有超挖量，与钻爆施工法相比，周边围岩也不松弛，那么，即使需要支护也只需轻型的即可，在减少衬砌混凝土量等费用方面具有很大优点。但当地质条件不适合于 TBM 施工法时，即在破碎带、膨胀性围岩以及大涌水带等条件下，TBM 的掘进就比较困难，即使是最高性能的机械有时也会延误工期，这时可用钻爆法辅助做好该区段开挖和通风，TBM 再向硬岩掘进，所以钻爆法和 TBM 法可配合使用互相取长补短。

为了扩大 TBM 的适用性，需要更进一步开发完善后配套机械设备，并掌握超前地质预报技术。

8.4.1.1 影响 TBM 施工法的地质因素

（1）隧道的地压

是否有塑性地压作用于隧道成为由地质条件决定适用性的重要因素。在最近的 TBM 施工中，全盾构型的场合使用超挖滚刀对切削断面进行超挖，以及依靠管片衬砌环的反作用力辅助推进的方法；敞开型的场合则采用了依靠喷混凝土等支护的早期支护的处理方法。采用何种方法与作用的地压的程度有关，没有确定性的方法。

有关发生塑性地压的围岩的评价，软岩时是采用以围岩强度比作为指标的评价方法，而接近土砂地层的软岩时是以围岩抗剪强度比为指示的方法等，把岩石强度作为参数而进行的评价，还有采用以蒙脱石等黏土矿物的含量与过去的实例比较后进行判断的方法。作为简单的评价，大多是根据由式(8-1)表现的围岩强度比的大小来评价。

$$A=\frac{qu}{\gamma h} \tag{8-1}$$

式中 A——围岩强度比；

qu——试件的单轴抗压强度，kN/m^2；

γ——围岩的单位体积含量，kN/m^3；

h——覆盖层厚度，m。

当：

$A\leqslant 2$ 时推断为挤出性～膨胀性地压力。

$2<A\leqslant 4$ 时推断为轻度的挤出性地压力。

$4<A\leqslant 10$ 时推断为有地压。

$A>10$ 时推断为几乎无地压。

上述的评价是对隧道的一般评价，至于下述各种情形，则不用计算：断层破碎带和软弱泥岩等地质以及在蛇纹岩中所观察到的膨胀性地质，由于发生大的地压作用，工作面自稳困难，因此不可能用 TBM 法开挖，或即使能够开挖也相当困难。

（2）涌水的状态

在软弱岩层、断层破碎带，涌水的范围、水量和压力会引起工作面坍塌和地层承载力降低这样的问题，严重时有时会导致机体下沉。特别是因涌水引起拱顶崩坍时，如盾构型掘进机不引发工作面崩坍，就很容易处理，但是敞开型的却因施工困难而需注意。涌水区间的延长很长或反复出现时，使用 TBM 优点明显减弱，因此在事前的地质调查中必须注意这点。

8.4.1.2 有关影响 TBM 效率的地质因素

使用 TBM 时，为推断其效率而必须了解岩石的强度、硬度和节理，因为它们会大大影响 TBM 的切削能力。

（1）岩石的抗压强度

用 TBM 进行的开挖是利用岩石的抗拉强度和抗剪强度与抗压强度相比明显小的特征来进行的，一般抗拉强度是抗压强度的 1/10～1/20 左右。因抗拉强度、抗剪强度与抗压强度有上述关系，所以开挖的难易是以比较容易试验的抗压强度为基础进行判断的。但是，对于大大影响开挖经济性的滚刀损耗，仅以抗压强度来判断是不恰当的，必须根据岩石中含的石英颗粒的大小、数量和岩石的抗拉强度等来进行推断。目前，对前部分单轴抗压强度为 300 MPa 左右的超硬岩也能进行开挖，但滚刀刀圈和轴承的损耗严重，很不经济。如果根据机种以及岩石种类和裂缝的程度并综合施工实绩来评估，可适用的岩石强度为 200 MPa 左右。TBM 的施工性不只是由单轴抗压强度决定的，在软岩中因其后的支护，不能提高掘进速度的情况很多。

（2）岩体的裂缝

岩体的裂缝（节理、层理、片理）与开挖效率有很大的相关性，一般裂缝发达的岩体即使抗压强度大，也能比较有效地进行掘进。

（3）岩石的硬度

在进行岩体的机械开挖时，滚刀的磨耗问题不断发生，因此在硬度试验和矿物分析之前，要事先将磨耗问题反映到滚刀消耗计划中。除岩石硬度外，因岩石矿物成分的种类、含量不同，滚刀的损耗也会发生很大变化。这种损耗主要是由岩石中含有的石英等坚硬物质引起的，所以用薄片显微镜观察或 X 线折射，就能清楚了解石英的含有率和粒径。

8.4.1.3 地质调查

参考 TBM 在软弱围岩地质地段施工的大量工程实例，总结出施工过程中往往存在下列问题，须特别注意。

（1）用撑靴得不到充分的接触面压力，推进力不足。

（2）软弱地层引起 TBM 下沉。

（3）工作面坍塌、拱顶坍落。

（4）洞壁膨胀使 TBM 受到限制。

一般在下列地质条件下，采用 TBM 必须进行周密调查。

（1）特别坚硬或脆弱的岩石构成。

（2）岩石软硬变化大。

（3）有许多破碎带和断层带。

（4）估计涌水量大，难以预测工作面的稳定性。

（5）泥泞化，估计对出渣等作业有障碍。

(6) 膨胀性围岩。

(7) 因塑性流动等导致周边围岩挤出。

8.4.2 TBM 施工的前期准备

TBM 是多环节紧密联系的作业系统，包括破岩、出渣、支护、翻渣、电力供应以及各种辅助设施。为了满足庞大的作业系统能正常连续作业，除 TBM 本身组装需要配属设备及场地外，其他如风、水、电供应，材料供应，仰拱生产、机械维修车间，配件库，应急发电机房等都应具备，充分体现系统的"成龙配套"，在此以秦岭隧道(出口段)TBM 施工的前期准备为例进行全面介绍。

8.4.2.1 洞外场地布置

TBM 施工主要的洞外配套设施有：混凝土拌和系统，仰拱预制厂，修理车间，各种配件、材料库，供水、电、风系统，运渣和翻渣系统，装卸调运系统，进场场区道路，掘进机的组装场地等。根据 TBM 掘进机不同阶段的施工需求和现场的实际情况，科学合理的统筹布置是充分发挥掘进机的性能、确保掘进机顺利施工的前提。

8.4.2.2 预备洞、出发洞开挖

由于一般隧道洞口处覆盖层薄(30～40 m)，另有可能石质风化等原因，通常不适合敞开式 TBM 施工，为确保 TBM 早日投入正常掘进施工，一般采用人工开挖至围岩条件较好的洞段(此时 TBM 依靠自身步行装置进洞)，称为预备洞。TB880E 掘进机在秦岭Ⅰ线隧道预备洞长 300 m，在西南线桃花铺 1 号隧道预备洞 190 m。

出发洞是指 TBM 步行至预备洞工作面开始掘进时，由于 TBM 本身要求应有撑靴撑紧洞壁以克服刀盘破岩的反扭矩及推进油缸的反推力而设计的，用以 TBM 最早掘进的辅助洞室，施工长度根据 TBM 的自身结构尺寸而定，预备洞和出发洞连接处应留有足够的空间用以拆卸 TBM 的步行装置。

8.4.2.3 TBM 组装准备工作

(1) 基本要求

研究装配图及技术要求，了解装配结构、特点和调整方法；制订装配工艺规程、选择装配方法、确定装配顺序；准备合适的装配工、量、夹具和材料；对装配件进行外观检验、修毛刺、倒角、清理、清洗、润滑等。

(2) 场地

主机组装场地要求地基夯实、龙门吊走行轨道基础为钢筋混凝土结构、地面抗压强度为 20 MPa、30 cm 厚混凝土、表面平整，刀盘下护盾(2×1/2)、前后外机架下部、后支承安装位置测量后按照刀盘、刀盘轴承、下护盾、前下外机架、前内机架、前上外机架、后上外机架、后内机架、后下外机架、7 号平台、6 号平台、5 号平台、4 号平台、备用刀盘轴承的进场顺序用明显标记注明(弹线标记)各部件位置图。

后配套组装场地的规划可根据场地区域确定，地基保证夯实，长度至少保证 80 m；门吊跨度 18 m，跨内铺设四轨双线，轨道外侧宽 2 980 mm，便于后配套平板的放置，两侧各 900 mm 轨距的轨道用于将来机车出渣。

(3) 工具箱、库房设置

工具、材料、液压管接头、专用工具等应就近放置，面向洞口依次摆放以下集装箱：工具间、螺栓螺母存放间、液压间、电气间以及存放各类液压、水管接头的集装箱。

（4）风、水、电及电气焊配备

组装期间由于液压张紧及其他特殊工具需要用风、水、电，场地应有准备。电焊、氧气、氢气、乙炔缺一不可，还要有消防灭火器材。

高压风压力：6～8 bar；风管：3×60 m；配套接头；高压水管 2×60 m（注：应修筑排水沟以便排水）；电：400 V、3～50 Hz，单相 220 V、50 Hz；配电箱：2 个配多用途组合插座并带 40～60 m 长电缆；配套 4 芯、5 芯，各种型号插头插座若干。

（5）人员配备

根据 TBM 结构特点，一天三班制，专业分工，岗前培训，由工班长、专业工程师带领电工、吊车司机等 20 余人组装作业，保证组装质量。

8.4.2.4　TBM 主机、后配套系统及其辅助设备调试

TBM 完成组装并与高压电源、供水管路连接后，须进行整机及其辅助设备的功能测试，以便调试整机。TBSSOE 型全断面隧道掘进机测试项目如下。

（1）刀盘

扩孔刀收缩/伸出，功能试验。

（2）刀盘和相连的护盾功能试验

PCL 系统程序试验；

护盾夹紧/松开；

刀盘提升/落下；

刀盘护盾扩张/收缩。

（3）刀盘驱动

检查 PCL 系统程序；

通过程序启动/停止电动机；

液压辅助驱动（点动运转）；

通过离合器使刀盘启动/运转；

制动器 1 和 2 试验包括液压放松和 PCL 系统程序连锁；

冷却水循环系统和刀盘喷水；

刀盘驱动电动机冷却水接通/断开；

刀盘喷水装置的接通/断开。

油和油脂的润滑：

PCL 系统程序检验（油和油脂润滑）；

油循环润滑、油泵接通/断开。

流量测定检测：

油脂润滑实验和气动油桶脂泵控制；

刀盘驱动系统长时间运转试验；

实验前后润滑油清洁度检查；

转速实验测定。

工作参数的测定和记录下列部位的温度：主驱动组件、驱动电机、行星减速箱、水冷却、油滑。

（4）机架推进

PCL 系统程序试验；
推进，m/h；
回程，m/h；
快速推进，m/h；
快速回程。
(5) 外机架功能试验
PCL 系统程序试验；
高压夹紧/松开；
低压(快速移动)夹紧/松开；
复位时间试验(各液压缸伸长/缩回时间)。
(6) 后支承
PLC 系统实验(功能试验)；
液压支承上升/下降；
液压支承左/右伸出。
(7) 液压控制系统
油面、油温功能测试；
压力调定功能测试；
PCL 系统程序检查。
(8) 电气装置
PCL 输入/输出试验；
依靠控制系统(PCL)进行动力部分连锁(变压器、开关柜)；
变压器控制器试验温度、信号开/关等；
安全电路(紧急断开)实验；
通电情况开关柜和开关电路的模拟试验(在适宜范围内的三相输出电路)；
照明电路开关/接通；
无机器控制时不同 PCL 系统程序试验部分模拟；
控制台功能试验。
(9) 隧道清渣皮带机
全部功能试验。

8.4.3 TBM 掘进作业

8.4.3.1 TBM 的掘进操作

(1) TBM 控制室是完成各项工作的控制核心。正确合理的操作是充分发挥 TBM 施工优势、顺利工作、延长设备使用寿命的关键。控制室特点如下。

① 操作简便，反应灵敏。控制室内中合理的操作元件布置、众多的仪表安排和主要设备运行状态信息提示，都为操作者及时了解 TBM 状态、准确采取相应措施进行合理控制提供了条件。

② 监测完善，操作安全。TBM 的主要设备均在控制室启动、停止，便于进行监控。精密的故障检测系统及时准确地将各系统出现的问题显示在监视屏上；多角度的视屏监视系统将各主要设备、各作业小组的工作状态反映到主控室；完善的 PLC 系统对每一步操作的

检测可避免因误操作而导致的不良后果。

(2) TBM主控室的操作主要分为6个步骤：启动准备、启动、掘进、停机、换步和调向。

① 启动准备

隧道施工中，电、水、风是三大主要因素，对于TBM也是如此，在试运转或经长期停机后，启动前要考虑电、风、水是否已安全正确地输送到机器上，核实洞外中压电源是否输送到机器的变压器上，变压器的一次侧断路器是否已经接通。电源接通后还要确认洞外的净水是否已经接通并送入洞内，同时确认洞外新鲜风机是否启动并把新鲜风送入机器尾部。电、水、风已具备后，则准备工作完毕。

② 启动

在确认控制电压接通后，启动净水泵（正常水压应在0.7 MPa左右），启动风机。风机有接力风机、除尘风机和空气冷却风机。启动时，可通过成组启动按钮成组启动，亦可单独启动。在风机启动完毕后启动液压动力站。与风机的启动方式相同，液压动力站可成组启动，亦可单独启动，空气压缩机的启动要到其配电柜处的操作面板启动。这项工作也要在这个时间段里完成。

③ 掘进

开始掘进前，确认以下工作：风机启动，泵站启动，电机启动，输送带启动，水系统正常，刀盘油润滑、脂润滑正常（以上工作在启动时完成）；外机架已经前移并撑紧，后支承已经收起并前移，护盾夹紧缸已经夹紧，后配套系统已经拖拉完毕（以上工作在换步时完成），条件具备后，开始掘进。

④ 停机

掘进一个循环后，PLC系统根据传感器的信号自动停止推进。控制刀盘后退3～5 cm，使刀圈离开岩面。并根据余渣量的大小令刀盘旋转若干时间。然后停止刀盘喷水，停止刀盘旋转，停止电机，待输送带上的渣基本出完之后，停止输送机。以上控制的相应按钮与启动时的按钮对应。与此同时，可以进行后配套的拖拉工作。

8.4.3.2　掘进模式的选择

TBM主控室有三种工作模式可供选择，即自动控制推进模式、自动控制扭矩模式和手动控制模式，选择何种工作模式，由操作人员根据岩石状况决定。

(1) 在均质硬岩条件下，应选择自动控制推进模式，此时，既不会过载，又能保证有最高的掘进速度，选择此种工作模式的判断依据是：如果在掘进时，推力先达到最大值，而扭矩未达到额定值时，则可判定为硬岩状态，选择自动控制推进模式。

(2) 在均质软岩条件下，一般推力都不会太大，刀盘扭矩变化是主要的，此时，应选择自动控制扭矩模式。选择此种工作模式的判断依据是：如果在掘进时，扭矩先达到额定值，而推力未达到额定值或同时达到额定值，则可判定为软岩状态，加之地质较均匀则可选择自动控制扭矩模式。

(3) 如果不能肯定岩石状态，或岩石硬度变化不均匀或岩石节理发育，存在破碎带、断层或裂隙较多时，则必须选择手动控制模式，靠操作者的经验来判断岩石的属性。

(4) 在手动控制模式作业过程中，如岩石较硬，推进力先达到额定值，且岩石较完整，此时应根据推进力模式操作，限制推进压力不超过额定值。如果岩石节理较发育，裂隙较多或存在破碎带、断层等，此时应依据扭矩模式操作，主要以扭矩变化并结合推进力参数来选择掘进参数。无论在何种岩石条件下，手动控制模式都能适用。

8.4.3.3 掘进参数的选择

(1) 在不同地质条件下，TBM 的推力、刀盘转速和刀盘扭矩等掘进参数是不同的。虽然 TBM 配备自动推力和自动扭矩操作模式，但是由于岩石的均匀性相对较差，所以在 TBM 掘进作业中，通常是采用人工操作模式，根据不同的地质条件及时调整 TBM 的掘进参数，以使 TBM 安全、高效地通过不同的地质地段。

(2) TBM 从硬岩进入软弱破碎围岩时，相应的掘进主参数和胶带输送机的渣量、渣粒会出现明显变化。据此变化可大致判断 TBM 刀盘工作面的围岩状况并采用人工手动调节操作模式，及时调整掘进参数。

① 推进速度(贯入度)。在硬岩情况下贯入度一般为 9～12 mm，当进入软弱围岩过渡段时，贯入度有微小的上升趋势，出于 TBM 皮带输送机出渣能力的考虑，现场操作一般不允许有较长的贯入度上升时间，此时贯入度随给定推进速度的下降而降低，当完全进入软弱围岩时，贯入度相对稳定，一般在 3～6 mm。

② 推力(推进压力)。在硬岩情况下推进速度一般为额定值的 75%左右，推进压力也成相应比例，当进入软弱围岩过渡段时，推进压力呈反抛物线形态下降，下降时间与过渡段长度成正比，推进速度随推进压力的下降而适当调低，当完全进入软弱围岩时，压力趋于相对平稳，此时推进速度一般维持在 40%左右。

③ 扭矩。在硬岩情况下一般为额定值的 50%，当进入软弱围岩过渡段时，扭矩有缓慢上升趋势，上升时间与过渡段长度成正比，当完全进入软弱围岩时，由于推进速度的下降扭矩相应降低，一般在 80%左右为宜。

④ 刀盘转速。在硬岩情况下一般为 6.0 r/min 左右，当进入软弱围岩过渡段后期时，调整刀盘转速为 3～4 r/min，当完全进入软弱围岩时，刀盘转速维持在 2.0 r/min 左右。

⑤ 撑靴支撑力。在硬岩情况下一般为额定值，当撑靴进入软弱围岩过渡段时，撑靴支撑力一般调整为额定值的 90%左右，当撑靴进入软弱围岩地段时(现场需要做相应处理)，撑靴支撑力一般调整为最低限定值，必要时需要改变 PLC 程序来设定限值，并根据刀盘前部围岩状况随时调整推进速度以确保 TBM 有足够的稳定性。

8.4.4 出渣与进料运输系统

在掘进机掘进的隧道内，可以采用的出渣运输系统有：列车轨道运输系统、无轨车辆运输系统、带式输送机运输系统、压气输送系统和水力(浆液)输送系统。

(1) 列车轨道运输系统

隧道内石渣和材料最普通的运输办法是轨道运输，这种系统是用多组列车在有站线的单轨道或有渡线的双轨道上运行。目前多数创造掘进机开挖速度新纪录的隧道所使用的都是轨道运输系统。石渣由装在掘进机刀盘上的铲斗或铲臂从工作面前提升起来，卸到掘进机的带式输送机上，转运到掘进机后的辅助输送机上再卸进斗车内运至洞外。

列车轨道运输系统是最常用的系统，具有下列优点：安装设备简单、适应性强、故障比较少。在直径较大的隧道中，有利于使用较多的调车设备，能做到接近连续地接受从掘进机后卸出的石渣，因而提高了掘进机的利用率和隧道的进度。

除上述优点外，列车轨道运输系统还可将人和材料运入洞内，系统是一种经过考验的、简单的、多用途的设备。

(2) 无轨车辆运输系统

无轨车辆运输系统由于其适应性强和在短巷道内使用方便，而在矿山开挖中广泛使用，特别是用在坡度不大的倾斜巷道施工条件下。如果用于隧道，则隧道的长度将是选用列车轨道运输还是车辆无轨运输的主要依据，无轨运输系统用于短隧道的开挖，因为在这种隧道内铺设轨道系统是不经济的。

(3) 带式输送机运输系统

多数掘进机都有一台装在机身内的输送机，再用一台辅助输送机挂在掘进机后，在掘进时由掘进机拖带前进。如用输送带来出渣，安装时则应做到留有一条开阔的通道，以便运送人员和材料到工作面。如隧道直径够大，输送机可沿一侧起拱线，悬吊在拱部或以支架支承。输送机的支撑架随着隧道掘进而接到运输系统内。输送机的运输是连续的，可按掘进机最高生产能力来设计，输送机运用时，很少能超过其能力的60%，但是又必须具备这种能力，以便在地质条件允许达到最大利用率时能高速出渣。带式输送机的优点是可靠、维修费低和能力大，但不具备轨道运输系统的适应性和机动性。在适合掘进机开挖的好地层中，它是做到连续出渣的较好办法。目前已有一些新型的带式输送机提高了对曲线的适应性，其中转弯式的输送机可以用于有曲线的隧洞。

(4) 压气输送系统

在断面大的隧道，大量物品可设置有效的轨道或输送机系统来运输。如隧道直径变小，则石渣的运输量和安装出渣运输系统的净空也随着减小。当出渣系统的能力减小时，掘进机的停机时间也会由于出渣设备的效率不高或能力不足随之增多。如隧道长度增加，就会成为严重问题。

压气输送系统已在矿山中采用，但在隧道中则只是试验和有限使用。高效、连续和经济的压气输送系统，在加拿大、英国和美国已经过试验并已投入使用。从在隧道内有限使用的结果表明，这种系统能有效地运输直径达到15 cm的石渣，水平距离远达750 m，或在有一定水平运距且垂直升高300 m的情况下，每小时最大运量为300 t。在长隧道中，当隧道向前推进时，可采取一系列独立系统串联起来使用。

压气输送系统由几个基本单元组成：鼓风机和电动机、加料器、管路和卸渣池。

操作时，由鼓风机和电动机供应压缩空气，压缩空气则从液压驱动的装料器中带走由掘进机的输送机卸入的石渣，可在这个系统的装料器前装一台破碎机。石渣通过管路用压气输送到渣池。管路是用下列配件安装起来的：特别设计的耐磨弯头(有转弯必要时)，快速连接器、球形接头(以适应微小的弯曲)和液压伸缩管(用以延长管路)。管子和伸缩管的长度应是运输轨道一节钢轨长度或者掘进机行程长度的倍数。石渣卸在洞外卸渣池中，池中备有必要的消音和灭尘设备。

这种系统已公认为在隧道内具有高速大量运渣力。正在进行各种试验进一步研究其实用性。目前的试验表明这种系统能够运输的石渣比带式输送机或列车运输能运的石渣范围有限得多，但是如果石渣属于可以压气输送的，则是最经济的石渣运输系统。这种系统用于小直径隧道最大的优点是在整个隧道内只需占很小的安装空间。但是应认识到，它和带式输送机一样只是一种单程运输系统，使用时要用其他辅助运输系统来运送其他材料进出隧道。

(5) 水力(浆液)输送系统

在开挖隧道的过程中,如果岩层能够浆液化,就可以采用水力(浆液)石渣运输系统,其先决条件是石渣要碎成要求的尺寸,并具有悬浮在浆液中的适当性质。

目前掘进机的刀具制造工艺,已为各种特定硬岩生产出硬刃口或嵌入碳化钨的刀具,以便切出的石渣大小具有理论上已知的粒径分布曲线和级配,因而能设计出一种浆液输送系统来运输这种掘进机切削的石渣。但隧道开挖时遇到的情况多数不是预计的情况,地质变化常使得如断层泥、未能被刀具破碎的大岩块之类未预料的石渣进入到浆液流中,加上地下水量的变化,使提供的浆液稠度发生变化。在新墨西哥州一座穿过页岩地层的隧道,开始时采用浆液输送系统,但因为地层条件和地质发生变化而放弃,再改用适应性更高和更可靠的列车运输。

在软地层内,用全封闭的盾构型掘进机来挖不稳定含水层隧道时,曾经采用常规的气闸和压气来防止泥土流入。由于气闸和压气给隧道施工带来种种不便,因而发展了一种在紧靠切削头后有压气隔板的全封闭盾构掘进机,工作面与隔板之间充满了有压的液浆或膨润土浆,切削刀盘就在其中旋转。浆液支承了稳定的工作面,而且作为削下泥土的运载体从工作面通过浆液的泵和管路系统排到洞外。如果地层挖下来的泥渣能满足设计参数,这种系统的使用是成功的。和压气输送一样,地层和地质的变化很容易改变其效果。

配套设备与压气输送系统相同,只是运载的介质不是空气而是液体。这种系统本身有三个问题:运载的供应,洞外泥渣的处理和这个系统操作的连续性。如果是用水来造成浆液就需要恒定的补给水源;如果采用膨润土浆,就需要有能循环使用的循回管道,而且必须供应稠度受控制的膨润土浆。不管采用哪一种方法,最后清除脱水、去砂的泥渣时,都比处理常规泥渣时出现的问题严重很多。

8.4.5 TBM施工通风与除尘

TBM工法的通风对象是工作人员呼出的气体和TBM主机动力发生的热量、岩石破碎时发生的粉尘和内燃机等发生的有害气体等。

8.4.5.1 通风方式选择

TBM通风方式有:强制式,送入式,抽出式,送、抽并用式,巷道式,主风机、局部通风机并用式,自然式等。根据以上通风方式,在选择时,要在考虑了隧道的规模(断面、长度)、施工方式、周围环境的基础上,选择与作业环境、施工条件相符的通风方式。

TBM工作时产生的粉尘,是从切削部与岩石结合处释放出来的,所以必须考虑采用在切削部附近将粉尘收集,通过排风管将其送至后续台车上,然后用除尘机处理的办法。

8.4.5.2 通风管理

为了对施工中的粉尘与有害气体实现综合治理,应做好以下工作:

(1) 严格遵守湿式凿岩、喷射混凝土工艺。坚持喷雾、洒水及其他降尘措施。作好个人防护。

(2) 严禁汽油进洞作业。洞内的柴油机械和运输车,使用低污染规格柴油,并采取有效净化措施。

(3) 洞内的柴油机械,要定期维修保养,严格执行洞内机械的使用管理方法。不准带“病”作业。使机械始终处于最佳的工作状态。

(4) 架立好风管,风管要保持平、直、顺,接头严密,破损风管要及时修补或更换。

(5) 风门和封闭的通道漏风时，必须立即整修，保持严密。

(6) 定期测试粉尘和有害气体的浓度。

(7) 定期测试风量、风速、风压，检查通风设备的供风能力和动力消耗。

(8) 通风测试结果，及时反馈，不断改进，完善通风系统。

8.4.6　混凝土仰拱预制块生产及铺设

混凝土仰拱预制块是隧道整体道床的一部分，也是 TBM 后配套承重轨道的基础，同时又是机车运输的路线铺设基础。TBM 每掘进一个循环，需要铺设一块仰拱块，仰拱的生产和铺设也是掘进机生产中的一个重要生产环节。本节结合秦岭隧道 TBM 施工实例介绍仰拱块的生产和铺设。

8.4.6.1　仰拱预制块生产

仰拱预制场是 TBM 的配套工程，是 TBM 配套系统的组成部分。根据 TBM 的掘进速度（正常地质情况 450 m/月），可按每天生产 8 块预制块来安排施工。

(1) 生产要求

① C40 混凝土施工配合比由试验中心试验后提供，配合比数据如下。

水泥(52.5 R)：沙子：石子：水＝1：1.52：2.92：0.39，外加剂采用 SJG 高效减水剂，掺量为水泥用量的 1%。施工配合比应根据施工现场的实际条件进行适当的调整，例如石子的颗粒大小、沙子的细度模数和含水率、外加剂的种类等，特别是混凝土体积比较大的情况下，预制块中受力比较集中的部位容易出现裂缝，此时应适当调整配合比，并分析施工中的各个环节。

② 钢筋笼的加工可先在台座上焊接四个钢筋网，然后在组装台座上组装成型。

③ 混凝土从拌和楼拌和后，用斗车拉至预制场内，打开模具底座的四个振动器，开始灌注混凝土。混凝土灌注后，静停 3 h，打开模具顶盖，拔出注浆杆，预留钢筋吊钩的位置，并进行抹面，然后盖上养护罩，开始蒸汽养护，其中升温 3 h，恒温 6 h，最后拆模吊装。

(2) 施工注意事项

① 模具应及时维护，检测是否有变形的情况，模具底部的振动器应按要求注油。模具中有些容易变形，损坏很快，消耗很大的部件，要研究替换或加固方法。例如，预埋的橡胶半球可换成固定的钢半球，模具底部可加焊钢板，承轨槽部位的钢板可以加厚等。

② 制定锅炉、桥吊、龙门吊等机械的操作规程，操作人员严格按照操作规程作业；维修人员定期对机械进行检修，及时排除故障隐患，维持设备正常运转。

③ 温控原始记录必须保存完整，并有记录人签字。原始记录是实现产品标识和可追溯性的重要保证。

④ 预制块的吊装、翻转、堆放过程中，应注意桥吊、龙门吊的操作，以防磕碰预制板使之破损。

8.4.6.2　仰拱预制块铺设

仰拱预制块随 TBM 的掘进而铺设，其铺设进度和质量直接制约着 TBM 掘进速度，仰拱预制块的施工顺序及要求如下。

(1) 仰拱预制块锚固

① 用高压风将螺栓道钉孔吹净。

② 用锅里倒入锚固剂，用铲子拌和，至呈黏稠胶状为止。

③ 用小尖铲把拌和好的锚固剂倒入螺栓道钉孔内，插入螺栓道钉。

④ 用卡子将螺栓道钉卡住，固定时间不少于 4 h，以确保螺栓道钉在凝固过程中不移位。

(2) 洞外安装止水带

① 预制块凹凸面采用 DP-821BF 复合型膨胀止水带止水，其规格为长×宽×厚：4 035 mm×50 mm×13 mm。

② 安放前，先用刷子、抹布将安放位置油污、粉尘等清理干净，然后涂氯丁胶二次（间隔 10 min），待胶开始收缩时（一般 5～10 min），粘贴止水带，并用橡皮锤敲打使其全面嵌入。

③ 止水带安装要求贴合紧密，无脱落、错位现象。

(3) 底部清理

① 刀盘后部。人工将开挖和打锚杆时滑落到底部的岩粉、沉渣等清理到料斗中，由下部清理吊机运到底部清理装置中倒入刀盘随渣外运。

② 刀盘与已铺好的仰拱块之间。用填充密实的塑料袋（内装非渗水土或其他材料）设两到三处隔水围堰，仰拱块前部用高压水冲洗干净，污水采用自吸泵抽排出洞外。

③ 要求仰拱铺设位置做到无虚渣、无积水、无杂物、无油污。

(4) 仰拱块运输

① 仰拱块须存放 28 d 以后，且外观平顺、无蜂窝麻面、无棱角破损、无裂缝、强度及规格均达到设计要求方可使用。

② 仰拱块车用机车推入后配套系统后，在铺设区转正方向，用仰拱吊机起吊，移到已铺好的仰拱块前就位。

(5) 仰拱块安放

① 测量定位。要求测量精确，横向误差控制在±5 mm，高程误差控制在±3 mm。

② 底部用 6 块水泥垫块支撑、固定，两侧用三角形水泥块支撑。

③ 预留电缆过轨位置宽 90 cm，在施工中由于铺设仰拱块不能满足 90 cm 时，可取消该位置一块仰拱块。

④ 在施工中为保证运输安全，在未铺设仰拱块处可采用枕木垛或其他形式支撑钢轨。

(6) 底部灌注

① 底部灌注采用 C18 细石混凝土，其配合比严格执行工程局指挥部实验室提供的数据，配合比为水泥∶沙∶石子∶水＝1∶2.43∶2.63∶0.65。

② 运输：用混凝土输送罐车运至现场。

③ 灌注：由人工从两侧对称进行灌注。

④ 振捣：采用插入式振动器，快插慢拔，慢慢移动振动器，尽可能将混凝土填充密实。振动时间以混凝土不再下沉，不再出现气泡，表面开始冷浆为度。

(7) 表面压浆

及时压注水泥砂浆充填，以确保预制块稳定，水泥砂浆配合比为水泥∶沙∶水＝1∶2.1∶0.5。

(8) 安放中心水沟止水带

预制块接缝处采用 HF-78 水沟接头止水带止水，其规格为长×宽×厚：1 310 mm×

78 mm×8 mm。安放后用 C13 水泥砂浆将其抹平至中心水沟底面。

8.5　地质预报

地质条件是能否采用 TBM 法施工的先决条件，也是 TBM 能否正常发挥效能、优势的重要条件，地质预报工作十分重要。

8.5.1　国内外研究和实践现状

要完全准确地探明隧道所处的工程地质、水文地质条件，预测、预报施工工作面前方可能发生地质灾害的地段，是一项难题。为解决这一问题，最近几十年来，国内外都将隧道地质超前预报列为主要突破的技术课题，所采用的方法有：工程地质法、超前平洞结合超前钻探法、仪器法、经验法等。

超前预报方法中采用的仪器是目前国内外研究的主要方向，一般均采用弹性波反射原理，开发软件系统，通过电子传感器接收反射信号，利用微机采集数据并进行人机对话式的数据分析，以提高对含水体或断裂带、结构面走向等的识辨率。另外也有研究利用广谱（高频）电磁技术，通过接收到的反射波进行判译。目前在地质超前预报中应用较多的仪器有：地震仪（GJY、TSP、陆地声呐法）、地质雷达（GPR ）、红外测温仪、岩体声发射仪等。

8.5.2　地质超前预报方法及其应用

为减少施工的盲目性，并适应隧道快速施工的要求，必须准确预知工作面前方工程岩体的状态，以便及时采取正确的开挖方法和支护措施，或对将发生的地质灾害采取相应的对策，以尽量避免损失，或把损失减少到最低限度。

根据在长探洞内的地质超前预报的经验，对长隧道的地质预报应采用综合方法，即同时使用几种类型的预报方法。为便于施工计划和管理，按不同的预报性质进行地质超前预报分类。按工作面距离分为① 短距离预报：0～15 m，与施工同步进行，对成灾预报而言，相当于临灾预报或防灾处理阶段；② 中距离预报：15～50 m 相当于成灾预报的短期预报；③ 长距离预报：50 m 以上，对隧道施工是战略性预报。按预报作用分为① 常规预报：主要预报短距离内的工程地质条件，判断围岩类别等；② 成灾预报：主要进行中、长距离的预报，采用综合手段，作定性和定量预报；③ 专门预报：预报特殊工程地质问题，如地温、有害气体等。按预报精度分为① 定量预报：明确可能成灾的位置、规模、影响范围，主要体现在短、中距离预报中；② 定性预报：体现在长距离的战略性预报中。

（1）工程地质法

① 长距离预报：利用 1∶2.5 万的地面测绘和其他基础资料对隧道的地层界线、大型断层、围岩类别、涌水以及其他特殊工程地质问题进行预测。

② 中、短距离预报：用现场平洞测绘和平切图法对工作面前方的围岩类别、破碎岩层、出水构造等作预报。

（2）超前平洞法

利用现有长探洞已查明的地质情况或超前的一条隧道对后进的探测实际上起到了超前预报的作用。采用这种方法进行工程地质法预报既直观，精度又高，在施工中起到了重要作用。如秦岭Ⅱ线平导先行施工，对与之平行的秦岭Ⅰ线隧道施工，实际上已起到超前地质预报的作用。

(3) 超前钻探法

在长探洞内进行超前钻探,对预测预报围岩、断层情况以及岩爆等地质灾害起到了很好的作用。日本青函隧道在施工过程中采用了超前钻孔,共有 202 孔,总进尺达 88 562 m 的水平超前钻探及声波勘探等技术预报地质构造、断层位置及第四系沉积物的分布及厚度,对隧道的正常施工起到了重大作用。

(4) 仪器法

① TSP 技术

TSP(Tunnel Seismic Prediction)是一种用于超前预报隧道前方地质变化的地下反射术。利用地震波的反射原理进行地质探测,由于地震波以固定的声波速度传播,故反射信号的到达时间与入射到达不同岩体介质界面的距离成正比,因此能作为间接测定地质变化区带距测点的距离,并从而确定与探测钻孔相交界面的几何形状。该设备和技术特别适用于高分辨率的折射微地震探测,以及对断裂带和岩体强度降低的软弱破碎带的探测,对于工作面前方及其周围的地质界面情况的位置,均用数据处理后的图像来直观反映,对剪切横波(S 波)的数据处理能借以提高含水断裂带和地质构造走向的辨识率,并能自动进行数据分析。实践表明,此预报的特点是:探测系统现场可远离施工工作面,与掘进作业不互相干扰;它对不同岩体介质及断层带等界面、富水地段的预报效果为最好;其预报距离可达工作面前方约 50 m,有效分析距离则可达 100 余米;节省时间,对施工干扰少,每次爆破记录时间仅需 45 min,整个量测循环(包括仪器清理)共需 2 h。

② 陆地声呐法

陆地声呐法全称为陆上极小偏移距高频宽带超短余振接收弹性波反射连续剖面法,在地面上采用锤击振源可探测和穿透 100～120 m 深的岩层。采集宽带的反射信息,这样可以采用分窗口带通滤波方法提取不同频段信号,以便于反映不同的对象,增加本方法的探查能力;发射与采集系统为超短余振,即激发的振动子波仅 1 个周期,而采集系统则具超短余振功能,使采集到的目标物的反射波仅为 1 个周期,保证方法的分辨率可在 0.5 ～0.7 m。这种方法在陆上勘探已取得较好效果,用 12 磅(1 千克＝2.204 磅)锤作锤击振源对在隧洞工作面上向前方探查断层及岩溶可达 100 m 左右。但应用较少,未能推广。

③ 地质雷达法

1994 年,在锦屏水电站曾尝试利用地质雷达法进行洞内前方地质情况预报,所采用的地质雷达为 SIR SYSTEM10 地质雷达系统,由控制器、图像记录器、磁带记录器、电源分配器、传感器控制电缆等组成,探测深度为 10 m。利用该雷达对 PD1 洞两个工作面及 PD2 洞两个工作面进行了四次预测,并予以开挖验证。

通过验证表明,地质雷达对探测范围内的断层破碎带等物性差异界面反映较灵敏,预测位置较准确。而对含水带反射信号的判别则带有一定的偶然性,无法判定前方含水带的涌水性质和危害程度;对与洞向近平行的结构面较难查明,说明若利用地质雷达进行超前预报,必须进一步积累经验,在掌握本区工程地质背景的电磁波吸收发射特点的基础上,才能提高预报精度,正确确定前方含水体的位置、规模、性质和结构面的走向及对施工的影响程度等,以利于施工的顺利进行。

根据目前国内外的地质预报研究现状和成功的经验,结合长探洞内地质预报实践,今后深埋长隧道在施工过程中拟采用多种预报方法相结合的综合预报方法,即以工程地质法(包括图析法及地质素描法等)进行超前宏观预报,然后结合超前钻探、超前导洞、仪器法、经验法等预报手段进行综合判断,其中仪器法推荐以 TSP 技术为主、其他技术为辅,通过现场信息反馈,加以研究总结分析,以提高信息解译精度。施工过程中应执行“超前探测、先探后掘”的原则,以避免地质灾害的发生,确保隧道的安全施工。

8.6　TBM 通过不良地质地段的措施

8.6.1　坍滑、坍塌的主要类型、形态及原因分析

TBM 进入软弱破碎围岩时出现坍滑、坍塌的主要类型、形态随围岩类别、岩性、节理发育、节理走向的不同而有所不同,在 TBM 掘进时围岩出现的坍滑、坍塌情况主要有以下 5 种。

(1) 工作面前方出现坍滑、坍塌。在 TBM 刀盘的正前方开挖断面 ϕ8.8 m 以内出现围岩坍滑、坍塌。

原因分析:TBM 刀盘前部围岩破碎,节理很发育,围岩失稳,大范围松动、剥落,掌子面坍塌。

(2) 刀盘前上方及刀盘前部出现坍滑、坍塌。TBM 刀盘前上方呈锅底状并随时有岩石掉落现象发生,TBM 刀盘的正前方出现围岩坍滑、坍塌,围岩呈自然斜坡状,此时坍滑、坍塌部位扩展到开挖断面 ϕ8.8 m 以外。

原因分析:TBM 刀盘前上方及刀盘前部围岩破碎,节理很发育,围岩失稳,大范围松动、下沉,整个掌子面坍塌,刀盘前上方岩石极不稳定,随时有掉落的可能,随岩石的塌落上部塌腔将逐渐增大。

(3) 刀盘顶护盾上方出现围岩坍滑、坍塌。TBM 刀盘顶护盾上方塌落的岩石紧压护盾,或呈半锅底状并随时有岩石掉落现象发生。

原因分析:TBM 刀盘护盾上方围岩节理很发育,塑性围岩。先期掘进时处于相对稳定状态,当刀盘切削完成后处于护盾上方时,由于地应力的影响,围岩收敛变形,加之护盾的振动影响,围岩失稳、松动、剥落。

(4) 刀盘两侧护盾外侧出现围岩坍滑、坍塌。TBM 刀盘侧护盾外侧岩石坍塌、掉落,根据围岩类别、岩性、节理发育及走向形状各异。

原因分析:TBM 刀盘侧护盾外侧围岩节理很发育段,先期掘进时处于相对稳定状态,当刀盘切削完成后处于护盾外侧时,由于地应力的影响,围岩收敛变形,加之护盾的振动影响,围岩失稳、松动、剥落。

(5) TBM 主机支撑区边墙坍滑。先期掘进后开挖面处于相对稳定状态,当刀盘切削完成后处于撑靴位置时,由于撑靴的挤压,围岩失稳、松动、坍滑。

原因分析:撑靴挤压。

8.6.2　出现围岩塌滑、坍塌后的主要处理措施

在软弱围岩地带,围岩自稳时间较短,一般按照超前管棚、支立钢拱架、锚喷、挂钢筋网、喷混凝土的顺序施工。

(1) 围岩破碎地段的处理

对于围岩局部破碎地段,利用 TBM 刀盘护盾上部的指形防护栅,在隧道顶部 120°范围安全地安装 ϕ22 mm 砂浆锚杆,挂双层钢筋网,及时超前喷护稳定围岩。

若围岩破碎带较宽，在 TBM 开挖前，可利用超前钻机施作超前管棚，ϕ108mm 钢管，间距 30 cm，长 18 m，在隧道拱部约 120°范围内形成稳定支护区，然后边架立拱架边掘进，掘进 8 m 左右即施作下一组管棚，与前组管棚间保证 6～8 m 的搭接宽度，直至 TBM 通过该破碎带。

磨沟岭隧道、桃花铺 1 号隧道多处于软弱断层破碎带及其影响带，当时 TBM 通过时坍塌较严重，实践证明施工超前管棚是 TBM 通过软弱破碎地带的有效措施，既保证了人、机安全，又提高了效率。

(2) 拱顶处的坍塌处理

岩石开挖后在刀盘护盾处出现部分崩塌或局部掉块，主要采用加密 ϕ22 mm 砂浆锚杆，挂双层钢筋网(10 cm×10 cm)，将锚杆头与钢筋网焊接为一整体，再喷射混凝土，此过程不影响 TBM 正常掘进。

岩石开挖后在刀盘或刀盘护盾处出现较大坍塌，必须停机处理。先停机处理护盾顶部危石，进行超前喷护，同时架立钢拱架，在钢拱架与护盾顶部搭焊短钢管，钢管上面焊接 2 mm 厚钢板封闭塌腔，随刀盘前进，逐一架立钢架，钢板封闭，用 C20 号细石混凝土回填密实，将塌腔与周围岩石连为一体。

(3) 拱墙处(撑靴处)坍塌的处理

一般小范围的软弱结构可通过锁死部分撑靴通过。此时外机架支撑面积较小，要相应调整掘进参数，TBM 才能安全通过，此时 TBM 不用停机。

拱墙处发生较大坍塌时，造成 TBM 外机架一侧的撑靴无法支撑，必须停机处理。施工中采用联合支护方式，先清理危石，塌腔及其周围利用超前喷头喷射 8 cm 厚混凝土，架立钢拱架，在钢拱架与塌腔之间用 2 mm 厚钢板封闭，用棉纱堵塞漏洞，用 C20 号混凝土回填塌腔，回填密实后整个钢板外围再喷射 5 cm 厚混凝土，使回填混凝土与围岩连成一体，待混凝土初凝后方可掘进。

(4) 撑靴部位位于软弱地段的处理

TBM 的支撑系统采用双排四角支撑，由 2 个支撑部分(外机架 1、外机架 2)组成。每个支撑部件由 8 个撑靴组成，额定总支撑力 91 000 kN，在额定的总支撑力下撑靴接地压力为 190 N/cm^2。每个撑靴都能独立操作。TBM 掘进时，支撑靴支撑着设备的重量并将推力和扭矩的反力传给拱墙的岩壁。当拱墙围岩强度不足以支撑撑靴压力时，TBM 将无法进行掘进。

主要处理措施：

① 将拱墙支撑靴部位进行换填处理，架立钢模板，封闭模板四周，用 C20 混凝土换填，待回填混凝土初凝后，再重新撑紧外机架进行掘进。

② 在岩石松散、支撑力不足的情况，可采用在撑靴位置打迈式锚杆注浆加固岩石，同时调整撑靴压力，加大撑靴面积，避免出现反力不足、撑靴深陷的情况。

8.6.3 防止围岩塌滑、坍塌的主要措施

有效地进行超前地质预报，超前注浆预加固及采取科学的支护手段、选择合理的掘进参数是减少、防止围岩塌滑、坍塌的主要措施。

(1) 加强超前探测及超前钻探，施作管棚注浆加固

采用基于地震波反射原理超前探测隧道前方断层带和软弱破碎带。

超前钻探：将刀盘后部小皮带机孔、刀盘后部孔、人孔作为钻探通道，利用水平钻探钻机进行超前钻探。

结合各种方法监测，综合判断 TBM 刀盘前部围岩状况并根据预报的结果选择合理的施工方法。

对前方断层破碎带，充分利用掘进机自身的超前钻机施作超前管棚注浆加固围岩，确保刀盘前方围岩的相对稳定而不卡住刀盘和护盾。

（2）科学支护

选择科学的支护方案和支护参数，根据钻爆法施工中新奥法的原理，对软弱破碎地段围岩及时施作锚喷柔性支护，并允许围岩有一定的变形，充分利用围岩自身的承载力，达到支护和围岩共同受力的目的。利用 TBM 自身喷射混凝土系统对护盾后出露破碎围岩进行锚喷作业，封闭围岩，将围岩的收敛变形降低到最小。

（3）掘进参数的合理选择

注意监测掘进机的各种参数变化，如：推力、刀盘转速、刀盘扭矩、掘进速度、主电机电流等。根据掘进参数的变化可以大致推断刀盘前部围岩的变化情况，推力的大小反映前方围岩的强度，而扭矩的大小则反映了前方围岩的完整性情况，结合观察 1 号皮带机出渣情况，及时选择和调整掘进参数可以有效地减少不必要的坍塌。

（4）加强围岩量测监控

制订完善的围岩量测监控制度，尤其对软弱破碎地段应加强围岩量测监控工作，进行动态施工管理，根据量测反馈信息及时调整支护参数，以确保施工安全。

习题

1. 简述 TBM 类型及工作原理。
2. 单支撑主梁开敞式 TBM 主机构件主要包括哪些？
3. 影响 TBM 选型设计的地质因素有哪些？
4. 简述 TBM 施工工艺过程。
5. 隧道 TBM 施工的地质超前预报方法有哪些？
6. TBM 开挖中如遇到弱破碎围岩应如何处理？

第9章 沉井施工

【知识目标】（1）掌握沉井的定义；（2）了解沉井的适用范围；（3）熟悉沉井的类型和构造；（4）掌握沉井施工工艺过程和施工技术要点；（5）熟悉沉井下沉中遇到的问题和处理措施。

【能力目标】（1）能编制沉井施工方案；（2）能进行沉井施工的技术交底；（3）能解决沉井下沉中遇到的问题；（4）能进行沉井施工的安全检查和质量检查。

【素质目标】（1）培养学生踏实严谨、吃苦耐劳、追求卓越等优秀品质；（2）培养学生社会主义核心价值观，传播爱党、爱国、积极向上的正能量。

9.1 概述

9.1.1 沉井的定义

沉井是井筒状的结构物，它是以井内挖土，依靠自身重力克服井壁摩阻力后下沉到设计标高，然后经过混凝土封底并填塞井孔，使其成为桥梁墩台或其他结构物的基础。一般在施工大型桥墩的基坑，污水泵站，大型设备基础，人防掩蔽所，盾构拼装井，地下车道与车站施工基础施工围护装置时使用。

沉井图片

9.1.2 沉井的适用范围

沉井一般适用于下列几种情况。

（1）上部荷载比较大，而表层地基土的承载力不足，一定深度下有好的持力层，采用沉井基础与其他深基础相比较，经济上较为合理；在山区河流中，虽然土质较好，但水流冲刷大时也可以考虑采用沉井。

（2）由于建筑的使用要求，需要基础埋入地下比较深处的时候。

（3）施工条件限制，如施工场地狭小，不便于开挖施工，或对邻近建筑物影响较大，河水较深，不便于采用扩大基础施工围堰，或河中有较大卵石不便于桩基础施工等情况下均可以考虑采用沉井。

（4）给排水工程的地下构筑物，多采用沉井。如江心及岸边的取水构筑物、城市污水泵站及其下部结构等。

9.1.3 沉井的特点

沉井的优点：埋置深度可以很大，整体性强、稳定性好，有较大的承载面积，能承受较大的垂直荷载和水平荷载；沉井既是基础，又是施工时的挡土和挡水结构物，下沉过程中无须设置坑壁支撑或板桩围壁，简化了施工；沉井施工时对邻近建筑物影响较小，且内部空间可以利用。

不足之处：工期较长；对细沙及粉沙类土在井内抽水时易发生流沙现象，造成沉井倾斜；沉井下沉过程中遇到的大块孤石、树干或井底岩层表面倾斜过大，会给施工带来一定困难。

9.2 沉井的类型和构造

9.2.1 沉井的类型

9.2.1.1 按沉井的建筑材料分

(1) 混凝土沉井

混凝土沉井适用于中小型工程。特点是抗压强度高，抗拉强度低，多做成圆形，适用于覆盖层较松软的地质条件，一般下沉深度不超过 8 m。

(2) 钢筋混凝土沉井

钢筋混凝土沉井的抗压和抗拉强度高，施工时结构各部分受力好，可制作成大型沉井，下沉深度可达几十米以上。当下沉深度不大时，可将底节沉井或刃脚部分做成钢筋混凝土结构，上部井壁用混凝土制作；浮运沉井用钢筋混凝土制作，采用薄壁结构。钢筋混凝土沉井可根据具体情况要求做成各种合理的结构形状和厚度。

(3) 钢沉井

钢沉井用钢材制造，为钢模薄壁结构沉井，其强度高，质量轻，易于拼装，适于制造浮运沉井。

9.2.1.2 按沉井横截面形状分

按沉井的横截面形状可分为圆形、矩形和圆端形。根据井孔的布置方式，又有单孔、双孔和多孔之分，如图 9-1 所示。

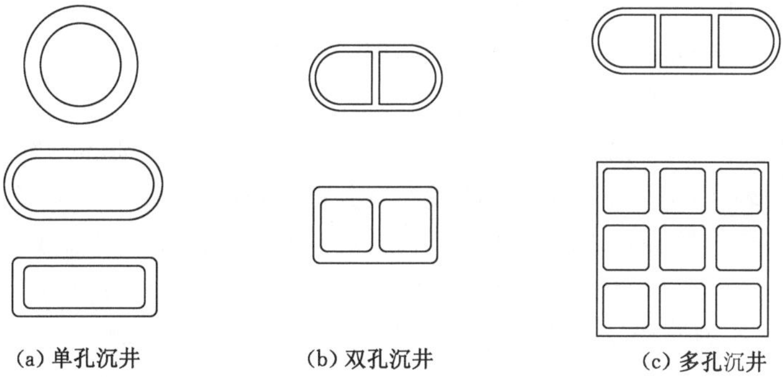

图 9-1 沉井平面形状

(1) 圆形沉井

圆形沉井在下沉过程中，垂直度和中线较易控制，较其他形状的沉井更能保证刃脚均匀作用在支承的土层上。在土压力作用下，井壁只受轴向压力，便于机械取土作业，但圆形沉井只适用于圆形或接近正方形截面的墩(台)。

(2) 矩形沉井

矩形沉井具有制造简单、基础受力有利、较能节省圬工数量的优点，并符合大多数墩(台)的平面形状，能更好地利用地基承载力。但矩形沉井四角处有较集中的应力存在，且四角处土不易被挖除。矩形沉井的井角不能均匀地接触承载土层，因此四角一般应做成圆角或钝角。矩形沉井在侧压力作用下，井壁受较大的挠曲力矩，长度比越大其挠曲应力也就越大，通常要在沉井内设隔墙支撑，以增加刚度，改善受力条件。另外，矩形沉井在流水中阻水系数较大，将导致过大的冲刷。

(3) 圆端形沉井

圆端形沉井控制下沉、受力条件、阻水冲刷均较矩形沉井有利，但沉井制造较复杂。对平面尺寸较大的沉井，可在沉井中设隔墙，使井由单孔变为双孔。双孔或多孔沉井受力有利，也便于在井孔内均衡挖土使沉井均匀下沉以及下沉过程中纠偏。

9.2.1.3 按沉井立面形状分

(1) 柱形沉井

柱形沉井井壁为等厚，下沉时较均匀地受到土层的约束，几乎只沿垂直方向下沉，减少了沉井的倾斜，对周围土体的破坏较小，适合在已有建筑物附近施工，如图 9-2(a)图所示。再则，制作时模板可重复使用，井筒接长简单，给施工带来方便。但是，当井筒平面尺寸相对较小而下沉深度较大时，可能因井壁外土层的摩阻力大于井筒自重而使沉井下部悬空，此时井壁上部被土层夹住，沉井壁可能被拉裂。为了避免发生此类情况，可将井筒竖直剖面制作成锥形或梯形。

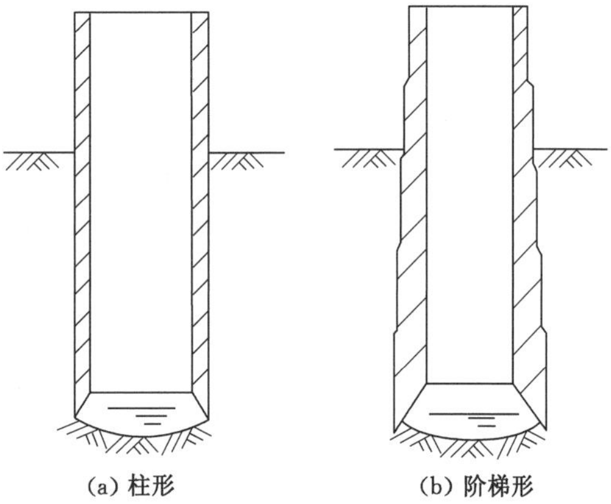

图 9-2 沉井立面形状

(2) 阶梯形沉井

沉井下沉时，因不同标高处水平向压力不同，而井筒下部受土层侧压力最大，按此情况将井壁设计成不同壁厚，即形成阶梯形沉井，如图 9-2(b)图所示。此类井筒相对来说可节约材料。若需要考虑井壁的受力情况，避免下沉时对周围土体的破坏范围过大而影响邻近建筑物，在摩阻力较小的情况下可将台阶设在沉井内侧，而外侧仍为等直径。若为了减少井壁外摩阻力，则可将台阶设计在井壁外侧，台阶从每节沉井的施工接缝处开始，台阶伸出部分的宽度一般为 10～20 cm，最下一级阶梯高 $h_1=(1/4\sim1/3)H$，H 为下沉深度。若 h_1 过小，虽能减小井壁外侧摩阻力，但下沉导向作用不大，易使井筒倾斜。下沉时，在阶梯面所形成的孔隙中可灌入泥浆或填入黄沙，可减少井壁摩阻力，并能减少井壁外土体的破坏程度。此类形式的沉井制作较复杂，垂直度不易保证。

9.2.2 沉井的构造

沉井一般由井壁、刃脚、内隔墙、封底和顶盖板、底梁和框架等部分组成，如图 9-3 所示。

(1) 井壁

井壁是沉井的主要部分，应有足够的厚度与强度，为了承受在下沉过程中各种不利荷载组合(水土压力)所产生的内力。在钢筋混凝土井壁中一般应配置两层竖向钢筋及水平钢筋，以承受弯曲应力。同时要有足够的质量，使沉井能在自重作用下顺利下沉到设计标高。因此，井壁厚度主要决定于沉井大小、下沉深度以及岩土的力学性质。

一般应配置两层竖向钢筋及水平钢筋，以承受弯曲应力。同时要有足够的质量。井壁

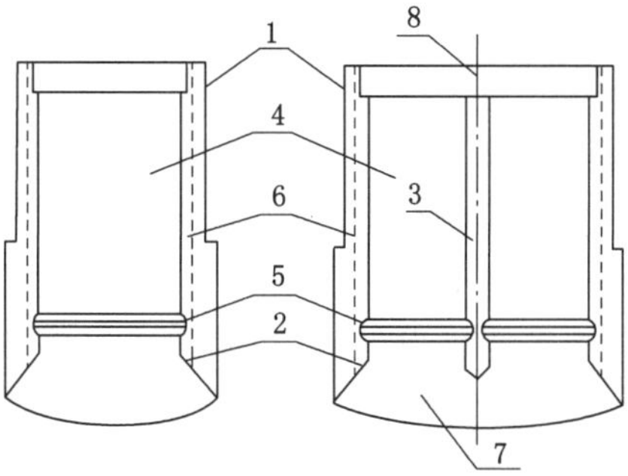

1—井壁；2—刃脚；3—内隔墙；4—井孔；5—凹槽；6—射水管组；7—封底混凝土；8—顶板。

图 9-3 沉井的一般构造

厚度主要决定于沉井大小、下沉深度以及土壤的力学性质。先假定井壁厚度，再进行强度验算。厚度一般为 0.8～1.5 m，但钢筋混凝土薄壁浮运沉井及钢制薄壁浮运沉井的壁厚不受此限。井壁混凝土强度等级不低于 C20。钢筋混凝土沉井的配筋率不应小于 0.1%。

(2) 刃脚

井壁最下端一般都做成刀刃状的“刃脚”，其构造如图 9-4 所示。刃脚的主要功用是减少下沉阻力。刃脚还应具有一定的强度，以免在下沉过程中损坏。刃脚底的水平面称为踏面。刃脚的踏面宽度，一般为 15～30 cm，刃脚侧面的倾角通常为 45°～60°，刃脚高度通常大于 1 m，湿封底时高度大些，干封底时高度小些，在软土地基应适当加高，沉井重、土质软时，踏面要宽些。相反，沉井轻，又要穿过硬土层时，踏面要窄些，有时甚至要用角钢加固的钢刃脚。刃脚外侧水平钢筋宜置于竖向筋外侧，内侧水平筋宜置于竖向筋内侧。刃脚竖向筋应锚入刃脚根部以上。刃脚底内外层竖向钢筋之间，要设 $\phi 6 \sim \phi 8$ 的拉筋，间距 300～500 mm。

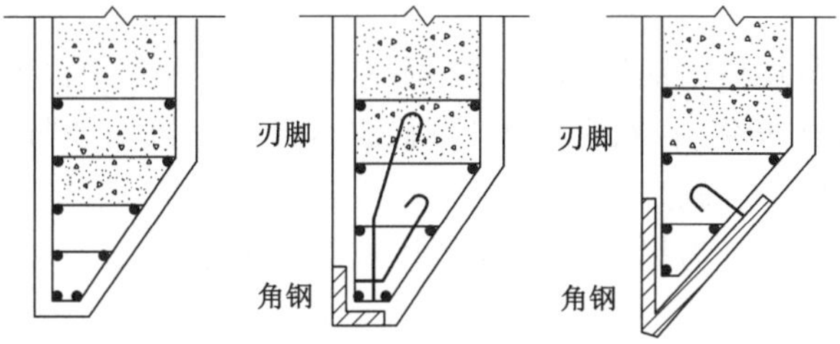

图 9-4 刃脚构造图

(3) 内隔墙

内隔墙的主要作用是增加沉井在下沉过程中的刚度并减小井壁跨径。同时又把整个沉井孔(取土井)分隔成多个施工井，使挖土和下沉可以较均衡地进行，分隔成多个施工井也便于沉井偏斜时的纠偏。内隔墙的底面一般应比井壁刃脚踏面高出 0.5～1.0 m，以免土壤顶住内墙妨碍沉井下沉。但当穿越软土层时，为了防止沉井“突沉”，也可与井壁刃脚踏面齐平。隔墙的厚度一般为 0.5 m 左右，隔墙底面距刃脚的高度，在软土及淤泥质土层中一般为 0.5 m，在硬土层及砂类土层中一般为 1.0～1.5 m。隔墙下部应设过人孔，供施工人员于各取土井间往来之用。

(4) 封底和顶盖板

当沉井下沉到设计标高，经过技术检验并对坑底清理后，即可封底，以防止地下水渗入井内。封底可分湿封底(即水下浇筑混凝土)和干封底两种。有的在井底设有集水井排水。封底完毕，待混凝土凝固后即可在其上方浇筑钢筋混凝土底板。为了使封底混凝土和底板与井壁间有更好的连接，以传递基底反力，使沉井成为空间结构受力，常于刃脚上方的井壁上预留凹槽，井壁与底板连接的凹槽深度宜为 150～200 mm，凹槽内必须预插足够的钢筋，连接点处不允许漏水。凹槽底面一般距刃脚踏面 2.5 m 以上。槽高约 1.0 m，近于封底混凝土的厚度，以保证封底工作顺利进行。当井孔准备用混凝土填实时，也可不设凹槽。沉井底板与沉井壁板的连接处的凹槽上口不能平齐，必须向上倾 45°角，如果下沉时带有底梁，则底板与底梁的联系应通过底梁上预留插筋联系，底梁和底板上表面不能平齐，底梁顶到底板上表面的距离不宜小于 100 mm。

沉井井孔内是否需要填实，应根据沉井受力和稳定性的需要来确定。井孔填料可采取混凝土、片石混凝土或浆砌片石；在非冰冻区，封底后也可采用沙砾填心或仅封底而不填心。当井孔内仅填以沙砾或无填充成空心沉井基础时，应在井顶设置钢筋混凝土顶盖板，其上修筑墩台身。顶盖板厚度一般为 1.5～2.0 m，钢筋配置由计算确定。

(5) 底梁和框架

在大型的沉井中，如由于使用要求而不能设置内隔墙时，则可在沉井底部增设底梁，构成框架以增加沉井的整体刚度。有时因沉井高度大，常在井壁不同高度处设置若干道由纵横大梁组成的水平框架，以减小井壁的跨度，使沉井结构受力合理。在松软地层中下沉沉井，底梁的设置可防止沉井“突沉”，便于纠偏和分格封底。

9.3 沉井施工

沉井的施工方法与现场的地质和水文情况密切相关。在水中修筑沉井时，应对河流汛期、通航、河床冲刷调查研究，并制定施工计划，应尽量避开汛期，利用枯水季节进行施工。否则应采取相应的措施，以确保施工安全。

沉井基础施工主要可分为旱地施工和水中施工两种，大多数为旱地施工。现将沉井旱地施工简介如下。

沉井基础现场处于旱地时，沉井基础的施工工序如图 9-5 所示。主要包括清场、整平场地、沉井浇筑、挖土下沉、封底、充填井孔以及浇筑顶板。

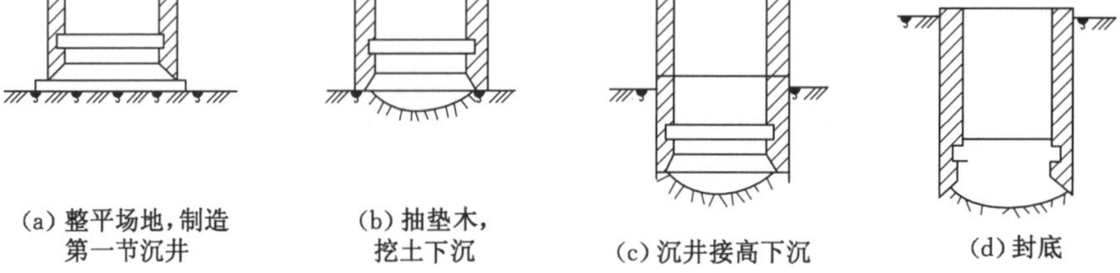

图 9-5 沉井旱地施工工序

9.3.1 定位放样,整平场地

旱地沉井施工时,应首先根据设计图纸进行定位放样,即在地面上确定出沉井的纵横两个方向的中心轴线、基坑的轮廓线以及水准标点等作为施工的依据。

现场浇筑沉井要在施工前清除井位及附近场地的孤石、倒木、树根、淤泥等地面杂物,仔细平整施工场地,平整范围要大于沉井外侧 1～3 m。为了减少沉井的下沉深度也可在基础位置处挖一基坑,在坑底制造沉井并下沉。在开挖好的基坑(槽)内,铺筑砂垫层前在基坑底部应设置盲沟和集水井,集水井的深度宜低于基底 300～500 mm。在清除浮土后,方可进行砂垫层的铺填工作。施工期间做好排水工作,严禁砂垫层浸泡在水中。软土地区砂垫层的铺设厚度不宜小于 600 mm,每层铺设厚度不应超过 250 mm,应逐层浇水控制最佳含水量。砂垫层宜采用颗粒级配良好的中砂、粗砂或砾砂,砂垫层的布置宜采用满堂铺筑形式,平面尺寸较大时,可采用环边铺筑形式。对软硬不均的地表,还应换土或在基坑处铺填≥0.5 m 厚夯实的砂或砂砾垫层,以防沉井在混凝土浇筑之初因地面沉降不均而产生裂缝。在极软塑黏土及流态淤泥、强液化土并有较大的倾斜坡的基床覆盖层上修造沉井时,为避免沉井失稳,其河床须做好处理,必要时还可采用加宽刃脚的轻型沉井。

9.3.2 制造第一节沉井

凿除混凝土垫层时,应先内后外,分区域对称按顺序凿除,凿断线应与刃脚底边平齐,凿除的混凝土垫层,应立即清除,空穴立即用砂或砂夹碎石回填。对混凝土的定位支点处,应最后凿除,不得漏凿。沉井自重较大,刃脚踏面尺寸较小,应力集中,场地土往往承受不了这样大的压力。所以在整平的场地上应在刃脚踏面处对称布置一层垫木以加大支撑面积,垫木一般为方木,规格为 16 cm×22 cm×250 cm。垫木数量应使沉井重量在垫木下产生的压应力不大于 100 kPa。为了便于抽出垫木,还需设置一定数量的定位垫木,确定定位垫木位置时,以沉井井壁在抽出垫木时产生的正、负弯矩的大小接近相等为原则。然后在刃脚位置处放上刃脚角钢,竖立内模,绑扎钢筋,立外模,最后浇筑第一节沉井混凝土。沉井模板表面应平整光滑且具有足够的强度、刚度、整体稳定性,缝隙应严密不得漏浆。钢模较木模刚度大,周转次数多,也易于安装。沉井的一次制作高度宜控制在 6～8 m,刃脚的斜面不应使用模板。水平施工缝应留置在底板凹槽、凸榫或沟、洞底面以下 200～300 mm。

9.3.3 拆模及抽垫

混凝土达到设计强度的 25%时可拆除内外侧模,达到设计强度的 75%时可拆除隔底面和刃脚斜面模板。强度达到设计强度后才能抽撤垫木。撤垫木应按一定的顺序进行,以免引起沉井开裂、移动或倾斜。抽撤垫木顺序为:① 撤除内隔墙下的垫木;② 撤沉井短边下的垫木;③ 撤长边下的垫木。拆长边下垫木隔一根抽一根,以固定垫木为中心,由远而近对称地抽,最后抽除固定垫木,在每次抽出承载垫木以后,应立即用粗、中砂回填捣实,以免沉井开裂、移动或偏斜。

9.3.4 挖土下沉

沉井下沉施工可分为排水下沉和不排水下沉。土的挖除主要采用机械或人工方法均匀除土,削弱基底土对刃脚的正面力和沉井壁与土之间的摩擦阻力,使沉井依靠自重力克服上述阻力而下沉。

9.3.4.1 排水开挖下沉法

井孔开挖时必须有规律、分层和对称地开挖，使沉井均匀下沉，开挖程序是先将拆垫木回填的护土分层挖去，每层挖土的顺序，原则上是与拆除垫木的顺序相同，定位垫木处的土最后挖除，一层挖完后再挖第二层，切不可盲目乱挖而造成沉井严重倾斜，发生事故。在井底挖土的方法依土层情况而异。

沉井下沉宜优先采用排水下沉。在稳定的土层中，如渗水量不大，或者虽然土层透水性较强，渗水量较大，但排水不产生流沙现象时，可采用排水开挖下沉法。

对于场地无地下水，或地下水水量不大的小型沉井，可用人工挖土法。2 人一组，1 人井下挖土，1 人在井上摇辘轳提升弃土。挖土应分层、均匀、对称地进行，使沉井均匀下沉，避免发生倾斜。下沉系数较大时，应先挖锅底中间部分，保留刃脚周围土堤，使其挤土下沉；下沉系数较小时，应采取助沉措施，不得将锅底开挖过深。沉井下沉时，每次下沉一段距离后，应清土校正后方可继续挖土下沉。沉井以排水法下沉，当沉至距设计标高 2 m 时，对下沉与挖土情况应加强观测。

大、中型沉井，一般采用机械挖土法。在地层土质稳定、不会产生流沙的土质地基，先用高压水枪把沉井底部的泥土冲散(水枪的水压力通常为 2.5～3.0 MPa)并稀释成泥，然后用水力吸泥机吸出井外。

9.3.4.2 不排水开挖下沉法

不排水开挖下沉法一般采用机械除土方式，挖土工具可以是抓土斗或水力吸泥机。抓土斗适用于砂卵石等松散地层，如土质较硬，水力吸泥机需配以水枪射水将土冲松。吸泥下沉法是一种常见的不排水开挖下沉法。吸泥机除土适用于砂、砂夹卵石、黏砂土等类土层。在强土、胶结层及风化岩层中，当用高压射水冲碎上层后，也可用吸泥机吸出碎块。吸泥机有水力吸泥机、水力吸石筒及空气吸泥机，其中空气吸泥机的适应性最强，能吸砂、黏砂土和砂夹卵石。空气吸泥下沉时，应随时了解排出泥水的浓度和开挖面各部位的深度，及时移动吸泥机。但由于空气吸泥机受水深条件的限制，在浅水中效率较低，故一般应配备向井内补水的设施。沉井不排水下沉时，井内水位不宜低于井外水位。

9.3.5 接高沉井

沉井下沉时的第一节混凝土强度应达到设计强度的 100%，其他各节混凝土强度应达到设计强度的 70%。沉井下沉应及时测量及时纠偏，每 8 h 应至少测量 2 次。当第一节沉井下沉至距地面一定高度(井顶露出地面 0.5 m 以上或露出水面 1.5 m 以上)时，应停止挖土，沉井接高前应进行纠偏正位工作，接高水平施工缝宜做成凸型，应将接缝处的混凝土凿毛，清洗干净，充分润湿，并在浇筑上层混凝土前铺筑一层水泥砂浆。立模，接筑下一节沉井，对称均匀地浇筑混凝土。接高过程中应尽量均匀加重，并尽量纠正上节沉井的倾斜，待新浇筑沉井强度达到设计要求后再拆模继续下沉。沉井在下沉到距离设计标高 2 m 时，应放慢下沉速度，下沉深度距设计标高应有一定的预留量。沉井以排水法下沉，当沉至距设计标高 2 m 时，对下沉与挖土情况应加强观测。

9.3.6 筑井顶围堰

如沉井顶面低于地面或水面，应在沉井上接筑围堰，围堰的平面尺寸略小于沉井，其下端与井顶上预埋锚杆相连。围堰是临时性的，待墩台身出水后可拆除。

9.3.7　地基检验和处理

沉井下沉设计标高后，应对基底土质进行检验。若采用不排水开挖下沉法应进行水下检验，必要时可用钻机取样检验。若基底土质达不到设计要求，还应对基底作必要的处理：砂性土或黏性土地基，一般可在井底铺砾石或碎石至刃脚底面以上 200 cm；岩石地基，应凿除风化岩层，若岩层倾斜，还应凿成阶梯形。确保井底浮土、软土消除干净，使封底混凝土、沉井与地基紧密结合。

9.3.8　封底、充填井孔及浇筑顶盖板

沉井下沉至设计标高时应连续进 8 h 沉降观测，当下沉量小于 10 mm 时方可进行封底混凝土浇筑。地基经检验、处理合格以后，应立即进行封底。若采用排水下沉，渗水量上升速度≤6 mm/min 时，可采用干封法封底，否则抽水时易产生流沙，宜采用水下封底法封底。

9.3.8.1　干封法

清除井底土，在底部挖一个 0.5～1.0 m 深的坑，作为集水井；用水泵在集水井中抽水，使地下水面下降至沉井底面以下，井内积水应尽量排干，在干封底过程中，应严格控制排水工作，保证混凝土底板在未达到设计强度前不承受地下水的压力。混凝土凿毛处应洗刷干净。将集水井以外的全部底板一次浇筑掺入早强剂的混凝土，使底板混凝土尽快达到设计强度。最后提起水泵吸头，快速将加有混凝剂的混凝土填满集水井，仅 3～5 min 混凝土即凝固不漏水。

干封法现场施工图片

9.3.8.2　水下封底法

清除井底土，如为软土，应将井底浮泥清除干净，铺厚 200～300 mm 的碎石垫层；安装直径为 200～300 mm 水下浇筑湿凝土的钢导管，要求导管入混凝土的深度不小于 1 m，水下混凝土平均上升速度不应小于 0.25 m/h，坡度应小于 1∶5。在沉井全部底面积上先外后内、先低后高依次连续浇筑混凝土，一次完成；当使用几根导管浇筑时，每根导管的停歇时间不宜超过 15～20 min。相邻导管底部的标高差，应保持不超过管与管之间距离的 1/15～1/20。待水下混凝土达到设计强度后，方可从井内抽水。

9.4　沉井下沉过程中遇到的问题及处理

9.4.1　沉井突沉

在软土地基上进行沉井施工时，常发生沉井瞬间突然大幅度下沉的现象。引起突沉的主要原因是沉井井筒外壁土的摩擦阻力较小，在井内排水过多或刃脚附近挖土太深甚至挖除，沉井支承削弱而导致的突然下沉。防止沉井突沉的主要措施：在设计沉井时增大刃脚踏面宽度，并使刃脚斜面的水平倾角不大于 60°。必要时通过增设底梁的措施提高刃脚阻力。在软土地基上进行沉井施工时，控制井内排水、均匀挖土，控制刃脚附近挖土深度，刃脚下土不挖除，使刃脚切土下滑。

9.4.2　沉井倾斜

下沉过程的沉井，特别是沉井下沉不深时，常发生沉井倾斜现象。沉井倾斜的主要原因及预防措施见表 9-1。

表 9-1 沉井倾斜的主要原因及预防措施

沉井倾斜的主要原因		预防措施
1	沉井刃脚下土层软硬不均	追踪掌握地层情况，多挖土层较硬地段，对土质较软地段少挖，多留台阶，或适当回填和支垫
2	沉井刃脚一角或一侧遇障碍物搁浅，未及时发现和处理	当刃脚遇障碍物(如遇树根、大孤石或钢料铁件)时，须先清除再下沉，对未被障碍物搁浅的地段，应适当回填或支垫
3	人工筑岛被水流冲坏，或沉井一侧的土被水流冲走	加强对筑岛的防护，对受水流冲刷的一侧可抛卵石或片石防护
4	没有对称地抽出垫木，或没有及时回填夯实	根据沉井施工过程详细制订和执行抽垫工序，注意及时回填砂土夯实
5	没有均匀地除土下沉，使井孔内土面高度相差很多，或刃脚下掏空过多，产生突沉和停沉现象	除土时严格控制井内土面高差和刃脚下除土量，增大刃脚踏面宽度，并使刃脚斜面的水平倾角不大于 60°，必要时增设底梁
6	由于井外弃土或其他原因造成对沉井井壁的偏压	井外弃土应远弃或弃于水流冲刷较大的一侧，高侧集中除土、加重物，对河床较低的一侧可抛土(石)回填
7	排水下沉时，井内产生大量流沙等	刃脚处应适当留有土台，不宜挖通，以免在刃脚形成翻砂涌水通道，引起沉井倾斜
8	在软塑至流动状态的淤泥土中，沉井易于偏斜	可采用轻型沉井，踏面高度宜适当加宽，以免因沉井下沉过快而失去控制

9.4.3 沉井难沉

在沉井下沉的中间阶段，可能会出现下沉困难的现象，但接高沉井后，下沉又会变得顺利。

产生沉井下沉困难的主要原因有：① 井壁侧阻力大于沉井自重；② 井壁无减阻措施或泥浆套、空气幕等遭到破坏；③ 开挖面深度不够，正面阻力大；④ 倾斜，或刃脚下遇障碍物或坚硬岩层和土层。通常解决难沉的主要措施如下。

9.4.3.1 加重法

在沉井顶面铺设平台，然后在平台上放置重物，如钢轨、铁块或沙袋等，但应防止重物倒塌，垒置高度不宜太高。

9.4.3.2 抽水法

对不排水下沉的沉井，可从井孔中抽出一部分水，从而减少浮力，增加向下压力使沉井下沉。这种方法对渗水性大的砂、卵石层，效果不大，对易发生流沙现象的土也不宜采用。

9.4.3.3 射水法

在井壁腔内的不同高度处对称地预埋几组高压射水管，在井壁外侧留有喇叭口朝上方的射水嘴，高压水把井壁附近的土冲松，水沿井壁上升，还可起润滑作用，减少井壁摩阻力，帮助沉井下沉。此法对砂性土较有效。采用射水法时应加强沉井下沉观测，掌握各孔的出水量，防止因射水不均匀而使沉井偏斜。

9.4.3.4 炮震法

沉井下沉至一定深度后，如下沉有困难，可采用炮震法强迫沉井下沉。这种方法是在井孔的底部埋置适量的炸药,引爆后所产生的震动力,一方面减小了刃脚下土的反力和井壁上土的摩擦阻力,另一方面增加了沉井向下的冲击力,迫使沉井下沉。要注意的是,如炸药量过大,有可能炸坏沉井;如炸药量太小,则震动效果不显著。一般每个爆炸点用药量 0.2 kg 左右为宜,大而深的沉井可用至 0.3 kg。

9.4.3.5 采用泥浆润滑套

泥浆润滑套是把配置的泥浆灌注在沉井井壁周围,形成井壁与泥浆接触。选用的泥浆配合比应使泥浆性能具有良好的固壁性、触变性和胶体稳定性。一般采用的泥浆配合比为黏土 35%~45%、水 55%~65%,另加分散剂碳酸钠 0.4%~0.6%,其中黏土或粉质黏土要求塑性指数不小于 15,含砂率小于 6%。这种泥浆对沉井壁起润滑作用,它与井壁间摩阻力仅为 3~5 kPa,大大降低了井壁摩阻力(一般黏性土对井壁摩阻力为 25~50 kPa),因而有提高沉井下沉的施工效率,减少井壁的圬土数量,加大沉井的下沉深度,施工中沉井稳定性好等优点。

沉井下沉过程中要勤补浆,多观测,发现倾斜、漏浆等问题要及时纠正。当沉井沉到设计标高时,若基底为一般土质,因井壁摩阻力较小,会形成边清基边下沉的现象,为此,应压入水泥砂浆来置换泥浆,以增大井壁的摩阻力。另外,在卵石、砾石层中采用泥浆润滑套效果一般较差。

9.4.3.6 气幕法

气幕法也是减少沉井下沉时井壁摩阻力的有效方法。它是通过对沿井壁内周围预埋的气管中喷射高压气流,气流沿喷气孔射出再沿沉井外壁上升,形成一圈压气层,使井壁周围土松动,减少井壁摩阻力,促使沉井顺利下沉。

施工时压气管分层分布设置,竖管可用配料管或钢管,水平环管则采用直径 25 mm 的硬质聚氯乙烯管,沿井壁外缘埋设。每层水平环管可按四角分为四个区,以便分别压气调整沉井倾斜。压气沉井所需的气压可取静水压力的 2.5 倍。

与泥浆润滑套相比,壁后压气沉井法在停气后即可恢复土对井壁的摩阻力,下沉量易于控制,且所需施工设备简单,可以水下施工,经济效果好。现认为在一般条件下较泥浆润滑套更为方便,它适用于细、粉砂类土的黏性土中。

习题

1. 简述沉井施工的特点及施工步骤。
2. 沉井由哪些部分组成,各起什么作用?
3. 简述气幕法的工作原理。

第10章　桩基础施工

【知识目标】(1) 熟悉桩基础的分类、桩基础布置、桩的构造要求和承台构造;(2) 了解桩基础施工准备的内容;(3) 掌握沉入桩施工工艺过程和施工技术要点;(4) 掌握灌注桩施工工艺过程和施工技术要点。

【能力目标】(1) 能正确理解施工场地岩土工程勘查报告;(2) 能正确识读桩基工程施工图;(3) 能编制桩基工程施工组织设计;(4) 能进行桩基础施工的技术交底;(5) 能进行桩基础施工的安全检查和质量检查。

【素质目标】(1) 桩基础的施工质量直接关系到整个建筑物的安全和使用寿命,教育学生在大学阶段一定要认真学习每一门课程,脚踏实地,打好专业基础,为以后的工作和更高层次的发展打下坚实的基础;(2) 培养学生社会主义核心价值观,为国家培养又红又专的合格的社会主义建设者和接班人。

10.1　桩基础的类型和构造

桩基础是一种应用很广的基础类型,它可以由一个桩形成单桩基础,也由若干沉入地基中的桩和桩顶的承台或承台梁组成群桩基础。其作用是将上部结构的荷载传递到深部土层,或将软弱松散土层挤密以提高其承载力。

10.1.1　桩基础的分类

桩的分类方法很多,按桩径(设计直径 d)大小可分为小直径桩($d \leqslant 250$ mm)、中等直径桩(250 mm$<d<$800 mm)、大直径桩($d \geqslant 800$ mm),按承载性状可分为端承桩和摩擦桩,按施工方法可分为预制桩和灌注桩。

10.1.1.1　端承桩和摩擦桩

若软弱土层不太厚,桩可以穿过软弱土层,达到坚硬土层或岩层,上部结构传来的竖向荷载由桩端承担,桩侧阻力小到可忽略不计,这种桩称为端承桩。若桩顶竖向荷载由端阻力和侧阻力共同承担,但主要由端阻力承担,则为摩擦端承桩。

若软弱土层较厚,桩完全设置在软弱土层中,上部结构竖向荷载由桩侧摩擦阻力承担,桩端阻力小到可忽略不计,这种桩称为摩擦桩。若桩顶竖向荷载由端阻力和侧阻力共同承担,但主要由桩侧阻力承担,则为端承桩。如图10-1所示。

10.1.1.2　预制桩和灌注桩

预制桩是在预制构件厂或施工现场预制,用沉桩设备在设计位置上将其沉入土中的桩。按材料可分为混凝土预制桩、钢桩和木桩。沉桩方式有锤击打入、静力压入和振动打入等。预制桩打入后,周围土层被挤密,地基承载力提高,桩身质量易于保证和检查,可用于水下施工。

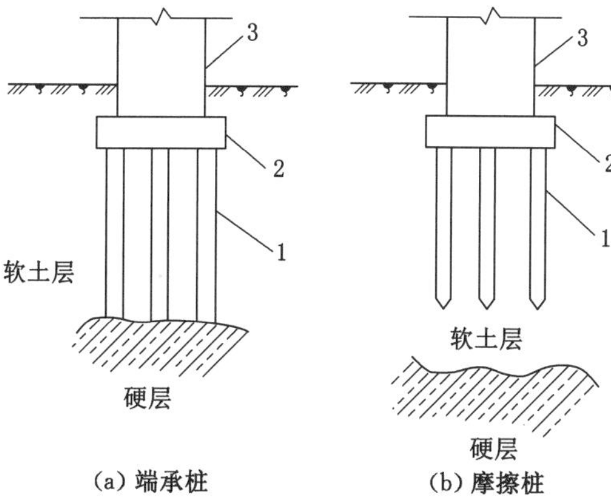

1—桩；2—承台；3—上部结构。

图 10-1　端承桩与摩擦桩

预制桩配筋是根据运输、吊装和压入桩时的应力设计的，远超过正常工作荷载的要求，用钢量大，单价较灌注桩高；接桩时，还需增加费用；锤击和振动法下沉施工时，振动噪声大，影响周围环境，在城市建筑物密集区，需改为静压施工。预制桩是挤土桩，施工时可能引起周围地面隆起和已就位邻桩上浮；受起吊设备限制，单节桩不能过长，一般为 10 余米，长桩需接桩时，接头处形成薄弱环节。此外，预制桩不易穿透较厚的坚硬地层，当坚硬地层下仍存在需穿过的软弱层时，则需辅以其他施工措施，如采用预钻孔等。这些都是预制桩的不足之处。

灌注桩是在桩位处成孔，然后放入钢筋骨架，再浇筑混凝土而成的桩。灌注桩适用于不同土层，桩长可因地改变，没有接头；仅承受轴向压力时，只需配置少量构造钢筋，当需要配置钢筋时，也是按工作荷载要求布置，通常比预制桩经济；采用大直径钻孔和挖孔灌注桩时单桩承载力大；施工时振动噪声小。这些都是灌注桩的优点。

灌注桩桩身质量控制难度稍大，容易出现断桩、缩颈、露筋和夹泥的现象；钻孔灌注桩孔底沉渣不易清除干净，人工挖孔灌注桩孔底沉渣虽易清除，但工人劳动强度大，效率低，且桩长不宜过大，遇流沙地层容易塌孔，许多地区已逐渐淘汰人工挖孔施工方式。

10.1.2　桩的布置

10.1.2.1　桩的平面布置

独立桩基础的桩采用对称布置，常采用三桩承台、四桩承台、六桩承台等。柱下条基及墙下条基，可采用一排或多排布置，多排布置时可采用行列式或交叉式。整片基础下的桩也可采用行列式或交叉式布置。如图 10-2 所示。

10.1.2.2　布桩要求

(1) 满足桩的最小中心距要求，对于大面积的桩群，尤其是挤土桩，桩的最小中心距宜适当加大。见表 10-1、表 10-2。

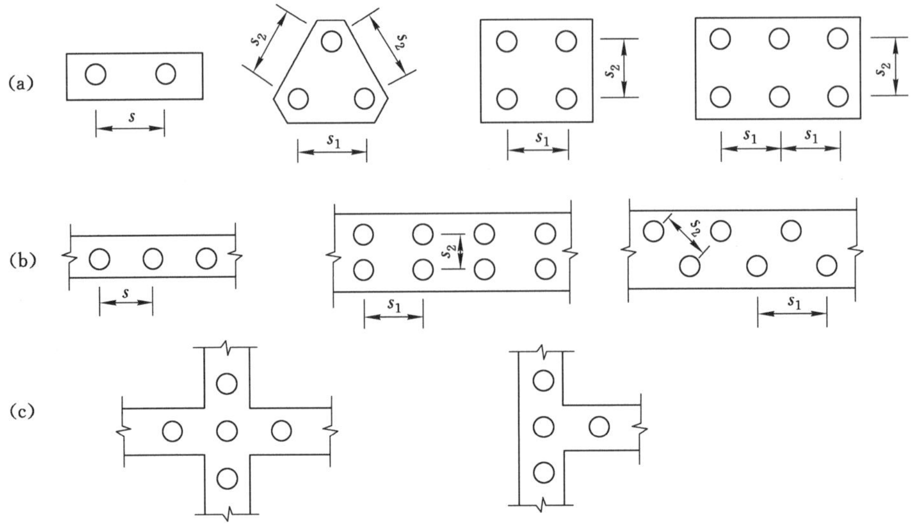

图 10-2 桩位布置图

表 10-1 桩的最小中心距

土类与成桩工艺		排数不少于 3 排且桩数不少于 9 根的摩擦型桩基	其他情况
非挤土和部分挤土灌注桩		3.0d	2.5d
挤土灌注桩	穿越非饱和土	3.5d	3.0d
	穿越饱和软土	4.0d	3.5d
挤土预制桩		3.5d	3.0d
打入式敞口管桩和 H 型钢桩		3.5d	3.0d

表 10-2 灌注桩扩底端最小中心距

成桩方法	最小中心距
钻、挖孔灌注桩	1.5D 或 D+1 m(当 D>2 m 时)
沉管扩底灌注桩	2D

(2) 桩位布置时宜使群桩形心与长期荷载重心重合，并使桩基础受水平力和力矩较大方向为承台的长边，有较大的抵抗矩，桩离承台边缘的净距应小于 0.5d。

(3) 在纵横墙交接处宜布置桩，避免布置在墙体洞口下，必须布置时，应对洞口处的承台梁采取加强措施。

(4) 桩箱基础，宜将桩布置于内外墙下。

(5) 带梁(肋)桩筏基础，宜将桩布置于梁(肋)下。

(6) 大直径桩宜采用一柱一桩。

10.1.2.3 桩端全断面进入持力层的深度

(1) 黏性土、粉土不宜小于 2d。(d 为圆形桩直径或方桩边长)

(2) 砂土不宜小于 1.5d。

(3) 碎石类土不宜小于 $1d$。

(4) 当存在软弱下卧层时，桩基础以下硬持力层厚度不宜小于 $4d$。

10.1.3　桩的构造要求

10.1.3.1　灌注桩

10.1.3.1.1　灌注桩配筋应符合下列规定

(1) 配筋率。当桩身直径为 300～2 000 mm 时，正截面配筋率可取 0.65%～0.2%（小直径桩取高值）；对受荷载特别大的桩、抗拔桩和嵌岩端承桩应根据计算确定配筋率，且不应小于上述规定值。

(2) 配筋长度。

① 端承型桩和位于坡地岸边的基桩应沿桩身等截面或变截面通长配筋。

② 桩径大于 600 mm 的摩擦型桩配筋长度不应小于 2/3 桩长；当受水平荷载时，配筋长度不宜小于 $4.0/\alpha$（α 为桩的水平变形系数）。

③ 受地震作用的基桩，桩身配筋长度应穿过可液化土层和软弱土层，进入稳定土层。

④ 受负摩阻力的桩、因先成桩后开挖基坑而随地基土回弹的桩，其配筋长度应穿过软弱土层并进入稳定土层，进入的深度不应小于 2～3 倍桩身直径。

⑤ 专用抗拔桩及因地震作用、冻胀或膨胀力作用而受拔力的桩，应通长配筋。

(3) 受水平荷载的桩，主筋不应小于 $8\phi12$；抗压桩和抗拔桩，主筋不应少于 $6\phi10$；纵向主筋应沿桩身周边均匀布置，其净距不应小于 60 mm。

(4) 箍筋应采用螺旋式，直径不应小于 6 mm，间距宜为 200～300 mm。受水平荷载较大桩基、承受水平地震作用的桩基以及考虑主筋作用计算桩身受压承载力时，桩顶以下 $5d$ 范围内的箍筋应加密，间距不应大于 100 mm。当桩身位于液化土层范围内时箍筋应加密。当钢筋笼长度超过 4 m 时，应每隔 2 m 设一道直径不小于 12 mm 的焊接加劲箍筋。

10.1.3.1.2　桩身混凝土及混凝土保护层厚度应符合下列要求

(1) 桩身混凝土强度等级不得小于 C25，混凝土预制桩尖强度等级不得小于 C30。

(2) 灌注桩主筋的混凝土保护层厚度不应小于 35 mm，水下灌注桩的主筋混凝土保护层厚度不得小于 50 mm。

(3) 四类、五类环境中桩身混凝土保护层厚度应符合国家现行标准的相关规定。

10.1.3.1.3　扩底灌注桩扩底端尺寸应符合下列规定

(1) 当持力层承载力较高、上覆土层较差、桩的长径比较小时，可采用扩底桩；扩底端直径与桩身直径之比 D/d，挖孔桩不应大于 3（图 10-3），钻孔桩不应大于 2.5。

(2) 扩底端侧面的斜率应根据实际成孔及土体自立条件确定，a/h_c 砂土可取 1/4，粉土、黏性土可取 1/3～1/2。

(3) 扩底端底面宜呈锅底形，矢高 h_b 可取（0.15～0.20）D。

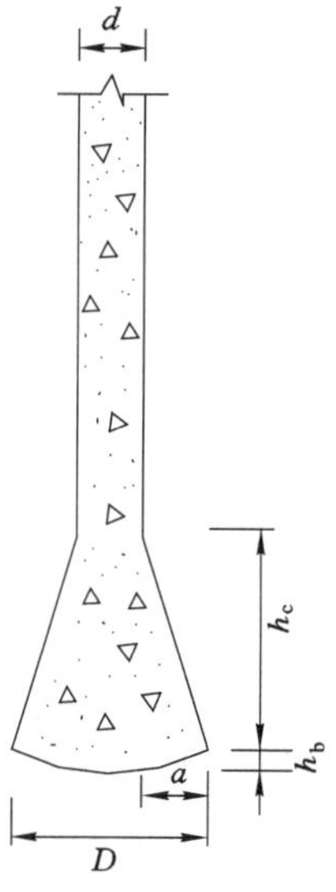

图 10-3　扩底桩构造

10.1.3.2　混凝土预制桩

(1) 截面边长。混凝土预制桩不应小于 200 mm，预应力混凝土预制实心桩不宜小于 350 mm。

(2) 混凝土强度等级。预制桩不宜低于 C30，预应力混凝土实心桩不应低于 C40,纵向钢筋的混凝土保护层厚度不宜小于 30 mm。

(3) 预制桩的桩身配筋应按吊运、打桩及桩在使用中的受力等条件计算确定。采用锤击法沉桩时,预制桩的最小配筋率不宜小于 0.8%。采用静压法沉桩时,最小配筋率不宜小于 0.6%,主筋直径不宜小于 $\phi 14$,打入桩桩顶以下 4～5 倍桩身直径长度范围内箍筋应加密,并设置钢筋网片。

(4) 预制桩分节长度应根据施工条件及运输条件确定,每根桩的接头数量不宜超过3个。

(5) 预制桩的桩尖可将主筋合拢焊在桩尖辅助钢筋上,持力层为密实砂和碎石类土时,宜在桩尖处包以钢板桩靴,加强桩尖。

(6) 预应力混凝土桩的连接可采用端板焊接连接、法兰连接、机械啮合连接、螺纹连接。每根桩的接头数量不宜超过 3 个。

10.1.3.3 钢桩

(1) 钢桩可采用管型、H 型或其他异型钢材,分段长度宜为 12～15 m,焊接接头应采用等强度连接。钢管桩端部可为敞口,也可为闭口,H 型钢桩可带端板,也可不带端板。

(2) 钢桩防腐处理可采用外表面涂防腐层、增加腐蚀余量及阴极保护,当钢管桩内壁同外界隔绝时,可不考虑内壁防腐。钢桩的腐蚀速率当无实测资料时可按表 10-3 确定。

表 10-3 钢桩年腐蚀速率

钢桩所处环境		单面腐蚀率/(mm·y^{-1})
地面以上	无腐蚀性气体或腐蚀性挥发介质	0.05～0.1
地面以下	水位以上	0.05
	水位以下	0.03
	水位波动区	0.1～0.3

10.1.4 承台构造

独立柱下桩基承台的最小宽度不应小于 500 mm,边桩中心至承台边缘的距离不应小于桩的直径或边长,且桩的外边缘至承台边缘的距离不应小于 150 mm。对于墙下条形承台梁,桩的外边缘至承台梁边缘的距离不应小于 75 mm。承台的最小厚度不应小于300 mm。

高层建筑平板式和梁板式筏形承台的最小厚度不应小于 400 mm,墙下布桩的剪力墙结构筏形承台的最小厚度不应小于 200 mm。

10.1.4.1 承台的钢筋配置(图 10-4)应符合下列规定

(1) 柱下独立桩基承台纵向受力钢筋应通长配置,对四桩及以上承台宜按双向均匀布置,对三桩的三角形承台应按三向板带均匀布置,且最里面的三根钢筋围成的三角形应在柱截面范围内。纵向钢筋锚固长度自边桩内侧(当为圆桩时,应将其直径乘以 0.8 等效为方桩)算起,不应小于 $35d_g$(d_g为钢筋直径)。当不满足时应将纵向钢筋向上弯折,此时水平段的长度不应小于 25 d_g,弯折段长度不应小于 10 d_g。承台纵向受力钢筋的直径不应小于12 mm,间距不应大于 200 mm。

(2) 柱下独立两桩承台、条形承台梁纵向受力钢筋端部的锚固长度及构造与柱下多桩

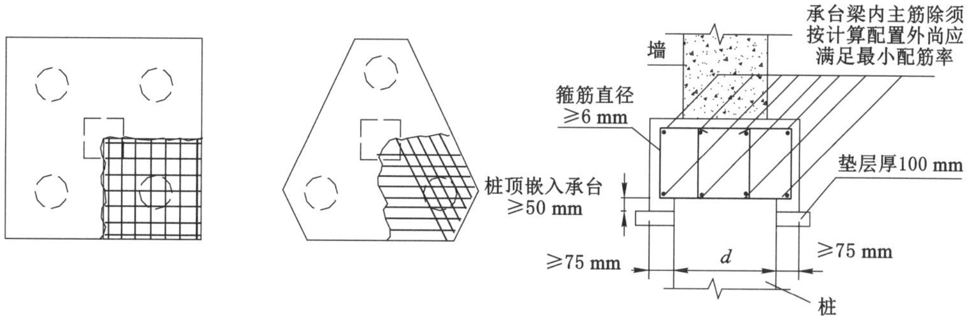

(a) 矩形承台配筋　　(b) 三桩承台配筋　　(c) 墙下承台梁配筋

图 10-4　承台配筋示意

承台的规定相同。

(3) 筏形承台板或箱形承台板，上层钢筋应按计算配筋率全部连通。当筏板的厚度大于 2 000 mm 时，宜在板厚中间部位设置直径不小于 12 mm、间距不大于 300 mm 的双向钢筋网。

(4) 承台底面钢筋的混凝土保护层厚度，当有混凝土垫层时，不应小于 50 mm，无垫层时不应小于 70 mm；此外不应小于桩头嵌入承台内的长度。

10.1.4.2　桩与承台的连接构造应符合下列规定

(1) 桩嵌入承台内的长度对中等直径桩不宜小于 50 mm，对大直径桩不宜小于 100 mm。

(2) 混凝土桩的桩顶纵向主筋应锚入承台内，锚入长度不宜小于 35 倍纵筋直径。对于抗拔桩，桩顶纵筋的锚固长度应按现行国家标准确定。

(3) 对于大直径灌注桩，当采用一柱一桩时可设置承台或将桩与柱直接连接。

10.1.4.3　柱与承台的连接构造应符合下列规定

(1) 对于一柱一桩基础，柱与桩直接连接时，柱纵向主筋锚入桩身内长度不应小于 35 倍纵向主筋直径。

(2) 对于多桩承台，柱纵筋应锚入承台不应小于 35 倍纵向主筋直径，当承台高度不满足锚固要求时，竖向锚固长度不应小于 20 倍纵向主筋直径，并垂直于柱轴线呈 90°弯折。

(3) 当有抗震设防要求时，对于一、二级抗震等级的柱，纵筋锚固长度应乘以 1.15 的系数；对于三级抗震等级的柱，纵筋锚固长度应乘以 1.05 的系数。

10.1.4.4　承台与承台之间的连接构造应符合下列规定

(1) 一柱一桩时，应在桩顶两个主轴方向上设置联系梁。当桩与柱的截面直径之比大于 2 时，可不设联系梁。

(2) 两桩桩基的承台，应在其短向设置联系梁。

(3) 有抗震设防要求的柱下桩基承台，宜沿两个主轴方向设置联系梁。

(4) 联系梁顶面宜与承台顶面位于同一标高。梁宽不宜小于 250 mm，高度可取承台中心距的 1/10～1/15，且不宜小于 400 mm。

(5) 联系梁配筋应按计算确定，梁上下部配筋不宜小于 2 根直径 12 mm 钢筋，位于同一轴线上的联系梁纵筋宜通长配置。

10.2 桩基础施工准备

10.2.1 施工调查与资料收集

10.2.1.1 地基勘察

查明施工场地的地形地貌、地质构造、工程水文地质情况，了解施工场地内人为或自然地质现象，如墓穴、防空洞、枯井、暗沟和溶洞、地穴等。地基勘察要求准确、细致，因此钻孔布置要合理，要尽可能全面、准确地反映施工场地的实际情况，为施工提供准确依据。

10.2.1.2 施工场地及周围状况的资料收集

掌握施工场地表面状态、地下建筑物、管道、地上障碍物、树木、地基的稳定程度等；了解周围建筑物的用途、结构、构造和层数，基础形式、埋深及地基沉降状况、附属设备，周围建筑物的施工状况，包括开挖深度、规模、基坑支护方法、基坑开挖时间和排水降水方法等；了解周围道路及公共设施状况，包括周围道路的级别、宽度、交通情况，周边地下管线（如自来水管、煤气管、暖气管等）的位置、埋深、管径、使用年限等。

10.2.1.3 桩基础设计情况

掌握桩基础类型、尺寸，桩位平面布置图，桩与承台的连接、桩的配筋、材料及承台构造，桩的试打、试成孔及桩的荷载实验资料。

10.2.1.4 有关监督单位及法规上的限制

道路占用或使用许可，人行道的防护措施，地下管道的临时维护措施，架空线路的临时维护措施。

10.2.1.5 图纸审查

施工前应组织图纸会审，图纸会审纪要连同施工图等作为施工依据需存入工程档案。

10.2.2 桩基础工程组织设计

桩基础工程施工前，应根据工程的特点、规模、复杂程度、现场条件等，编制整个桩基础分部工程的施工作业计划，一般应包含以下内容。

（1）工程概况。

工程概况主要包括工程项目构成状况、规模、特点，建设项目的施工、承包单位，成本、工期、质量目标，施工场地的地质、地形、水文、气象条件，建设地区技术经济状况、环境条件等。

（2）确定施工方法。

对预制桩，需考虑桩的预制、吊运方案、设备、堆放方法、沉桩方法、沉桩顺序和接桩方法等；对灌注桩，需考虑成孔方法、泥浆制备、使用和排放、清孔、钢筋笼的安放、混凝土的浇筑等。

（3）选择机械设备。

桩基础施工机械设备应根据工程地质条件、工程规模、桩型、工期要求、动力与机械供应、施工现场情况、施工方法等条件进行综合选择。

（4）编制施工作业进度计划和劳动力组织计划。

（5）编制设备、工具、材料的供应计划。

（6）绘制桩基础施工平面图。

根据施工要求在图上标明桩位、间距、编号、施工顺序，水电线路、道路等临时设施的位置,桩顶标高的要求,沉桩控制标准,材料及预制桩的堆放位置。若桩孔施工采用泥浆护壁时,应标明制浆设备及其循环系统的位置。

(7) 制定各种技术措施。

为保证施工质量、安全生产、文明施工、减少对周围邻近建筑物和构筑物影响而制定的技术措施。

(8) 桩的载荷试验。

在无试桩资料而设计单位要求试桩时,应制定试桩(静载与动测试桩)计划。

10.2.3　施工现场准备

10.2.3.1　清除施工现场障碍物

桩基础施工前,应清除妨碍施工的地上、地下障碍物(如电线杆、架空线、地下构筑物、埋设管道、树木等),保证施工的顺利进行。

10.2.3.2　施工场地平整处理

现场预制桩场地的处理。对场地进行必要的夯实和平整处理,防止预制桩桩身发生弯曲变形,影响预制桩的质量。

沉桩场地的平整处理。桩基础施工设备进场前应做好场地的平整工作,对软弱场地应进行必要的处理(如夯实等),使场地的承载力能满足施工设备正常的工作要求,雨季施工还需采取必要的排水措施。

10.2.3.3　放线定位

一是放基线(即桩基础轴线)。桩基础轴线是桩基础施工和整个上部结构施工都应遵照执行的,应从国家级三角网控制点引入,并应多次测量复核。桩基础轴线的定位点应设置在不受桩基础施工影响的位置。二是设置水准基点,即控制桩基础施工的标高,在施工区附近设置的水准基点一般要求不少于 2 个,为保证准确性,防止破坏,也应设置在不受桩基础施工影响之处。

10.2.3.4　定桩位

根据设计的桩位图,按桩的施工顺序将桩统一编号,根据桩号所对应的轴线按尺寸要求施放桩位;设置样桩,以供桩基础设备就位后定位。

10.2.3.5　搭建临时设施

施工用临时设施应本着节约、实用的原则搭建,在主要出入口应设标牌,标明施工工程名称、施工单位、工地负责人等。

10.2.3.6　施工物资与队伍的准备

施工所用的机械设备、各种材料及构配件在现场应有必要的储备。施工队伍包括现场管理人员、技术人员、施工人员的配备,如有特殊工种,应预先安排或培训,若有外包工程,外包的施工力量也应落实并进场。

10.2.3.7　特殊情况下的施工准备

为保证特定情况的施工质量和连续施工,应做必要的准备,如冬季的保温措施、雨季的雨水排放、边坡保护等内容。

10.3　沉入桩施工

根据沉桩的材料不同,可分为混凝土预制桩、钢桩和木桩,木桩由于承载力低、耐久性差，现在只在木材产地和某些应急工程中使用，本节只讨论混凝土预制桩和钢桩。工程中比较常用的沉桩施工方法有锤击沉桩法和静压沉桩法。

锤击沉桩法利用桩锤把桩击入地基，施工速度快、机械化程度高，但施工时会产生较大的振动和噪声，在城区和夜间施工有所限制，同时有挤土效应，可能引起邻近建筑物或地下管线沉降或隆起。锤击沉桩法适用于松软土地质条件和较空旷的地区。

静压沉桩法利用静压力将桩压入土中，施工时无噪声、无振动，但挤土效应仍不可忽略。静压沉桩法适用于持力层上覆盖松软地层，无坚硬夹层的地基，对水下桩基工程也适用。静压桩成本较高。

10.3.1 桩的制作

10.3.1.1 混凝土预制桩的制作

混凝土预制桩可在工厂制作，也可在施工现场预制，要求场地平整、坚实。制桩模板宜采用钢模板，模板应平整，尺寸准确，具有足够刚度。

现场预制钢筋混凝土桩的施工工艺流程如下：

平整场地→绑扎钢筋笼→支模板→钢筋笼就位→浇筑混凝土→混凝土强度达到 30%拆模→继续养护。

(1) 预制桩的规格

混凝土预制桩的截面边长不应小于 200 mm，模数为 50 mm，桩的单节长度应满足桩架的有效高度、制作场地条件、运输与装卸能力，一般不大于 12 m，如需采用长桩，可以接长，但应避免在桩尖接近或处于硬持力层中时接桩。

(2) 原材料

打入预制桩的混凝土强度等级不应低于 C30，纵向钢筋的混凝土保护层厚度不宜小于 30 mm。水泥和钢材进场，应有质量保证书，现场应对其品种、出厂日期等进行验收，必须检验水泥的安定性，安定性不合格时，这批水泥必须报废。水泥的保存期不宜超过三个月。原材料使用前应抽样送至有关单位检验，合格后方可使用。预制桩的粗骨料应采用碎石或碎卵石，粒径宜为 5～40 mm。

(3) 钢筋构造(图 10-5)

预制桩的桩身受力钢筋，应按建筑的承受荷载、吊运、打桩等受力条件计算确定。根据桩截面大小，选用 4～8 根钢筋，直径为 14～25 mm，配筋率通常为 1%～3%，打入式预制桩的最小配筋率不宜小于 0.8%，静压预制桩的最小配筋率不宜小于 0.6%。打入桩桩顶 (2～3)d(d 为桩的直径或边长)长度范围内箍筋应加密，并设置 3 层钢筋网片。箍筋采用 ϕ6～ϕ8 mm，间距 200 mm。桩顶(3～5)d 范围内箍筋适当加密。

为保证准确就位和顺利进桩，桩截面中心(桩尖处)放一根 ϕ22 mm 或 ϕ25 mm 的粗钢筋；预制桩的桩尖可将主筋合拢焊在桩尖辅助钢筋上成锥形，以利沉桩。在密实沙质土和碎石类土中，可在桩尖处包以钢板桩靴，加强桩尖。

钢筋骨架的主筋连接宜采用对焊和电弧焊，当钢筋直径≥20 mm 时，宜采用机械连接。主筋接头配置在同一截面内的数量，当采用对焊或电弧焊时，受拉钢筋不得超过 50%；相邻两根主筋接头截面的距离应大于 35d(主筋直径)，且不应小于 500 mm，桩顶 1 m 范围内主筋不准有接头。

纵向钢筋和钢箍应扎牢，连接位置不应偏斜，桩顶钢筋网片应按设计要求位置与间距设

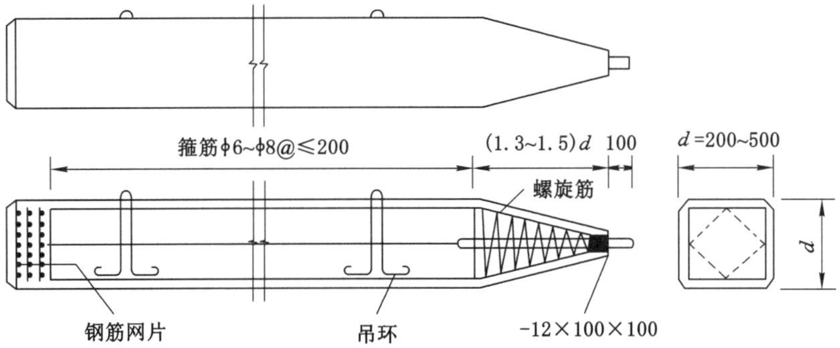

图 10-5　钢筋混凝土预制桩

置，且不偏斜，整体扎牢制成钢筋笼。桩尖应与钢筋笼的中心纵轴线一致。安放钢筋笼时，定位要准确，并要防止扭曲变形。钢筋或钢筋笼在运输和储存过程中，要避免锈蚀和污染。使用前进行清刷，带有颗粒状或片状老锈的钢筋不得使用。

预制桩钢筋骨架的允许偏差应符合表 10-4 的规定。

表 10-4　预制桩钢筋骨架的允许偏差

项　目	允许偏差/mm
主筋间距	±5
桩尖中心线	10
箍筋间距或螺旋筋的螺距	±20
吊环沿纵轴线方向	±20
吊环沿垂直于纵轴线方向	±20
吊环露出桩表面的高度	±10
主筋距桩顶距离	±5
桩顶钢筋网片位置	±10
多节桩桩顶预埋件位置	±3

(4) 预制桩的混凝土浇筑

浇筑混凝土时用的模板，现场多采用工具式木模或钢模板，支在坚实平整的地坪上，模板应平整牢靠、尺寸准确。立模必须保证桩身及桩尖部分的形状尺寸正确，尤其要注意桩尖位置与桩身纵轴线对准。

混凝土浇筑前，应清除模板内的垃圾、杂物，检查各部位的保护层应符合设计要求的厚度，主筋顶端保护层不宜过厚，以防锤击沉桩时桩顶破碎。模板接缝应严密，不得漏浆。

浇筑混凝土时，宜从桩顶开始灌注，确保顶部混凝土的密实性，并应连续浇灌，不得中断(即不得形成施工缝)。采用重叠法制作预制桩时，桩与邻桩及底模之间的接触面不得粘连；

上层桩或邻桩的浇筑，必须在下层桩或邻桩的混凝土达到设计强度的30%以上时，方可进行；重叠层数不应超过4层。在降雨雪时，不宜露天浇筑混凝土，如果必须浇筑时，应采取有效的措施，确保混凝土质量。浇筑完毕后应覆盖洒水养护不少于7 d，如用蒸汽养护，在蒸汽养护后，还应进行适当自然养护，一般30 d后方可使用。

混凝土预制桩的表面应平整、密实，制作允许偏差应符合表10-5的规定。

表10-5　混凝土预制桩制作允许偏差

桩　型	项　目	允许偏差/mm
钢筋混凝土实心桩	横截面边长	±5
	桩顶对角线之差	≤5
	保护层厚度	±5
	桩身弯曲矢高	不大于1‰桩长且不大于20
	桩尖偏心	≤10
	桩端面倾斜	≤0.005
	桩节长度	±20
钢筋混凝土管桩	直径	±5
	长度	±0.5%L
	管壁厚度	−5
	保护层厚度	+10，−5
	桩身弯曲(度)矢高	L/1 000
	桩尖偏心	≤10
	桩头板平整度	≤2
	桩头板偏心	≤2

10.3.1.2　钢桩的制作

制作钢桩的材料应符合设计要求，应有出厂合格证和试验报告；现场制作钢桩应有平整的场地及挡风防雨措施；钢桩的分段长度应满足施工、运输、装卸要求，且不宜大于15 m，地下水有侵蚀性或土层有腐蚀性时，应按设计要求作防腐处理。钢桩制作的允许偏差应符合表10-6的规定。

表10-6　钢桩制作的允许偏差

项　目		允许偏差/mm
外径或断面尺寸	桩端部	±0.5%外径或边长
	桩　身	±0.1%外径或边长
长度		>0
矢高		≤1‰桩长
端部平整度		≤2(H型桩≤1)
端部平面与桩身中心线的倾斜值		≤2

钢桩的焊接连接应符合下列规定：

（1）焊接前应清除桩端部的浮锈、油污等，保持干燥，锤击后下节桩顶变形的部分也应割除，焊丝（自动焊）或焊条应烘干，上下节桩焊接时应校正垂直度，两段间隙宜为 2～3 mm。

（2）焊接应对称进行，采用多层焊，各层焊缝的接头应错开，焊渣应清除，H 型钢桩或其他异型薄壁钢桩，接头处应按等强度加连接板。

（3）接头焊接完毕，应冷却 1 min 后方可锤击，气温低于 0 ℃或雨雪天无可靠措施确保焊接质量时，不得焊接。

（4）焊接质量应符合国家现行标准的规定，每个接头除应进行外观检查外，按接头总数的 5％进行超声或 2％进行 X 射线拍片检查，对于同一工程，探伤抽样检验不得少于 3 个接头。接桩焊缝外观允许偏差见表 10-7。

表 10-7　接桩焊缝外观允许偏差

项　　目		允许偏差/mm
上下节桩错口	钢管桩外径≥700 mm	3
	钢管桩外径＜700 mm	2
H 型钢桩		1
咬边深度（焊缝）		0.5
加强层高度（焊缝）		0～2
加强层宽度（焊缝）		0～3

10.3.2　桩的吊运和堆放

混凝土实心桩混凝土设计强度达到 70％及以上方可起吊，达到 100％方可运输。起吊时应采取措施保证安全平稳，保护桩身质量，水平运输时桩身应平稳放置，严禁在场地上直接拖拉桩体。

预应力混凝土空心桩出厂前应作出厂检查，其规格、批号、制作日期应符合所属的验收批号内容。吊运过程中应轻吊轻放，避免剧烈碰撞，单节桩可采用专用吊钩勾住桩两端内壁直接进行水平起吊。预制桩的吊运如图 10-6 所示。

预应力混凝土空心桩的堆放场地应平整坚实，最下层与地面接触的垫木应有足够的宽度和高度。堆放时桩应稳固、不得滚动，按不同规格、长度及施工流水顺序分别堆放。当场地条件许可时，宜单层堆放，需叠层堆放时，外径为 500～600 mm 的桩不宜超过 4 层，外径为 300～400 mm 的桩不宜超过 5 层。桩叠层堆放超过 2 层时，应采用吊机取桩，严禁拖拉取桩。应在垂直于桩长度方向的地面上设置 2 道垫木，分别位于距桩端约 0.2 倍桩长处，底层最外缘的桩在垫木处用木楔塞紧，垫木宜选用耐压的长木枋或枕木，不得使用有棱角的金属构件。

钢管桩堆放场地要求平整坚实、排水通畅。桩的两端应有适当保护措施，搬运时应防止因桩体撞击而造成桩端、桩体损坏或弯曲。堆放时应按规格、材质分别堆放，堆放层数对于 ϕ900 mm 的钢桩，不宜大于 3 层；ϕ600 mm 的钢桩，不宜大于 4 层；ϕ400 mm 的钢桩，不宜大于 5 层；H 型钢桩不宜大于 6 层。支点设置应合理，钢桩的两侧应采用木楔塞住。

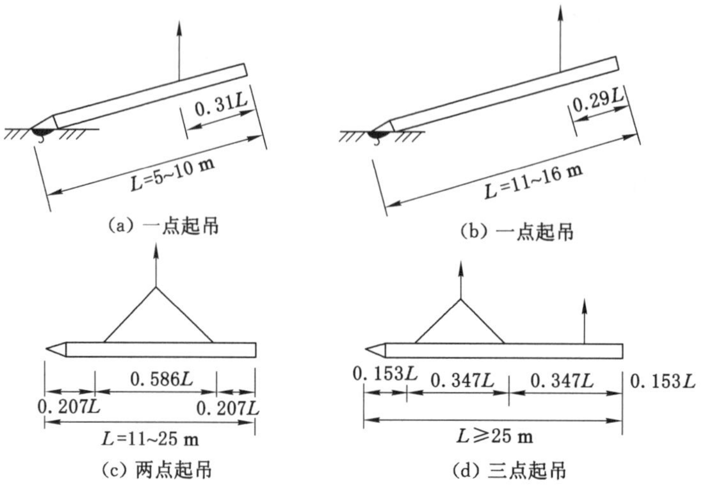

图 10-6 预制桩的吊运

10.3.3 桩的连接

桩的连接可采用焊接、法兰连接或机械快速连接(螺纹式、啮合式),如图 10-7 所示。

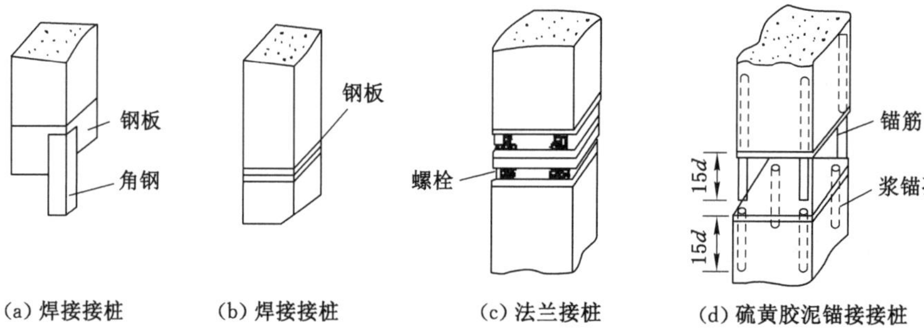

图 10-7 桩的接头形式

采用焊接接桩时,宜采用低碳钢钢板,E43 焊条,并应符合现行行业标准要求,接头宜采用探伤检测,同一工程检测量不得少于 3 个接头。下节桩段的桩头宜高出地面 0.5 m,桩头处宜设导向箍,上下节桩段保持顺直,错位偏差不宜大于 2 mm,就位纠偏时,不得采用大锤横向敲打。对接前,上下端板表面应采用铁刷子清刷干净,坡口处应刷至露出金属光泽。焊接宜四周对称地进行,待上下桩节固定后拆除导向箍再分层施焊。焊接层数不得少于 2 层,第一层焊完后必须把焊渣清理干净,方可施焊第二层。焊好后的桩接头应自然冷却后方可继续锤击,自然冷却时间不宜少于 8 min,严禁采用水冷却或焊好后立即施打。雨天焊接时,应采取可靠的防雨措施。焊缝应连续、饱满,接头的质量检查,对于同一工程探伤抽样检验不得少于 3 个接头。

采用机械快速螺纹接桩时,安装前应检查桩两端制作的尺寸偏差及连接件,无受损后方可起吊施工,其下节桩端宜高出地面 0.8 m。卸下上下节桩两端的保护装置后,应清理接头残物,涂上润滑脂,采用专用接头锥度对中,对准上下节桩进行旋紧连接。可采用专用链条式扳手进行旋紧,锁紧后两端板应有 1~2 mm 的间隙。

采用机械啮合接头接桩时,应将上下接头板清理干净,用扳手将已涂抹沥青涂料的连接销逐根旋入上节桩端头板的螺栓孔内，并用钢模板调整好连接销的方位，剔除下节桩端头板连接槽内泡沫塑料保护块，在连接槽内注入沥青涂料，并在端头板周边抹上宽度 20 mm、厚度 3 mm 的沥青涂料。当地基土、地下水含中等以上腐蚀介质时，桩端板板面应满涂沥青涂料。接桩时将上节桩吊起，使连接销与端头板上各连接口对准，随即将连接销插入连接槽内，加压使上下节桩的桩头板接触，接桩完成。

10.3.4　锤击沉桩施工

10.3.4.1　锤击沉桩施工机械设备

锤击沉桩设备主要包括桩锤和桩架两大部分。桩锤提供成桩所需的能量，桩架在打桩时起悬吊桩锤和导向作用。

10.3.4.1.1　桩锤

目前工程中常用的桩锤有柴油锤、蒸汽锤(分单作用和双作用)、落锤、液压锤、振动锤等。民用建筑中大量采用柴油锤施工，主要因其能量大，可选规格多；蒸汽锤配套设备较庞大，打桩能量及打桩速率均受限制，工程中应用逐渐减少。液压锤因其锤击效率高、无油烟、振动小的特点，深受欢迎，但缺点是费用较高。见表 10-8。

表 10-8　桩锤的工作原理、特点和适用范围

桩锤种类	工作原理	特点	适用范围
落锤	用人力或卷扬机提起桩锤，然后自由下落，利用锤的重力夯击桩顶，使桩沉入土中	(1) 装置简单，使用方便，费用低。 (2) 可调整锤重和落距以调整打击能力，冲击力大。 (3) 锤击速度慢(每分钟 6～20 次)，桩顶部易打坏，效率低	(1) 适宜于打木桩及细长尺寸的钢筋混凝土预制桩。 (2) 一般土层和含有砾石的土层均可使用
柴油锤	以柴油为燃料，利用冲击部分的冲击力和燃烧压力为驱动力，引起锤头跳动夯击桩顶	(1) 质量轻，体积小，打击能量大。 (2) 不需外部能量，机动性强，打桩快，桩顶不易打坏，燃料消耗少。 (3)振动大，噪声高，润滑油飞散，在软土中打桩效率低	(1) 适宜于打各种桩。 (2) 适宜于一般土层中打桩，是各种桩锤中使用最为广泛的一种
单动蒸汽锤	利用外供蒸汽或压缩空气的压力将冲击体托升至一定高度，配气阀释放出蒸汽，使其自由下落锤击打桩	(1) 结构简单，精度高，桩头不易损坏。 (2) 能适应各种地层土质，操作维修较易。 (3) 打桩的辅助设备多，运输费用高，落距不能调节	(1) 适宜于打各种桩。 (2) 尤其适宜于套管法灌注桩的成孔。 (3) 适应各种土层
振动沉拔桩锤	利用锤高频振动，带动桩身振动，使桩身周围的土体产生液化，减小桩侧与土体间的摩擦阻力，将桩沉入土中或拔出	(1) 施工速度快，使用方便，施工费用低，施工无公害污染。 (2) 结构简单，维修保养方便。 (3) 不适宜于打斜桩	(1) 适于施打一定长度的钢管桩、钢板桩、钢筋混凝土预制桩和套管法灌注桩的成孔。 (2) 适用于粉质黏土、松砂、黄土和软土，不宜用于岩石、砾石和密实的黏性土层

表 10-8(续)

桩锤种类	工作原理	特点	适用范围
液压打桩锤	单作用液压锤是冲击块通过液压装置提升到预定的高度后快速释放，冲击块以自由落体方式打击桩体；双作用锤是冲击块通过液压装置提升到预定高度后，再次从液压系统获得加速度能量来提高冲击速度，打击桩体	(1) 施工无公害污染，打击力峰值小，桩顶不易损坏，可用于水下打桩、打斜桩。 (2) 结构复杂，保养与维修工作量大，价格高，冲击频率小，作业效率较低	(1) 适宜于打各种桩。 (2) 适宜于一般土层中打桩
射水沉桩	利用水压力冲刷桩端处土层，再配以锤击沉桩	(1) 打桩效率高，桩顶不易损坏，但设备较多。 (2) 当附近有建筑物时，水流易使建筑物沉陷，不能打斜桩	(1) 常与锤击法联合使用，适合于打大断面钢筋混凝土空心管桩。 (2) 可用于多种土层，以砂土、砂砾土或其他坚硬土层最适宜。 (3) 不能用于粗卵石和极坚硬的黏土层

桩锤选用时，锤重太小不易沉至设计标高，效率低，影响施工进度；锤重太大又容易将混凝土桩顶击碎，因此应慎重选择锤重，宜遵循以下原则：

(1) 确保桩尖能穿越较厚的中间硬夹层，进入持力层，达到预定的深度；

(2) 桩的锤击应力不宜过大，不致将桩头损坏；

(3) 选择锤重一般可根据计算选择桩锤或按经验选择；

(4) 锤重也可根据工程地质条件、桩的类别、强度、密集程度等情况参考《建筑地基基础工程施工质量验收规范》进行选择，为防止桩受冲击时产生过大的应力，导致桩顶破碎，在打桩施工时应重锤低击。柴油锤和蒸汽锤选用见表 10-9。

表 10-9 柴油锤和蒸汽锤选用

参数指标		柴油锤(10 kN)					蒸汽锤(单动)(10 kN)		
		1.8	2.5	3.2	4	7	3~4	7	10
锤型资料	冲击部分重	1.8	2.5	3.2	4.6	7.2	3~4	5.5	9
	锤总重	4.2	6.5	7.2	9.6	18	3.5~4.5	6.7	11
锤冲击力		~200	180~200	300~400	400~500	600~1 000	~230	~300	350~400
常用冲程/m		1.8~2.3					0.6~0.8	0.5~0.7	0.4~0.6
适用桩规格	方桩边长，管桩直径/cm	30~40	35~45	40~50	45~55	55~60	35~45	40~45	40~50
	钢管桩直径/cm	40			60	90			
黏性土	一般进入深度/m	1~2	1.5~2.5	2~3	2.5~3.5	3~5	1~2	1.5~2.5	2~3
	桩尖可达到静力触探 P2 平均值(0.1 MPa)	30	40	50	>50	>50	30	40	50

表 10-9(续)

参数指标			柴油锤(10 kN)					蒸汽锤(单动)(10 kN)		
			1.8	2.5	3.2	4	7	3～4	7	10
砂土	一般进入深度/m		0.5～1	0.5～1	1～2	1.5～2.5	2～3	0.5～1	1～1.5	1.5～2
	桩尖可达到标贯击数 N 值		15～25	20～30	30～40	40～45	50	15～25	20～30	30～40
岩石（软）	桩尖可进入深度/m	强风化		0.5	0.5～1	1～2	2～3		0.5	0.5～1
		中等风化			表层	0.5～1	1～2			表层
锤的常用控制贯入度(cm/10 击)			2～3			3～5	4～8	3～5		
设计单桩极限承载力(10 kN)			40～120	80～160	160～200	300～500	500～1 000	60～140	150～300	250～400

10.3.4.1.2　桩架

桩架是支持桩身和桩锤，在打桩过程中引导桩的方向，并保证桩锤能沿着所要求方向冲击的打桩设备。桩架主要由底盘、导杆或龙门架、斜杆、滑轮组和动力设备等组成。桩架类型多种多样，常用的通用桩架（能适应多种桩锤）有两种基本形式：一种是沿着轨道行驶的多能桩架；另一种是装在履带底盘上的打桩架。如图 10-8、图 10-9 所示。

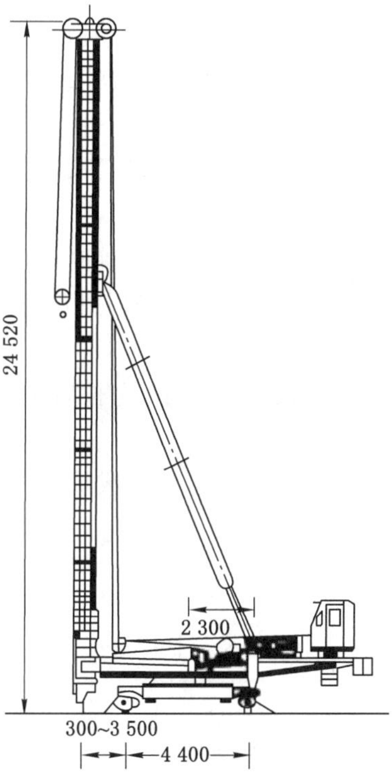

图 10-8　多能桩架示意图

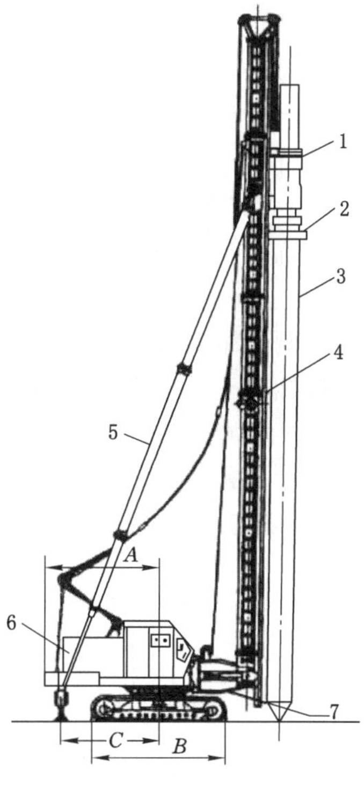

1—桩锤；2—桩帽；3—桩；4—立柱；
5—斜撑；6—车体；7—立柱支撑。

图 10-9　履带式桩架示意图

选择桩架时应考虑下列因素：

(1) 桩的材料、断面形状与尺寸、桩长和接桩方式；

(2) 桩的种类、数量、施工精度要求；

(3) 施工场地条件、作业环境、作业空间；

(4) 所选的桩锤类型、质量和尺寸；

(5) 桩锤的通用性和桩架数量；

(6) 施工进度要求。

桩架高度一般可按桩长需要分节接长，桩架高度按下式确定：

桩架高度＝单节桩长＋滑轮组高度＋桩锤高度＋桩帽高度＋起锤位移高度

10.3.4.2　锤击沉桩(打桩)施工

打桩前必须处理空中和地下障碍物，场地应平整，排水应畅通，并应满足打桩所需的地面承载力。桩基础顶面标高一般在地表面以下，施工时是采用先挖土后打桩，还是采用送桩，需要综合质量、安全、进度及经济效益确定。如果桩顶标高较高，地下水位较低，地表下浅层硬土层较厚，桩的打入精度要求较高，桩密集且桩数较多，工期较紧和场地工作面较大，可考虑先挖土后打桩。若基坑开挖、围护结构、排水费用较高，可考虑采用送桩方案，但必须考核所选用的设备是否能将桩送至需要的标高。

10.3.4.2.1　打桩顺序

打桩顺序影响打桩速度和打桩质量，对周围环境的影响很大。制定打桩顺序时，应研究现场条件和环境、桩区面积和位置、邻近建筑物、地下管线的状况、地基土特性、桩型、间距、堆放场地、施工机械、桩群的密集程度等。如图 10-10 所示。

(1) 当基坑不大时，打桩可由一侧向单一方向进行。打桩推进方向宜逐排改变，对于同一排桩，必要时还可采用间隔跳打的方式。

(2) 当基坑较大时. 可将基坑分为数段，然后在各范围内分别进行。打桩时可由两个方向对称进行，或自中间向四周进行；对于密集桩群，自中间向两个方向或四周对称施打。

(3) 当一侧毗邻建筑物时，由毗邻建筑物处向另一方向施打。

(4) 基础标高不一的桩，宜先深后浅；对不同规格的桩，宜先大后小，先长后短，可使土层挤密均匀，防止位移或偏斜。

(5) 对于粉质黏土及黏土地区，应避免按一个方向打桩。当桩距大于或等于 4 倍桩直径(边长)时，可不考虑打桩顺序。

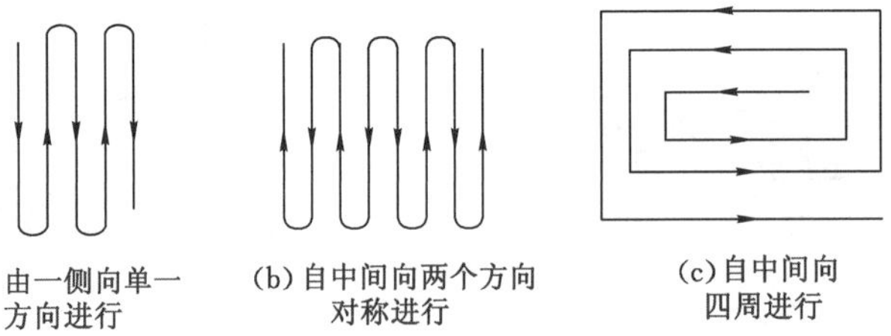

图 10-10　打桩顺序

10.3.4.2.2　打桩工序

打桩前，先按施工要求进行放线，确定桩位，然后吊桩就位，开始打桩，工序如下：

测量放样→打桩机就位→喂桩→对中、调直→锤击沉桩→接桩→再锤击→再接桩→至持力层→送桩→收锤。

10.3.4.2.3　打桩施工(图 10-11)注意事项

(1) 打桩时，桩的平面位置及垂直度经校正后，方可将锤连同桩帽压在桩顶，开始沉桩。桩锤、桩帽与桩身中心线要一致，桩插入时的垂直度偏差不得超过 0.5%。桩顶不平时，应用厚纸板垫平或用环氧树脂砂浆补抹平整。在桩锤和桩帽之间应加硬木、麻袋、草垫等弹性衬垫，桩帽和桩周围应有 5～10 mm 的间隙，以防损伤桩顶。

(2) 打桩开始时，应采用小落距，轻击数锤，观察桩身、桩架、桩锤等垂直度，待桩入土一定深度后，才可转入正常施打。

(3) 当桩顶标高较低，须送桩入土时，应将钢制送桩器置于桩头，并使送桩器的中心线与桩中心线重合，锤击送桩器将桩送入土中，送桩结束，拔出送桩器并及时覆盖桩孔。

图 10-11　打桩施工

(4) 在较厚的软土、粉质黏土层中，每根桩宜连续施打，中间停歇时间不宜过长。

(5) 停止打桩的标准，应根据桩端设计标高和最后贯入度控制。桩端设计标高是指桩底端全断面进入桩端持力层的必要深度，一般土为 3 倍桩径，碎石土为 1 倍桩径。最后贯入度，为打桩终止前的一个定量指标。锤击法打桩，每 10 击称“一阵”，打桩即将终止时的最后 2～3 阵，每阵的平均沉入量称为最后贯入度。一般常用控制贯入度为 2～5 cm/10 击。

(6) 凿除高出设计标高的桩顶混凝土时，应自上而下进行，不允许横向凿打，以免桩受水平冲击力而破坏或松动。

(7) 预制混凝土方桩、预应力混凝土空心桩、钢桩打入时应严格控制桩位偏差(表 10-10)，斜桩倾斜度的偏差不得大于倾斜角正切值的 15%(倾斜角系桩的纵向中心线与铅垂线间夹角)。

表 10-10　打入桩桩位的允许偏差

项　目		允许偏差/mm
带有基础梁的桩	(1) 垂直基础梁的中心线	$100+0.01H$
	(2) 沿基础梁的中心线	$150+0.01H$
桩数为 1～3 根桩基中的桩		100
桩数为 4～16 根桩基中的桩		1/2 桩径或边长
桩数大于 16 根桩基中的桩	(1) 最外边的桩	1/3 桩径或边长
	(2) 中间桩	1/2 桩径或边长

注：H 为施工现场地面标高与桩顶设计标高的距离。

(8) 当遇到贯入度剧变，桩身突然发生倾斜、位移或有严重回弹、桩顶或桩身出现严重裂缝、破碎等情况时，应暂停打桩，并分析原因，采取相应措施。

(9) 施打大面积密集桩群时，可采取一些辅助措施：① 对预钻孔沉桩，预钻孔孔径可比桩径(或方桩对角线)小 50～100 mm,深度可根据桩距和土的密实度、渗透性确定,宜为桩长的 1/3～1/2;施工时应随钻随打;桩架宜具备钻孔锤击双重性能。② 应设置袋装砂井或塑料排水板。袋装砂井直径宜为 70～80 mm,间距宜为 1.0～1.5 m,深度宜为 10～12 m;塑料排水板的深度、间距与袋装砂井相同。③ 应设置隔离板桩或地下连续墙。④ 可开挖地面防震沟,并可与其他措施结合使用。防震沟宽可取 0.5～0.8 m,深度按土质决定。⑤ 应限制打桩速率。⑥ 沉桩结束后,宜普遍实施一次复打。⑦ 沉桩过程中应加强邻近建筑物、地下管线等的观测、监护。

10.3.4.2.4 桩终止锤击的控制条件

(1) 当桩端位于一般土层时,应以控制桩端设计标高为主,贯入度为辅;

(2) 桩端达到坚硬、硬塑的黏性土、中密以上粉土、砂土、碎石类土及风化岩时,应以贯入度控制为主,桩端标高为辅;

(3) 贯入度已达到设计要求而桩端标高未达到时,应继续锤击 3 阵,并按每阵 10 击的贯入度不应大于设计规定的数值确认,必要时,施工控制贯入度应通过试验确定。

10.3.4.2.5 送桩

通常桩顶是锚固在基础承台里的,因打桩时尚未挖土,所以只能把桩打到自然地面以上大约 10～30cm 的地方,此时需要用一根钢制的工具(送桩器),一头套在桩顶,另一头由桩锤继续夯击,使桩顶标高达到设计要求。这一段由自然地面到地下设计标高的沉桩过程称为送桩。送桩器宜做成圆筒形,并应有足够的强度、刚度和耐打性,长度应满足送桩深度的要求,弯曲度不得大于 1/1 000,上下两端面应平整,且与送桩器中心轴线相垂直。送桩应符合下列规定:

(1) 送桩深度不宜大于 2.0 m。

(2) 当桩顶打至接近地面需要送桩时,应测出桩的垂直度并检查桩顶质量,合格后应及时送桩。

(3) 送桩的最后贯入度应参考相同条件下不送桩时的最后贯入度并修正。

(4) 送桩后遗留的桩孔应立即回填或覆盖。

(5) 当送桩深度超过 2.0 m 且不大于 6.0 m 时,打桩机应为三点支撑履带自行式或步履式柴油打桩机。桩帽和桩锤之间应用竖纹硬木或盘圆层叠的钢丝绳作“锤垫”,其厚度宜取 150～200 mm。

10.3.4.2.6 钢桩的沉桩

钢桩通常采用锤击沉桩法。锤击 H 型钢桩时,锤重不宜大于 4.5 t 级(柴油锤),且在锤击过程中桩架前应有横向约束装置。持力层较硬时,H 型钢桩不宜送桩。若地下有大块石、混凝土块等回填物时,应在插入 H 型钢桩前进行触探,并应清除桩位上的障碍物。对于敞口钢管桩,锤击沉桩困难时,可在管内取土助沉。

10.3.5 静压沉桩施工

静压沉桩法是通过静力压桩机利用压桩机自重及桩架上的配重作反力将预制桩压入土中的一种沉桩工艺。早在 20 世纪 50 年代初,我国沿海地区就开始采用静力压桩法。到 80 年代,随着压桩机械的发展和环保意识的增强,静力压桩法得到了进一步推广。至 90 年代,压桩机实现系列化,且最大压桩力为 6 800 kN 的压桩机也研制成功,它既能施压预制方桩,也可施压预应力管桩。静压沉桩法适用于软弱土层和邻近有需要避免振动的建(构)筑物的情况，也适用于覆土层不厚的岩溶地区，但在溶洞、溶沟发育充分的岩溶地区以及在土层中有较多孤石、障碍物的地区，静压桩应慎用。

图 10-12 所示为压桩机。

图 10-12　压桩机

10.3.5.1　静压桩的主要优缺点

10.3.5.1.1　主要优点

(1) 低噪声、无振动、无污染，可连续施工，速度快，工期短，造价降低；

(2) 施工场地整洁，施工文明程度高；

(3) 送桩器与桩头的接触面吻合好，送桩过程中不会左右晃动和上下跳动，可送桩较深，基础开挖后的截桩量少；

(4) 压桩施工引起的应力较小，桩头不易损坏。

10.3.5.1.2　主要缺点

(1) 具有挤土效应，对周围建筑及地下管线有一定的影响；

(2) 压桩机对施工场地的地耐力要求较高，在新填土、淤泥土等场地压桩机易下陷，表土需进行处理；

(3) 对于管桩过大的夹持力易将桩身夹破夹碎；

(4) 地下障碍物或孤石较多时，容易出现斜桩甚至断桩。

10.3.5.2　施工工艺流程(图 10-13)

静压桩施工一般采用分段压入、逐段接长的方法。其施工流程为：测量放线定位→压桩机就位→吊桩、喂桩→桩身对中调直→静压沉桩→接桩→再压桩→送桩→终止压桩→切割桩头。

10.3.5.3　静压沉桩施工注意事项

(1) 采用静压沉桩时，场地应平整，地基承载力不应小于压桩机接地压强的 1.2 倍。

(2) 静压桩质量控制要求：应测量桩的垂直度并检查桩头质量，合格后方可送桩，压、送作业应连续进行。送桩应采用专制钢质送桩器，不得将工程桩用作送桩器。当场地上多数桩的有效桩长 L 小于或等于 15 m 或桩端持力层为风化软质岩，可能需要复压时，送桩深度不宜超过 1.5 m；当桩的垂直度偏差小于 1%，且桩的有效桩长大于 15 m 时，静压桩送桩深

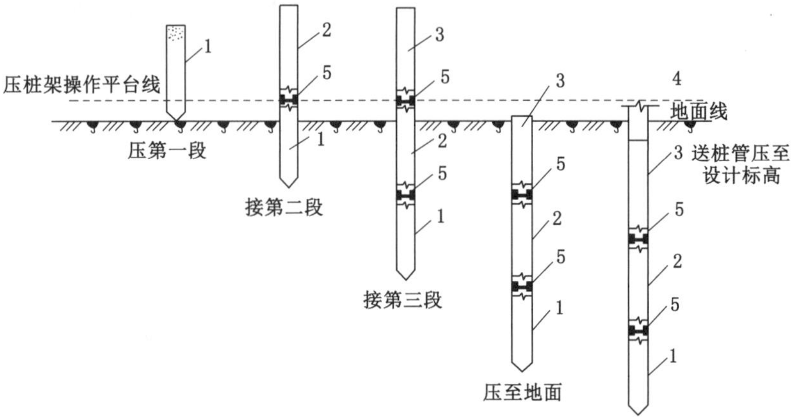

1—第 1 节桩；2—第 2 节桩；3—第 3 节桩；4—第 4 节桩；5—桩接头。

图 10-13 静压沉桩工艺流程

度不宜超过 8 m；送桩的最大压桩力不宜超过桩身允许抱压压桩力的 1.1 倍。

(3) 终压条件应根据现场试压桩的试验结果确定终压力标准，终压连续复压次数应根据桩长及地质条件等因素确定。对于入土深度大于或等于 8 m 的桩，复压次数可为 2～3 次；对于入土深度小于 8 m 的桩，复压次数可为 3～5 次；稳压压桩力不得小于终压力，稳定压桩的时间宜为 5～10 s。

压桩至设计标高，压力值未达到桩承载力设计值，应报告设计单位，决定是否继续压桩。

压力值达到桩承载力设计值 2 倍，而未压至设计标高，应根据该桩位地勘资料与设计单位协商决定是否继续施压。

(4) 压桩顺序宜根据场地工程地质条件确定，场地地层中局部含砂、碎石、卵石时，宜先对该区域进行压桩；当持力层埋深或桩的入土深度差别较大时，宜先长后短。

(5) 压桩过程中应测量桩身的垂直度。当桩身垂直度偏差大于 1% 的时，应找出原因并设法纠正；当桩尖进入较硬土层后，严禁用移动机架等方法强行纠偏。

(6) 当桩较密集，或地基为饱和淤泥、淤泥质土及黏性土时，应设置塑料排水板、袋装砂井消减超孔压或采取引孔等措施。在压桩施工过程中应对总桩数 10% 的桩设置上涌和水平偏位观测点，定时检测桩的上浮量及桩顶水平偏位值，若上涌和偏位值较大，应采取复压等措施。

(7) 出现下列情况之一时，应暂停压桩作业，并分析原因，采取相应措施：

① 压力表读数显示情况与勘查报告中的土层性质明显不符；

② 桩难以穿越具有软弱下卧层的硬夹层；

③ 实际桩长与设计桩长相差较大；

④ 出现异常响声，压桩机械工作状态出现异常；

⑤ 桩身出现纵向裂缝和桩头混凝土出现剥落等异常现象；

⑥ 夹持机构打滑；

⑦ 压桩机下陷。

10.4　灌注桩施工

10.4.1　灌注桩类型

工程中常用的灌注桩类型有钻(冲)孔灌注桩、沉管灌注桩和干作业成孔灌注桩。

(1) 钻(冲)孔灌注桩

钻(冲)孔灌注桩是利用泥浆保护稳定孔壁的机械钻孔方法,它通过循环泥浆将切削碎的泥石渣屑悬浮后排出孔外,施工过程中无挤土、无振动、噪声小,对邻近建筑物及地下管线危害较小,且桩径不受限制,适用于成孔深度内没有地下水的一般黏土层、砂土及人工填土地基,不适于有地下水的土层和淤泥质土。但泥浆沉淀不易清除,影响端部承载力的充分发挥,并造成较大沉降。

(2) 沉管灌注桩

沉管灌注桩是利用锤击打桩设备或振动沉桩设备,将带有钢筋混凝土的桩尖(或钢板靴)或带有活瓣式桩靴的钢管沉入土中(钢管直径应与桩的设计尺寸一致),造成桩孔,然后放入钢筋骨架并浇筑混凝土,随之拔出套管,利用拔管时的振动将混凝土捣实,便形成所需要的灌注桩。在钢管内沉放钢筋和浇灌混凝土,可保障桩身混凝土的质量。拔除套管时,如提管速度过快会造成缩颈、夹泥,甚至断桩;沉管过程也会产生挤土效应,甚至可能使混凝土尚未结硬的邻桩被剪断。沉管灌注桩适宜于一般黏性土、淤泥质土和人工填土地基。

(3) 干作业成孔灌注桩

干作业成孔灌注桩不需要泥浆护壁直接成孔,可以采用机械钻孔,也可以采用人工挖孔。目前常用的是螺旋钻机成孔和人工挖孔。螺旋钻机成孔利用螺旋钻机叶片旋转削土,土块沿螺旋叶片上升排出孔外成孔。挖孔灌注桩是用人工挖土形成桩孔,边挖边施工护壁以保证施工安全,达到深度后清理孔底,下钢筋笼浇灌混凝土。施工时可在孔内直接检查成孔质量,观察地层变化情况,桩底清孔除渣彻底、干净,可保证混凝土浇筑质量,但安全要求高,适于黏性土和地下水位较低的地质条件,含水砂层易引起流沙坍孔,不宜使用。

10.4.2　灌注桩施工准备

10.4.2.1　资料准备

灌注桩施工应准备下列资料:

(1) 建筑场地岩土工程勘查报告。

(2) 桩基工程施工图及图纸会审纪要。

(3) 建筑场地和邻近区域内的地下管线、地下构筑物、危房、精密仪器车间等的调查资料。

(4) 主要施工机械及其配套设备的技术性能资料。

(5) 桩基工程的施工组织设计。

(6) 水泥、砂、石、钢筋等原材料及其制品的质检报告。

(7) 有关荷载、施工工艺的试验参考资料。

10.4.2.2　现场准备

(1) 根据桩型、孔深、土层情况、泥浆排放及处理条件综合确定钻孔机具及工艺。

(2) 施工用水、用电、道路、排水、临时房屋等临时设施,施工场地平整。

(3) 在不受施工影响的地方设置基桩轴线的控制点和水准点。

(4) 施工质量检验仪表、器具。

10.4.2.3 施工组织设计

施工组织设计应结合工程特点,有针对性地制定相应质量管理措施,主要包括下列内容:

(1) 施工平面图:标明桩位、编号、施工顺序、水电线路和临时设施的位置,采用泥浆护壁成孔时,应标明泥浆制备设施及其循环系统。

(2) 确定成孔机械、配套设备以及合理施工工艺的有关资料,泥浆护壁灌注桩必须有泥浆处理措施。

(3) 施工作业计划和劳动力组织计划。

(4) 机械设备、备件、工具、材料供应计划。

(5) 桩基施工时,对安全、劳动保护、防火、防雨、防台风、爆破作业、文物和环境保护等方面应按有关规定执行。

(6) 保证工程质量、安全生产和季节性施工的技术措施。

10.4.3 灌注桩施工要求

(1) 成孔设备就位后,必须平整、稳固,确保在成孔过程中不发生倾斜和偏移。应在成孔钻具上设置控制深度的标尺,并应在施工中进行观测记录。

(2) 成孔的控制深度应根据桩的类型确定。对摩擦型桩,应以设计桩长控制成孔深度;对于端承摩擦桩,必须保证设计桩长及桩端进入持力层深度。当采用锤击沉管法成孔时,桩管入土深度控制应以标高为主,以贯入度控制为辅。对端承型桩,当采用钻(冲)或挖掘成孔时,必须保证桩端进入持力层的设计深度;当采用锤击沉管法成孔时,沉管深度控制以贯入度为主,以设计持力层标高对照为辅。

(3) 灌注桩成孔施工允许偏差应满足表10-11的要求。

表 10-11 灌注桩成孔施工允许偏差

成孔方法		桩径偏差/mm	垂直度允许偏差/%	桩位允许偏差/mm	
				1~3根桩、条形桩基沿垂直轴线方向和群桩基础中的边桩	条形桩基沿轴线方向和群桩基础的中间桩
泥浆护壁钻、挖、冲孔桩	$d \leqslant 1\ 000$ mm	≤−50	1	$d/6$ 且不大于100	$d/4$ 且不大于150
	$d > 1\ 000$ mm	−50		$100+0.01H$	$150+0.01H$
锤击(振动)沉管振动冲击沉管成孔	$d \leqslant 500$ mm	−20	1	70	150
	$d > 500$ mm			100	150
螺旋钻、机动洛阳铲干作业成孔灌注桩		−20	1	70	150
人工挖孔桩	现浇混凝土护壁	±50	0.5	50	150
	长钢套管护壁	±20	1	100	200

注:① 桩径允许偏差的负值是指个别断面;

② H 为施工现场地面标高与桩顶设计标高的距离,d 为设计桩径。

(4) 钢筋笼的材质、尺寸应符合设计要求，钢筋笼制作允许偏差应符合表10-12的规定。

表10-12 钢筋笼制作允许偏差

项 目	允许偏差/mm
主筋间距	±10
箍筋间距	±20
钢筋笼直径	±10
钢筋笼长度	±100

(5) 分段制作的钢筋笼，钢筋直径大于20 mm时宜采用焊接或机械式接头。

(6) 加劲箍宜设在主筋外侧，当因施工工艺有特殊要求时也可置于内侧。

(7) 导管接头处外径应比钢筋笼的内径小100 mm以上。

(8) 搬运和吊装钢筋笼时，应防止变形，安放应对准孔位，避免碰撞孔壁和自由落下，就位后应立即固定。

(9) 粗骨料可选用卵石或碎石，其骨料粒径不得大于钢筋间距最小净距的1/3。

(10) 桩在施工前，应进行试成孔。检查成孔质量合格后应尽快灌注混凝土。直径大于1 m或单桩混凝土量超过25 m^3的桩，每根桩桩身混凝土应留有1组试件；直径不大于1 m的桩或单桩混凝土量不超过25 m^3的桩，每个灌注台班不得少于1组；每组试件应留3件。

10.4.4 泥浆护壁成孔灌注桩施工

在成孔过程中，在孔内注入制备的泥浆或利用钻削的黏土与水混合而成的泥浆，保护孔壁，防止孔壁坍塌，边钻边排出裹挟着土屑的泥浆，同时进行孔内补浆或补水。当钻孔达到规定深度后，清除孔底泥渣，然后吊放钢筋笼，在泥浆下浇筑混凝土。泥浆护壁成孔可用回转钻、潜水钻、冲击钻等机械钻进。

10.4.4.1 泥浆制备与要求

除能自行制造泥浆的土层外，均应制备泥浆。泥浆制备应选用高塑性黏土或膨润土，根据施工机械、工艺及穿越土层进行配合比设计。如在黏土中钻孔，可采用清水钻进，自造泥浆护壁；如在砂土中钻孔，则应注入制备泥浆钻入。一般注入泥浆的相对密度在1.1左右，排除泥浆的相对密度宜为1.2～1.4。护壁泥浆的要求如下：

(1) 施工期间护筒内的泥浆面应高出地下水位1.0 m以上，受水位涨落影响时应高出地下水位1.5 m以上。

(2) 钻孔达到要求的深度后，测量沉渣厚度，进行清孔。原土造浆的钻孔，清孔可用射水法；注入制备泥浆的钻孔，清孔可用换浆法。

(3) 浇筑混凝土前，孔底500 mm以内的泥浆密度应小于1.25 g/cm^2，含砂率不大于8%。

(4) 在容易产生泥浆渗漏的土层中应采取维持孔壁稳定的措施。

10.4.4.2 正、反循环回转钻机成孔施工

回转钻机是由动力装置带动钻机回转装置转动，由其带动钻杆转动，由钻头切削土壤。根据泥浆循环方式的不同，分为正循环回转钻机和反循环回转钻机。正、反循环钻机成孔灌

注桩是目前最常用的泥浆护壁成孔灌注桩(图 10-14)。

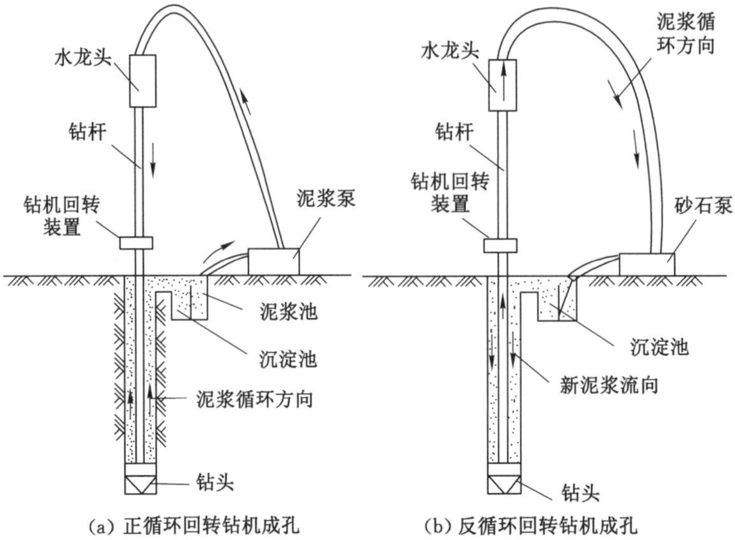

图 10-14 正、反循环回转钻机成孔

正循环回转钻机成孔,是在空心钻杆内部通入泥浆或高压水,从钻杆底部喷出,携带钻下的土渣沿孔壁向上流动,由孔口将土渣带出流入泥浆池沉淀。

反循环回转钻机成孔,是泥浆或清水由钻杆与孔壁间的环状间隙流入钻孔,然后,由吸泥泵等在钻杆内形成负压,使泥浆携带钻下的土渣由钻杆内腔返回地面流向泥浆池沉淀。反循环工艺的泥浆上流的速度快,能携带较大的土渣。

规划布置施工现场时,应考虑泥浆循环、排水、清渣系统的安设,以保证作业时,泥浆循环通畅,无水排放彻底,钻渣清除顺利。

对孔深较大的端承型桩和粗粒土层中的摩擦型桩,宜采用反循环工艺成孔或清孔,也可根据土层情况采用正循环钻进,反循环清孔。

泥浆护壁成孔时,宜采用孔口护筒,护筒可用 4～8 mm 厚钢板制作,其内径应大于钻头直径 100 mm,上部宜开设 1～2 个溢浆孔;护筒应位置准确、埋设稳定,护筒中心与桩位中心的偏差不超过 50 mm;护筒的埋设深度,在黏性土中不宜小于 1.0 m,砂土中不宜小于 1.5 m,下端外侧应采用黏土填实;受水位涨落影响或水下施工的钻孔灌注桩,护筒应加高加深,必要时应打入不透水层。

钻进过程中,如泥浆中不断有气泡,或泥浆忽然漏失,表明泥浆护壁不好;若钻孔偏斜,可提起钻头,上下反复钻几次,如纠正无效或出现塌孔,应在孔中局部回填黏土至偏孔或塌孔处 0.5 m 以上,重新钻进。

钻孔达到设计深度,灌注混凝土之前,应控制孔底沉渣厚度,端承型桩不应大于 50 mm,摩擦型桩不应大于 100 mm,抗拔、抗水平力桩不应大于 200 mm。钻进过程中,应根据泥浆补给情况控制钻进速度,保证钻杆的垂直度,应勤测泥浆密度,控制泥浆指标。

10.4.4.3 潜水钻机成孔施工

潜水钻机是一种旋转式钻孔机械,其动力、变速机构和钻头连在一起,经过密封,潜入水下或泥浆中旋转削土,同时用泥浆泵或水泵采取正循环工艺输入泥浆或清水,进行护壁和将钻下的土渣排出孔外成孔；也可用砂石泵或空气吸泥机以反循环方式排除泥渣成孔。潜水钻机设备体积小，质量轻，成孔效率高，质量好，无噪声，钻杆不需要旋转，大大避免了因钻杆折断而发生的工程事故。如图 10-15 所示。

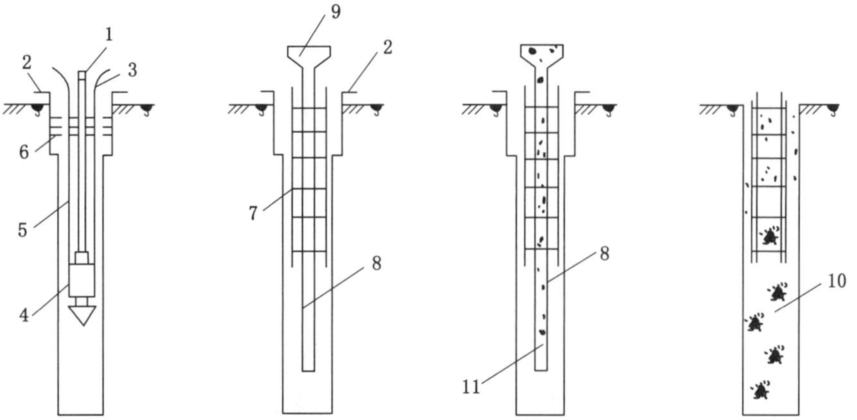

1—钻杆或悬挂绳；2—护筒；3—电缆；4—潜水电钻；5—输水胶管；
6—泥浆；7—钢筋笼；8—导管；9—料斗；10—混凝土；11—隔水栓。

图 10-15　潜水钻成孔灌注桩成桩工艺

潜水钻成孔灌注桩施工应满足正、反循环钻成孔灌注桩要求，钻头上应有不小于 3 倍直径长度的导向装置，以保证钻孔的垂直度。通入潜水钻的电缆不得破损、漏电，起钻、下钻及钻进时应指定专人负责收、放电缆和进浆胶管。钻杆上应加焊吊环，并系上一根保险钢丝绳引出孔外吊住，以防止潜水电钻因钻杆折断或其他原因掉落孔内。

10.4.4.4　冲击钻机成孔施工

冲击钻机主要由桩架、冲击钻头、掏渣筒、转向装置和打捞装置等组成。它主要用于在岩土层中成孔，成孔时将冲锥式钻头提升一定高度后以自由下落的冲击力来破碎岩层，然后用掏渣筒来掏取孔内的渣浆。如图 10-16 所示。

冲击钻孔灌注桩施工除应满足正反循环钻成孔灌注桩操作要点外，还应注意以下几点：

(1) 冲孔桩的孔口应设置护筒，其内径应大于钻头直径 200 mm。

(2) 安装冲击钻机时，在钻头锥顶和提升钢丝绳之间应设置保证钻头自转向的装置，以防止产生梅花孔。

(3) 冲击开孔时，应低锤密击。若表土为淤泥等软弱土层，可加黏土块、小片石反复冲击造壁，孔内泥浆面应保持稳定，进入基岩后，应低锤冲击或间断冲击。每钻进 100～500 mm 应清孔取样一次，每钻进 4～5 m 深度验孔一次，对大直径孔可分级成孔。

(4) 当发现成孔偏移时，应回填片石至偏孔上方 300～500 mm 处，然后重新冲孔。

(5) 当遇到孤石时，可预爆或采用高低冲程交替冲击，将大孤石击碎或挤入孔壁。

(6) 孔底清淤、排渣可采用泥浆循环或抽渣筒等方法。对不易坍孔的松孔，可用空气吸泥清孔。

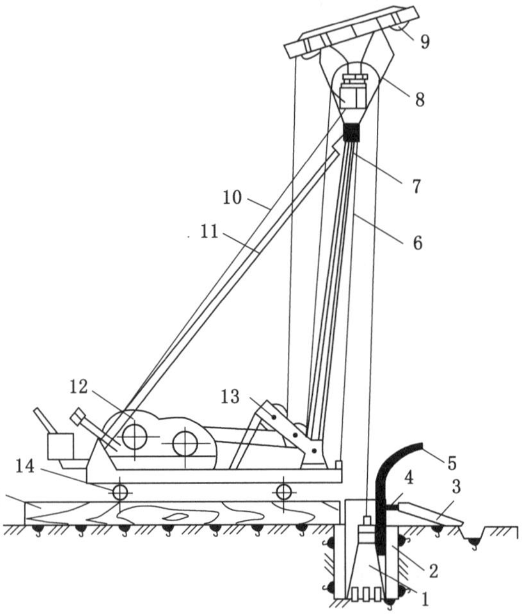

1—钻头；2—护筒或回填土；3—泥浆渡槽；4—溢流口；5—供浆臂；6—前拉索；7—钢主杆筋笼；8—主滑轮；9—副滑轮；10—后拉索；11—斜撑；12—双筒卷扬机；13—导向轮；14—钢管；15—垫木。

图 10-16 冲击式钻机成孔

10.4.4.5 钢筋笼吊装与混凝土灌注

(1) 钢筋笼吊装

制作的钢筋笼应检查是否符合设计要求，保护层厚度为 50 mm，调放钢筋笼要多点起吊，使钢筋笼垂直对准桩孔中心，缓慢准确吊放到设计深度，确保钢筋笼不会碰撞孔壁。钢筋笼吊装完毕后，应安置导管或气泵管二次清孔，并检验孔位、孔径、垂直度、孔深、沉渣厚度、钢筋笼是否垂直居中等，合格后应立即灌注混凝土，以防塌孔。

(2) 混凝土的灌注

泥浆护壁成孔灌注桩为水下灌注混凝土，要求具备良好的和易性，砂率、骨料粒径、外加剂等都应满足要求。

开始灌注混凝土时，导管底部至孔底的距离宜为 300～500 mm。混凝土灌注过程中应有足够的混凝土储备量，导管一次埋入混凝土灌注面以下不应少于 0.8 m，严禁将导管提出混凝土灌注面，并应控制提拔导管速度，安排专人测量导管埋深及管内外混凝土灌注面的高差，填写水下混凝土灌注记录。

水下混凝土必须灌注连续施工，每根桩的灌注时间应按初盘混凝土的初凝时间控制。桩顶超灌高度宜为 0.8～1.0 m，凿除泛浆高度后必须保证暴露的桩顶混凝土强度达到设计等级。

10.4.5 沉管灌注桩

沉管灌注桩，又称套管成孔灌注桩，是利用锤击打桩法或振动打桩法，将带有钢筋混凝土桩靴(又叫桩尖)或带有活瓣式桩靴的钢套管沉入土中，然后边灌注混凝土边拔管而成。若配有钢筋时，则应在规定标高处吊放钢筋骨架。利用锤击沉桩设备沉管、拔管时，称为锤击沉管灌注桩;用激振器的振动沉管、拔管时,称为振动沉管灌注桩。

10.4.5.1　锤击沉管灌注桩

锤击灌注桩适用于一般黏性土、淤泥土、砂土和人工填土地基。锤击灌注桩施工时,用桩架吊起钢套管,对准预先设在桩位处的预制钢筋混凝土桩靴。套管与桩靴连接处要垫以麻、草绳,以防止地下水渗入管内。然后缓缓放下套管,套入桩靴压进土中。

锤击沉管灌注桩的施工程序为:就位→沉入套管→至设计标高→开始浇筑混凝土→边锤击边拔管,边浇混凝土→下钢筋笼,继续浇混凝土→成桩。

锤击沉管灌注桩的施工注意事项:

(1) 套管上端扣上桩帽,检查套管与桩锤是否在同一垂直线上,套管偏斜<0.5%时,即可起锤沉套管。先用低锤轻击,观察后如无偏移,才正常锤击直至符合设计要求的贯入度。

(2) 沉管至设计标高后,检查管内无泥浆或渗水,立即灌注混凝土。

(3) 浇筑时,套管内混凝土应尽量灌满,然后开始拔管。拔管要均匀,第一次拔管高度控制在能容纳第二次所需的混凝土灌量为限,不宜拔管过高。拔管时应保持连续密锤低击不停,并控制拔出速度,对一般土层,以不大于 1 m/min 为宜,在软弱土层及软硬土层交界处应控制在 0.8 m/min 以内。

(4) 当桩身配钢筋笼时,第一次浇混凝土应先灌至笼底标高,然后放置钢筋笼,再浇混凝土至桩顶标高。

(5) 混凝土的充盈系数不得小于 1.0。若充盈系数不够,应局部复打或全长复打。

(6) 复打施工必须在第一次灌注的混凝土初凝之前进行。复打是在第一次灌注桩施工完毕后,立即在原桩位再埋预制桩靴或合好活瓣第二次复打沉套管,使未凝固的混凝土向四周挤压扩大桩径,然后再灌注第二次混凝土。

10.4.5.2　振动沉管灌注桩

振动沉管灌注桩的适用范围除与锤击沉管灌注桩相同外,还可用于稍密及中密的碎石土地基。当地基中存在承压水层时,应谨慎使用。

振动沉管灌注桩是用振动沉桩机将带有活瓣式桩靴或钢筋混凝土预制桩靴的桩管(上部开有加料口),利用振动锤产生的垂直定方向振动和锤、桩管自重及卷扬机通过钢丝绳施加的拉力,对桩管施加压力,使桩管沉入土中,然后边向桩管内浇筑混凝土,边振边拔出桩管而成桩。振动沉管灌注桩设备如图 10-17 所示。

振动沉管灌注桩可采用单打法、反插法或复打法施工。

单打施工时,在沉入土中的套管内灌满混凝土,开动激振器,振动 5～10 s,开始拔管,边振边拔。每拔 0.5～1 m,停拔振动 5～10 s,如此反复,直到套管全部拔出。在一般土层内拔管速度宜为 1.2～1.5 m/min,在较软弱土层中,不得大于 0.8 m/min。振动沉管灌注桩常采用此法。

反插法施工时,在套管内灌满混凝土后,先振动再开始拉管,每次拨管高度 0.5～1.0 m,向下反插深度 0.3～0.5 m。如此反复进行并始终保持振动,直至套管全部拔出地面。反插法能使桩的截面增大,提高桩的承载能力,宜在较差的软土地基上应用。在流动性淤泥中不宜使用反插法。

复打法要求与锤击灌注桩相同。

振动沉管灌注桩施工工序与锤击沉管灌注桩工序基本相同,施工应注意以下问题。

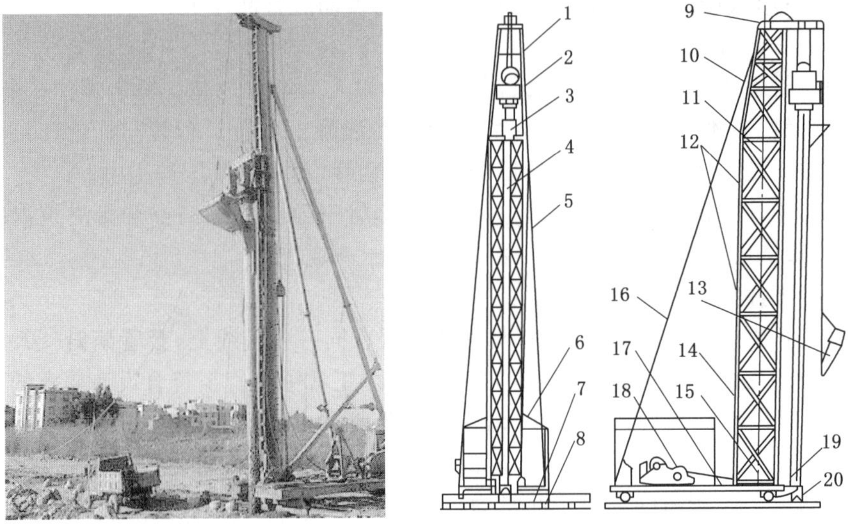

1—滑轮组；2—激振器；3—漏斗口；4—桩管；5—前拉索；6—遮棚；7—滚筒；8—枕木；
9—架顶；10—架身顶段；11—钢丝绳；12—架身中段；13—吊斗；14—架身下段；
15—导向滑轮；16—后拉索；17—架底；18—卷扬机；19—加压滑轮；20—活瓣桩尖。

图 10-17 振动沉管设备

(1) 桩管沉到设计标高后，第一次灌注混凝土，混凝土应灌满桩管或略高于地面。

(2) 在浇筑施工中应边拔管、边振动、边灌注混凝土。拔管过程中，桩管内的混凝土应至少保持 2 m 高或不低于地面，防止形成颈缩或断桩。

(3) 遇有地下水，在桩管尚未沉入地下水位时，即应在桩管内灌入 1.5m 高的封底混凝土，然后继续沉桩至要求深度。

(4) 拔管时，采用活瓣桩靴时宜慢，用预制桩靴时宜适当加快。

(5) 反插法穿过淤泥层时，应放慢拔管速度，并减少拔管高度相反插深度。

(6) 混凝土的充盈系数小于 1.0 时，应局部复打或全长复打。全长复打钢管的入土深度宜接近原桩长，局部复打应超过断桩或缩颈区 1 m 以上。

10.4.6 干作业成孔灌注桩

干作业成孔灌注桩适用于地下水位较低，在成孔深度内无地下水的土质，不需要泥浆护壁直接成孔。主要适用于黏性土和地下水位较低的条件，不能在含水砂层中施工。目前常用的有螺旋钻机成孔，也有人工挖孔。

10.4.6.1 螺旋钻机成孔

螺旋钻机成孔是利用动力旋转钻杆，使钻头的螺旋叶片旋转削土，土块沿螺旋叶片上升排出孔外成孔。如图 10-18 所示。螺旋钻成孔直径一般为 300～800 mm。钻孔深度为 8～12 m。

螺旋钻成孔灌注桩施工程序为：钻机就位→取土成孔→测孔径、孔深、垂直偏差并矫正→取土成孔达到设计标高→清除孔底沉渣→成孔质量检查→安放钢筋笼→放置孔口扩孔漏斗→浇筑混凝土→拔出孔口扩孔漏斗→成桩。

螺旋钻成孔灌注桩施工应注意以下问题：

(1) 钻孔时，钻杆位置正确，保持垂直稳固、防止因钻杆晃动引起扩大孔径。

图 10-18　螺旋钻机

(2) 钻进过程中，应随时清理孔口积土和地面散落土，遇到地下水、塌孔、缩孔等异常情况时，应及时处理。

(3) 钻杆钻进速度应根据电流值变化及时调整。

(4) 成孔达设计深度后，孔口应予以保护，并按规定进行验收，做好记录。

(5) 浇筑混凝土前，应先放置孔口扩孔漏斗，并再次测量孔内虚土厚度，虚土厚度应符合规范要求。

(6) 若为扩底桩，需于桩底部用扩孔刀片切削扩孔，孔底虚土厚度：以摩擦力为主的桩，虚土厚度不得大于 300 mm；以端承力为主的桩，虚土厚度不得大于 100 mm。

(7) 浇筑时，桩顶以下 5 m 范围内混凝土应随浇随振动，并且每次浇筑厚度均不得大于 1.5 m。

10.4.6.2　人工挖孔灌注桩

人工挖孔灌注桩是采用人工挖掘方法成孔，然后安放钢筋笼、浇筑混凝土成桩，一般直径不小于 0.8 m，不大于 2.5 m，桩长一般不大于 30 m。人工挖孔灌注桩不需大型机具设备，挖孔作业时无振动、噪声小、操作工艺简单，便于清孔和检查，受力性能可靠，但效率不高。图 10-19 所示为人工挖孔灌注桩井圈及护壁。

施工工艺：放线、定桩位→分段开挖→绑扎护壁钢筋→支设护壁模板→放置操作平台→浇护壁砼→拆模往下施工→排除孔底积水→放钢筋笼，浇砼。

人工挖孔灌注桩施工时应注意以下事项：

(1) 为防止塌孔和保证操作安全，直径 1.2 m 以上的桩孔设混凝土支护或钢护壁。混凝土护壁的厚度不小于 100 mm，可采用多阶护壁，每阶高 0.9～1.0 m(图 10-19)。钢护壁是在桩位处先用桩锤将钢套管强行打入土层中，在钢套管的保护下，将管内土挖出成孔，一般用于流沙地层或地下水丰富的强透水地层及承压水层。

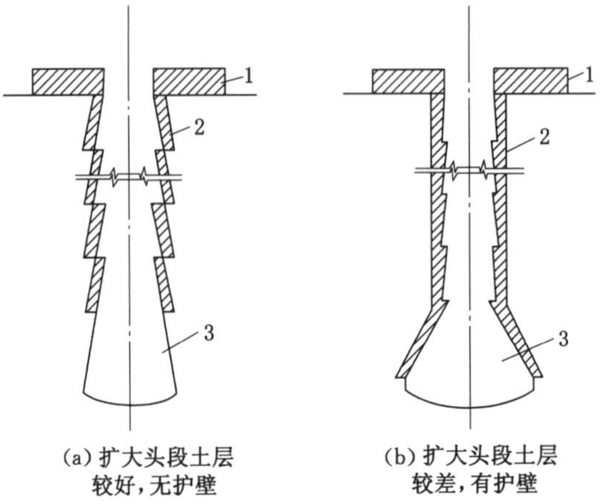

1—井圈；2—护壁；3—桩端扩底。

图 10-19 人工挖孔灌注桩井圈及护壁

(2) 护壁混凝土必须保证振捣密实，每节护壁均应在当日连续施工完毕，护壁模板的拆除应在灌注混凝土 24 h 之后。

(3) 开挖至设计标高时，孔底不应积水，终孔后应进行隐蔽工程验收。验收合格应立即封底和浇筑桩身混凝土。

(4) 孔口四周必须设置 0.8 m 高的护栏，孔内必须设应急软爬梯，供人员上、下井。使用的电葫芦、吊笼等应安全可靠并配有自动卡紧保险装置，使用前必须检验其安全起吊能力。

(5) 每日开工前必须检测井下的有毒气体。桩孔开挖深度超过 10 m 时应有专门向井下送风的设备，风量一般不宜少于 25 L/s。

(6) 挖出的土方石应及时远离孔口，不得堆放在孔口四周 1 m 范围内。

(7) 桩净距小于 2.5 m 时，应采用间隔开挖。相邻排桩跳挖的最小施工净距不得小于 4.5 m。

(8) 浇筑混凝土必须通过溜槽；当高度超过 3 m 时，应用串筒，串筒末端离孔底高度不宜大于 2 m，混凝土宜采用插入式振捣器振实；当渗水量过大时，应采取措施保证混凝土的浇筑质量。

10.4.7 灌注桩施工质量检验

10.4.7.1 施工质量检验内容

(1) 施工前应对水泥、砂、石子(现场搅拌)、钢材等原料进行检查，对施工组织设计中制定的施工顺序、检测手段(包括仪器、方法)也应进行检查。

(2) 施工中应对成孔、清渣、放置钢筋笼、灌注混凝土等进行全过程检查，人工挖孔桩应复验孔底持力层土(岩)性。嵌岩桩必须有桩端持力层的岩性报告。

(3) 施工结束后，应检查混凝土强度，并应作桩体质量及承载力的检验。

10.4.7.2 施工质量检验标准及检验方法

(1) 对水泥、砂、石子、钢材等原料的质量、检查项目、批量和检验方法，应符合国家现行标准的规定。

(2) 混凝土灌注桩的施工质量检验标准及检验方法应符合表 10-13 的规定。

表 10-13　混凝土灌注桩施工质量检验标准及检验方法

项目	序号	检查项目		允许偏差或允许值		检查方法
				单位	数量	
主控项目	1	桩位		见表 10-10		基坑开挖前量护筒,开挖后量桩中心线
	2	孔深		mm	+300	只深不浅,用重锤测或测钻杆长度、套管长度,嵌岩桩应确保进入设计要求的嵌岩深度
	3	钢筋笼质量检验		见表 10-12		
	4	桩体质量检验		按桩基检测规范。如钻芯取样,大直径嵌岩桩应钻至桩尖下 50 cm		按桩基检测规范
	5	混凝土强度		按设计要求		试件报告或钻芯取样送检
	6	承载力		按桩基检测规范		按桩基检测规范
一般项目	1	垂直度		见表 10-11		测套管或钻杆,或用超声波探测
	2	桩径		见表 10-11		井径仪或超声波检测,干施工用钢尺量
	3	泥浆比重		1.15～1.20		用比重计测,清孔后在距孔底 50 cm 处取样
	4	泥浆面标高		m	0.5～1.0	目测
	5	沉渣厚度:端承桩摩擦桩		mm	≤50 ≤150	用沉渣仪或重锤测量
	6	混凝土坍落度	水下灌注	mm	160～220	坍落度仪
			干施工		70～100	
	7	钢筋笼安装深度		mm	±100	用钢尺量
	8	混凝土充盈系数		>1		检查每根桩的实际灌入量
	9	桩顶标高		mm	+30,−50	水准仪,需扣除桩顶浮浆层及劣质桩体

(3) 混凝土灌注桩的施工质量检验数量。

① 桩身质量检验

桩身质量检验时,对设计等级为甲等或地质条件复杂、成桩质量可靠性低的灌注桩,抽检数量不应少于总数的 30%,且不得少于 20 根;对地下水位以上且终孔后经过核验的灌注桩,检测数量不应少于总桩数的 10%,且不得少于 10 根。每个柱子承台下不少于 1 根。

② 桩承载力检验

桩承载力检验时,对于地基基础设计等级为甲等或地质条件复杂、成桩质量可靠性低的灌注桩,应采用静载荷试验的方法进行检验,检测桩数不应少于总数的 1%,且不应少于 3 根;当总桩数少于 50 根时,不应少于 2 根。

③ 桩身混凝土强度检验

桩身混凝土强度检验时，每浇注 50 m^3 有一组试件，小于 50 m^3 的桩，每根桩必须有 1 组试件。

习题

1. 端承桩和摩擦桩的区别是什么？
2. 简述预制混凝土桩的施工流程。
3. 灌注桩的类型及各自的特点是什么？
4. 灌注桩的质量检验标准和方法是什么？

第11章　辅助工法

【知识目标】（1）了解冻结法的定义和冻结技术的发展；（2）掌握常规盐水冻结的施工工序和施工参数设计；（3）掌握液氮冻结的原理和工艺；（4）熟悉常用的注浆材料及其选择；（5）掌握常用的注浆方法、注浆施工的原则和注浆参数的设置；（6）熟悉地下连续墙的作用、特点和适用条件；（7）掌握地下连续墙的施工工序和施工技术要点。

【能力目标】（1）能编制冻结法施工方案；（2）能正确识读冻结法施工图；（3）能编制注浆施工专项方案；（4）能正确识读地下连续墙施工图；（5）能编制地下连续墙施工方案；（5）能进行地下连续墙施工的安全检查和质量检查。

【素质目标】（1）注浆参数是通过实验室与现场试验确定的，让学生懂得实践是检验真理的唯一标准，在实践中获得真理；（2）培养学生良好的职业道德素养。

11.1　冻结法

随着土木工程的发展，冻结法技术得到广泛应用。20 世纪 70 年代，北京地铁局部采用了冻结法施工，冻结长度 90 m，深 28 m，采用明槽开挖；1975 年沈阳地铁 2 号井净直径 7 m，冻结深度 51 m；80 年代，冻结法应用于东海拉尔水泥厂上料厂基坑及南通市钢厂沉淀池、凤台淮河大桥主桥墩基础施工中；90 年代，冻结法应用于上海市政建设，如地铁 1 号线中的 1 个泵站和 3 个旁通道施工，杨树浦水厂泵站基坑施工等。

冻结法施工现场图片

冻结法是地下工程施工中的一种辅助手段。当遇到涌水、流沙淤泥等复杂不稳定地理条件时，经技术经济分析比较，可以采用技术可靠的冻结法进行施工，以保证安全穿过该段地层。源于自然现象的冻结法作为土木工程施工技术早在 1862 年英国的威尔士基础工程中就出现了，但冻结法施工技术真正实现规模发展是在凿井工程中。其基本方法是：在开凿的井筒周围布置冻结器（当时用铜管等材料制作），采用机械压缩方法制冷，通过低温盐水在冻结器内循环，吸收松散含水地层的热量，使得地层冰冻，逐渐形成一个封闭的能够抵挡水土压力的人工冻结岩体壁。

目前冻结法施工基本沿用了上述方法，但在制冷设备和钻孔设备方面有很大进步，施工规模逐渐增大，技术不断成熟和可靠。我国采用冻结法施工井筒，至今最大冻结深度为 435 m，穿过的最大表土深度为 374.5 m。

冻结法作为一种特殊施工技术，防水和加固地层能力强，又不污染水质，特别适用于在松散含水表土地层的土木工程施工。冻土结构物形状设计灵活，并可以与其他方法联合使用。

除了常规盐水冻结外，在国外 20 世纪 60 年代开始采用液氮深冷冻结地层，我国 70 年代和 90 年代分别进行了液氮冻结和干冰冻结试验，开辟了地层快速冻结的新途径。下面介绍常规盐水冻结和液氮冻结这两种冻结方法的原理和程序。

11.1.1 常规盐水冻结

11.1.1.1 常规冻结的施工工序

常规冻结的施工工序有冻结孔钻进、冻结器的安装、制冷站和供冷管路的安装、地层冻结运转和维护、土木建筑施工。

(1) 冻结孔钻进

根据设计要求布置冻结孔。冻结孔可以是水平的、垂直的或倾斜的。目前竖井施工、隧道施工、基坑围护冻结施工主要采用垂直冻结孔，其次是倾斜钻孔。

冻结孔施工和一般的地质钻孔施工类似，开孔直径 80～180 mm，钻孔过程中采用泥浆循环，并进行偏斜控制或定向控制。国内煤矿井筒施工一般采用千米钻孔和冻注钻机，市政工程及隧道内施工一般采用工程钻机或坑道钻机。

(2) 冻结器的安装

冻结器的安装包括冻结管和供液管的下放和安装。

冻结管一般采用无缝钢管或焊管，焊接和螺纹连接，冻结管要进行内压试验，使其达到设计要求，供液管一般采用塑料管或钢管。

(3) 制冷站和供冷管路的安装

制冷站和供冷管路的安装包括盐水循环系统管路和设备安装、制冷剂(氢、氟利昂)压缩循环系统管路与设备安装、清水循环系统管路和设备安装、供电和控制线路的安装、保温施工。

(4) 地层冻结运转和维护

通过调试使各设备达到正常运转指标，地层冻结分为积极冻结期和维护冻结期。积极冻结期要按设计最大制冷盘运转，做好冻结壁形成的观测工作，及时报告冻结壁形成情况。冻结壁达到设计要求，进入土木工程施工阶段，即进入维护冻结期，此时适当减少供冷，控制冻结壁的进一步发展。

(5) 土木建筑施工

土木建筑施工包括土方挖掘和钢筋混凝土施工。施工前应使冻土墙的形成达到设计要求，具体的条件如下。

① 观测孔的数据达到设计要求；

② 制冷站有效冻结时间达设计要求；

③ 各土建准备工作就绪。

11.1.1.2 冻结壁结构设计

冻结法施工首先要确定施工方案，根据土木施工要求，地质条件，技术，设备、经济条件，选择技术先进可靠、经济上合理、条件适宜的方案。施工方案首先应根据施工需要选择冻结壁的形式。

(1) 圆形和椭圆形帷幕

对煤矿井筒和隧道工程等一些圆形和近圆形结构，选用圆形和椭圆形帷幕，能充分利用冻土墙的抗压承载能力，具有良好的受力性能，经济上也较合理。

(2) 直墙和重力冻土连续墙

直墙结构受力性能较差，冻土会出现拉应力，一般需要内支撑。重力坝墙在受力方面有改善，承载能力有所提高，但工程量相应较大，需要布置倾斜冻结孔。墙体结构要进行稳定性计算。

(3) 连拱型冻土连续墙

为了克服冻土直墙的不利受力条件，将多个圆拱或扁拱排列起来组成冻土连续墙。这样可使墙体中主要出现压应力，同时就可利用未冻土体的自身拱形作用来改善受力情况。

11.1.1.3　冻结壁参数设计

设计参数有冻结壁厚度、平均温度、布孔参数、冻结时间。上述参数的计算与整个费用优化、工期优化有关。

(1) 根据冻结壁结构和打钻技术水平选取开孔距离，钻孔控制偏斜率。

(2) 根据施工计划、制冷技术和装备水平，初选盐水温度和积极冻结时间。

(3) 根据布孔参数、盐水温度、冻结时间进行温度场计算，得出冻结壁厚度和平均温度。

(4) 根据土压力和冻结壁结构验算冻结壁厚度。

(5) 若冻结壁厚度达不到技术要求的需要，则要调整上述冻结参数，反复计算直到技术可靠、费用和工期目标最优。

11.1.1.4　制冷设计

(1) 根据冻结孔数、冻结孔间距、盐水温度、盐水流量、管路保温条件计算冻结需冷量。

(2) 根据需冷量、设备新旧水平、工作条件计算冻结站的装备制冷量。

11.1.1.5　辅助系统设计

(1) 盐水管路设计包括管材直径、壁厚、线路、阀门控制等。

(2) 清水管路设计包括管材直径、壁厚、线路、阀门控制等。

(3) 盐水管路的保温设计。

(4) 地层冻结观测设计包括测温孔、水文孔布置，设备运行状态观测。

11.1.1.6　施工计划和劳动组织

(1) 工序分析及排队。

(2) 工程量计算。

(3) 工程网络分析。

(4) 人员配备和劳动组织。

11.1.2　液氮冻结

11.1.2.1　原理与工艺

由于空间技术和炼钢等工业的发展，大量的制氧副产品氮气经过液化得到的液氮作为一种深冷冷源已经广泛应用于医药、激光、超导、食品、生物等各工业生产和科研领域。液氮制冷剂直接气化制冷修筑地下建筑工程，已成为一种新的土层冻结方法，为提高地层冻结速度开辟了新的途径。

液氮冻结的优点是设备简单，施工速度快，适用于局部特殊处理、快速抢险和快速施工。例如，巴黎北郊区供水隧道，建于地下 3 m 深，当前进至 70 m 时，遇到流沙无法通过，遂采用液氮冻结。其工艺系统是液氮自地面槽车经管路输送到工作面，液氮在冻结器内气化吸热后，气氮经管路排出地面释入大气，冻结时间仅用了 33 h，冻结速度达到 254 mm/d，比常规盐水冻结快 10 倍。

液氮是一种比较理想的制冷剂，无色透明，稍轻于水，惰性强，无腐蚀，对震动、电火花是稳定的，1 个大气压下，液氮的汽化温度为－195.81 ℃，蒸发潜热为 47.9 kcal/kg，表 11-1 是液氮的物理性能和参数。

液氮的制冷过程可以根据氮的压-焓图来计算。如液氮的气化压力是 0.12 MPa，由液态气化成气态的焓增加值为 47.6 kcal/kg，气化过程属等压吸热过程，之后氮气过热进一步制冷，显热为 0.25 kcal/(kg·℃)。若升温至－60 ℃，则过热制冷 34 kcal/kg，那么液氮在 0.12 MPa 压力下气化，至－60 ℃，制冷量为 81.6 kcal/kg。

表 11-1　液氮的物理性能和参数

项目	参数	项目	参数
分子量	28.016	密度	1.2505×10^{3} kg/L
沸点	一个大气压下－195.81 ℃	熔点	－210.02 ℃
临界温度	－147.1 ℃	临界压力	3.40 MPa
液氮比重	一个大气压下 0.808 气化	潜热	1 个大气压下 47.9 kcal/kg
显热	0.25 kcal/(kg·℃)		

11.1.2.2　温度分布和冻结速度

液氮冻结温度分布和冻结速度有如下特征和规律：

(1) 液氮冻结属深冷冻结，冻土温度较常规冻结低，梯度大，冻结器管壁温度达到－180°，而盐水冻结的温度为－20～－30℃，温度曲线呈对数曲线分布。

(2) 冻土温度变化与液氮灌注状况关系很大，温度变化灵敏，液氮灌注量的微小变化会引起冻结管附近土温的急剧变化(或上升或下降)，停冻后温度上升很快，维护冻结很必要。

(3) 液氮冻结地层初期冻结速度极快，但随时间和冻土扩展半径的发展而逐渐下降，与常规冻结相比，在 0.5 m 的冻土半径情况下，液氮冻结的速度能达到常规冻结的 10 倍以上。冻土扩展半径可按式(11-1)计算：

$$R=\alpha\sqrt{t} \tag{11-1}$$

式中　R——冻土壁一侧厚度，m；

t——冻结时间，h；

α——冻结系数，与土的自然温度、土热参数、冻结管间距有关，见表 11-2。

表 11-2　液氮冻结冻土扩展系数实验数据

国家	土性	含水率	冻结系数 α
中国	砂质黏土	25.1%	6.92
苏联	黏土	31%	7.1

11.1.2.3　工艺设计和技术经济

(1) 液氮冻结器的间距不宜过大，因为随冻土半径的增加，冻结速度下降较快，一般取 0.5～0.8 m。

(2) 冻结系数与冻结器管壁、土的热物理参数、土的原始温度有关，在实际施工中与液氮灌注状况关系很大,一般可通过理论计算和经验两个方面综合取值。

(3) 灌注状况主要指液氮流量和气化压力,但它们最终通过冻结器管壁温度变化显现出来,对冻结系数有很大影响。

(4) 冻结器的设计注重供液管和冻结管的匹配及再冷问题,在进行水平道路的顶部冻结时应防止液氮的回流。

(5) 冻土的液氮消耗量是变化的,初期冻结单位冻土的消耗量较小,后期增大。我国液氮试验的初次冻结试验结果为每立方米冻土 520 kg,国外介绍一般为每立方米冻土 500～900 kg。

11.2 注浆法

注浆是将具有充填胶结性能的材料制成浆液,以泵压为动力源,采用注浆设备将浆液注入地层,浆液通过渗透、填充、劈裂和挤密等方式挤走岩土孔(空)隙中的水分和空气,将原来松散的岩土体胶结成整体,形成一个具有强度大、防水抗渗性能高和化学稳定性良好的“结石体”新结构,达到对地层堵水与加固作用。若预达到上述作用效果,首先需要选择注浆材料,在此基础上设计注浆参数,然后选择合适的注浆方法实施注浆,达到注浆标准后还需要进行注浆效果检查。

注浆法的四种目的为:① 帷幕防渗。降低岩土体的渗透性,提高地层的抗渗能力,降低孔隙水压力。② 堵漏止水。截断渗透水流。③ 固结纠偏。提高岩土体的力学强度和变形模量,加强岩土的整体性。④ 裂缝修补。浆液渗入岩土体或结构中提高其整体性。

注浆是岩土工程中一门专业性很强的分支,采用注浆技术处理各种岩土工程问题,已成为常用的方法,其应用范围和工程规模不断扩大。注浆法在地下工程中应用非常广泛。

11.2.1 注浆材料

注浆材料是注浆技术中不可缺少的一部分,注浆之所以能起到堵水与加固作用,主要是由于注浆材料在注浆过程中物质转化的结果。

浆液是由原材料、水和溶剂经混合后的液体,按溶液所处的状态可分为真溶液、悬浊液和乳化液;按注浆工艺性质不同,又分为单液浆液和双液浆液。溶剂有主剂和助剂,对某种材料而言,主剂可能有一种或几种,而助剂则根据需要掺入,并按它在浆液中所起的作用分为固剂、催化剂、速凝剂、缓凝剂等。

浆液注入岩土体中所形成的固体,通常称为结石体。结石体是浆液经过一定的化学或物理变化之后所形成的固体,用于充填、堵塞岩土体中裂隙、孔洞,达到堵水和加固围岩的目的。

岩土工程注浆材料品种繁多,由原材料配成的浆液则更多。其材料归结起来可分为两种(粒状、溶液)、三类(惰性材料、无机化学材料和有机化学材料),注浆材料分类见表 11-3。

表 11-3 注浆材料分类

材料名称		浆液名称	应用范围
惰性材料	黏土类	黏土水泥浆	裂隙性岩土围岩
	粉煤类	水泥粉煤灰浆	裂隙性岩土围岩
	沙子类	水、沙、水泥浆	裂隙、溶洞、陷落柱、断层
	石子类	水、石子填充水泥浆	溶洞、陷落柱、断层、巷道内充填

表 11-3(续)

材料名称		浆液名称	应用范围
无机化学材料	水泥类	单一水泥及复合水泥浆	应用范围极广
	水玻璃类	水泥水玻璃双液浆	应用范围极广
	氯化钙类	水泥浆的外加剂	应用范围极广
	氯化钠类	水泥浆的外加剂	应用范围极广
	铝酸钠	化学溶液	适用于砂土围岩
	五矾类	水泥-五矾类	适用于砂土围岩
有机化学材料	聚氨酯类	油溶性聚氨酯浆液、水溶性聚氨浆液、纸浆废液、重铬酸钠浆液、过硫酸铵浆液、尿醛树脂-硫酸浆液、尿素-甲醛-三氯化铁浆液	适用于水泥难注的细裂缝
	丙烯酰胺		
	铬木素类		
	环氧树脂		
	尿醛树脂		

11.2.2 注浆材料的选择

注浆材料的选择,关系到注浆工艺、工期成本及注浆效果,直接影响注浆工程的技术经济指标。选用注浆材料应根据工程地质与水文地质条件以及注浆工艺的要求,同时还应考虑注浆设备特别是注浆泵的吸浆能力及造浆材料是否就近、经济、合理。

注浆法可以用于坚硬含裂隙的岩石,也可用于含碎屑、碎石及砾石的土层。当然,地层必须有足够的裂隙和孔隙宽度以便浆液能注入。在砂砾土层中渗透注浆时,尤其是当浆液的浓度较大时,要求浆液中的颗粒直径比土的孔隙小,这样浆材才能在孔隙或裂隙中流动。但颗粒浆材常以多粒的形式同时进入孔隙或裂隙,可能会导致孔隙的堵塞,因此仅仅满足颗粒尺寸小于孔隙尺寸是不够的。同时,由于浆液在流动过程中同时存在着凝结过程,有时也会造成浆液通道的堵塞。此外由于地基土和粒状浆材的颗粒尺寸不均匀,若想封闭所有的孔隙,要求粒状浆材的颗粒尺寸必须很小。

分散系液体是否能渗透到裂隙或孔隙中,取决于裂隙、孔隙的最小尺寸与浆液内固相颗粒尺寸的比例关系。根据多年施工及试验经验得知,裂缝开裂宽度不小于 0.15～0.25 mm 时,水泥颗粒才能注入。在松散土层注浆时,要求土的最小粒径大于 4 mm。如果采用细颗粒水泥浆,当土体颗粒粒径小于 2 mm 时也能注入。用沥青注浆时,黏度是决定性因素,冷却后黏度立即增大,在狭小的裂缝和孔隙中很难注入。

在基岩注浆中,水泥注浆使用最为广泛。在大裂隙岩层中注浆时,不仅需要浓度大的悬浮液,而且要掺加大量的廉价充填材料,如粉细砂、粉土和黏性土。为了节省水泥,也可先用黏土注浆,然后再用水泥注浆。此外,岩土体的含水量大小也影响浆液材料的选择,水泥浆不适于很大流速的地下河,一般情况下流速不得大于 200 m/d,水利工程中则将该值界定为 600 m/d,水泥黏土注浆多用于松岩注浆。化学注浆在大面积基岩注浆方面尚未广泛使用,一般用来解决水泥注浆不能灌注或用于修补水工建筑物的缺陷和特殊注浆时使用。表 11-4 给出了各种注浆材料的适用范围。

表 11-4 注浆材料的适用范围

材料	组成成分的大小/mm	渗透系数/($cm \cdot s^{-1}$)	适用范围
水泥	<0.1～0.08	$>10^{-2}$	砾砂、粗砂、裂隙宽度大于 0.2 mm
膨润土黏土	<0.05	$>10^{-4}$	砂、砾砂
超细水泥	0.012～0.010	$>10^{-4}$	砂、砾砂、多孔砖墙、裂隙宽度大于 0.05 mm 的混凝土、岩石
化学浆液		$>10^{-7}$	细砂、砂岩、微裂缝的岩石

11.2.3 注浆方法

注浆方法按注浆的连续性可分为连续注浆、间歇注浆；按一次注浆的孔数可分为单孔注浆、多孔注浆；按地下水的径流条件可分为静水注浆、动水注浆；按浆液在管路中的运行方式分为纯压式注浆和循环式注浆；按每个注浆段的注浆顺序可分为全孔一次性注浆、后退式分段注浆和前进式分段注浆。

隧道管棚支护和小导管注浆图片

11.2.3.1 全孔一次性注浆

全孔一次性注浆方式是指按设计将注浆钻孔一次完成，在钻孔内安设注浆管或孔口管，然后，直接将注浆管(或孔口管)连接进行注浆施工。超前小导管注浆、径向注浆和大管棚注浆一般都采取全孔一次性注浆方式进行钻孔注浆施工。

超前小导管注浆和大管棚注浆采取有管注浆，为保证注浆管安设顺利，往往将注浆管前端加工成圆锥状并采取电焊封死。在注浆管上间隔一定的距离梅花形钻设溢浆孔，一般间隔距离为 20～50 cm，溢浆孔直径为 4～12 mm，溢浆孔面积为注浆管过浆面积的 1～1.2 倍为宜，浆液通过注浆管上钻设的溢浆孔注入地层。注浆管管尾采取丝扣连接。如图 11-1 所示。

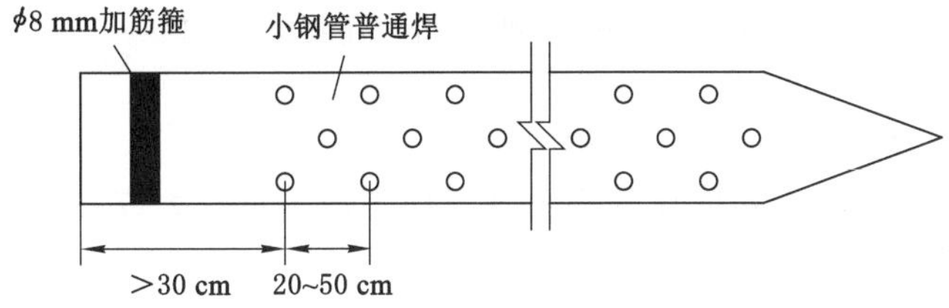

图 11-1 注浆导管构造示意图

11.2.3.2 后退式分段注浆

针对复杂的地质构造，如果注浆施工过程中注浆段长度过长，那么由于地层构造存在较大的差异性，若采取全孔一次性注浆，将会产生均一性很差的注浆效果。采用后退式分段注浆时针对不同地质条件选取合适的注浆速度、注浆量和注浆终压等参数可取得良好的注浆效果。

后退式分段注浆是指按设计将注浆钻孔完成，在钻孔内放入袖阀式注浆管，然后，将止浆塞及其配套装置放入注浆管中，对底部一个注浆段进行注浆施工，第一段注浆完成后，后退一个分段长度进行第二段注浆，如此下去，直到完成整个注浆段。后退(前进)式分段注浆工艺流程如图 11-2 所示。

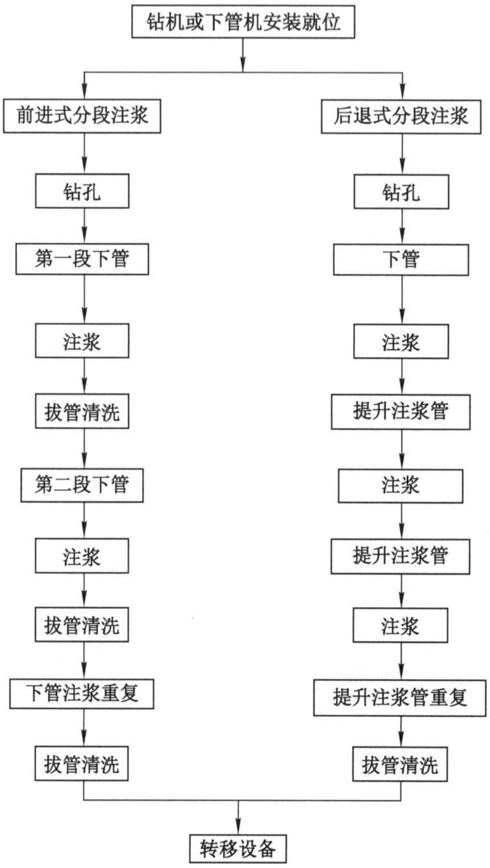

图 11-2　后退(前进)式分段注浆工艺流程

11.2.3.3　前进式分段注浆

前进式分段注浆是指经超前探测确定隧道前方涌水量较大或发育较大规模不良地质时，采取钻、注交替作业的一种注浆方式，即在施工中，钻一段、注一段，再钻一段、再注一段地钻进。每次钻孔注浆分段长度为 3～5 m。前进式分段注浆可采用水囊式止浆塞或孔口管法兰盘进行止浆。前进式分段注浆施工工艺流程与后退式分段注浆工艺流程一致。

11.2.4　注浆顺序

注浆顺序选择的合理与否对注浆效果有着极其重要的影响，因此，在注浆施工中，应对工程地质条件、水文地质条件充分掌握分析后，确定施工中所采取的注浆顺序。注浆顺序的选择从外围上讲应达到“围、堵、截”目的，在内部应达到“填、压、挤”的目的，从而使注浆效果更好。因此，注浆施工中要高度重视以下八个原则，即分区注浆原则、跳孔注浆原则、由下游到上游原则、由下到上原则、由外到内原则、约束发散原则、定量定压相结合原则、多孔少注原则。在注浆施工中，并不是每一个原则在单项工程施工中都能用到，应根据工程特点确定3～5种原则进行应用，这对提高注浆效果十分有利。

11.2.4.1　分区注浆原则

在基坑帷幕注浆和隧道基底钢管桩注浆时，往往注浆范围和注浆规模较大，由于地质条件存在较大的差异性，因此，很有必要将注浆范围进行分区，每区长度为10～20 m。这样，可以及时对每个区城进行注浆试验，确定各自的注浆材料和注浆参数，从而使注浆更加可靠。

11.2.4.2　跳孔注浆原则

注浆施工中，由于受前期注浆孔的影响，后期注浆孔所注入的浆液将会随着注浆压力或其他因素而发生偏流，同时，注入量也会减少。因此，在注浆施工中，采取分序跳孔注浆原则可以有效地逐步实现约束注浆，使浆液逐渐达到挤压密实，促进注浆帷幕的连续性，并且逐序提高注浆压力，有利于浆液的扩散和提高浆液结石体的密实性。同时，后序孔注浆也对前序孔注浆效果进行检查与评定。因此，原则上所有的注浆工程都应采取跳孔注浆原则。

11.2.4.3　由下游到上游原则

在注浆施工中，当存在着较大的水流时，应考虑水流对注浆效果的影响。为了防止上游注浆时浆液顺流而下，避免上游注浆形成假象，原则上应先对下游进行注浆截水，形成挡墙，以防止浆液不断流失。

11.2.4.4　由下到上原则

在注浆施工中，由于浆液存在重力作用，因此，当地层存在较大的孔隙时，浆液在重力作用下向下沉积的同时，由于钻孔中泥砂也会对下部造成堆积，从而影响下部注浆的顺利进行，因此，在现场注浆施工中，宜采取由下层到上层的原则进行注浆施工。

11.2.4.5　由外到内原则

在帷幕注浆施工中，先对外圈孔进行注浆，从而先将注浆区域围住，然后逐步注内圈孔，形成注浆的挤密、压实，有效地实现约束注浆，这更有利于提高注浆效果。

11.2.4.6　约束发散原则

约束发散型注浆对提高注浆效果十分有利。当地层以加固为主时，宜先注周边孔，然后注内圈孔，形成约束，从而实现地层注浆的逐步挤压密实作用。当以堵水为主时，地层存在一定的水流影响，可先对三个周边进行注浆，从而形成对中间部位水流方向的约束，留下一个边成为排水流的出口，注浆过程中逐步将水排出，从而提高整体注浆效果。

11.2.4.7　定量定压相结合原则

在注浆施工中，出于注浆扩散半径是一个选取值，它不代表浆液在地层中最大的扩散距离，因此，注浆时一定要采取定量定压相结合原则。否则，若在注浆施工中想通过注浆压力达到设计终压进行注浆控制，那么，既造成了浆液大量流失形成浪费，又浪费了注浆时间，且起不到注浆作用。在注浆施工中，当采取跳孔分序注浆时，对先序孔往往采取定量注浆，对后序孔采取定压注浆。

11.2.4.8　多孔少注原则

在注浆设计时，一般都考虑了扩散半径，设计了很多孔，每个孔都是要注浆的，如果现场对一个孔注浆量很大，结果很多孔注不进浆。这样会导致往浆均一性很差，产生很多注浆盲区，施工中易发生盲区崩溃。因此，在注浆施工中，一定要采取定量定压相结合原则，从而实现注浆的多孔少注，使设计的每个注浆孔都发挥其应用的作用，减少注浆盲区的存在，提高整体注浆效果。

11.2.5 注浆参数

注浆参数是保证注浆施工顺利进行，确保注浆质量的关键，在注浆施工中，应不断对注浆参数进行动态调整，以适应现场注浆需要。

11.2.5.1 浆液凝胶时间

浆液凝胶时间是注浆施工的重要参数之一。浆液的凝胶时间不但影响着浆液的扩散范围，还影响着浆液的堵水性能。在注浆施工中，单液浆的凝胶时间原则上不宜大于 8 h，否则难以控制浆液的扩散范围。对于双液浆，浆液的凝胶时间与地层的涌水量、现场注浆操作人员对工艺掌握的熟练程度有关。一般情况下，双液浆凝胶时间宜控制在 0.5～3 min。当地层中涌水量较大时，现场操作人员对工艺熟练时取小值，否则取高值。

11.2.5.2 单孔单段注浆量

在注浆施工中，对于以加固地层为主要目的的注浆，往往可采取以定量注浆为主要原则，对于以堵水和加固地层为目的的注浆，先序孔往往也以定量注浆为原则，因此，对注浆液的计算必须合理。对于单孔单段注浆量采用式(11-2)进行计算：

$$Q=\pi R^2 Hna(1+\beta) \tag{11-2}$$

式中 Q——单孔单段注浆量，m^3；

R——浆液扩散半径，m；

H——注浆分段长度，m；

n——地层孔隙率或裂隙度；

a——地层孔隙或裂隙充填度；

β——浆液损失率。

11.2.5.3 注浆分段长度

注浆分段长度也称注浆步距，它是指采取分段注浆时，每一个分段的注浆长度。在注浆施工中，地层越复杂，注浆分段长度应越短，否则将严重影响注浆效果。根据大量工程实践，对于砂层、粉质黏性土地层，采取后退式分段注浆时，分段长度宜取 0.4～0.6 m；对于断层破碎带、充填型溶洞地层，采取前进式分段注浆时，分段长度宜取 3～5 m。

11.2.5.4 注浆终压

注浆压力是浆液在地层孔隙或裂隙中扩散、填充、压实脱水的动能。终压反映出地层经注浆后的密实程度，对于注浆终压的选取，若取值太低，浆液不能充满地层孔隙或裂隙，扩散的范围也会受到限制，达不到注浆堵水的目的，注浆质量就很差；注浆压力高一些，可以提高浆液结石体强度和不透水性，使地层渗水量减少，同时使浆液扩散范围增大，因此，原则上可以在保证注浆质量的前提下尽可能采用较大的注浆压力，从而扩大注浆孔布设间距，减少注浆孔数量，加快注浆速度，缩短注浆工期。但是，若注浆压力过高，易引起地层裂隙的扩大，岩层的位移和抬升，浆液也会扩散到注浆范围以外，造成注浆浪费。因此，在注浆施工中要制定一个合理的注浆终压。

(1) 对于以堵水为主要目的的注浆，注浆终压按式(11-3)计算：

$$P_{终}=P_{水}+2\sim 4 \tag{11-3}$$

式中 $P_{终}$——注浆终压,MPa;

$P_{水}$——现场实测静水压力,MPa。

(2) 对于以加固为主要目的的注浆,$P_{水}$ 取 0 MPa,即注浆终压为 2~4 MPa。

(3) 对于浅埋工程注浆施工,注浆终压按式(11-4)计算:

$$P_{终}=0.001K\gamma H \tag{11-4}$$

式中 $P_{终}$——注浆终压,MPa;

K——系数;

γ——覆盖地层的容重,kN/m^3;

H——覆盖层厚度,m。

11.2.5.5 注浆速度

注浆速度的选取主要取决于注浆加固的目的、注浆材料的种类、注浆机械的特点、地层的吸浆能力以及工期要求。注浆速度的选择影响着注浆压力和注浆量的匹配关系,从而影响注浆效果。若注浆速度过快,虽可加快注浆进程、缩短注浆工期,但会因地层吸浆能力的影响而使注浆压力过高,这样,当注浆最达到设计标准时,终压会远远高于设计值,易造成地表隆起过大,形成危害;同时注浆机理也会发生变化,严重影响注浆效果。若注浆速度过慢,那么很难保证工艺实施的连续性。

参考以往的实际工程,建议采取以下注浆速度进行注浆施工。

(1) 对于粉质黏性土中注浆,注浆速度宜取 20~40 L/min。

(2) 对于砂砾石层等孔隙较大的地层注浆,注浆速度宜取 40~60 L/min。

(3) 对于断层破碎带注浆,注浆速度宜取 60~120 L/min。

11.2.6 注浆结束标准及注浆检查

11.2.6.1 注浆结束标准

注浆结束标准不尽相同,矿山行业与水利水电行业有各自的标准,但共同点有两方面:一是注浆量(注浆结束时的单位注浆量与总注入量),二是注浆终压均达到设计要求。

11.2.6.2 注浆检查

注浆检查包括灌浆质量和灌浆效果两个方面的检查。灌浆质量与灌浆效果的概念不完全相同,灌浆质量一般是指灌浆施工是否严格按设计和施工规范进行,例如灌浆材料的品种规格、浆液的性能、钻孔角度、灌浆压力等,都要求符合规范的要求,否则应根据具体情况采取适当的补充措施;灌浆效果则指灌浆后地基土的物理力学性质提高的程度。灌浆质量好不一定灌浆效果好,但是灌浆效果好,却可以看作是灌浆质量总体良好。灌浆质量检查常用的方法有定浆量控制法、定压控制法、定时控制法、注浆强度控制法等,而注浆效果主要包括堵水和加固两个方面。常用的效果检查方法是在注浆结束 28 d后,进行静力触探试验、现场静载荷试验、标准贯入试验和现场抽水试验(测定加固土的渗透系数)等。

11.3 地下连续墙法

11.3.1 概述

地下连续墙用于地下工程施工中,是在拟构筑地下工程地面上,沿周边划分数段槽孔，在泥浆护壁的支护下，使用造孔机械钻挖槽孔，待槽孔达到设计深度后，在槽孔两端放入接头管，采用直升导管法进行泥浆下灌注混凝土。现浇混凝土由槽孔底部逆行向上抬起充满槽孔段，把泥浆置换出来。依次逐段完成各段槽孔的钻挖和灌注混凝土的工作，然后将相邻的墙段连接成整体，形成一条连续的地下墙体，起到截水防渗和挡土承重的作用。要达到上述作用效果，首先要了解地下连续墙的适用条件，在适用地下连续墙的基础上，选择合适的地下连续墙类型，最后再进行地下连续墙的施工。

地下连续墙在欧美国家称为“混凝土地下墙”或“泥浆墙”，在日本则称之为“地下连续壁”或“连续地重壁”等，是目前正在发展并且日益得到广泛应用的新技术。近年来不仅在欧美国家和日本相当普及，在我国也日益得到广泛应用。目前，我国的地下连续墙技术无论在理论研究，还是在施工技术中都取得很大进步，已成为城市明挖施工中的主导方法。

11.3.2 优缺点及适用条件

地下连续墙具有两大突出优点：一是对周围环境影响小，二是施工时无噪声、无振动。例如在城市中修建地下工程与现有建筑物紧密连接，受环境条件的限制或由于水文地质和工程地质的复杂性，很难设置井点排水等，采用地下连续墙施工方法具有明显优越性。另外，地下连续墙施工工艺与其他施工工艺相比，还有许多优点：

(1) 适用于各地多种土质情况。目前在我国除岩溶地区和承压水头很高的砂砾层难以采用外，在其他各种土质中均可应用地下连续墙技术。在一些复杂的条件下，它几乎成为唯一可采用的有效的施工方法。

(2) 能兼作临时设施和永久的地下主体结构。由于地下连续墙具有强度高、刚度大的特点，仅能用于深基础护壁的临时支护结构，而且在采取一定结构构造措施后可用作地面高层建筑基础或地下工程的部分结构。一定条件下可大幅度减少工程总造价，获得经济效益。

(3) 可结合逆作法施工，缩短施工总工期。逆作法是在地下室顶板完成后，同时进行多层地下室和地面高层房屋的新颖施工方法。它一改传统施工方法先地下后地上的施工步骤。逆作法施工通常要采用地下连续墙的施工工艺和施工技术。

地下连续墙施工方法的局限性和缺点主要有：

(1) 对于岩溶地区含承压水头很高的砂砾层或很软的黏土，如不采用其他辅助措施，目前尚难以采用地下连续墙法。

(2) 如施工现场组织管理不善，可能会造成现场潮湿和泥泞，影响施工的条件，而且要增加对废弃泥浆的处理工作。

(3) 如施工不当或土层条件特殊，容易出现不规则超挖和槽壁坍塌。

(4) 现浇地下连续墙的墙面通常较粗糙，如果对墙面要求较高，墙面的平整处理增加了工期和造价。

(5) 地下连续墙如仅用作施工期间的临时挡土结构，在基坑工程完成后就失去其使用价值，所以当基坑开挖不深时，不如采用其他方法经济。

(6) 需有一定数量的专用施工机具和具有一定技术水平的专业施工队伍，使该项技术推广受到一定限制。通常情况下，地下连续墙的造价高于钻孔灌注桩和深层搅拌桩，因此，对其选用需经过认真的经济技术比较后才可决定采用。

一般说来在以下几种情况宜采用地下连续墙。

(1) 处于软弱地基的深大基坑,周围又有密集的建筑群或重要的地下管线,对基坑工程周围地面沉降和位移值有严格限制的地下工程。

(2) 既可作为土方开挖时的临时基坑用护结构,又可用作主体结构的一部分的地下工程。

(3) 采用逆作法施工,地下连续墙同时作为挡土结构、地下室外墙、地面高层房屋基础的工程。

11.3.3 地下连续墙的分类

虽然地下连续墙已经有了多年的历史,但是要严格分类,仍是很难的。

按其成墙方式,可分为桩排式(即把钻孔灌注桩并排连接所形成的地下墙,在城市的深基坑围护结构中广泛使用)、壁板式、桩壁组合式。

按其填筑的材料,可分为土质墙、混凝土墙、钢筋混凝土墙(又有现浇和预制之分)和组合墙(预制钢筋混凝土墙板和现浇混凝土的组合,或预制钢筋混凝土墙板和自凝水泥膨润土泥浆的组合)。

按其用途可分为临时挡土墙,防渗墙,用作主体结构兼作临时挡土墙的地下连续墙,用作多边形基础兼墙体的地下连续墙。

目前我国建筑工程中应用最多的是现浇钢筋混凝土壁板式连续墙。壁板式地下连续墙既可作为临时性的挡土结构,也可兼作地下工程永久性结构的一部分。其构造形式又可分为单独式、分离式、整体式、重壁式。其中分离式、整体式、重壁式均是基坑开挖以后再浇筑一层内衬而成,内衬厚度可取 20～40 cm。

11.3.4 地下连续墙的施工

11.3.4.1 概述

地下连续墙施工,一般分为准备工作阶段与墙体施工两个阶段。准备工作阶段确定出墙体位置。现场核对单元槽段的划分尺寸,完成泥浆置备和泥浆处理系统,场地平整、清除地下旧管线和各类基础,挖导沟、准确地设置导墙,铺设轨道和组装成槽设备、吊车、拔管线等设备,准备好钢筋笼及接头设备,并检查全部检测设备。

地下连续墙施工现场图片

墙体施工阶段,采用逐段施工方法周而复始地进行。每段的施工过程,大致可分为 5 步,如图 11-3 所示。

(1) 利用专用挖槽机械开挖地下连续墙槽段,在进行挖槽过程中,沟槽内始终充满泥浆,以保证槽壁的稳定。

(2) 当槽段开挖完成后,在沟植两端放入接头管(又称锁口管)。

(3) 将事先加工好的钢筋笼插入槽段内,下沉到设计高度。如钢筋笼太长,一次吊沉有困难时,需将钢筋笼分段焊接,逐节下沉。

(4) 待插入用于水下灌注混凝土的导管后,即可进行混凝土灌注。

(5) 待混凝土初凝后,及时拔去接头管,这样,便形成一个单元的地下连续墙。

作为地下连续墙的整个施工工艺过程,还包括施工前的准备,泥浆的制备、处理和废弃等许多细节。

地下连续墙的施工过程复杂,工序多。其中修筑导墙、泥浆的制备和处理、钢筋笼的制作和吊装以及水下混凝土浇灌是主要的工序。

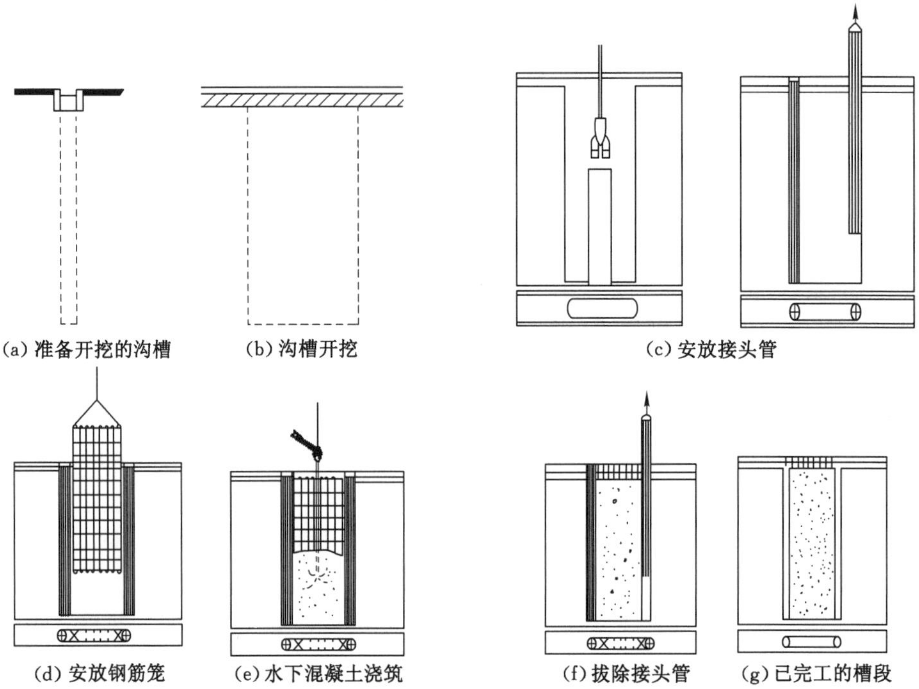

图 11-3 地下连续墙施工程序图

11.3.4.2 导墙施工

(1) 概述

导(向)墙是用钢、木、混凝土和砖石等材料修筑的两道平行墙体。它是地下连续墙施工中一个很重要的临时构筑物,绝大多数地下连续墙施工工法都需要这道导墙。导墙可以起到以下几种作用。

① 控制地下连续墙施工精度。导墙与地下连续墙中心相一致,规定了沟槽的位置走向,可作为量测挖槽标高、垂直度的基准,导墙顶面又作为机架式挖土机械导向钢轨的架设定位。

② 挡土作用。由于地表土层受地面超载影响,容易坍陷,导墙起到挡土作用。为防止导墙在侧向土压作用下产生位移,一般应在导墙内侧每隔 1~2 m 加设上下 2 道木支撑。

③ 重物支承台。施工期间,承受钢筋笼、灌注混凝土用的导管、接头管以及其他施工机械的静、动荷载。

④ 维持稳定液面的作用。导墙内存蓄泥浆,为保证槽壁的稳定,要使泥浆液面始终保持高于地下水位一定的高度。此高度值的确定,各国的规定和有关文献不尽一致,大多数规定为 1.25~2.0 m。实际操作时,导墙没有专门规定,只要使泥浆液面保持高于地下水 1.0 m 一般就能满足要求。

(2) 导墙的形式

导墙一般采用现浇钢筋混凝土结构但也有钢制的或预制钢筋混凝土的装配式结构。根据工程实践，采用现场浇注的混凝土导墙容易做到底部与土层贴合，防止泥浆流失。而其他预制式导墙较难做到这一点。图 11-4 所示为各种形式的现浇钢筋混凝土导墙。

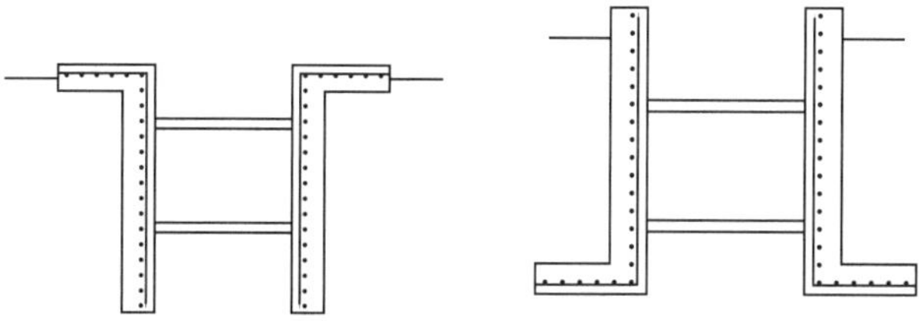

(a) T形导墙　(b) L形导墙

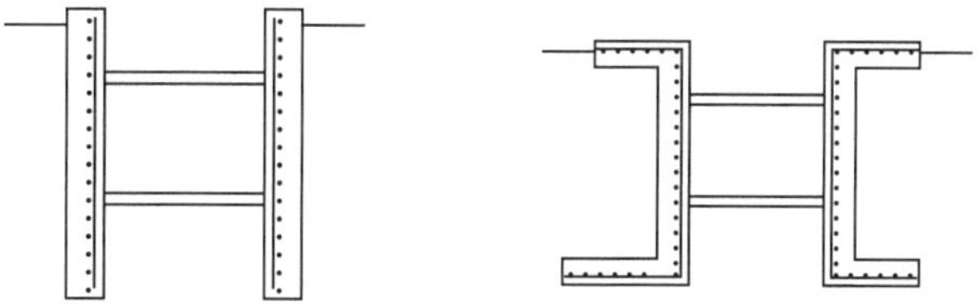

(c) H形导墙　(d) [形导墙

图 11-4　各种形式的钢筋混凝土导墙

(3) 施工

导墙采用现浇混凝土结构，混凝土强度等级不低于 C20，厚度不小于 200 mm，配筋通常为 ϕ12～ϕ14@200；导墙顶面应高于地面 100 mm，高于地下水位 0.5 m 以上，导墙底部应进入原状土 200 mm 以上，且导墙高度不应小于 1.2 m；导墙外侧应用黏性土填实，导墙内侧墙面应垂直，其净距应比地下连续墙设计厚度加宽 40 mm；导墙混凝土应对称浇筑，达到设计强度的 70%后方可拆模。当表土较好，在导墙施工期间能保持外侧土壁垂直自立时，则以土壁代替外模板，避免回填土，以防槽外地表水渗入槽内。如表土开挖后外侧土壁不能垂直自稳，外侧需设模板。导墙外侧的回填土应用黏土回填密实，防止地面水从导墙背后渗入槽内，引起槽段塌方。

导墙的垂直程度是决定地下连续墙能否保持垂直的首要条件。现浇钢筋混凝土导墙拆模以后，应沿其纵向每隔 1 m 左右设上、下 2 道木支撑。将 2 道导墙支撑起来，在导墙的混凝土达到设计强度之前，禁止任何重型机械和运输设备在旁边行驶，以防导墙受压变形。导墙的顶部应平整，以便架设钻机机架轨道，并且作为钢筋笼、混凝土导管、接头管等的支承面。

11.3.4.3　*泥浆护壁*

(1) 泥浆的作用

在地下连续墙挖槽过程中，泥浆的作用是护壁、携渣、冷却机具和切土润滑，其中护壁为最重要的功能。泥浆的正确使用，是保证挖槽成功的关键。

泥浆具有一定的密度，在槽内对槽壁有一定的静水压力，渗入土壁形成一层透水性很低的泥皮，有助于维护土壁的稳定性。

泥浆具有较高的黏性，能在挖槽过程中将土渣悬浮起来。这样就可使钻头时刻钻进新鲜土层，避免土渣堆积在工作面上影响挖槽效率，又便于土渣随同泥浆排出槽外。

泥浆既可降低钻具因连续冲击或回转而上升的温度，又可减轻钻具的磨损消耗，有利于提高挖槽效率并延长钻具的使用时间。

挖槽筑墙所用的泥浆不仅要有良好的固壁性能，而且要便于灌注混凝土。如果泥浆的膨润土浓度不够、密度太小、黏度不大，则难以形成泥饼，难以固壁，难以保证其携砂作用。但如黏度过大，也会发生因泥浆循环用力过大使携带在泥浆中的泥砂难以除去、灌注混凝土的质量难以保证以及泥浆不易从钢筋笼上除去等弊病。泥浆还应有一定的稳定性，保证在一定时间内不出现分层现象。

(2) 护壁泥浆的成分

地下连续墙挖槽护壁用的泥浆除通常使用的膨润土泥浆外还有聚合物泥浆、CMC 泥浆及盐水泥浆，主要成分和外加剂见表 11-5。

表 11-5　各护壁泥浆的主要成分及其外加剂

泥浆种类	主要成分	常用的外加剂
膨润土泥浆	膨润土、水	分散剂、增黏剂、加重剂、防漏剂
聚合物泥浆	聚合物、水	
CMC 泥浆	CMC、水	膨润土
盐水泥浆	膨润土、盐水	分散剂、特殊黏土

目前，我国工程中使用最多的是膨润土泥浆。膨润土泥浆的成分为膨润土、水和一些外加剂。膨润土是一种颗粒极其细小、遇水显著膨胀(在水中膨胀后的重量可增到干重量的 600%～700%)、黏性和可塑性都很大的特殊黏土。膨润土并不是单一的黏土矿物，而是由几种黏土矿物所组成，其中最主要的是蒙脱石。新拌制泥浆应经充分水化，贮放时间不应少于 24 h；泥浆的储备量宜为每日计划最大成槽方量的 2 倍以上。表 11-6 给出了不同地层中的泥浆配合比。

表 11-6　不同地层中的泥浆配合比

地层	膨润土/%	增黏剂 CMC/%	分散剂 FCL/%	其他
黏性土	5～8	0～0.02	0～0.5	
沙	5～8	0～0.05	0～0.5	
砂砾	8～12	0.05～0.1	0～0.5	堵漏剂

11.3.4.4　槽段开挖

开挖槽段是地下连续墙施工中的重要环节，约占工期的一半，挖槽精度又决定了墙体制作精度，所以是决定施工进度和质量的关键工序。地下连续墙通常是分段施工的，每一段称为地下连续墙的一个槽段(又称为一个单元)。一个槽段是一次混凝土灌注单位。

(1) 槽段长度的确定

槽段长度的选择，从理论上说，槽段长度越长越好。这样能减少地下墙的接头数，以提高地下连续墙防水性能和整体性。但实际上槽段长度的确定是由许多因素决定的，如地质情况因素、周围环境因素、工地所具备的起重机能力因素、单位时间内供应混凝土的能力因素等。

目前日本能施工的最大槽段长度为 20 m,但通常一段不超过 10 m。从我国的施工经验看,单元槽段长度宜为 4～6 m。

(2) 槽段平面形状和接头位置

作为深基坑的围护结构或地下构筑物外墙的地下连续墙,一般多为纵向连续字形。但为了增加地下连续墙的抗挠曲刚度,也可采用 U 形、T 形及多边形,墙身还可设计成格栅形。

地下连续墙的墙厚根据结构受力计算确定,一般为 600～1 000 mm,最大为 1 200 mm。图 11-5 为地下连续墙的平面形状以及槽段划分。

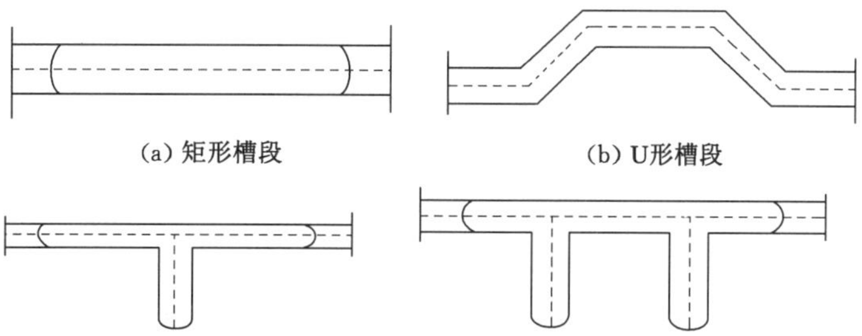

(a) 矩形槽段　(b) U形槽段　(c) T形槽段　(d) π形槽段

图 11-5　地下连续墙的平面形状以及槽段划分

划分单元槽段应十分注意槽段之间的接头位置的合理设置,一般情况下应避免将接头设在转角处及地下连续墙与内部结构的连接处,以保证地下连续墙有较好的整体性。

(3) 槽孔深度

各种挖槽机都有不同的挖槽深度极限,超过这个极限,挖槽效率就会降低。

对各种形式的抓斗来说,随着孔深的增加,抓斗的升降时间加长,挖槽效率逐渐降低,其挖槽深度就有一个极限。对于水下挖槽机来说,机械提升力和高油(水)压的密封结构问题,是影响其挖深的主要因素。

到目前为止,抓斗的最大挖槽深度不超过 120 m,而 BM 型多头钻的最大挖槽深度可达 130 m,电动铣槽机的深度可达 170 m。我国冲击钻机的最大挖深已突破了 80 m。

(4) 挖槽宽度

各种挖槽机都规定有最大和最小的挖槽宽度,我们可以根据这种变化范围来选择所需要的墙厚和施工工法。一般来说,地下连续墙用作临时挡土墙时,其厚度大多为 40～60 cm,用作结构墙时为 60～120 cm,随着地下连续墙深度的增加,其厚度可达 150～250 cm 或更大。

由于把地下连续墙用作永久结构的工程越来越多,它的墙厚也在逐渐增加。另一种倾向是采用预制地下连续墙,减少钢筋保护层厚度;或通过施加预应力,减少墙体厚度,提高其经济效益。这对于城市闹区的施工是很有好处的。

在任何情况下,墙体厚度的最后实际完工尺寸不得小于设计墙厚。如果挖槽机宽度与设计墙厚一致,一般来说,由于超挖的影响,实际槽宽不会小于设计墙厚。但是由于在软弱地基中挖槽时可能产生“缩颈”现象,或者是由于泥皮质量不好而在孔壁上形成了很厚的泥皮，从而会使墙体的实际厚度小于设计墙厚。此时，会出现以下关系：实际挖槽宽度≥设计墙厚≥实际墙体厚度。

在实际工程中，我们常令挖槽机的挖槽宽度比设计墙厚小 1～2 cm，再计入挖槽时的超挖量，实际槽孔宽度(墙厚)一般会大于设计墙厚。

(5) 排渣方式

根据泥浆的循环方式，可把排渣方式分为以下几种：①正循环排渣；② 直接出土；③ 抽筒排渣；④ 反循环排渣。

(6) 挖槽顺序

最初的地下连续墙挖槽都是按两期挖槽法进行的，即先挖奇数槽孔，后挖偶数槽孔，最后建成一道连续墙体。

近年来出现了一种新挖槽法，它除了在第 1 个槽孔内放 2 根接头管(箱)外，从第 2 个槽孔开始，按序号(2，3，4，5，…)一路施工下去。此时每个槽孔内只需放置 1 根接头管。这种挖槽法称为顺序挖槽法。

这两种挖槽法都是可行的。两期挖槽法的二期槽孔不需放置接头管，施工简易些。顺序挖槽法每次只用一根导管，但每槽都用。应根据工程的时间情况来选用适当的挖槽法。挖槽顺序如图 11-6 所示。

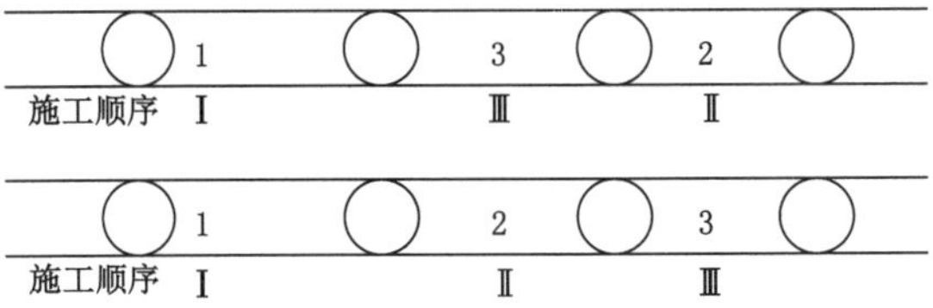

图 11-6 挖槽顺序

11.3.4.5 钢筋笼加工和吊放

(1) 钢筋笼的加工

钢筋笼根据地下连续墙墙体配筋图和单元槽段的划分来制作。钢筋笼最好按单元槽段组成一个整体。如果地下连续墙很深或受起重设备起重能力的限制，可分段制作，然后在吊放时再逐段连接。钢筋笼的拼接，一般采用焊接，且宜用绑条焊，不宜采用绑扎搭接接头。钢筋笼制作时应预留导管位置，并应上下贯通；钢筋笼应设保护层垫板，纵向间距为 3～5 m，横向宜设置 2～3 块。

地下连续墙与基础底板以及内部结构板、梁、柱、墙的连接，如采用预留锚固钢筋的方式，锚固筋一般用光圆钢筋，直径不宜超过 20 mm。钢筋笼加工场地应尽量设置在工地现场，以便于运输，且减少钢筋笼在运输途中的变形或损坏的可能性。

(2) 钢筋笼的吊放

钢筋笼起吊时，顶部要用一根横梁(常用工字钢)，其长度要和钢筋笼尺寸相适应。钢丝绳需吊住 4 个角。为了不使钢筋笼在起吊时产生很大的弯曲变形，通常采用 2 台吊车同时操作，其中一台吊车钩吊住顶部，另一台吊车钩吊住中间部位。为了不使钢筋笼在空中晃动，钢筋笼下端可系绳索用人力控制。起吊时不允许使钢筋笼下端在地面上拖引，以防造成下端钢筋弯曲变形。

如果钢筋笼是分段制作，吊放时需要接长时，下段钢筋笼要垂直悬挂在导墙上，然后将上段钢筋笼垂直吊起，上段钢筋笼的下端与下段钢筋笼上段用电焊直线连接。焊接接头一种是上下钢筋笼的钢筋逐根对准焊接，另一种是用钢板接头。第一种方法很难做到逐根钢筋对准，焊接质量没有保证而且焊接时间很长。后一种方法是在上下钢筋笼端部将所有钢筋焊接在通长的钢板上，上下钢筋笼对准后，用螺栓固定，以防止焊接变形，并用同主筋直径的附加钢筋@300 一根与主筋点焊接以加强焊缝和补强，最后将上下钢板对焊即完成钢筋笼分段连接。

11.3.4.6 水下混凝土灌注

(1) 浇灌混凝土前的清底工作

浇灌混凝土前要测定槽底残留的土渣厚度，如沉渣过多，钢筋笼插不到设计位置，会降低地下连续墙的承载力，增大墙体的沉降。

清底的方法，一般有沉淀法和置换法两种。沉淀法是在土渣基本都沉淀到槽底之后再进行清底；置换法是在挖槽结束之后，对槽底进行认真清理，然后在土渣还没有沉淀之前就用新泥浆把槽内的泥浆置换出来，使槽内泥浆的密度在 1.15 g/cm^3 以下。我国多用置换法进行清底。

(2) 对混凝土的要求

地下连续墙的混凝土是靠导管内混凝土面与导管外泥浆面之间的压力差和混凝土本身的良好和易性与流动性，不断填满原来被泥浆占据的空间。地下连续墙槽段的浇注过程具有一般水下混凝土浇筑的施工特点。混凝土强度等级一般不应低于 C20。混凝土的级配除了满足结构强度要求外，还要满足水下混凝土施工的要求，比如流态混凝土的坍落度宜控制在 15～20 cm，混凝土具有良好的和易性和流动性。混凝土配比中水泥用量一般大于 400 kg/m^3，水灰比一般需小于 0.6。

(3) 混凝土浇筑

地下连续墙混凝土用导管法进行浇筑。机械多用混凝土浇筑机架。机架跨在导墙上沿轨道行驶。导管管节连接应密封、牢固，施工前应试拼并进行水密性试验；导管水平布置距离不应大于 3 m，距槽段两侧端部不应大于 1.5 m，导管下端距离槽底宜为 300～500 mm，导管内应放置隔水栓；钢筋笼吊放就位后应及时灌注混凝土，间隔不宜大于 4 h；水下混凝土初凝时间应满足浇筑要求，现场混凝土坍落度宜为 200±20 mm，混凝土强度等级应比设计强度提高一级进行配制；槽内混凝土面上升速度不宜小于 3 m/h，同时不宜大于 5 m/h，导管埋入混凝土深度为 2～4 m，相邻两导管内混凝土高差应小于 0.5 m；混凝土浇筑面宜高出设计标高 300～500 mm。如图 11-7 所示。

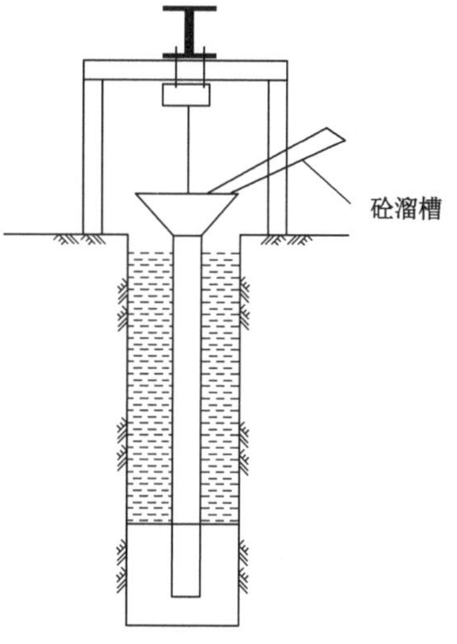

图 11-7 槽段内混凝土浇筑示意图

11.3.5 地下连续墙接头施工

地下连续墙是通过槽段分别施工后再连成整体的，

其接头就成为薄弱部位。此外,地下连续墙与内部主体结构之间的连接接头,要承受弯、剪、扭等各种内力,必须保证接点的受力可靠。接头连接施工是地下连续墙施工中十分重要的环节。

连续墙槽段间接头有如下几种形式。

11.3.5.1 直接连接接头

单元槽段挖成后,随即吊放钢筋笼,浇灌混凝土。混凝土与未开挖土体直接接触。在开挖下一单元槽段时。用冲击锤等将与土体相接触的混凝土改造成凹凸不平的连接面,再浇灌混凝土形成直接接头。这种接头受力与防渗性能均较差,目前已很少使用。接头形式如图 11-8 所示。

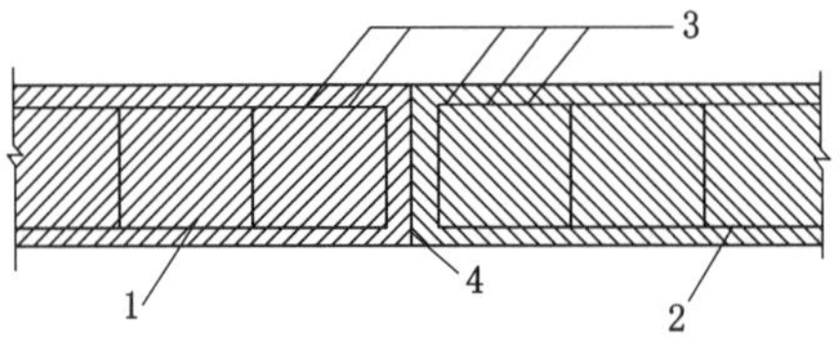

1—一期工程;2—二期工程;3—钢筋;4—接缝。

图 11-8 直接接头

11.3.5.2 隔板式接头

隔板式接头按隔板的形状分为平隔板、棒形隔板和 V 形隔板,如图 11-9 所示。由于隔板与槽壁之间有缝隙,为防止新浇筑的混凝土渗入,要在钢筋笼的两边铺贴维尼龙等化纤布。

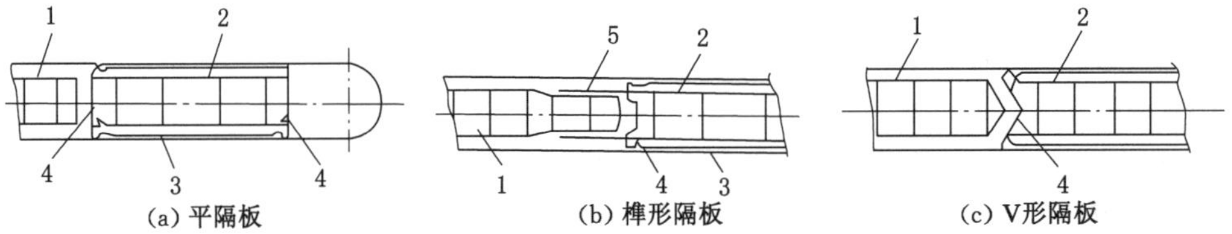

1—正在施工阶段的钢筋笼;2—完工阶段的钢筋笼;3—用化纤布铺盖;4—钢制隔板;5—连续钢筋。

图 11-9 隔板式接头

11.3.5.3 接头管(也称锁口管)接头

施工情况如图 11-10 所示。为了使施工时每一个槽段纵向两端受到的水、土压力大致相等,一般可沿地下连续墙纵向将槽段分为一期和二期 2 类槽段。先开挖一期槽段,待槽段内土方开挖完成后,在该槽段的两端用起重设备放入接头管,然后吊放钢筋笼和浇筑混凝土。这时两端的接头管相当于模板的作用,将刚灌注的混凝土与还未开挖的二期槽段的土体隔开。待新浇混凝土开始初凝时,用机械将接头臂拔起。这时,已施工完成的一期槽段的两端和还未开挖土方的二期槽段之间分别留有一个圆形孔。继续二期槽段施工时,与其两端相邻的一期槽段混凝土已经结硬,只需开挖二期槽段内的土方。当二期槽段完成土方开挖后,应对一期槽段已浇筑的混凝土半圆形端头表面进行处理。

在接头处理后,即可进行二期槽段钢筋笼吊放和混凝土的浇筑。这样,二期槽段外凸的

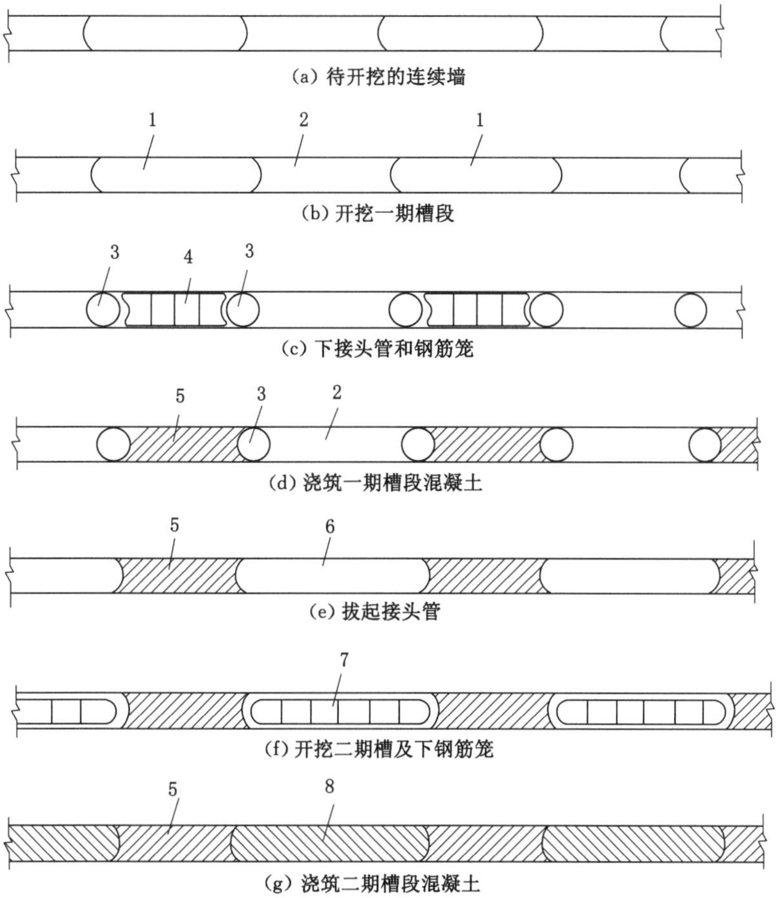

1—已开挖的一期槽段；2—未开挖的二期槽段；3—接头管；4—钢筋笼；
5—一期槽段混凝土；6—拔去接头管的二期槽段；7—二期槽段钢筋笼；8—二期槽段混凝土。

图 11-10　使用接头管的施工过程

半圆形端头和一期槽段内凹的半圆形端头相互嵌套形成整体。

11.3.5.4　接头箱接头

接头箱接头可以使地下连续墙形成整体接头，接头的刚度较好。接头箱接头的施工方法与接头管接头相似，只是以接头箱代替接头管。一个单元槽段挖土结束后，吊放接头箱，再吊放钢筋笼。由于接头箱在浇注混凝土的一面是开口的，所以钢筋笼端部的水平钢筋可插入接头箱内。浇注混凝土时，由于接头箱的开口面被焊在钢筋笼端部的钢板封住，因而浇筑的混凝土不能进入接头箱。混凝土初凝后，与接头管一样逐步吊出接头箱，待后一个单元槽段再浇筑混凝土时，由于两相邻单元槽段的水平钢筋交错搭接，而形成整体接头，其施工过程如图 11-11 所示。

带有接头钢筋的榫形隔板式接头，能使各单元墙段连成一个整体，是一种受力较好的接头方式。但插入钢筋笼较困难，施工时必须特别加以注意。

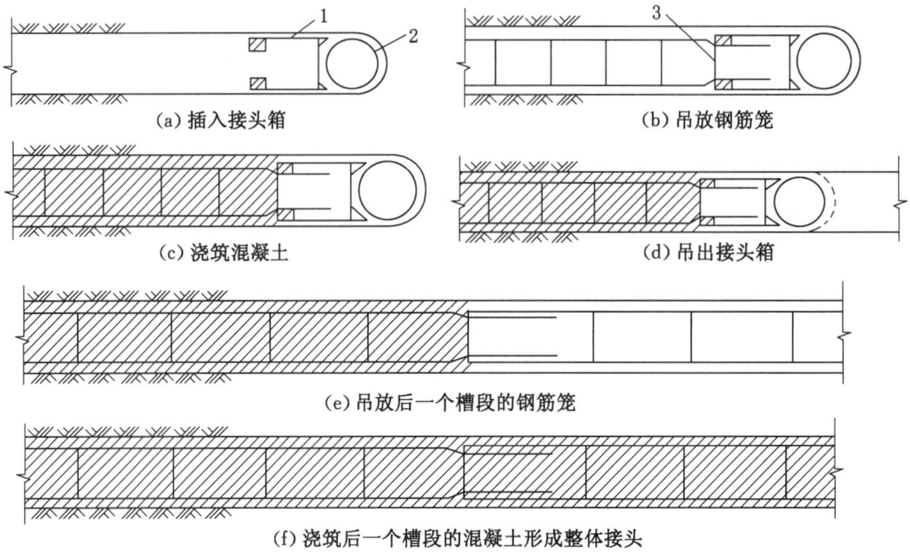

1—接头箱；2—接头管；3—焊在钢筋笼端部的钢板。

图 11-11 接头箱接头的施工过程

习题

1. 简述常规盐水冻结的施工工序。

2. 常用冻结壁结构有哪几种？

3. 液氮冻结的原理是什么，有什么优点？

4. 液氮冻结冻土扩展半径如何计算？

5. 根据浆液在被注体的作用机制，注浆法分为哪几类？简单陈述每种方法的适用范围。

6. 在确定注浆顺序时，需要考虑哪些因素？注浆顺序有哪些原则？

7. 什么是灌浆质量、灌浆效果？两者的检查方法有哪些？

8. 地下连续墙工法的施工特点和工艺流程是什么？

9. 导墙和泥浆的作用是什么？

10. 简述槽段施工考虑的因素及施工工序。

11. 地下连续墙有哪些接头类型？它们在施工中是怎样运用的？

12. 试分析为什么大多数城市地铁车站施工都采用地下连续墙工法。

参考文献

[1] 安关峰.矩形顶管工程技术指南[M].北京:中国建筑工业出版社,2021.
[2] 曹彦国,张永远.盾构施工技术[M].北京:中国铁道出版社,2021.
[3] 陈馈.TBM设计与施工[M].北京:人民交通出版社,2018.
[4] 马海龙,梁发云.基坑工程[M].2版.北京:人民交通出版社,2023.
[5] 牛雷.地下工程施工[M].北京:化学工业出版社,2021.
[6] 全国一级建造师执业资格考试用书编写委员会.公路工程管理与实务[M].北京:中国建筑工业出版社,2024.
[7] 全国一级建造师执业资格考试用书编写委员会.建筑工程管理与实务[M].北京:中国建筑工业出版社,2024.
[8] 全国一级建造师执业资格考试用书编写委员会.市政工程管理与实务[M].北京:中国建筑工业出版社,2024.
[9] 宋秀清.隧道施工[M].3版.北京:人民交通出版社,2020.
[10] 王玮.基础工程施工[M].3版.北京:中国建筑工业出版社,2020.
[11] 许建聪.地下工程施工技术[M].2版.北京:中国建筑工业出版社,2024.
[12] 余彬泉.顶管技术[M].北京:人民交通出版社,2018.
[13] 张照煌.盾构与盾构施工技术[M].北京:中国建筑工业出版社,2019.
[14] 张志勇.地下工程施工[M].北京:机械工业出版社,2021.
[15] 中华人民共和国交通运输部.公路隧道设计规范(第一册土建工程):JTG 3370.1—2018[S].北京:人民交通出版社,2018.
[16] 中华人民共和国交通运输部.公路隧道施工技术规范:JTG/T 3660—2020[S].北京:人民交通出版社,2020.
[17] 中华人民共和国交通运输部.公路瓦斯隧道设计与施工技术规范:JTG/T 3374—2020[S].北京:人民交通出版社,2020.
[18] 中华人民共和国住房和城乡建设部.沉管法隧道施工与质量验收规范:GB 51201—2016[S].北京:中国计划出版社,2016.
[19] 中华人民共和国住房和城乡建设部.地下铁道工程施工标准:GB/T 51310—2018[S].北京:中国建筑工业出版社,2018.
[20] 中华人民共和国住房和城乡建设部.盾构法隧道施工及验收规范:GB 50446—2017[S].北京:中国建筑工业出版社,2017.
[21] 中华人民共和国住房和城乡建设部.盾构隧道工程设计标准:GB/T 51438—2021[S].北京:中国建筑工业出版社,2021.
[23] 中华人民共和国住房和城乡建设部.建筑基坑工程监测技术标准:GB 50497—2019

[S]. 北京:中国计划出版社,2019.
[22] 中华人民共和国住房和城乡建设部. 建筑边坡工程技术规范:GB 50330—2013[S]. 北京:中国建筑工业出版社,2013.
[24] 中华人民共和国住房和城乡建设部. 建筑基坑支护技术规程:JGJ 120—2012[S]. 北京:中国建筑工业出版社,2012.
[25] 中华人民共和国住房和城乡建设部. 建筑深基坑工程施工安全技术规范:JGJ 311—2013[S]. 北京:中国建筑工业出版社,2013.